景观设计获奖作品集——第九届全国高校景观设计毕业作品展

Awarded Collection of Landscape Design and Planning
The 9th Chinese Landscape Architecture Graduate Works Exhibition

北京大学建筑与景观设计学院　主编

中国建筑工业出版社

组织机构

主办单位：

北京大学建筑与景观设计学院
中国建筑工业出版社

承办单位：

景观中国 www.Landscape.cn
《景观设计学》杂志 www.lafrontiers.com

协办企业：

A & N 尚源景观 www.sycq.net

协办院校（按拼音字母排序）：

安徽建筑工业学院建筑与规划学院
安徽林业职业技术学院
安徽农业大学园林学院
安阳师范学院美术学院
北方工业大学艺术学院
北京工业大学建筑与城市规划学院
北京建筑大学建筑与城市规划学院
北京交通大学建筑与艺术系
北京理工大学珠海学院设计与艺术学院
北京林业大学
长安大学建筑学院
长春建筑学院公共艺术学院
长江大学
重庆大学艺术学院
重庆工商大学建筑装饰艺术学院
重庆工商职业学院传媒艺术系
重庆文理学院林学与生命科学学院
大连理工大学建筑与艺术学院
东北农业大学艺术学院
东北师大人文学院设计学院
东北师范大学美术学院
东海大学
东南大学建筑学院
福建工程学院建筑与规划系
福建农林大学金山学院
福建农林大学艺术学院
福建农林大学园林学院
福建师范大学美术学院
福州大学厦门工艺美术学院
广东工业大学艺术设计学院
广东技术师范学院美术学院
广东轻工职业技术学院
广西大学林学院
广西师范大学设计学院
广州大学建筑与城市规划学院
广州大学艺术设计系
广州美术学院
贵州大学艺术学院
哈尔滨工业大学建筑学院
河北大学艺术学院
河北科技师范学院
河南工业大学艺术设计学院
河南科技学院园林学院
河南农业大学林学院
河南农业职业技术学院
湖北美术学院环境艺术设计系
湖南大学建筑学院
湖南农业大学园艺园林学院
湖南商学院设计艺术学院
湖南师范大学美术学院
华南理工大学建筑学院
华侨大学建筑学院
华中科技大学建筑与城市规划学院
华中农业大学园艺林学学院
吉林建筑大学艺术设计学院
集美大学美术学院
济南工程职业技术学院
江南大学设计学院
江西农业大学园林与艺术学院
景德镇陶瓷学院设计艺术学院
昆明理工大学艺术与传媒学院
辽宁师范大学美术学院
临沂大学生命科学学院
鲁迅美术学院环境艺术系
南京工程学院艺术与设计学院
南京工业大学建筑学院
南京理工大学设计艺术与传媒学院
南京林业大学艺术设计学院
南京铁道职业技术学院
南京艺术学院设计学院

南阳理工学院
内蒙古工业大学建筑学院
内蒙古科技大学建筑与土木工程学院
内蒙古农业大学材料科学与艺术设计学院
内蒙古农业大学林学院
内蒙古师范大学国际艺术学院
青岛理工大学建筑学院
青岛理工大学艺术学院
清华大学建筑学院
清华大学美术学院环艺系
山东大学威海分校
山东工艺美术学院建筑与景观设计学院
山东建筑大学艺术学院
山东农业大学林学院
山东师范大学美术学院
山西大学美术学院
上海交通大学媒体与设计学院
上海交通大学农业与生物学院
上海理工大学出版印刷艺术设计学院
上海师范大学生命与环境科学学院
深圳大学艺术设计学院
沈阳航空航天大学设计艺术学院
沈阳建筑大学建筑与规划学院
沈阳理工大学应用技术学院艺术与传媒学院
顺德职业技术学院设计学院
四川大学建筑与环境学院
四川机电职业技术学院
四川美术学院美术教育系
四川美术学院设计艺术学院
四川农业大学风景园林学院
四川攀枝花学院艺术学院
四川音乐学院成都美术学院
四川音乐学院绵阳艺术学院
苏州大学金螳螂建筑与城市环境学院
苏州工艺美术职业技术学院
苏州科技学院建筑与城市规划学院
天津财经大学艺术学院
天津城市建筑学院城市艺术学院
天津大学建筑学院
天津大学仁爱学院
天津美术学院艺术设计学院
台湾勤益科技大学
台湾中国文化大学
同济大学建筑与城市规划学院
铜川职业技术学院建筑工程系
武汉科技大学艺术与设计学院
西安工业大学艺术与传媒学院
西安建筑科技大学建筑学院
西安建筑科技大学艺术学院
西安科技大学艺术学院
西安科技西北农林科技大学林学院
西安美术学院建筑环境艺术系
西安石油大学人文学院
西北农林科技大学林学院
西华大学艺术学院
西南大学园艺园林学院
西南交通大学
西南科技大学文学与艺术学院
厦门理工学院设计艺术系
香港大学建筑学院园境学部
香港理工大学设计学院
盐城工学院设计艺术学院
燕山大学艺术与设计学院
扬州大学艺术学院
扬州环境资源职业技术学院
云南财经大学现代设计艺术学院
云南大学城市建设与管理学院
云南大学城市艺术与设计学院
云南科技信息职业学院
云南农业大学园林园艺学院
肇庆学院生命科学学院
浙江工商大学艺术设计学院
浙江工业大学
浙江万里学院设计艺术与建筑学院
郑州大学建筑学院
郑州轻工业学院艺术设计学院
中国美术学院建筑艺术学院
中国人民大学艺术学院
中南林业科技大学风景园林学院
中央美术学院建筑系
中原工学院信息商务学院艺术设计系
周口师范学院

支持企业：

AECOM 规划 + 设计东大景观设计有限公司
泛亚国际
广州山水比德设计公司
广州市科美都市景观规划有限公司
广州太合景观设计公司
广州土人景观顾问有限公司
景虎国际
铿晓设计咨询（上海）有限公司
朗道国际设计
俪禾景观
上海广亩景观设计有限公司
上海奇特园林景观营造有限公司
深圳市阿特森泛华环境艺术设计有限公司
深圳市赛瑞景观工程设计有限公司
苏州致朗建筑景观设计有限公司
土人设计
易德地景国际景观设计
浙江大庄集团
浙江华坤建筑设计院有限公司
中山品上照明有限公司
GVL 国际怡境设计集团
MCM 国际集团
SED 新西林景观国际
阿特金斯
阿拓拉斯（中国）规划·设计
安道国际
奥雅设计集团
澳斯派克（北京）景观规划设计有限公司
北京观筑景观规划设计院
北京清上美环境艺术设计有限公司
北京易地斯埃东方环境景观设计研究院有限公司
毕路德国际
德国戴水道设计
德国沃思兰德城市规划设计顾问有限公司
笛东联合规划设计顾问有限公司
东大景观设计有限公司
泛亚国际

支持学术机构：

亚洲景观设计师协会 AALA
中国美协环境艺术设计委员会
国际景观设计师联盟 IFLA
美国景观设计师协会 ASLA
欧洲景观教育大学联合会 ECLAS
香港园境师学会
台湾造园景观学会
台湾景观学会

支持媒体：

《景观设计》、《国际新景观》、《风景园林》、《中国园林》、《城市环境设计》、《中国勘察设计》、《楼市》、《国土绿化》、中国花卉报、中华建筑报、建设市场报、CCTV-7《绿色时空》、新浪房产、搜房网、建筑英才网、Lagoo 中国、Far2000、筑龙网、中国风景园林网、中国建筑与室内设计师网、中国建筑艺术网、中国城市规划行业信息网、中国城镇水网、中国绿化网

学术委员会：

学术委员：

白恒勤	白 杨	包满珠	包志毅	鲍戈平	蔡 强	曹 磊	车 伍
陈弘志	陈六汀	陈顺安	陈 炜	陈 刚	陈 晶	陈春妮	丁 山
丁 奇	杜顺宝	杜春兰	段渊古	段广德	戴 睿	郭选昌	谷彦彬
韩 涛	韩 巍	黄耀志	郝卫国	侯 涛	江 芳	姜 鹏	姜 龙
矫克华	康建华	李 敏	李炳训	李晓红	李辰琦	李 帅	刘 素
刘 晖	刘滨谊	刘 丽	刘志强	刘 谯	刘大鹏	廖启鹏	吕 斌
吕勤智	龙国跃	林泰碧	马克辛	马雪梅	彭 军	齐伟民	邱 建
邵 健	邵力民	石铁矛	舒 悦	宋文沛	苏 丹	孙凤岐	孙念祥
史 明	汤晓敏	田 野	唐世斌	唐 建	王 浩	王 铁	王葆华
王洪涛	王建国	王胜永	王向荣	王小璘	王淑芬	吴 昊	吴祥忠
谢 纯	辛艺峰	徐苏宁	徐 进	杨 锐	杨远庆	杨文会	杨豪中
姚亦锋	叶 强	尹传垠	于宏伟	余柏椿	余 毅	俞孔坚	张建林
张 平	张惠珍	张新友	张 炜	张红卫	张华如	张 剑	赵 婧
赵 茸	郑洪乐	郑 阳	钟国庆	周 晨	周长积	周中玉	朱木滋
朱 凯							

秘 书 长： 李迪华
副秘书长： 王秀丽　宋俊伟
秘 书 处： 佘依爽　陈丽丽　张保利　杨素珍　吴 巧　李艳君　王维海　杨 颖　韩韫娇　李璐颖　丁明君　宋尚周　徐 翔　庄 岩

第九届全国高校景观设计毕业作品展活动介绍

2013 年“第九届全国高校景观设计毕业作品展”自征集以来，共收到来自全国各地（含港、台）的 188 个院校的 943 组作品，符合要求的有效作品 661 组，其中个人参展作品 347 组，学校参展作品 314 组。参展院校数量及作品数量再创新高，一百八十余所高校师生再一次掀起了景观设计界学习、交流、进取、超越的热潮。

评选以作品为对象，对学校提交的参展作品和个人提交的参展作品无区别对待，经过三个阶段紧张的评选，最终评选出荣誉奖及各类单项奖共计 48 份作品，优秀奖共计 185 份作品。2013 年 10 月 30 日在“实践・教育・责任——第九届全国高校景观设计毕业作品交流暨高校教育论坛”上为获得荣誉奖和单项奖的获奖者颁奖。获奖作品集于 2014 年出版发行。至 2013 年 10 月开始，全部参展作品在景观中国网站学生作品展专题网站进行网络展览，同时，全部获奖作品还在北京、南京、郑州、焦作、成都、西安、景德镇、无锡、宜昌、济南、福州等十多个城市进行巡回展览，巡回展览免费向全社会公众开放，更多活动详情请登录活动专题网站：http://www.landscape.cn/Special/2014studentBBS/Index.asp。

评选方法：

1. 由组委会邀请的相关专家、资深设计师组成初评组，对全部作品进行评选，评出入围作品；
2. 由各个高校专业骨干教师组成的评委团，对入围作品进行评审、点评，推荐荣誉奖与单项奖获奖名单，初评组根据评委团评审和推荐结果确定优秀奖名单；
3. 以“2013 年北京大学建筑与景观设计学院学术年会”的特邀专家为主，组成终评小组，根据评委团推荐意见，从优秀奖名单中确定荣誉奖和单项奖获奖名单。

评分标准：

评分标准从以下六个方面考虑，“景观规划 (Landscape Planning)”类作品和“景观设计 (Landscape Design)”类作品评价的内容不完全一致：

	标　准	景观规划	景观设计	得分比例
P	选题	选题包含当前城乡建设规划领域的某个方面的基本问题，具有一定的学术与实践意义，能够激发学生的分析研究与解决方案的探索兴趣	包含当前城乡建设领域的某个方面的实际问题，具有一定的探讨价值，能够激发学生的研究与设计创新兴趣	15
S	对场地现状的分析评价与规划、设计原则	对场地及其周边地区的自然、社会、经济、历史文化等要素的综合分析与评价，针对现状存在的问题、挑战和机遇提出解决问题的原则与战略，包含借助地理信息系统工具 (GIS) 进行分析的情况	对场地现状要素的分析与评价，以及地方性设计条件的把握和理解	20
L	总体布局与空间联系	依据活动功能或景观类型划分的空间区域布局合理，结构关系明确，空间组织清晰，尺度把握得当，整体关系协调完整	物理空间构成与布局合理有效，尺度感强，景观要素的运用符合对人和自然关怀的基本原则	20
E	对生态、乡土文化和可持续性的考虑	方案体现对地方和场地内自然和文化遗产以及非物质文化遗产的保护、展示，以及对全球性、区域性和局地性生态、环境和资源问题的关注	对场地生态、文化价值的考虑和表现，关爱自然和环境，大胆采用生态设计和生态技术手段以及生态工程方法	15
I	方案（解决问题）创新	针对问题和机遇，解决问题方案具有合理性和创新性；场地现状分析评价结果、规划目标、原则、理念与规划成果一致性强	方案建立在深入的场地理解的基础之上，针对性强；设计目标、原则、理念与设计成果一致性强	15
T	绘图表现技能与图面艺术效果	内容表述清楚、符合逻辑、规范，一目了然；标题、关键字、说明文字明确简练，图文比例得当、色彩搭配协调优美	对方案全部内容表述清楚、规范，一目了然；图文比例得当、色彩搭配协调优美；图面富有艺术感染力	15

以上六项标准供评委作为评选参考。

荣誉奖获奖作品是上述评奖规则中各项内容均表现突出，是一件场地分析、解决方案和设计表达等方面俱佳的作品。

单项奖，总体上符合上述规则的基本要求，作品没有明显缺陷和错误，而在某个方面表现特别突出，可授予单项奖。

奖项设置：

● **优秀奖：**根据“评分标准”要求，评委评分结果加权平均后优选出总作品数量的30%

奖品：获奖证书及2013年“北京大学建筑与景观设计学院学术年会”参会名额一个（免会务费）

● **荣誉奖：**10~30名，荣誉奖获奖作品是“评分标准”中各项内容均表现突出，是一件场地分析、解决方案和设计表达等方面俱佳的作品

奖品：获奖证书、奖杯、《景观设计学》杂志一套（6期）及2013年“北京大学建筑与景观设计学院学术年会”参会名额一个（免会务费）

● **十类单项奖：**最多50名，同一作品最多可以同时获得3类单项奖

◇最佳选题奖：0~5名，作品的选题具有开拓性，主题新颖、内涵鲜明，具有很强的学术研究与设计理论探讨价值，能够激发学生探索和创造欲望。

◇地球关怀奖：0~5，作品在节地、节水、节能、保护生物多样性和维护自然系统完整性等方面提供了创新性解决方案或者概念。

◇人类关怀奖：0~5，作品在人性化设计、安全设计、促进人与人之间交流等方面提供了具有创新性解决方案或者概念。

◇文化关怀奖：0~5，作品在历史文化认同、物质和非物质文化遗产保护与展示等方面提供了具有创新性的解决方案或者概念。

◇最佳场地理解与方案奖：0~5，景观设计类作品，参照评奖规则，对场地特征的理解和把握准确，并有效地指导设计方案。

◇最佳分析与规划奖：0~5，景观规划类作品，参照评奖规则，针对项目和场地的分析系统，并有效地指导规划方案。

◇最佳设计表现奖：0~5，方案全部内容表述清楚、规范，一目了然；图文比例得当、色彩搭配协调优美；图面富有艺术感染力。

◇想象与超越奖：0~5，作品在突破目前的教育思想、设计形式、设计表达、探讨解决方案等方面有跨越性的思考和表达。

◇模型表达奖：0~5，作品在概念表达上采用了手工模型；模型做工精良，表现力强，体现出强烈的对空间秩序的理解和研究欲望。

◇最佳应用奖：0~5，对作品的可行性做了深入分析阐述，对可实施性有准确清晰的表达，创新性地应用新技术、新材料。

奖品：获奖证书、奖杯、《景观设计学》杂志一套（6期）及2013年“北京大学建筑与景观设计学院学术年会”参会名额一个（免会务费）

第九届作品展评委成员：

学校评委：

俞孔坚　北京大学建筑与景观设计学院院长、教授、博士生导师、《景观设计学》杂志主编
李迪华　北京大学建筑与景观设计学院景观设计学研究院副院长、《景观设计学》杂志副主编
白　丹　郑州大学建筑学院讲师
曹福存　大连工业大学艺术设计学院副院长、教授
曾晓泉　广西艺术学院建筑艺术学院副院长、副教授
曾晓阳　四川建筑职业技术学院风景园林系高级工程师
陈福阳　盐城工学院设计艺术学院教师
陈　晶　河南工业大学设计艺术学院
陈　敏　西北农林科技大学林学院艺术设计系教授
丁　圆　中央美术学院建筑学院副教授
杜守帅　江南大学设计学院副教授
冯嗣禹　大连工业大学艺术设计学院讲师
傅　娅　西南交通大学建筑学院副教授
高贵平　吉林艺术学院现代传媒学院教授
高月秋　吉林建筑大学艺术设计学院
韩　巍　南京艺术学院设计学院教授
何春玲　福建工程学院建筑与规划系教师
侯　涛　武汉科技大学艺术与设计学院教师
侯长志　扬州大学艺术学院教师
胡喜红　西安工业大学艺术与传媒学院教师
胡　悦　云南大学艺术与设计学院
黄东升　三峡大学科技学院艺术设计教师
黄红春　四川美术学院设计艺术系讲师
黄　江　南京师范大学美术学院教师
黄　艺　重庆文理学院美术与设计学院教师
霍耀中　山西大学美术学院教授
季　岚　武汉轻工大学艺术与传媒学院讲师
姜　龙　四川攀枝花学院艺术学院讲师
李辰琦　沈阳建筑大学副院长、系主任
李楚智　湘南学院设计系教师
李　慧　广东轻工职业技术学院艺术设计学院环境艺术设计系
李鹏宇　南京农业大学园艺学院副教授
李世华　云南大学艺术与设计学院教师
李　微　深圳大学艺术设计学院
刘　谯　南京艺术学院设计学院景观系主任
刘　素　四川音乐学院绵阳艺术学院造型与设计艺术系教研室副主任
刘北光　清华大学美术学院教授
刘大鹏　沈阳建筑大学建筑与规划学院景观系教师
刘　更　重庆工商职业学院传媒艺术学院
刘　晖　西安建筑科技大学建筑学院教授
刘　龙　河南理工大学建筑与艺术设计学院
刘仁芳　华侨大学建筑学院城乡规划系讲师
刘彦鹏　山东大学威海分校艺术学院讲师
刘艺杰　西北农林科技大学艺术系教授
刘　益　四川音乐学院成都美术学院环境艺术系讲师
刘志华　贵州大学艺术学院环境艺术设计系教师

龙国跃　四川美术学院设计艺术学院环境艺术系主任
鲁　琳　四川农业大学风景园林学院副教授
吕小辉　西安建筑科技大学艺术学院副教授
马　珂　河南科技学院园艺园林学院
孟晓鹏　厦门大学嘉庚学院艺术设计副教授
聂庆娟　河北农业大学园林与旅游学院园林系副教授
牛艳玲　南京铁道职业技术学院艺术设计系
彭　军　天津美术学院环境艺术设计系副院长、系主任
曲广滨　哈尔滨工业大学建筑学院讲师
任永刚　北方工业大学艺术学院讲师
邵力民　山东工艺美术学院副院长
沈　一　四川大学建筑与环境学院教授
史　明　江南大学设计学院建筑与环境艺术设计系教学负责人
宋文沛　台湾勤益科技大学景观系教授
苏媛媛　安徽大学艺术学院教师
孙　杨　长春建筑学院公共艺术学院景观教研室主任
覃文勇　扬州环境资源职业技术学院教研室主任
唐　建　大连理工大学建筑与艺术学院副院长
唐　毅　四川音乐学院成都美术学院
王　瑶　厦门理工学院设计艺术系教师
王　宇　沈阳理工大学应用技术学院艺术与传媒学院教师
王葆华　西安建筑科技大学艺术学院副教授
王洪涛　山东农业大学林学院园林系主任
王　晶　天津大学建筑学院艺术设计讲师
王胜永　山东建筑大学艺术学院园林教研室主任
王铁军　东北师范大学美术学院院长、教授
王　未　哈尔滨工业大学建筑学院讲师
王　瑶　厦门理工学院设计艺术与服装工程学院教师
王　宇　沈阳理工大学应用技术学院艺术与传媒学院讲师、风景园林专业负责人
王祝根　南京工业大学建筑学院讲师
魏泽崧　北京交通大学建筑与艺术学院讲师
文　静　重庆文理学院美术学院环境艺术设计系环艺教研室主任
吴　博　西安科技大学艺术学院环境艺术系
吴李艳　浙江万里学院设计艺术与建筑学院教师
吴兆奇　北京理工大学珠海学院设计与艺术学院教师
萧　蕾　华南理工大学建筑学院讲师
辛艺峰　华中科技大学建筑与城市规划学院艺术设计系副系主任
信　璟　郑州轻工业学院国际教育学院
徐　进　景德镇陶瓷学院设计艺术学院教授
徐保佳　四川美术学院设计艺术学院环境艺术系副教授
徐耀东　南京理工大学设计艺术与传媒学院讲师
严　晶　苏州大学金螳螂建筑与城市环境学院风景园林系教师
杨丽文　广西师范大学设计学院讲师
杨修进　湖南商学院设计艺术学院高级工艺美术师
杨　杨　天津财经大学艺术学院教师
杨一丁　广州美术学院建筑艺术设计学院副教授
叶美金　成都师范学院环境艺术设计
易　俊　江汉大学现代艺术学院
于立晗　北京工业大学艺术设计学院

袁柳军　　中国美术学院建筑艺术学院教师
苑升旺　　内蒙古师范大学国际现代设计艺术学院公共艺术设计系教师
张春英　　福建工程学院建筑与城乡规划学院副教授
张　恒　　华侨大学建筑学院讲师
张建国　　昆明理工大学艺术与传媒学院
张　剑　　山东大学威海分校艺术学院副教授
张　琴　　武汉理工大学艺术与设计学院
张　泉　　合肥工业大学建筑与艺术学院讲师
张天竹　　东北农业大学艺术学院教师
张　燕　　集美大学美术学院讲师
赵　茸　　安徽建筑大学建筑与规划学院景观学系主任、副教授
赵忠超　　济南大学美术学院讲师
郑　阳　　山东大学威海分校艺术学院美术设计系主任
郑洪乐　　福建农林大学艺术学院教师
钟旭东　　福建工程学院建筑与规划系环境艺术设计专业负责人
周　雷　　周口师范学院景观教研室主任
周明亮　　西华师范大学美术学院
周彝馨　　顺德职业技术学院设计学院
周　渝　　四川传媒学院艺术设计与动画系环艺教研室主任
朱木滋　　福州大学厦门工艺美术学院讲师

企业评委：
曹宇英　　安道国际总经理兼首席设计师
陈奕仁　　泛亚国际　总裁
陈合金　　德纳兰景观设计（北京）公司　董事总经理
丁　炯　　赛瑞景观设计总监
杜　昀　　毕路德 (BLVD) 合伙人
高　兴　　北京清上美环境艺术设计有限公司　设计总监、总经理
轰　伟　　土人设计　副院长、生态研究中心主任
黄剑峰　　新西林景观国际首席　设计总监
孔祥伟　　北京观筑景观规划设计院首席设计师
李宝章　　奥雅设计集团　首席设计师
李建伟　　EDSA Orient 总裁兼首席设计师
李建新　　深圳市阿特森泛华环境艺术设计有限公司　设计总监
李健宏　　UDA 优地联合　设计总监
李　伦　　澳斯派克景观设计总监
林振生　　美国俪禾设计总监
龙　赟　　景虎国际总经理兼景观设计总监
马晓暐　　意格国际 总裁、首席设计师
庞　伟　　广州土人景观顾问有限公司　总经理兼首席设计师
沈　虹　　GVL 国际怡境设计集团　董事、副总裁
盛叶夏树　ATLAS（中国）规划设计　技术总监
石　杨　　秦皇岛耀华新材料有限公司　副总经理
司洪顺　　笛东联合（北京）规划设计顾问有限公司　副总裁　高级设计师
孙　虎　　广州山水比德设计公司　总经理兼设计总监
孙　峥　　戴水道景观设计咨询（北京）有限公司中国区总监
汪　杰　　尚源国际　设计总监
王拥军　　奥雅设计集团　北京分公司总经理

吴惠明　东大景观设计有限公司　支持中心总经理
徐　菲　麦田景观首席设计师
叶翀岭　朗道国际设计集团　设计总监
由　杨　UDA 优地联合　总经理
袁松亭　笛东联合总裁兼首席设计师
张西利　深圳市西利标识研究院　院长
张铁群　上海济景建筑设计有限公司　首席设计师
赵伟强　广州太合景观设计公司　总裁、设计总监
诸　谦　上海广亩景观设计公司　董事长兼首席设计师

写在文前

李迪华

北京大学建筑与景观设计学院副教授，北京大学景观设计学研究院副院长

北大组织的全国高校景观设计毕业作品展，今年已经是第九届了，这是一件非常有意义并完全公益性的活动。在 2003 年的时候，我们深感中国景观设计教育的落后，并开始思考用一种什么样的方式来改变这种现状，于是决定举办这样一个全国的高校毕业生毕业设计作品展览。

这个展览由北大来举办有它的优势，北大没有景观设计学专业的本科生教育，所以我们自己的学生不参加评奖，评奖标准由我们来制定，更有助于保持活动的公平性。我们从中挑选符合我们研究认定的，符合中国和世界未来的景观设计教育、实践发展趋势的作品，标准与国际接轨。这项工作初期开展得很艰难，我们没有经费支持，各个高校也并不是非常理解。但是做到今天，我觉得作品展的影响和作用越发彰显。一是对学生的作用，高校和学生越来越重视，作品展收到的作品从最初的 100 多份，到今年达到了最多的 800 多份，但是我们的评奖数量一直严格控制，评奖标准逐渐提高，这就要求学生更加努力；二是对老师的作用，作为指导老师或评委参与到作品展中，已经成为很多高校老师职称评定的重要标准之一，这说明作品展的影响在逐渐扩大，这让我们非常自豪。

此外，从学生的角度来看，所有获得作品展奖项的学生，毕业之后确确实实在职场上表现得非常好，成为企业之间人才竞争所关注的对象。所以我们感受到这项工作很有意义，一直在坚持举办。在评奖、高校巡展之外，我们每年会就作品展成果出版一本书，这本书以往是纸质的，未来我们将逐渐减少纸质，增加电子出版的数量，这些都是公益性的。

从活动组织形式来说，以往几届主要由北大的教师来评，但从前几年开始，有了企业家的经费支持后，我们得以邀请更多的评委、专家一起参与到活动中来，并且在原来只是展览的基础上，每年组织交流论坛，把获奖学生、企业家和高校老师邀请到一起来讨论中国的景观设计教育。我们今天评审会的所有评语，以及不久后将举办的交流论坛的嘉宾发言，最后都会作为作品展出版成果的素材，用以宣传和引领中国的景观设计教育。我代表北京大学，特别感谢各位企业家对中国景观设计教育的支持和贡献。

我从第一届作品展开始，参加了所有的评审，从第一届找不出好的作品到现在看到越来越多的好设计，这个变化过程让我特别欣喜。同时，作品展本身也在不断变化调整，以适应当代景观设计的现状和发展需求。比如做设计都要理解场地，需要大量的场地分析，我们最早设的单项奖就是场地分析奖。但是这几年的作品，大家的场地分析都做得非常好，新的问题又来了——怎样在场地分析和最后的设计成果之间建立起实实在在的联系——这是设计中最难的一个环节，也是很多设计的一个短版。从类似的作品问题的变化中，我们可以非常清晰地看到中国景观设计教育的变化。我不能说这是北大的功劳，但是我必须肯定地说，我们功不可没，大家同北大一起功不可没，这也是我们为什么愿意邀请更多的朋友一起投入到这个工作中来。考虑长远发展，北大不可能担当一切，只有更多的人参与进来，才能够真正引领和代表中国景观设计教育的未来。谢谢大家。

第九届全国高校景观设计毕业作品展
暨 2013 中国知名景观设计企业优秀作品全国巡回展

The 9th Chinese Landscape Architecture Graduate Works Exhibition
& 2013 Famous Landscape Architectural Firms' Excellent Works Tour Exhibition

巡展行程安排

2013 年 10 月 29 日 ~31 日	北京大学建筑与景观设计学院
2013 年 11 月 10 日 ~15 日	山东工艺美术学院建筑与景观设计学院
2013 年 11 月 25 日 ~30 日	河南理工大学建筑与艺术设计学院
2013 年 12 月 16 日 ~18 日	南京理工大学设计艺术与传媒学院
2013 年 12 月 23 日 ~27 日	福建农林大学艺术学院
2014 年 3 月 3 日 ~7 日	江南大学设计学院
2014 年 3 月 17 日 ~21 日	成都师范学院园林工程技术
2014 年 3 月 26 日 ~4 月 2 日	三峡大学艺术学院
2014 年 4 月 7 日 ~11 日	西北农林科技大学林学院
2014 年 4 月 16 日 ~20 日	周口师范学院
2014 年 4 月 24 日 ~30 日	景德镇陶瓷学院设计艺术学院
2014 年 5 月 6 日 ~10 日	南京艺术学院设计学院
待定	待定

巡展城市

北京 济南 焦作 南京 福州 宜昌 成都 周口 景德镇 杨凌 无锡……

目录

第一部分：荣誉奖及各类单项奖

目录

巷弄尽端的车园 ——杭州元宝心历史街区复合式景观设计

The Car Garden at Alleyway End —Complesx Historical Block Landscape Design Yuanbaoxin,Hangzhou

设计来由

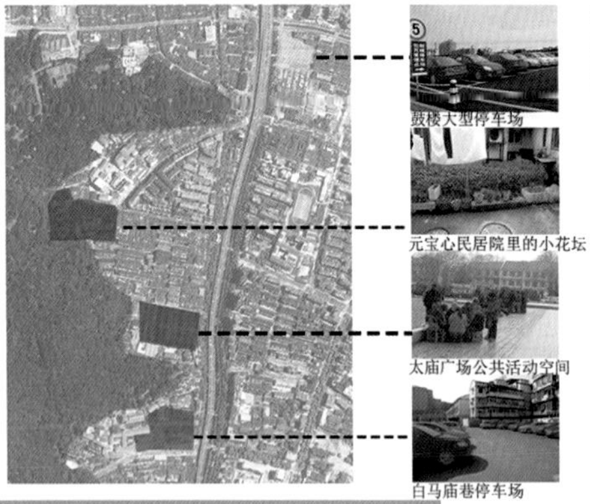

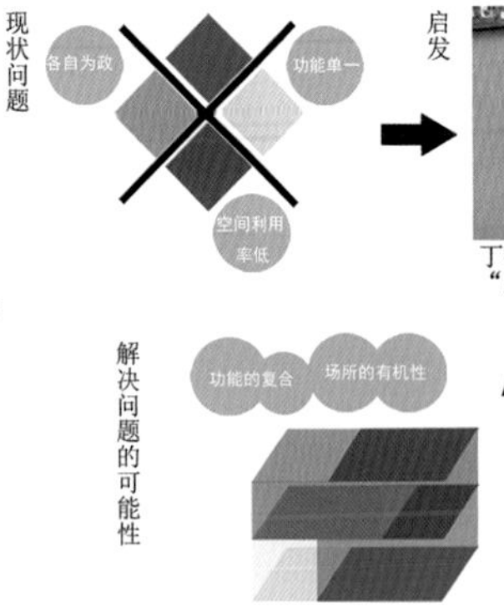

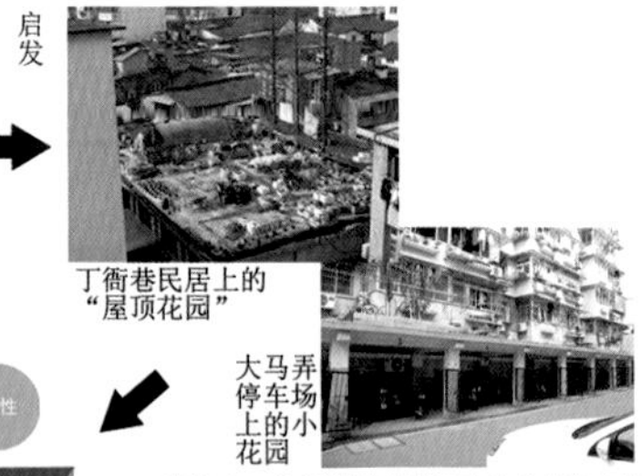

我们在一些居民区尤其是建筑密度较大的老居民区里，时常会发现这样一种有趣的现象：在一栋民居的屋顶上摆满了很多盆栽，以及在屋顶上发生的活动：晒被子、浇花等等。这就是当地居民自发的一种活动，这就使得在这一片本来属于单一居住功能的空间上又创造了另一个甚至多个功能。这是一种自下而上的行为。很多居民很乐意去使用它，这就大大提高了这一片空间的利用率，很好地整合了居住、种植、交流这几个功能。

区位分析

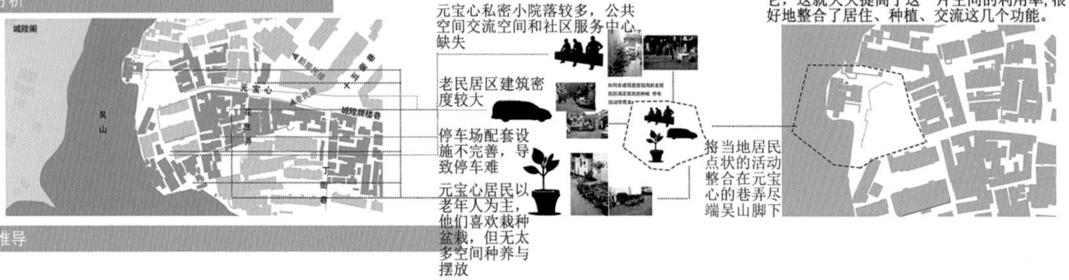

设计推导

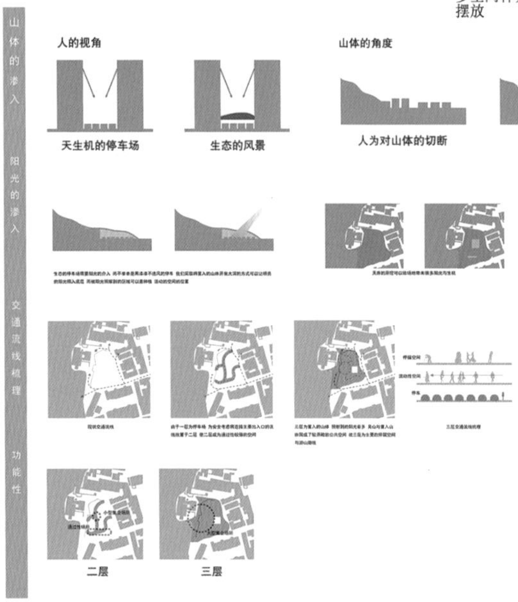

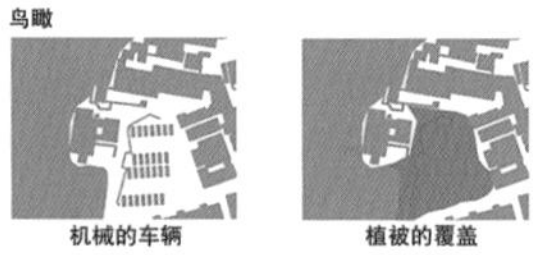

总平面图

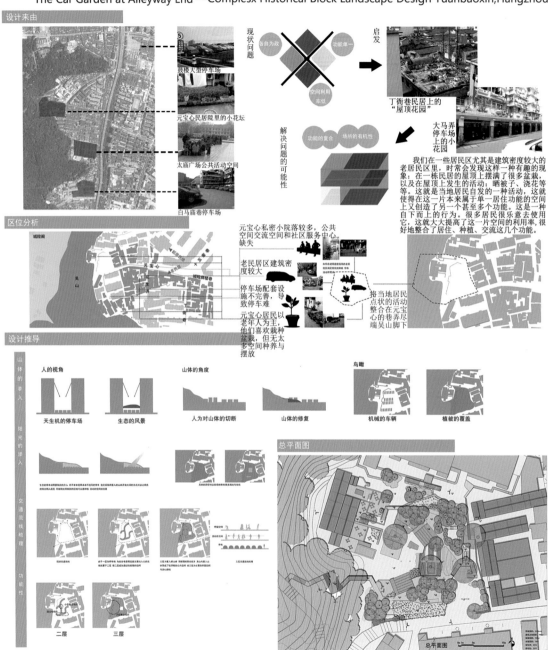

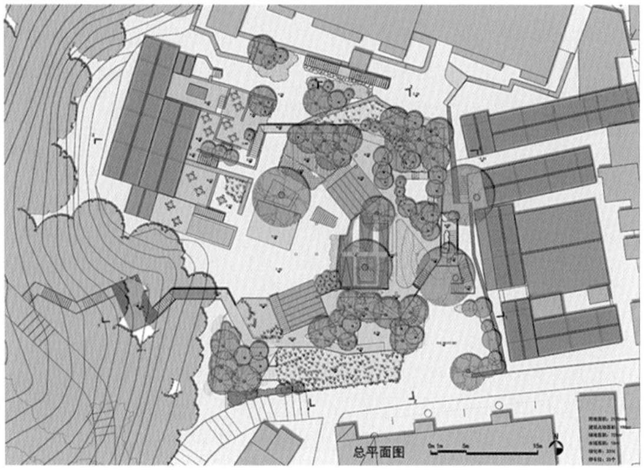

作品编号： G228
毕业院校： 中国美术学院景观系
作品名称： 巷弄尽端的车园——杭州元宝心历史街区复合式景观设计
作　　者： 王博文
指导老师： 邵健

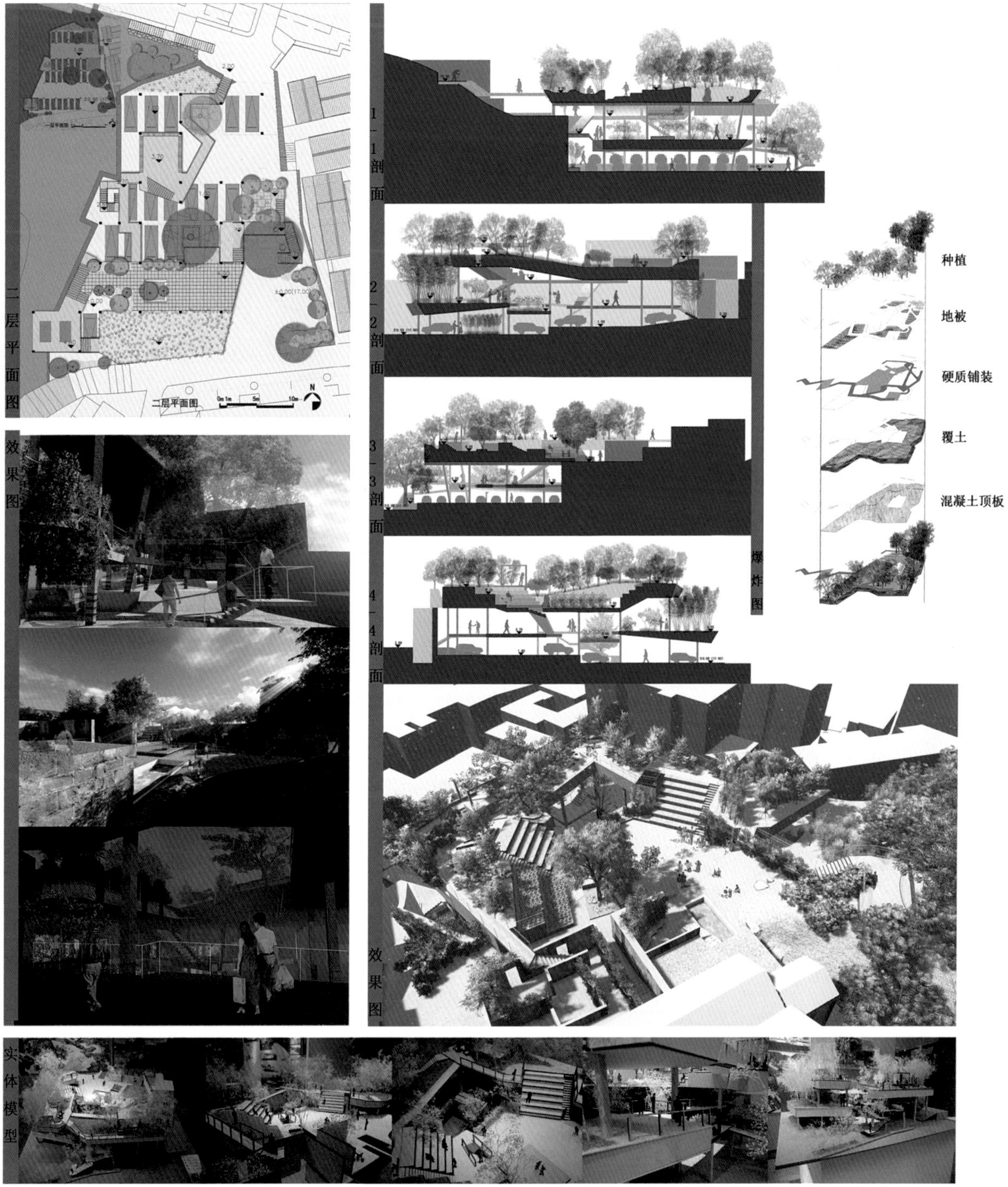

评委评语：

该作品在创意及空间处理上有一定的想法，但对于前期的调研及各方面的分析太少（包括文字的阐述）。

巷弄尽端的车园——杭州元宝心历史街区复合式景观设计对历史街区的公共空间进行有机重塑，是当今城市发展进程中重要的课题之一，具有较强的研究价值和实践意义。作者对环境现状以及居民的生活习惯和交流模式都进行了深入的调研和分析，所提出的问题和解决思路清晰、完整，将现代停车功能与居民日常生活、交流以及景观美化等多功能进行整合、重构，形成了一个有机整体，很好地完成了目标要求。设计者对空间构成及尺度控制均具有较强的把握能力，巧妙地利用了地形高差变化，构建出丰富的空间形态，具有老街区的尺度关系和适宜的活动模式，反映出设计者对传统街区及使用者的理解和尊重，这是该方案最为突出的可贵之处。

交往空间COMMUNICATION SPACE

— URBAN ORGANIC FARM
—— 都市有机农场

设计背景

快速城市化进程导致人与人之间的距离越来越远，城市河流越来越少，景观效果单一。此时，我们是否应该停下城市化的步伐，反思我们现在生活的环境？

设计构想

本设计通过把有机农场作为交往的载体融入城市，与城市阴阳结合，达到人与人、人与自然、自然与自然之间的和谐共生。

场地

深圳湾后海片区是深圳城市滨海特征与滨海开发的重要地区，作为代表深圳门户形象的滨海生活区，这里拥有最自然的生态海湾和最密集的城市建成地区。

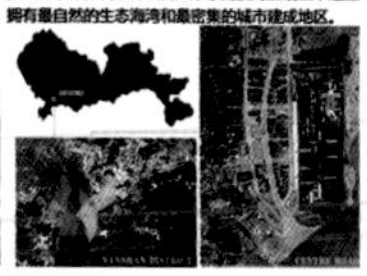

基地概况

存在的问题：
周边住宅高层及超高层居多，密度大，人口密集，缺少公共活动空间。
基地虽属于高档住宅区及商业区，但人烟甚少，缺少活力及交往。
河道坡度较大，不利于亲水活动，植物维护成本高，表面生态，但实质上并不然。

设计思考

在城市高层的住宅区用有机农场创造交往空间，恢复活力，增进邻里交流。
通过二层连廊方便居民到达水面的亲水平台进行交往活动。
阳光盒概念采用模块化环保节能的形式，创造不同的交往空间。

设计理念

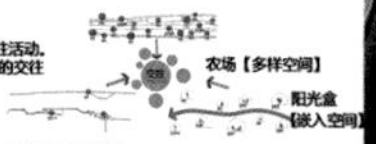

愿景

方案分析

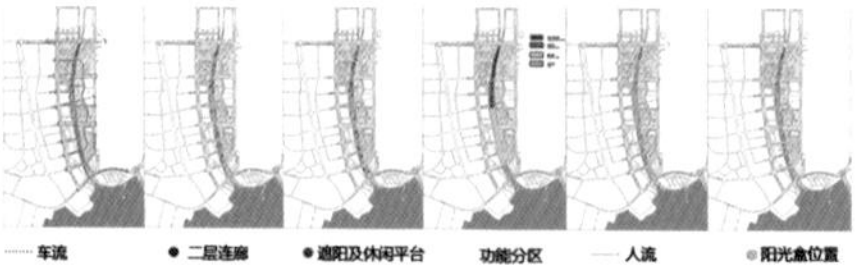

空间结构

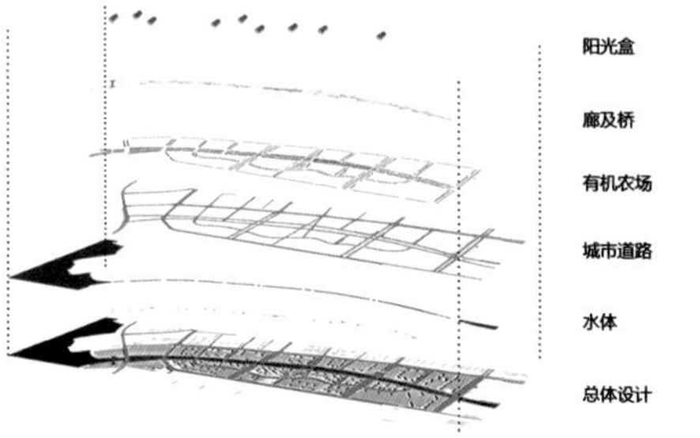

河道理想模式

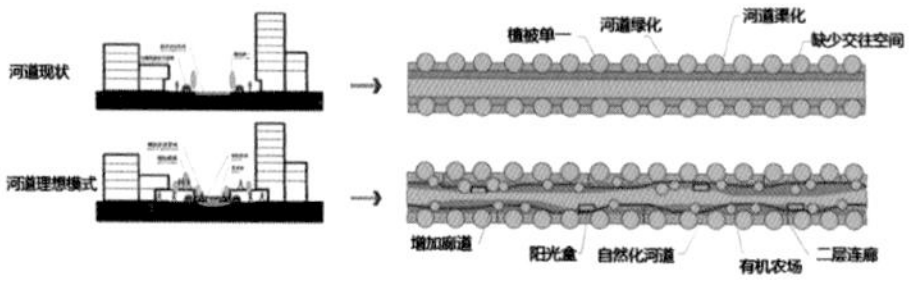

污水净化过程

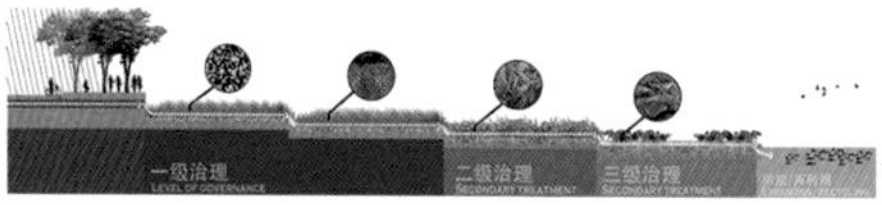

河流净化基础设施

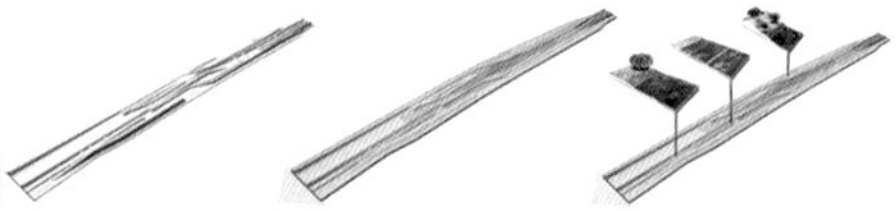

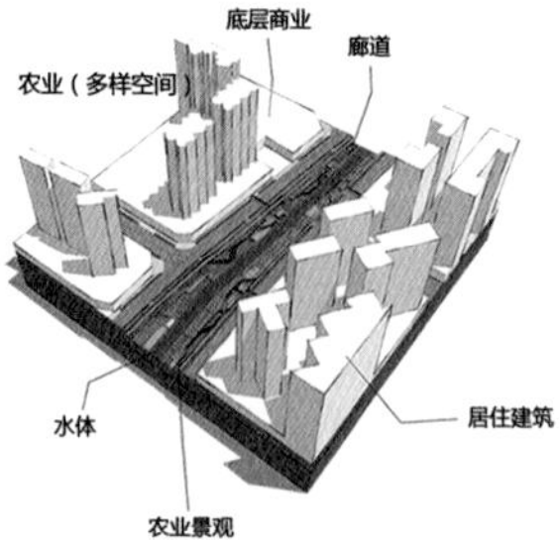

B 商业（垂直农场）
- 垂直农场应用于河道垂直立面
- 垂直农场应用于建筑立面的可能性
- 垂直农场应用于室内立面的可能性

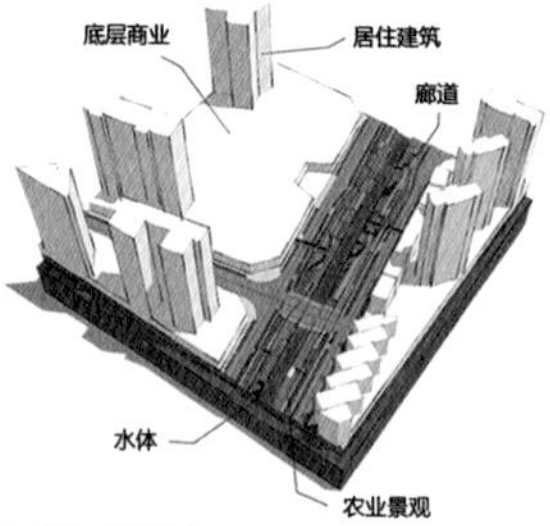

C 居住（阶梯农场）
- 阶梯农场应用于河道的两侧
- 阶梯农场以模块的形式可应用于更宽的河道或者更窄的河道
- 阶梯农场以模块的形式可应用于山体斜坡上

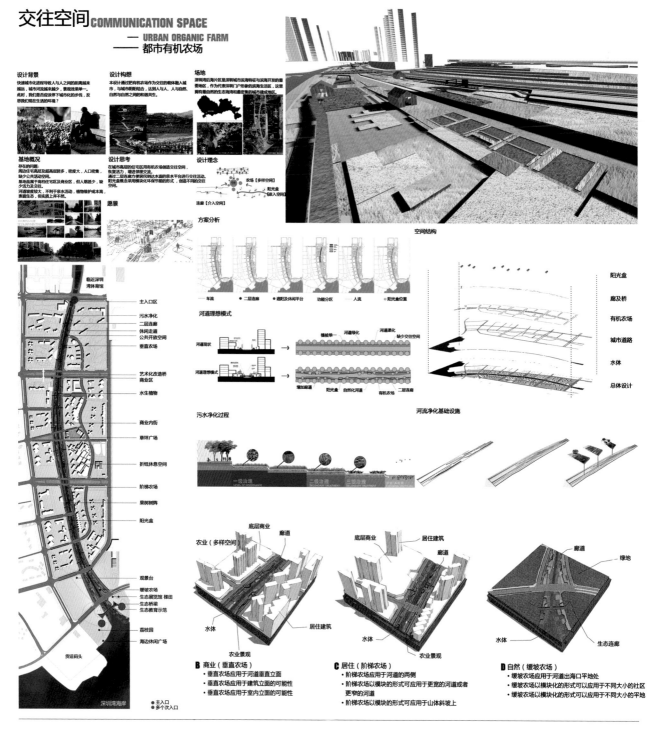

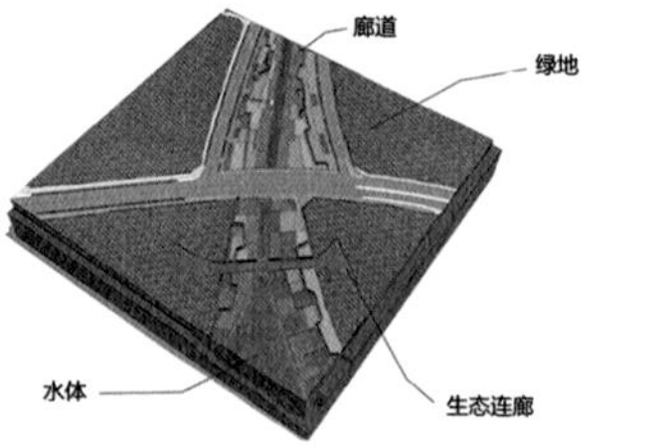

D 自然（缓坡农场）
- 缓坡农场应用于河道出海口平地处
- 缓坡农场以模块化的形式可以应用于不同大小的社区
- 缓坡农场以模块化的形式可以应用于不同大小的平地

作品编号：G437
毕业院校：深圳大学艺术设计学院
作品名称：交往空间——都市有机农场
作　　者：方硕
指导老师：许慧

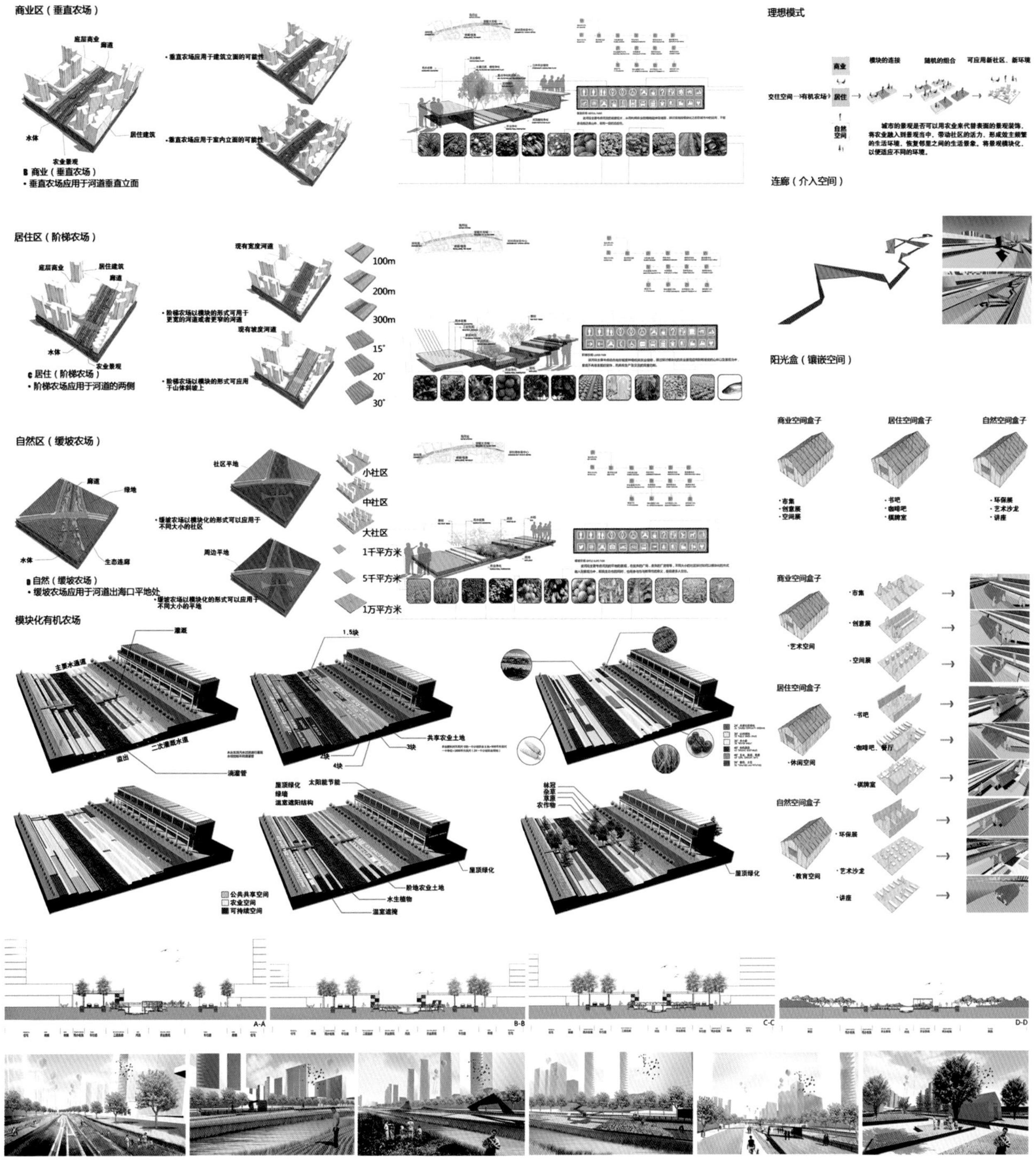

评委评语：

该方案对场地及周边的自然要素做出细致全面的分析与评价，特别是通过把有机农场作为交往的载体融入城市景观，与城市阴阳结合，对人与人、人与自然、自然与自然之间的共生关系作出了详细分析，并对城市水资源以及实地生态恢复采用生态设计手段对地形、水、植被等进行分层设计，但是细节处理较弱，尤其强调生态技术的应用。

该作品以都市有机农场为选题，思路大胆，具有一定的学术研究价值。作品以深圳某城市主干道为原型予以改造设计，提出了较完善的设计方案，尤其是对农村的多种形式予以了分析，思路清晰，方案详细，原则与成果一致性强，作品中充分体现了对生态的保护和生态技术的运用。画面主次得当，图文清晰易读。

团地再生

——国贸计划经济时代住区的改造与设计

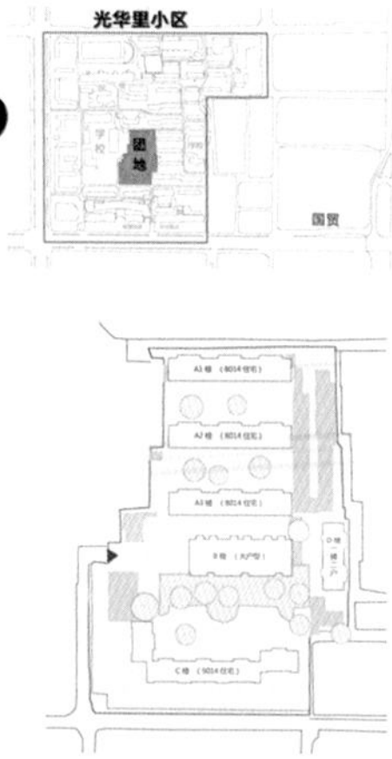

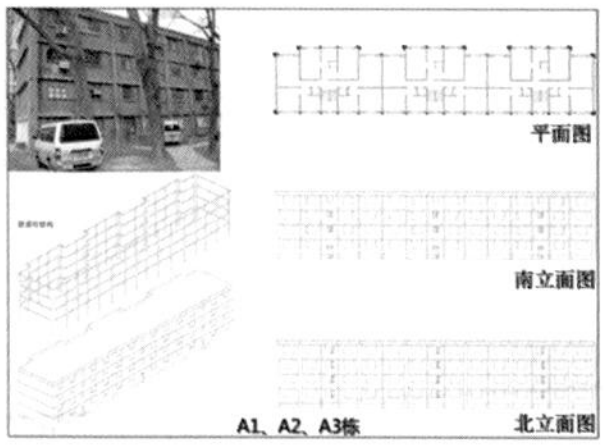

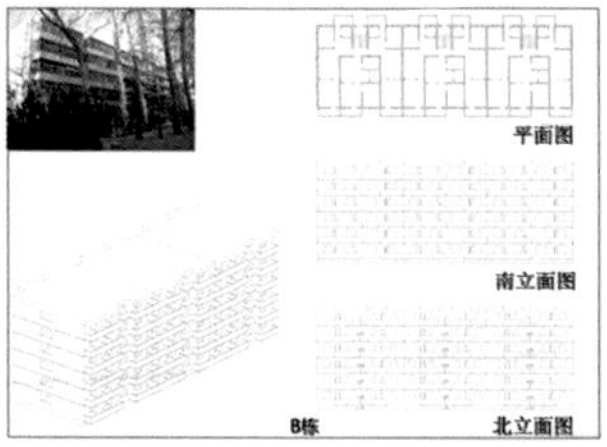

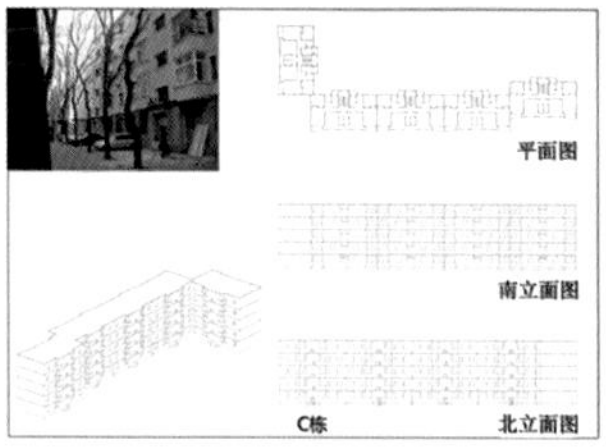

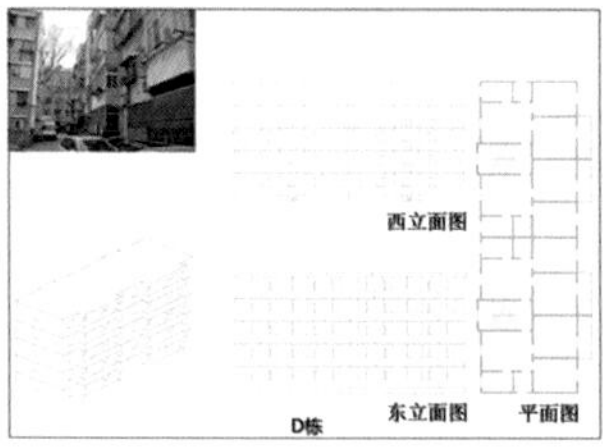

1 早期户型的弊端——空间浪费、功能混杂、厨卫空间不足
2 原有的户型不适合住户老龄化的需求
3 家庭成员增多，住房面积不够
4 没有阳台
5 层高过低
——户型问题

6 住户老龄化出行不便，生活自理不便
7 老年人活动中心比较简陋，没有卫生站、理发店、便利店
8 无业闲置人口较多
9 乱停车占道路
10 公共设施缺乏

11 团地缺少干净舒适的外部公共活动空间
12 棚户区造成严重的视觉污染、卫生污染、阻塞道路
13 没有舒适安全的儿童活动空间
14 景观荒芜，外部空间浪费
——外环境与公共功能空间问题

15 管线外露、老化
——设备问题

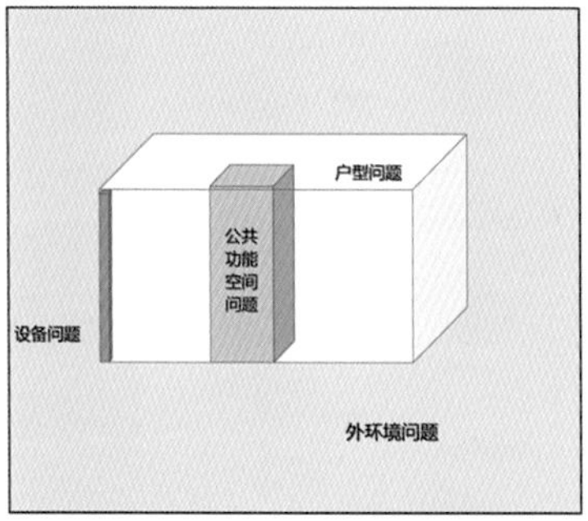

户型问题——户型改造 1

外环境与公共功能空间问题——外环境与公共功能空间调整 2

设备问题——设备更新 3

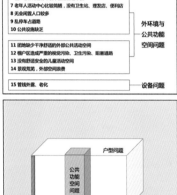

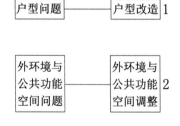

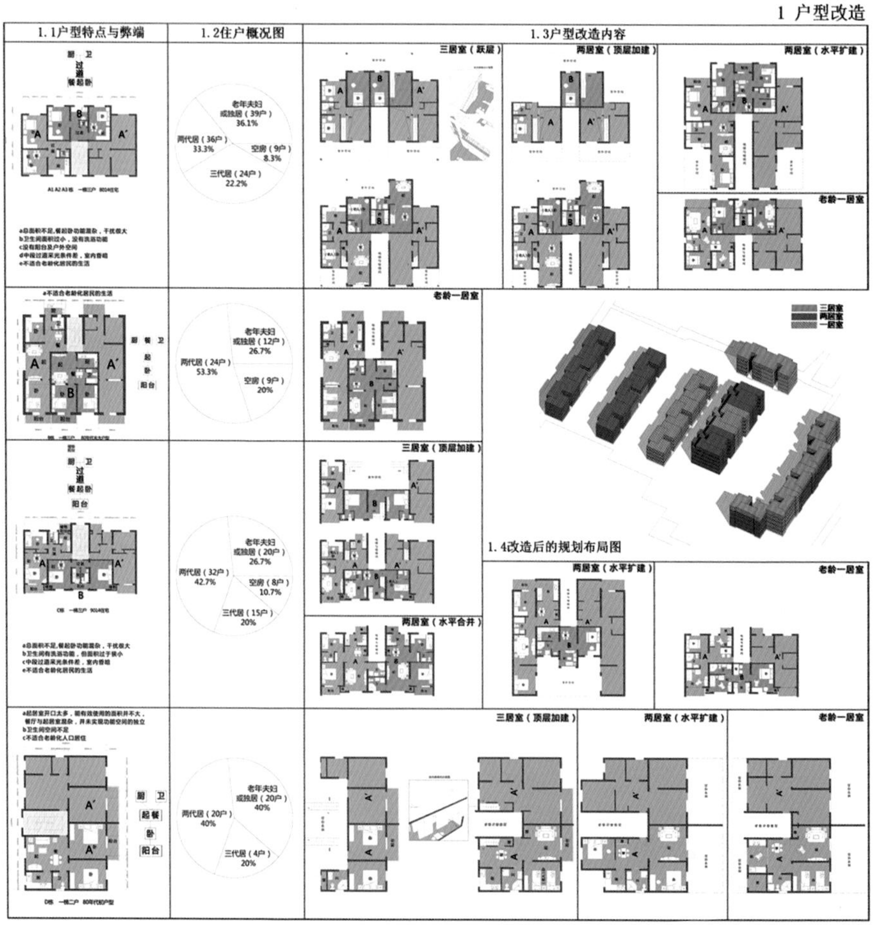

作品编号： G509
毕业院校： 清华大学美术学院
作品名称： 团地再生——国贸计划经济时代住区的改造与设计
作　　者： 董孟秋
指导老师： 刘北光

2 外环境与公共功能空间改造

2.1团地“层级庭院”模型

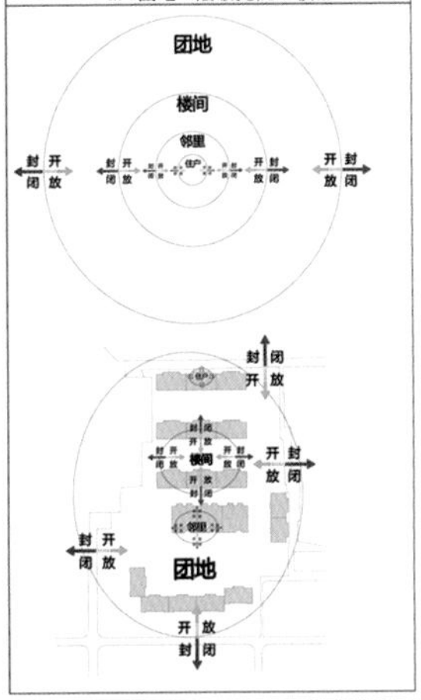

2.2庭院产生方式

团地庭院产生

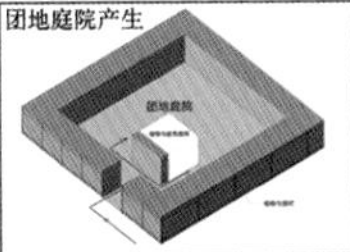

楼间庭院产生

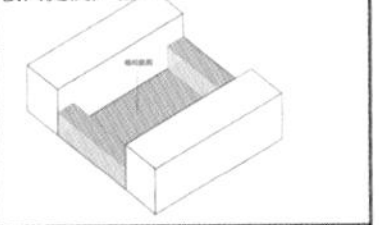

四合院空间模式分析

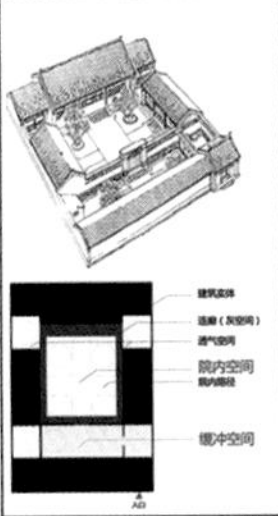

邻里与住户庭院产生

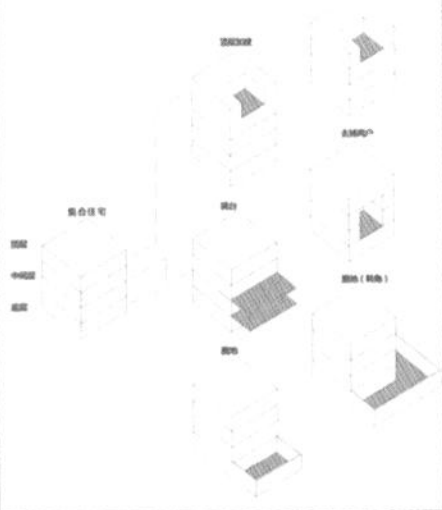

2.3庭院类型

团地庭院

楼间庭院（宽距）

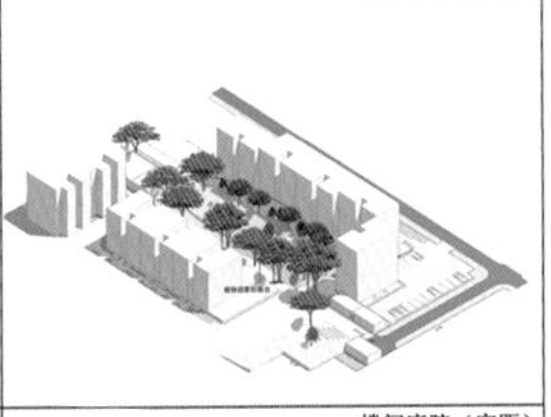

楼间庭院（正常）

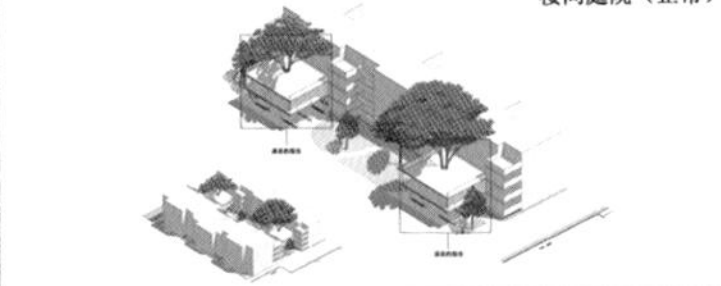

楼间庭院（宽距）

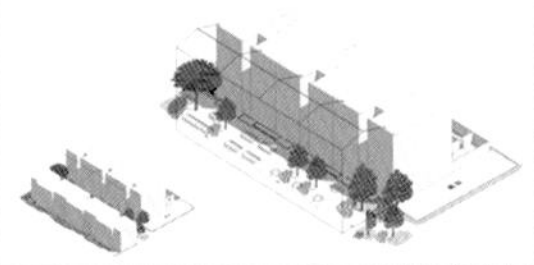

邻里庭院1

邻里庭院2

邻里庭院4

邻里庭院6（连廊）

邻里庭院5

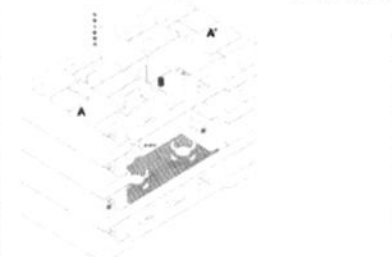

邻里庭院3

住户庭院

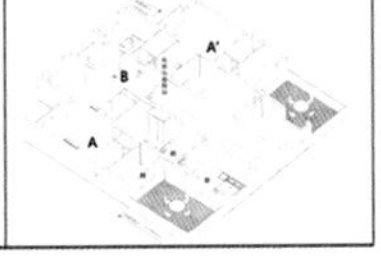

2.4公共功能空间

楼梯与电梯综合体

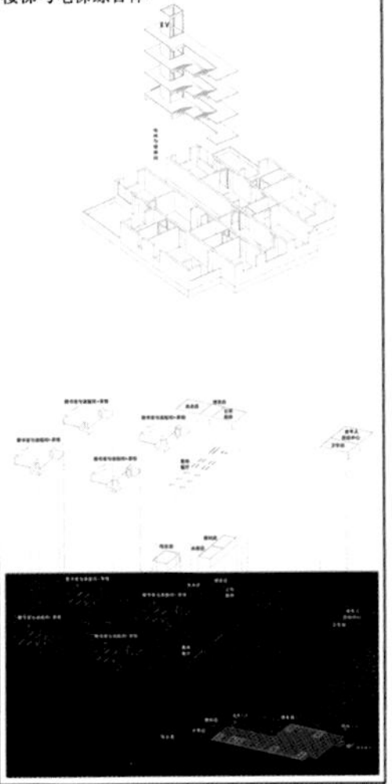

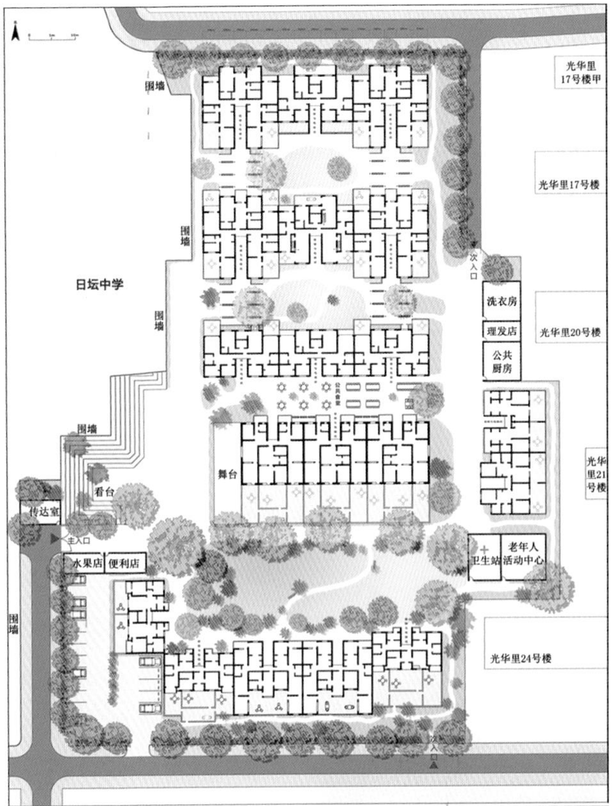

3 设备更新

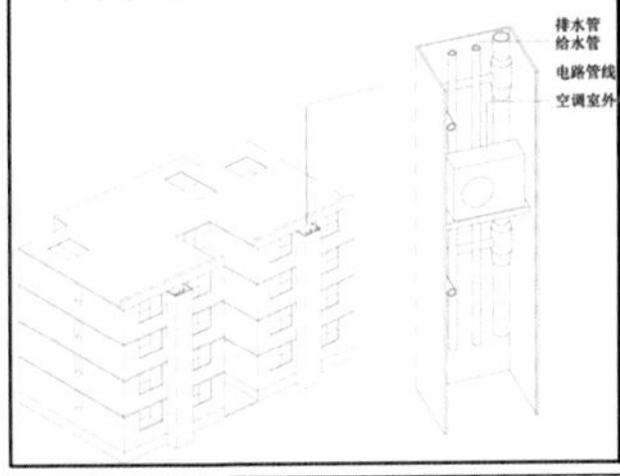

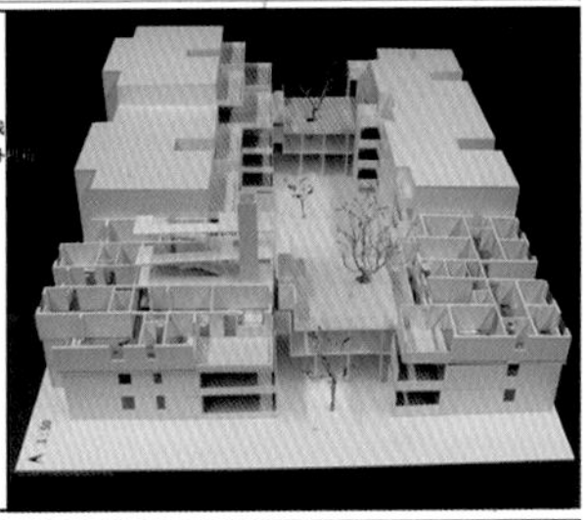

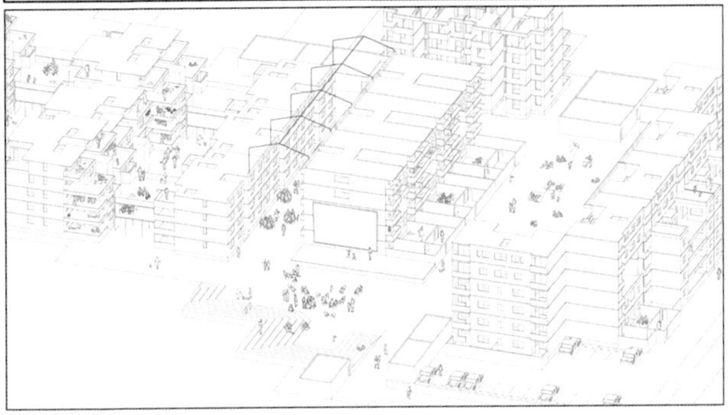

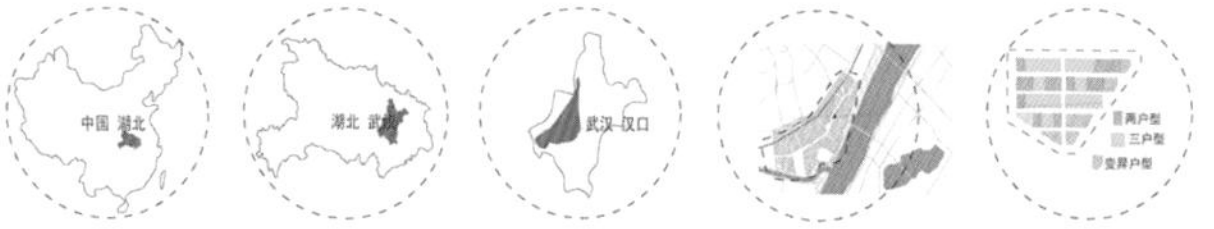

RESHAP
ALLEY
The Building SPACE
重塑里分建筑空间

润泽
乡里

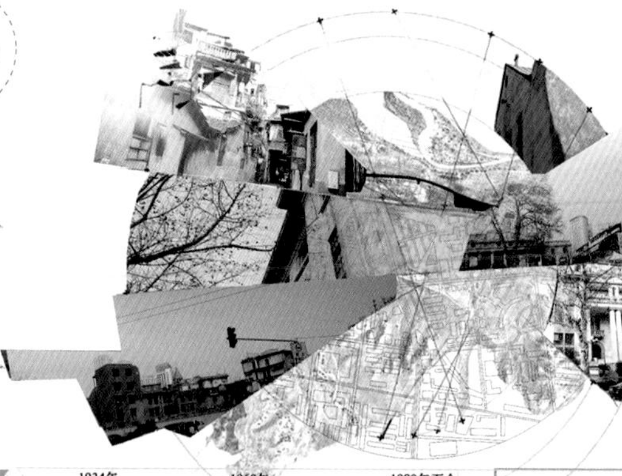

历史和现状

1898年8月31日，英国与清政府正式签订条款，规定“英租界后至城垣，留出官地五丈止”，汉润里及其周围才随着英租界向西北的扩展而逐渐形成。汉润里是该地块上最早建成的里分住宅区，它的建成亦划定了整个基地内巷道空间的基本格局，即以文华里为界的南北两片里分住宅区。汉润里是该区域内众多里分发展的起点，曾经是35座资本家的豪宅，均为高等级砖木混合结构单元住宅。拥有百年的历史文化沉淀和丰富的历史资源。

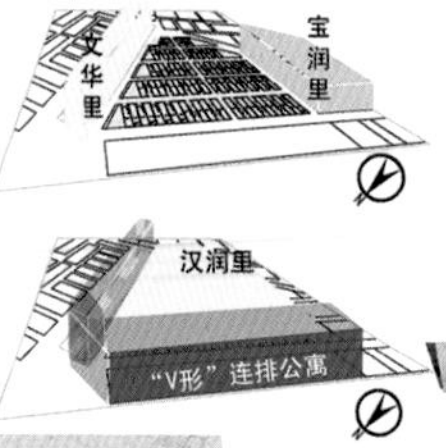

改造的方向

汉润里是武汉众多里分发展的起点，曾经是35座资本家的豪宅，但由于年老失修，居住人口结构复杂化等原因使它处于生活环境恶劣的状态。我们通过调研与改造设计试图去回应旧居民区在当今复杂的发展问题。我们通过对区域内道路系统的分级规划和建筑体改造来试图保留市井生活景象，同时改善生活环境，并通过室内空间的设计进一步论证其可行性。

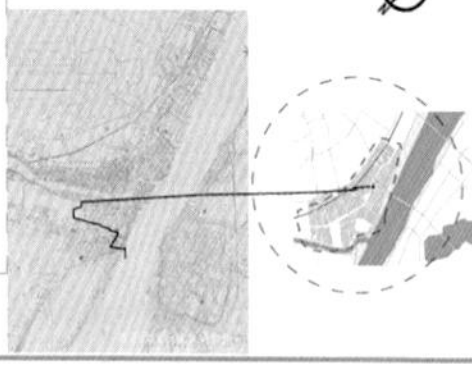

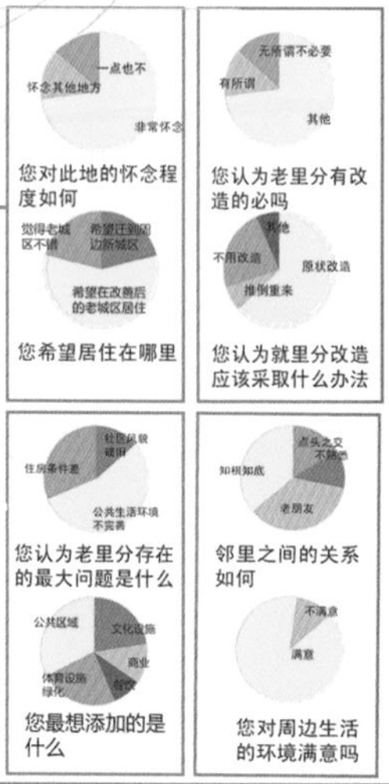

两户型改造功能分区分析

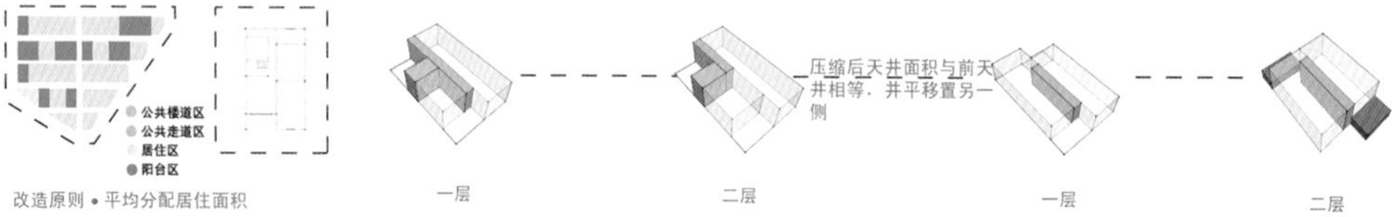

三户型改造功能分区分析

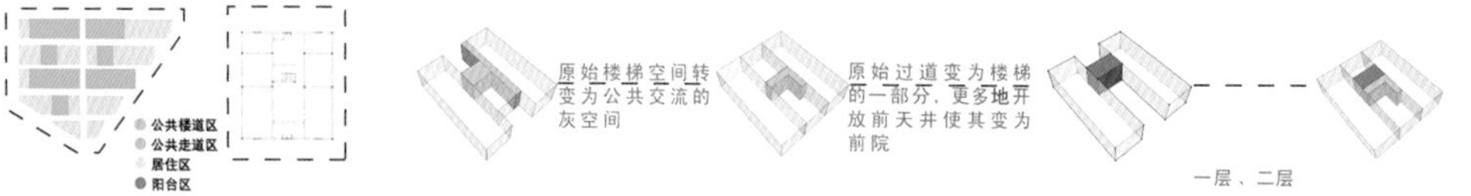

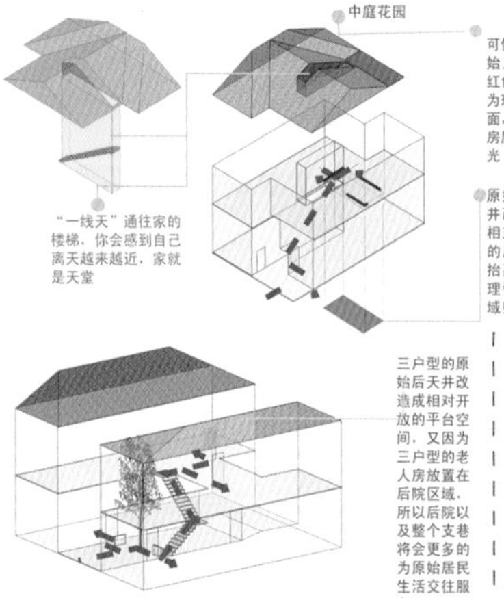

两户型改造后，一楼分为居住面积分别为42平方米（公共楼梯占有6平方米）和48平方米的两户三人住房；二楼分为两户，居住面积分别为42平方米（公共楼梯占有6平方米）和48平方米的两人住房。（和一层相比多阳台）

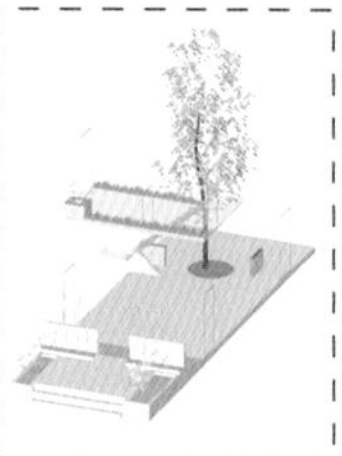

三户型改造后将会提供四套面积均为60平方米供三代同堂的住房，（二楼的住房相对一楼少一个出入口）。因作息规律或者生活习惯的不同，三世同堂的居住方式相对三口之家或两人居住而言，家庭矛盾会大一点，这也是我们看到区域内很多老人孤单的独自居住的原因之一。试图尽可能减少矛盾的发生将是三户型内部空间划分和设计所讨论的重点

建筑改造后房型推敲

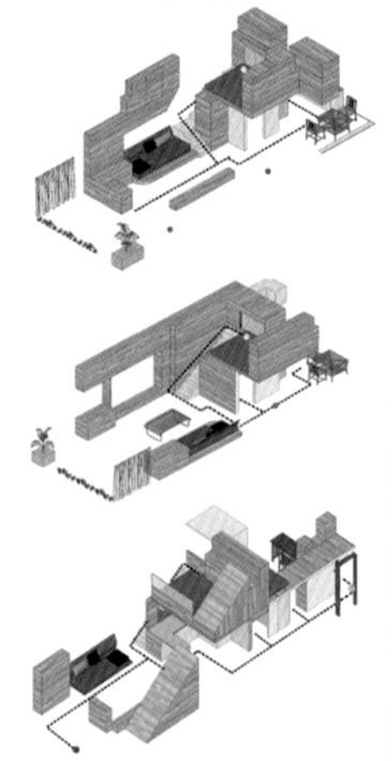

室内空高利用以及储蓄空间示意

（箭头表示柜门开口方向）

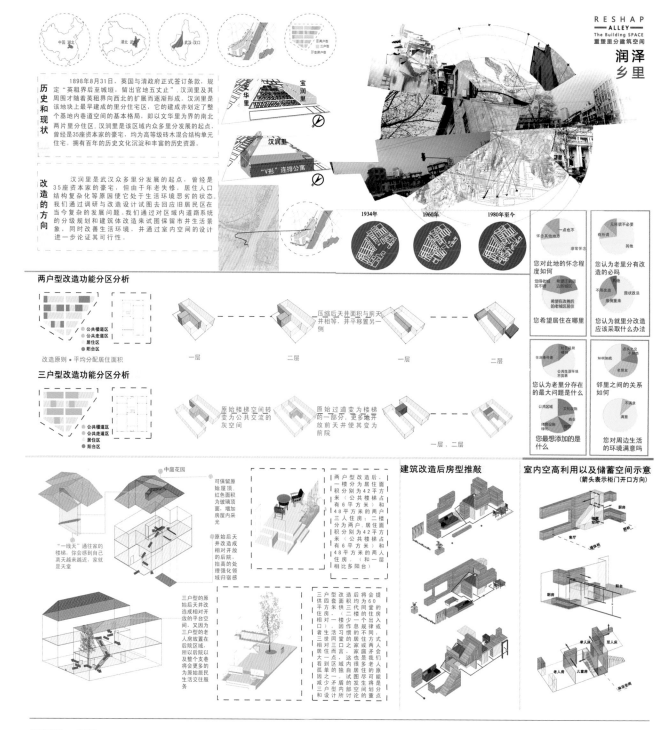

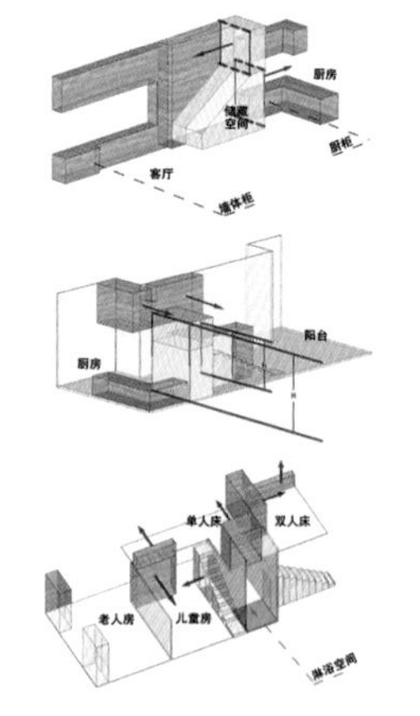

作品编号： G588
毕业院校： 江汉大学现代艺术学院
作品名称： 润泽·乡里——重塑里分建筑空间
作　　者： 冯喆凡　刘兴旭
指导老师： 陈莉

注：本书（包括电子光盘）“区位分析”、“区域位置”等内容中出现的中国地图未包括中国固有领土南海诸岛和钓鱼岛。

连排式公寓竖向分析示意图

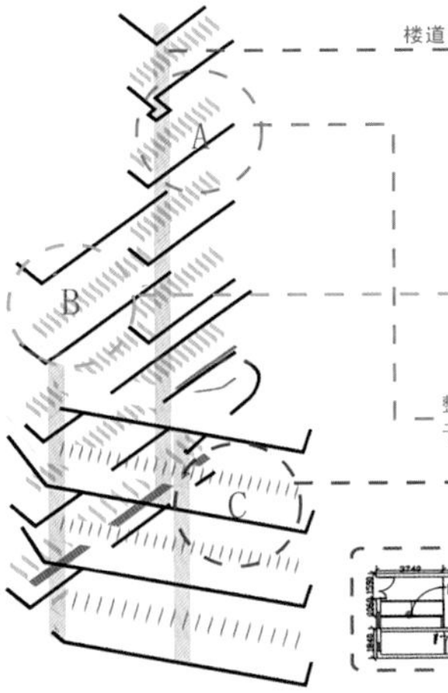

整体区域鸟瞰图

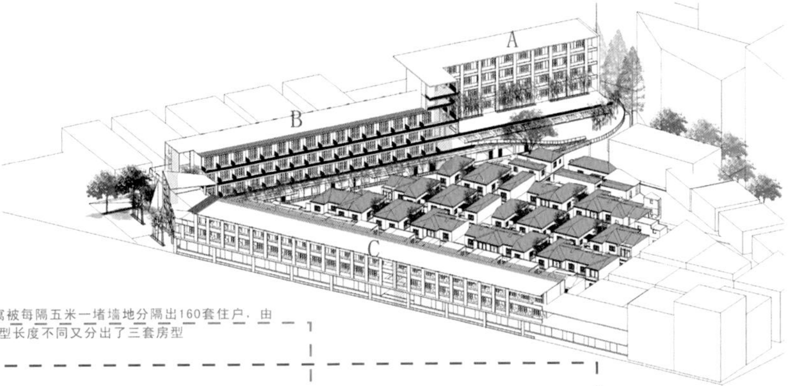

整个连排 V 字长形公寓被每隔五米一堵墙地分隔出160套住户，由于如图所示三块区的房型长度不同又分出了三套房型

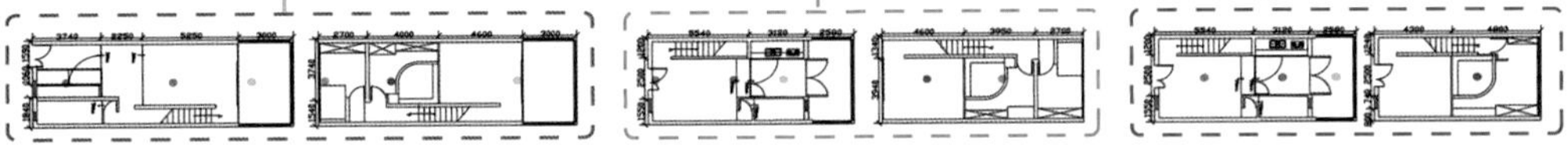

设计区域划定（边界设计）

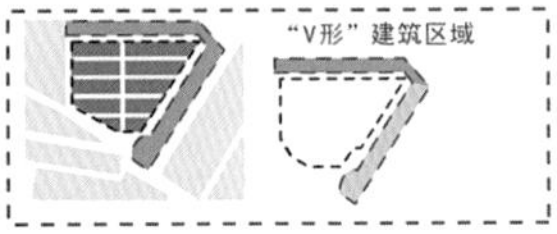

天际线分析

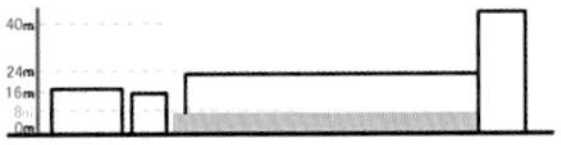

沿街建筑外立面的改造与演变

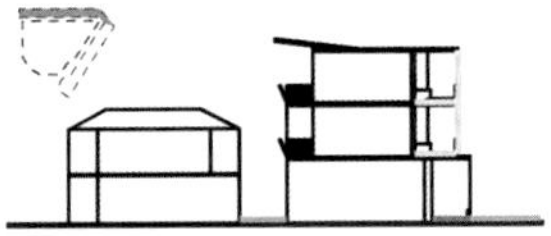

"V形"建筑区域立面图示意

说明：汉润里的居住地形为"盆地"，也就使得该地域形成了"闹中取静"的"市内桃源"。对于其边界设计，应当基本符合原始天界限和建筑高度，因此对于沿街下店上宅的建筑部分设计为三层（如下阐述）：一层是主要为社区服务的娱乐和公共服务机构（卫生保健站、营业厅、茶吧、陶吧等等），其余楼层全部为居住或者艺术家工作室（如右图阐述），这部分住宅区按照原始的六层设计。

设计方法及分析

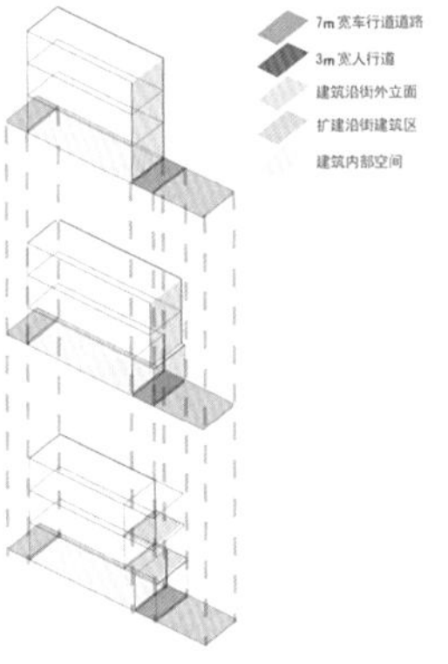

结论：沿街建筑外立面的延伸设计，一方面使得居住于一楼以上的楼层的居民能够拥有更多的室内活动空间；另一方面，也使得该区域一楼人行道区域的上空形成半遮蔽性的廊道，在不影响原有活动空间的同时为路人提供了临时遮阳、避雨的空间。

各层空间领域划分

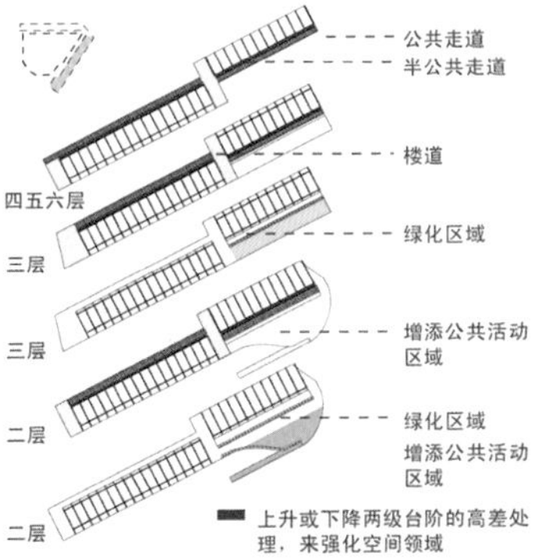

说明：2-Z3层都有大的活动平台，方便每层居民交流的同时更拉近了不同楼层居民的距离。

社区内景观"客厅"

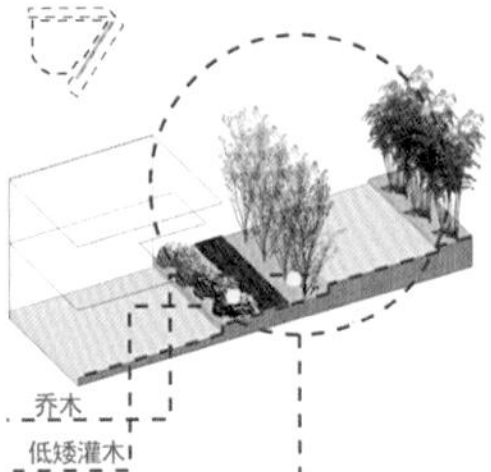

说明：边界与核心保护区之间应当有过度性的、柔和的、能促进区域内不同人群交流活动的场所。在这里丰富的空间高低组合，通过多级台阶的串接与联合设计，使得人们能够从不同的高度与视角中，体会不一样的空间感受。

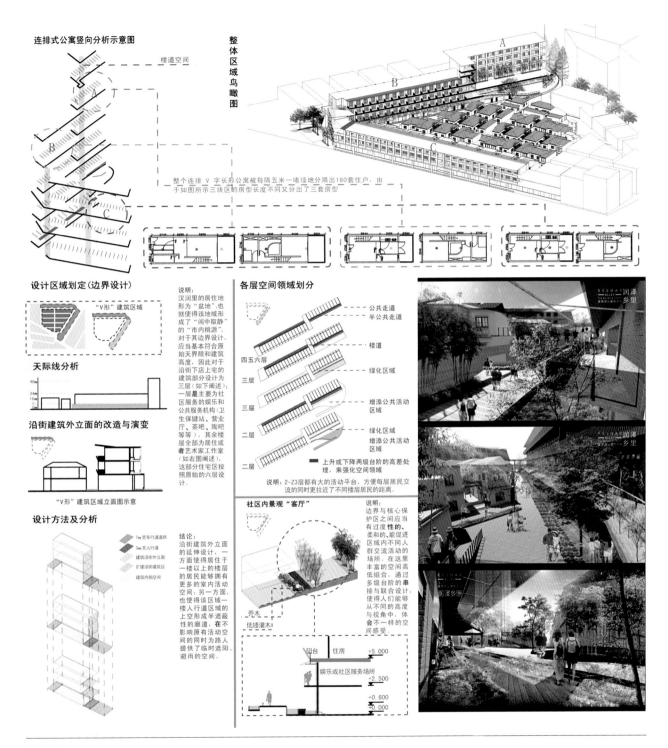

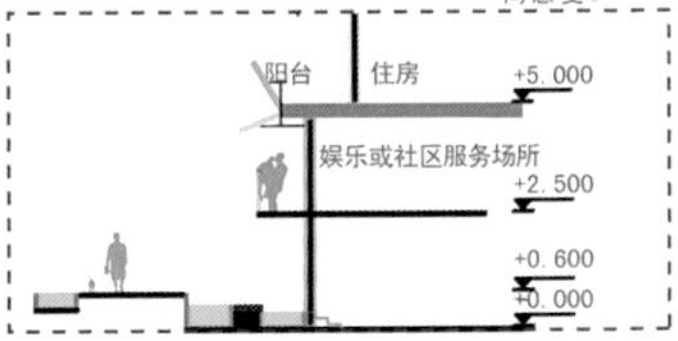

评委评语：

该作品的选题具有一定的现实意义，作者试图通过合理的重塑、建筑组合方式来找回原本已失去活力的"里弄"空间，提升居民生活的热情和品质。本方案在设计前期对场地环境做了充足的分析与调查，不仅找出了里弄的本质问题，更提出了居民的情感诉求、社会的进步需要。作者做了一系列的实验，希望加强这种空间中人们日常生活的公共空间场所，在原本拥挤的环境中以"竖向"的形式拓展活动空间，但对于居住区中的人们来说，这些空间远远不够。作者可以适当增加一些节点型空间，促进人们发生更多的故事。

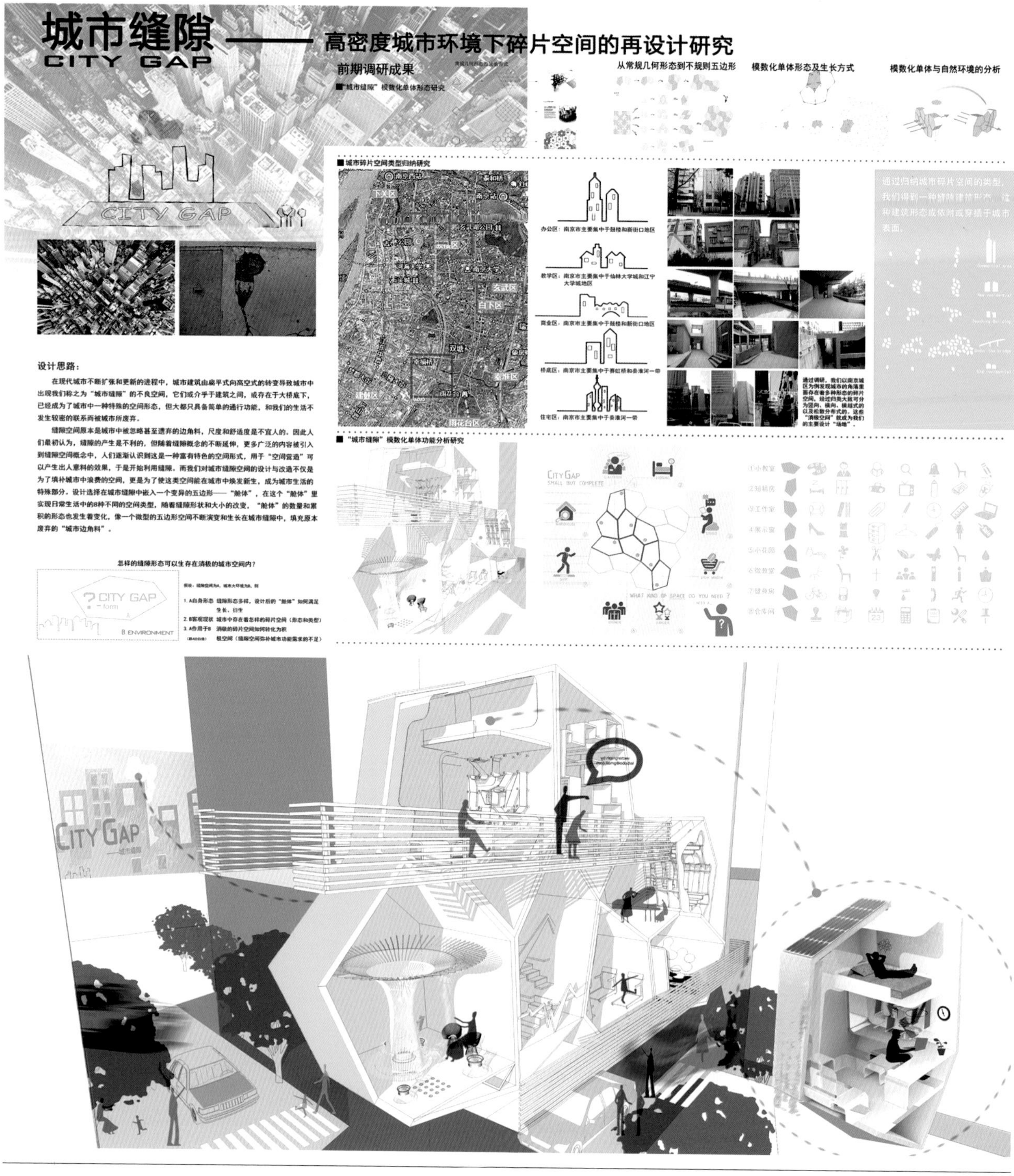

城市缝隙——高密度城市环境下碎片空间的再设计研究
CITY GAP
前期调研成果
■“城市缝隙”模数化单体形态研究
从常规几何形态到不规则五边形
模数化单体形态及生长方式
模数化单体与自然环境的分析
CITY GAP
■城市碎片空间类型归纳研究
南京西站
下关区
南京站
玄武区
白下区
秦淮区
建邺区
雨花台区
办公区：南京市主要集中于鼓楼和新街口地区
教学区：南京市主要集中于仙林大学城和江宁大学城地区
商业区：南京市主要集中于鼓楼和新街口地区
桥底区：南京市主要集中于赛虹桥和秦淮河一带
住宅区：南京市主要集中于秦淮河一带
通过调研，我们以南京城区为例发现城市的角落里面存在着多种形态的碎片空间，经过归类大致可分为竖向、横向、横越式的以及松散分布式的。这些“消极空间”就成为我们的主要设计“场地”。
通过归纳城市碎片空间的类型，
设计思路：
在现代城市不断扩张和更新的进程中，城市建筑由扁平式向高空式的转变导致城市中出现我们称之为“城市缝隙”的不良空间，它们或介乎于建筑之间，或存在于大桥底下，已经成为了城市中一种特殊的空间形态，但大都只具备简单的通行功能，和我们的生活不发生较密的联系而被城市所废弃。
缝隙空间原本是城市中被忽略甚至遗弃的边角料，尺度和舒适度是不宜人的。因此人们最初认为，缝隙的产生是不利的，但随着缝隙概念的不断延伸，更多广泛的内容被引入到缝隙空间概念中，人们逐渐认识到这是一种富有特色的空间形式，用于“空间营造”可以产生出人意料的效果，于是开始利用缝隙。而我们对城市缝隙空间的设计与改造不仅是为了填补城市中浪费的空间，更是为了使这类空间能在城市中焕发新生，成为城市生活的特殊部分。设计选择在城市缝隙中嵌入一个变异的五边形——“舱体”，在这个“舱体”里实现日常生活中的8种不同的空间类型，随着缝隙形状和大小的改变，“舱体”的数量和累积的形态也发生着变化，像一个微型的五边形空间不断演变和生长在城市缝隙中，填充原本废弃的“城市边角料”。
怎样的缝隙形态可以生存在消极的城市空间内？
CITY GAP
form
A
B. ENVIRONMENT
1. A自身形态　缝隙形态多样，设计后的“舱体”如何满足生长、衍生
2. B客观现状　城市中存在着怎样的碎片空间（形态和类型）
3. A作用于B　消极的碎片空间如何转化为积极空间（缝隙空间弥补城市功能需求的不足）
■“城市缝隙”模数化单体功能分析研究
CITY GAP
SMALL BUT COMPLETE
WHAT KIND OF SPACE DO YOU NEED ?
①小教室
②短租房
③工作室
④展示室
⑤小花园
⑥饭教室
⑦健身房
⑧仓库间
CITY GAP

作品编号：X205

毕业院校：南京艺术学院设计学院

作品名称：城市缝隙——高密度城市环境下碎片空间的再设计研究

作　　者：陈烨　邓诗雨　骆瑶晨

指导老师：刘谯

单体空间解析
流通路线分析
模型线框图展示
最终实物搭建(城市缝隙——短租房）展示
流通路线分析
Individual spatial analysis
Triangle
+
Square
亚克力模型展示
虽然城市中的缝隙空间并不少见，但由于该类空间常常被人们所忽视，因此对它的研究并不深入和成熟，本方案着重探讨对几类城市缝隙空间的再设计研究，选择一种类住宅的形式来攀爬或者说填充这些狭小的空间，并在“住宅”中实现人们日常生活中出现过的基本活动。而所谓的“住宅”与我们以往常见的box空间完全不一样，在我们普通认知内，“住宅是封闭的箱体”通过在正方形平面上立起封闭的大箱体，再嵌入有功能定义的房间的小箱体，形成套匣的理性构成，建筑内部形成自我封闭的世界。而我们对空间的探讨就是要打破原本分割明确的空间，在破碎后的空间里，“地板既是地板又不是地板，所谓的‘柱子’、‘地板’、‘墙体’、‘混凝土’都带有强烈的符号意义。”使整个“住宅”空间具备一种有与无之间的暧昧感和“透明性”。
CITY GAP
——城市缝隙
CITY GAP

评委评语：

该作品很敏锐地发现城市规划设计中存在的一些“漏洞”——消极空间，通过对空间的调研、整合，设计出一系列多变丰富的功能空间，既有效的填补了这些“漏洞”同时也美化了城市景观，并且这个选题具有很多可探讨的方面。在实际应用方面如果能再增加一些参考性的设计实例会更加巩固选题，增加选题的社会意义。

在城市缝隙中进行容纳不同空间类型的“舱体”营造，使得原有的消极空间重新焕发活力，选题与解决方案具有一定的现实意义。

该作品立足于城市遗弃空间与人两者的关系。利用其不足，衍生适用于现代生活的多种空间交往。但该作品设计内容以建筑设计为中心，外部空间部分缺乏。

该设计对于选题的社会、经济元素分析缺乏，没有讨论使用对象的构成，继而缺乏针对性的设计，设计成果略显的空洞、宽泛。图片表达艺术性较好，模型制作精细，概念表达清晰规范。

三河六岸片区现状介绍

基地位置：青海乐都县中心城区三河六岸片区
湟水与其主要支流引胜沟、岗子沟交汇河口
基地规模：118.3公顷
项目背景：基地处在城乡过渡带上，在多年工农业发展过程中，人工与自然环境已形成良好的共生关系。面对城市化进程，片区将承担文体中心的城市功能，功能的快速置换与自然保护之间矛盾突出。

基地处在青藏高原和黄土高原交界地带，属于半干旱区，其独特的土壤和降水条件为缓解上述矛盾提供了前提。对城市生境营造来说，水对该片区至关重要，而如何对现有近自然的生境进行整体保护也将成为迫切需要解决的问题。

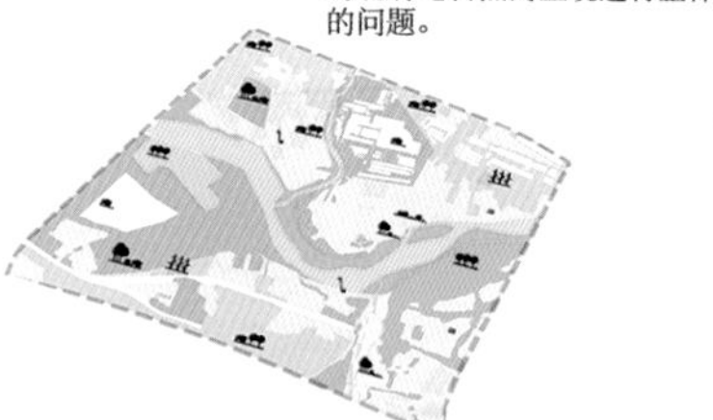

基地现状生境类型

现状生境呈现出破碎化的趋势，并且随着城市化过程很有可能加剧。

但人工林（青杨林）和细心耕种的历史为基地生境创造了一定的条件，如增加了土壤厚度和肥力等，同时由于河滩废弃地的存在，现状已存在部分乌鸦、野鸭和其他水生动物的栖息地类型。

分析可知，需要保护的生境包括河漫滩、沼泽、池塘及周边灌草、林地、生境结构较稳定的部分村落和工厂等。需要修复的生境包括引胜沟两岸现状防洪堤侵占的漫滩、黄土崖等。

片区概念方案的推导过程

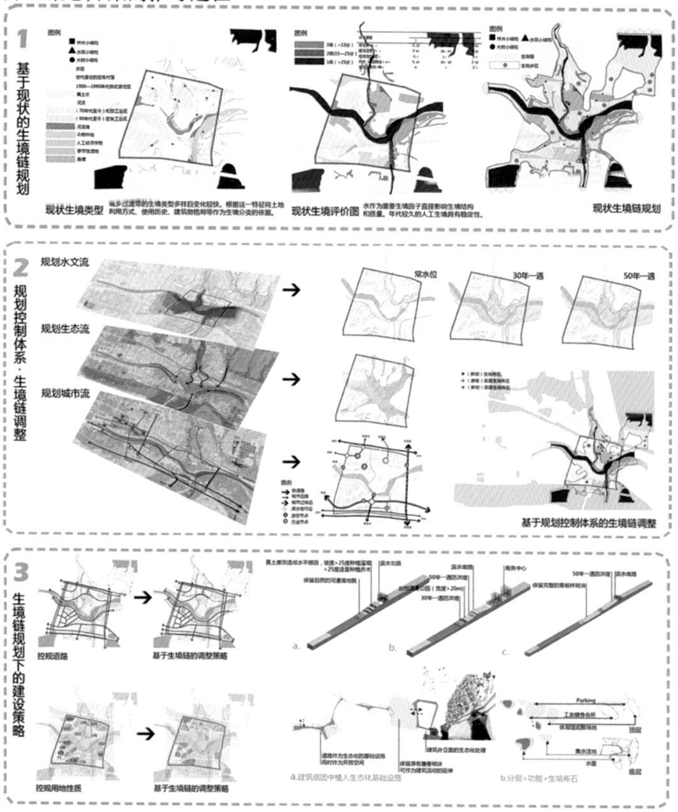

THE BIOTOPE CHAIN生境链

01

青海乐都三河六岸片区景观规划设计

片区概念规划

概念方案分析

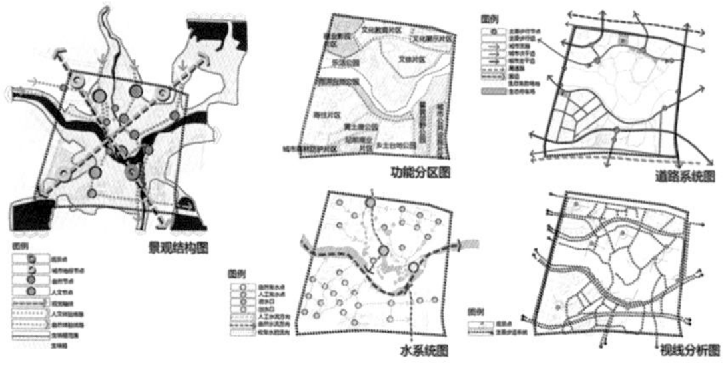

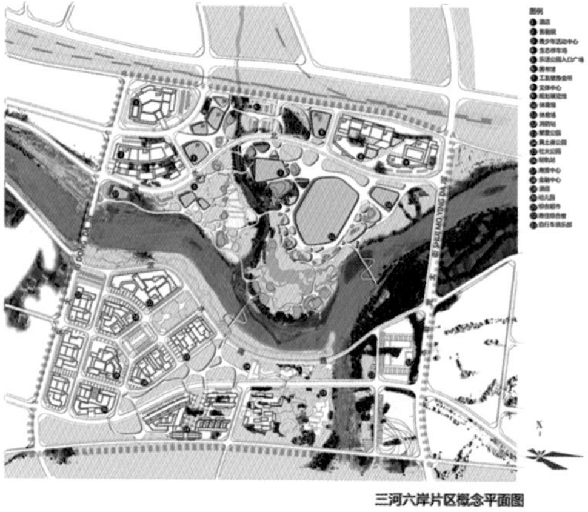

三河六岸片区概念平面图

作品编号：X339
毕业院校：西安建筑科技大学建筑学院
作品名称：生境链——青海乐都三河六岸片区景观规划设计
作　　者：袁舒
指导老师：刘晖　李莉华　徐鼎黄

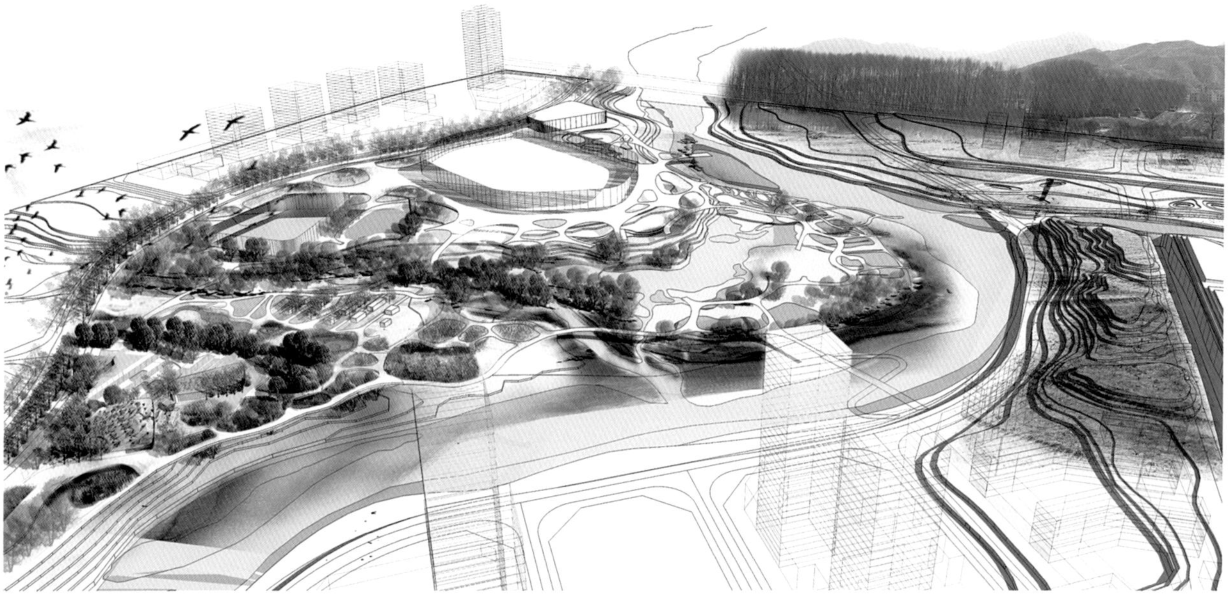

圈（片）层结构

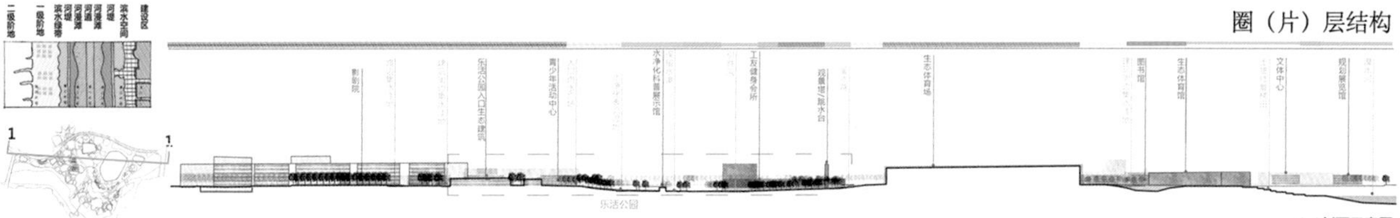

1-1剖面示意图

THE BIOTOPE CHAIN生境链

02

青海乐都三河六岸片区景观规划设计

重点地段设计

针对现状要素，重要的条件及设计策略包括：

——台地地形提供观景点，地段东西南三侧均有台地地形，地段整体第五立面效果较重要，结合人流分析，将公园主要出入口设置在台地高点。

——现状土崖割裂生境，将其作为水土保持区恢复其连续性。

——农耕地及废弃荒地有较好的土壤和植被条件，保留表土层作为主要设计策略，并且作为防洪堤设置位置的先决条件。

——现状径流方向为重塑水系方向的主要参考，水系统重点考虑了建筑组团及硬质铺装的雨水收集和中水处理及净化，作为城市生境营造的特色。

——基本保留现状植物群落，引入水系丰富的生境类型，并在条件适宜区营造本土群落。

——道路系统在生境链规划的体验路线基础上进一步细化，充分利用原有沿灌渠的田埂小路，保存土地记忆。

——建筑基本都为新建，界面生态化处理作为主要策略。水磨等有土地记忆的建筑选址则模拟其原有的选址条件。

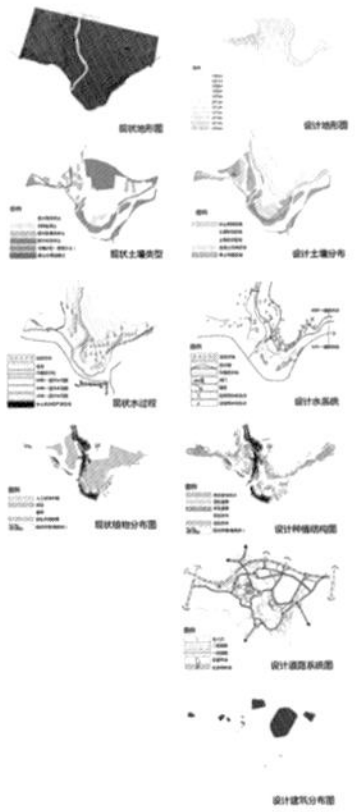

评委评语：

整体设计完整、新颖。景观区域划分明确，空间组织关系清晰，整体设计有张力。

该方案对场地的认知较为清晰明确，以科学的方法分析用地生境条件，并基于此提出相应规划设计策略。通过生态链规划、调整控制以及建设策略三个步骤推导出设计方案，规划过程有理有据，客观合理。 方案功能布置合理，交通流线清晰，并着重综合考虑了场地水文变化情况，依据此考量节点，内容较为丰富，针对不同情况提出了确实有效的解决策略。 方案对于水文处理主要针对地块本体，缺少对与城市用地及设施的统筹。

该方案解决问题的方式过于庞杂，对于各类方法应根据项目背景及现状等进行分类并权衡，即提出近期及远期的持续性方案。

区位位置

历史背景

场地现状

人文生态问题：如何传承百年船厂的历史又体现世博会未来精神。
自然生态问题：场地生态恢复，解决城市与自然的关系，使二者融合。

设计元素

设计理念

作用	概念		意义
决定场地平面元素 场地构架	“时代的交替”（海浪）		象征历史的交替 留下一些带走一些
决定场地纵向元素 地形起伏	“抬升与洒开”（涌泉）		强调历史文化遗迹 保护　重视　传播
决定象征联系的桥 划分场地	“历史时代的延续”（波光粼粼）		联系 当代人与历史遗迹
总结	“孤岛” （历史）	“水域” （隔阂）	“陆地” （现代社会）

元素演变

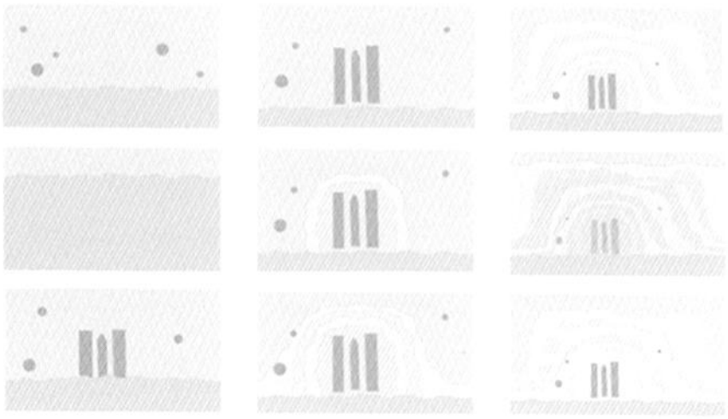

总平面图

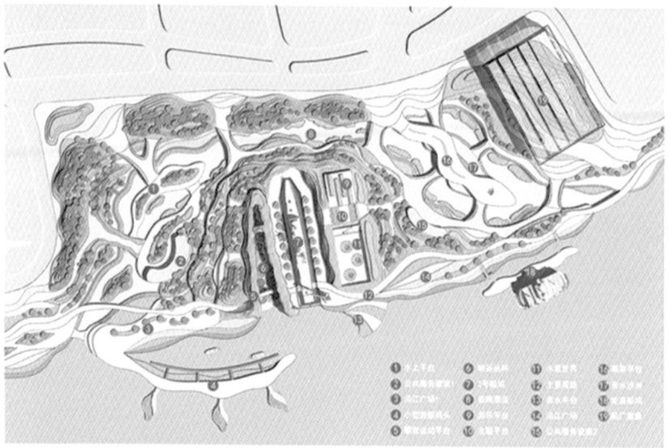

设计说明

场地经过一次又一次的历史革新发展，新旧时代变迁更替，新事物不断地代替旧事物。每个时代都留下一笔笔宝贵的历史财富，也带走了一些老旧的陈迹，而许多有重要意义的历史遗迹却保留至今。再者，本场地由于世博会的功能需求，场地硬质化程度很高，对基地生态环境的破坏十分严重，本方案旨在一定的技术概念下保护和利用工业历史遗迹及恢复被破坏的生态环境，使工业历史遗迹与生态环境融合共生。

1号船坞

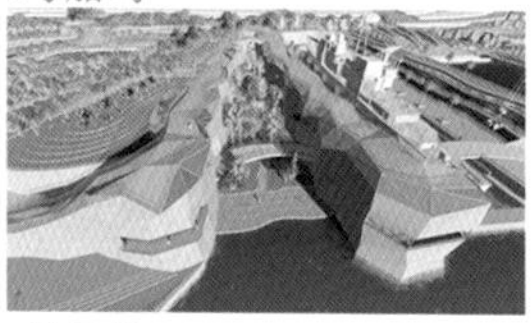

1号船坞以河流峡谷为元素，结合工业发展，将历时比做河流，工业元件作为发展中遗留下来的遗迹，从源头向入海口的过程中，元件越来越陈旧，最后“化本归真，融于自然”。

2号船坞

2号船坞作为百年历史的老船坞是一历史遗迹，作为保护对象所以对其本身不做变动，只在其四周添加一些必要的功能。在船坞中停靠着一艘废弃的船舶，锈迹斑斑，杂草丛生，透露着历史的沧桑。

3号船坞

3号船坞以河流的冲刷、水的抬升以及波光为元素进行创意，表达一是历史的交替、冲刷带走一个时代社会的陈旧的事物，二是人们赋予其新的生命，三是历史遗迹在新的灵魂和意义下得到复苏。

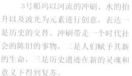

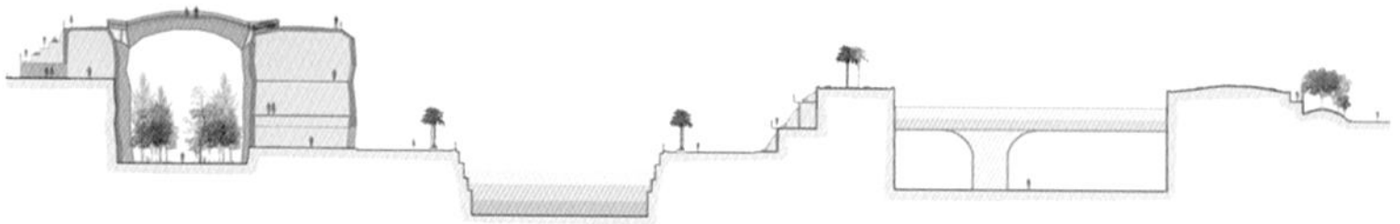

作品编号： X368
毕业院校： 西安工业大学艺术与传媒学院
作品名称： “穿、流、步、栖”——浦西江南广场公园概念设计
作　　者： 刘子松
指导老师： 雷柏林

历史工业雕塑区

从原世博会船舶馆改造而来，利用原有场地的工业雕塑，在场地上做层次起伏变化，增加休闲的层次感，保留原有雕塑，增加绿地面积，提升休闲舒适度。

鸟瞰索引

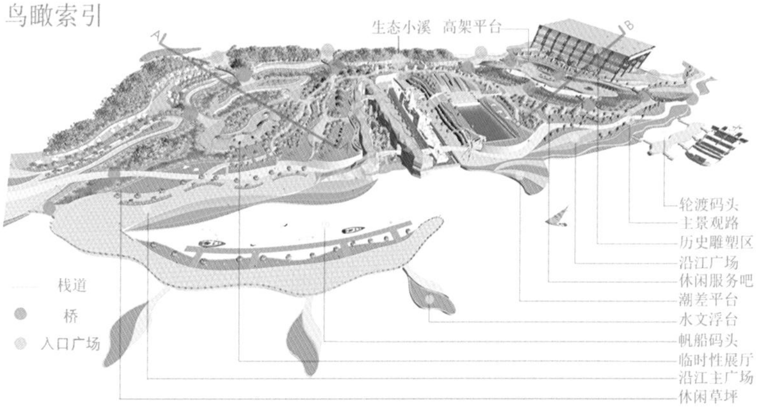

休闲服务吧

临时性展厅

码头、沿江广场

生态湿地

在原有场地的基础上进行生态恢复，处处以亲近贴合自然为主题，体现亲水与生态景观的感觉。“桥”象征现代社会与历史遗迹间的沟通桥梁，增加景观层次性。

高架平台

360°观景高架平台，增加景观层次感。以游动的形态为设计元素，灵动活跃。下面是四面环水的沙洲平台，沟通人与自然，增加亲水性，和高架平台之间以旋梯为连接。

A-A 剖立面图

B-B 剖立面图

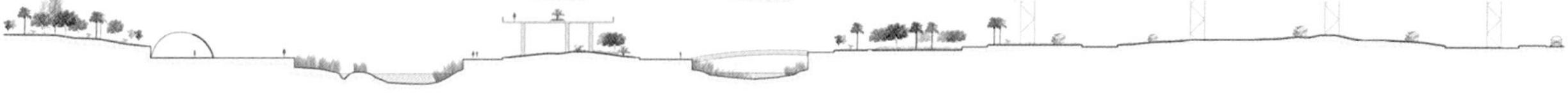

评委评语：

构思明确，想法表达到位，构图完整，视觉冲击力强，景观分析到位，对周边地区的表达准确、有创意，效果图表达能力强，真是一组不错的景观毕业设计作品。

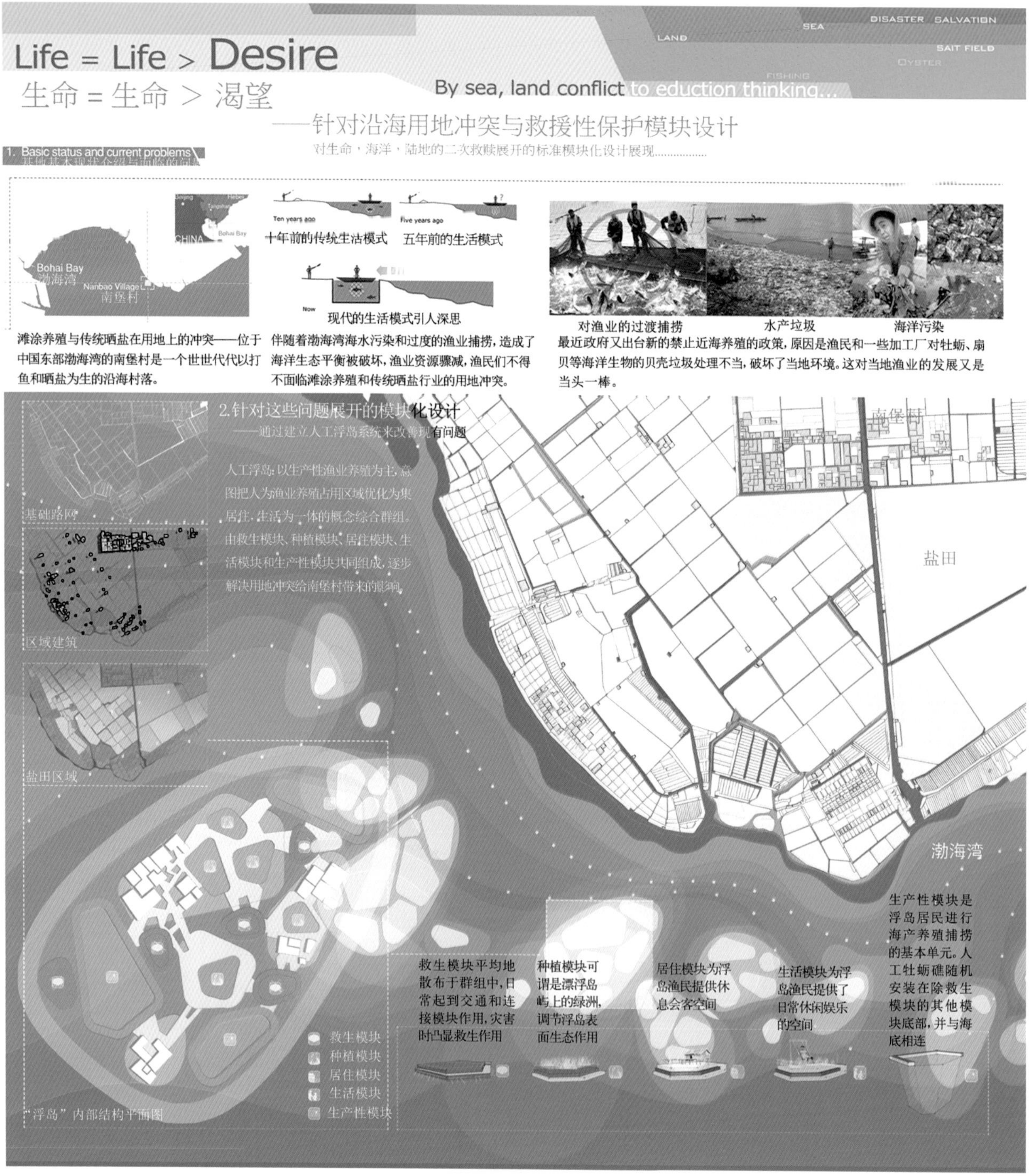
DISASTER SALVATION
SEA
LAND
SAIT FIELD
OYSTER
FISHING
Life = Life > Desire
生命 = 生命 > 渴望
By sea, land conflict to eduction thinking...
——针对沿海用地冲突与救援性保护模块设计
对生命，海洋，陆地的二次救赎展开的标准模块化设计展现................
1. Basic status and current problems
基础基本现状介绍与面临的问题
Bohai Bay
渤海湾
Nanbao Village
南堡村
CHINA
Ten years ago
十年前的传统生活模式
Five years ago
五年前的生活模式
Now
现代的生活模式引人深思
对渔业的过渡捕捞
水产垃圾
海洋污染
滩涂养殖与传统晒盐在用地上的冲突——位于中国东部渤海湾的南堡村是一个世世代代以打鱼和晒盐为生的沿海村落。
伴随着渤海湾海水污染和过度的渔业捕捞，造成了海洋生态平衡被破坏，渔业资源骤减，渔民们不得不面临滩涂养殖和传统晒盐行业的用地冲突。
最近政府又出台新的禁止近海养殖的政策，原因是渔民和一些加工厂对牡蛎、扇贝等海洋生物的贝壳垃圾处理不当，破坏了当地环境。这对当地渔业的发展又是当头一棒。
2.针对这些问题展开的模块化设计
——通过建立人工浮岛系统来改善现有问题
人工浮岛：以生产性渔业养殖为主，意图把人为渔业养殖占用区域优化为集居住、生活为一体的概念综合群组。由救生模块、种植模块、居住模块、生活模块和生产性模块共同组成，逐步解决用地冲突给南堡村带来的影响。
基础路网
区域建筑
盐田区域
南堡村
盐田
渤海湾
救生模块
种植模块
居住模块
生活模块
生产性模块
"浮岛"内部结构平面图
救生模块平均地散布于群组中，日常起到交通和连接模块作用，灾害时凸显救生作用
种植模块可谓是漂浮岛屿上的绿洲，调节浮岛表面生态作用
居住模块为浮岛渔民提供休息会客空间
生活模块为浮岛渔民提供了日常休闲娱乐的空间
生产性模块是浮岛居民进行海产养殖捕捞的基本单元。人工牡蛎礁随机安装在除救生模块的其他模块底部，并与海底相连

作品编号： G595
毕业院校： 西安建筑科技大学艺术学院
作品名称： 生命 = 生命 > 渴望——针对沿海用地冲突与救援性保护模块设计
作　　者： 佟阳　王韬　张艺馨　刘思雨
指导老师： 王葆华

Life = Life > Desire

3. Design desire

By sea, land conflict to eduction thinking...

特殊基础设施设计——生产性模块

Infrastructure design - production module

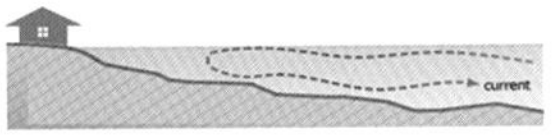

在渤海湾的上层海水通过洋流流入设计区域的同时，水流又通过海底区域流出渤海湾。

大量壳类垃圾　回收归类　再生利用

将大量壳类垃圾放进笼子里，形成人工珊瑚礁。吸引大量浮游生物，通过大量浮游生物的存在吸引大量鱼群，来增加区域的模块化渔业养殖。

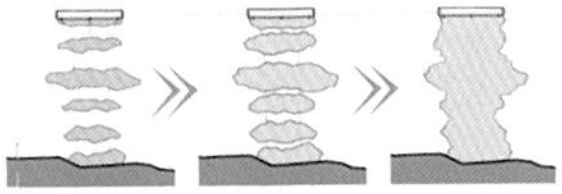

现阶段　五年后　十年后

牡蛎生长空间叠加，十年后逐步形成人工珊瑚礁。

设计基础设施以壳类渔业垃圾为载体，逐步搭建海底生物圈，形成海洋人工珊瑚，促进海洋内部生态平衡，牡蛎等的壳可为牡蛎幼体提供一定的生长环境，也为繁殖藻类和浮游生物提供空间，是理想的海洋生物的"避风港"。

对海洋垂直空间的利用

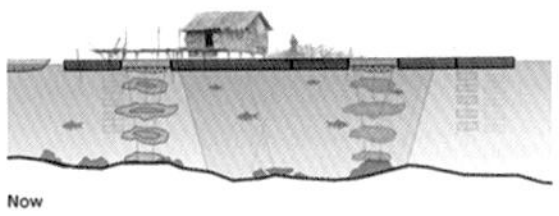

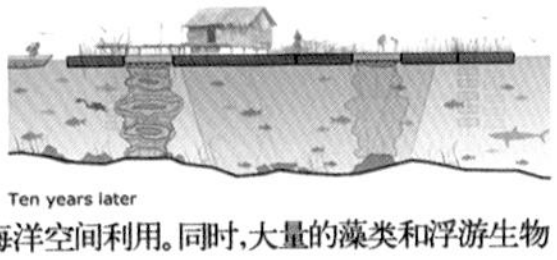

垂直农业和垂直人工礁计划有利于提高等效海洋空间利用。同时，大量的藻类和浮游生物还可以提供一个自然的营养对人工渔业。

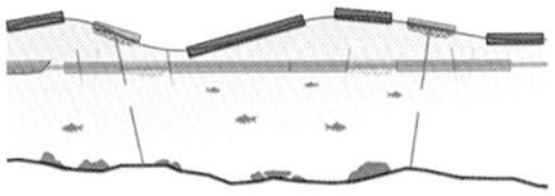

在强大的外力作用下，浮岛组团被打碎为一个个各具功能性的单体，其中救生性单体的功能价值就凸显出来。

灾难演变区域分析

救生模块人工浮岛的生活角色：浮岛组团为当地渔民提供了一个生活、娱乐和水产养殖的空间。

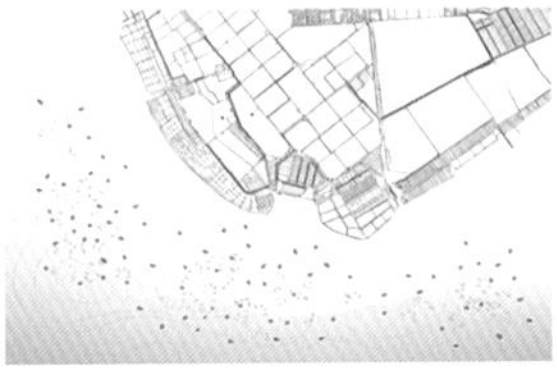

灾难(台风、海啸)是一个强大的外部力量，使"浮岛"组团分成几个不同的功能性单体。

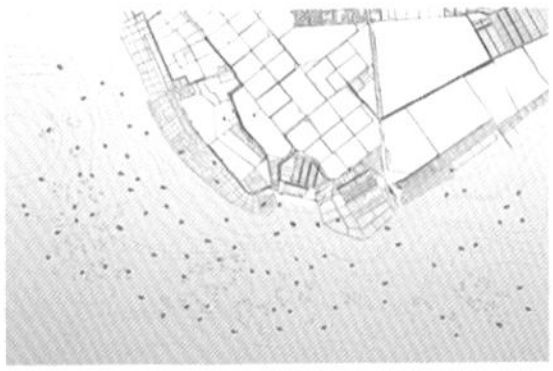

普通的模块很快被巨浪和飓风淹没，因此救生模块使用惹眼的颜色，却会很容易被发现。

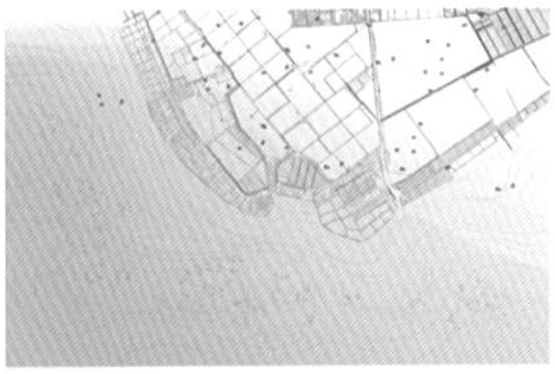

漂浮岛的渔民和人们在海洋灾害来临时可以去往最近的可找到的救生模块。

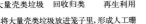

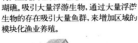

评委评语：

该作品结合沿海地区的现存问题，提出了用地冲突与救援性保护模块设计的概念，选题和立意较好，设计想法也比较大胆，值得肯定。

选题包含当前人类生存环境恶化的热点话题，海洋生态平衡的破坏是中国沿海城乡普遍存在的问题，此研究有一定的学术与实践意义。方案针对生态平衡的破坏以及渔民滩涂养殖和传统晒盐行业的用地冲突的问题，大胆提出了"人工浮岛"系统设计策略。设计成果和设计目标一致。方案内容表达清晰、规范，图面富有艺术感染力。

该作品的选题颇有意思，有一定的创新性。能够激发学生的研究与设计兴趣，有一定的探讨价值，值得人深入思考。但作者对于"生命与保护"的概念分析还不是很透彻，同时，提出的"人工浮岛"设计概念也不是很明确。作者可以对各种模块设计做更详细的分析与研究，也可以多参考相关案例，做更多的模拟实验设计。

低碳、低术、低生活

Low carbon, low technology, low life

——农民工工地生活空间景观策略

——Living space - migrant workers site landscape strategy

区位分析 Location analysis

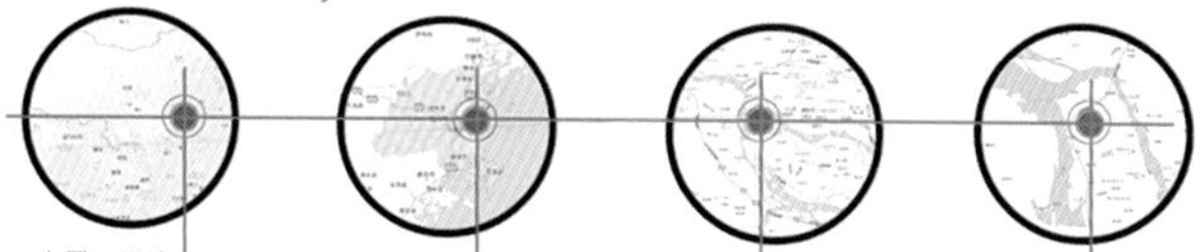

中国 • 福建

福建位于中国大陆的东南沿海，东濒台湾海峡，和台湾省隔海相望。

福建 • 福州

福州别称榕城，位于福建省东部、闽江下游，集中大量的外来农民工。

福州 • 仓山

仓山区，位于福建省福州市区南部南台岛上，很多工地。

仓山 • 科供

科供位于福建省福州市仓山区，有很多开发工地以及闲置土地。

现状分析 Analysis of the situation

工作性质边缘性 Marginal job nature

生活质量低下，衣着极为简朴甚至粗陋。一般都合伙租住于城乡结合部的农居点、简易工棚内，多人拥挤一室，采光通风差，夏天漏雨，冬天漏风，条件十分艰苦。

工作不稳定，收入低

居住分布边缘性 Borderline live distribution

首要的是住所的需要，因为经济条件的限制，农民工家庭所居住的房子大多极其简陋，甚至还有危房，不能遮风蔽雨；在城市里住的也是极其简陋的窝棚。

居无定所，条件差

社会地位边缘性 Marginal social position

生活场地恶劣，报酬低下，企业往往利用农民工在市场供求、信息和技术上的劣势，让他们在差的工作环境下长时间从事超负荷的工作。

社会地位低下，安全系数低

设计说明 Design specification

随着社会主义市场经济的深入发展和城市化进程的加快，农民工这个群体得到了社会的广泛关注，他们的生活质量差，生活场所公共基础设施严重缺乏，根本体验不到园林景观给他们带来的享受。伴随着我们人口流动的规模不断扩大，城市外来农民工的不断增加给城市也带来了许多新的问题。如何设计出一种经济、实用性强、可移动、可组合利用的集合性可移动景观，使外来农民工也能体验到景观园林的氛围，是摆在我们面前的重要课题。

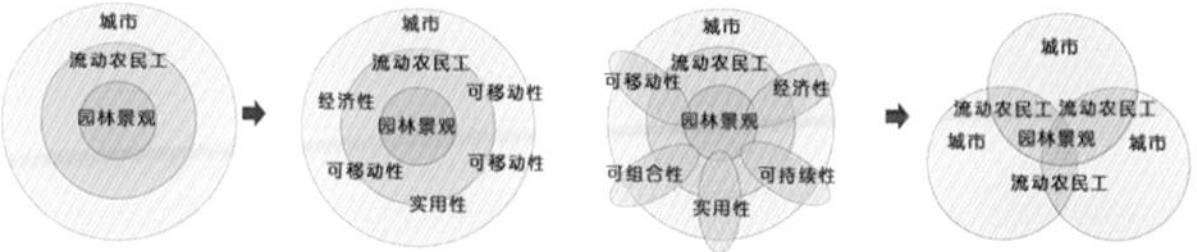

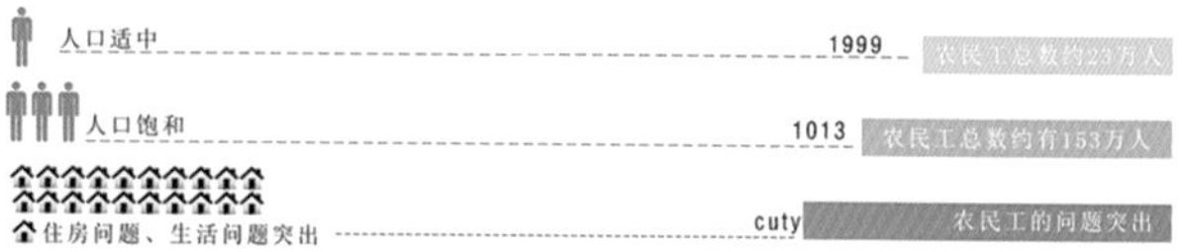

城市景观设施和农民工居住地脱节，不能融入城市。

通过流动景观的建立，使农民工体验到景观。

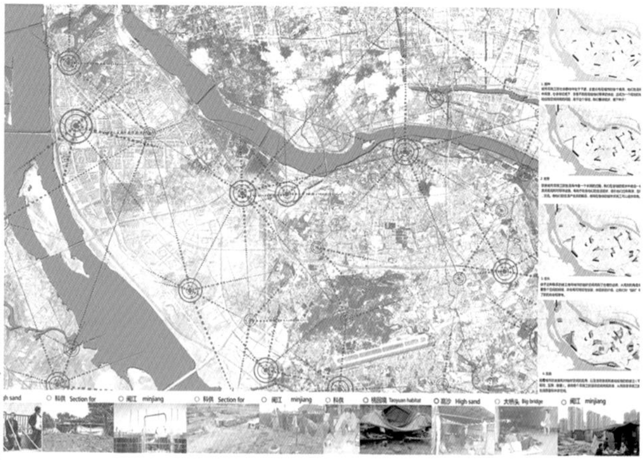

场地竖向分析 Vertical analysis field

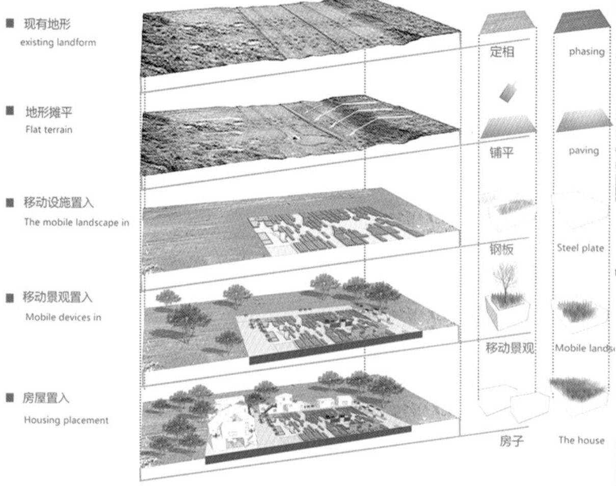

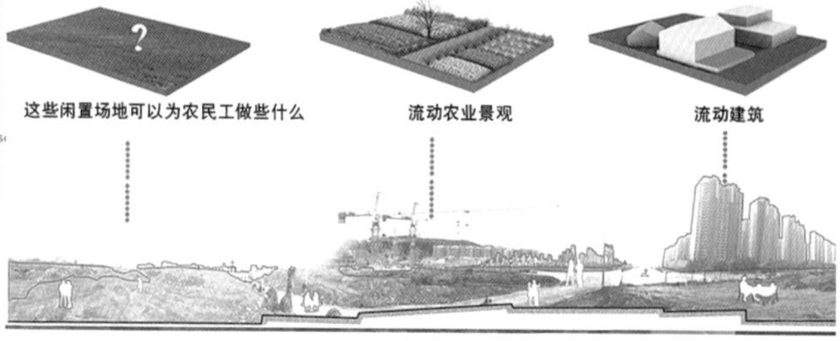

作品编号： G218
毕业院校： 福建农林大学艺术学院
作品名称： 低碳、低术、低生活——农民工工地生活空间景观策略
作　　者： 高东东
指导老师： 郑洪乐

低碳、低术、低生活

Low carbon, low technology, low life

——农民工工地生活空间景观策略

—Living space - migrant workers site landscape strategy

建筑分析 Architectural analysis

引用废旧集装箱作为农民工建筑材料，引用废旧钢板和木头作为流动可食性景观材料，达到低碳、低技术、低生活成本、循环再生可持续利用的目的！

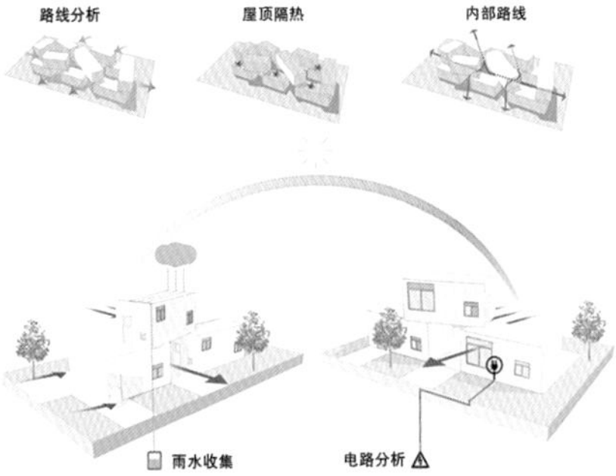

立面分析 Vertical analysis

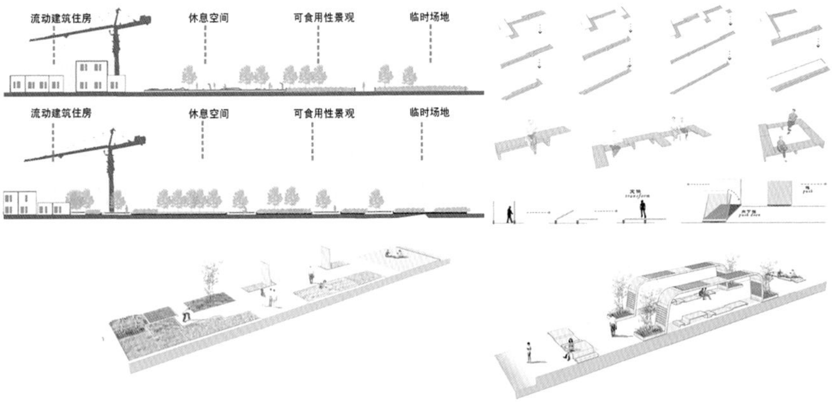

植被分析 Analysis of vegetation

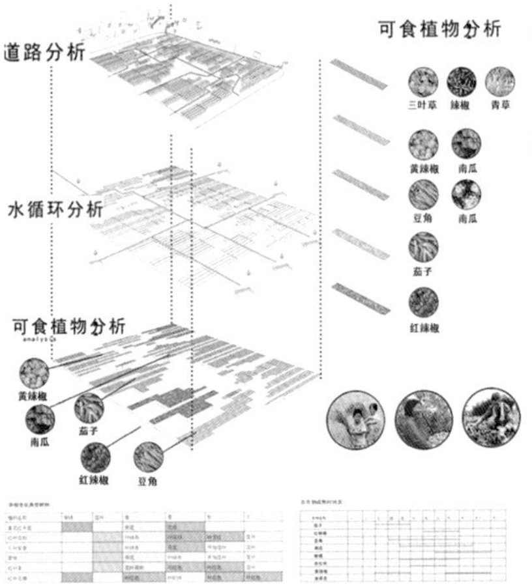

13. 效果图 rendering

鸟瞰图

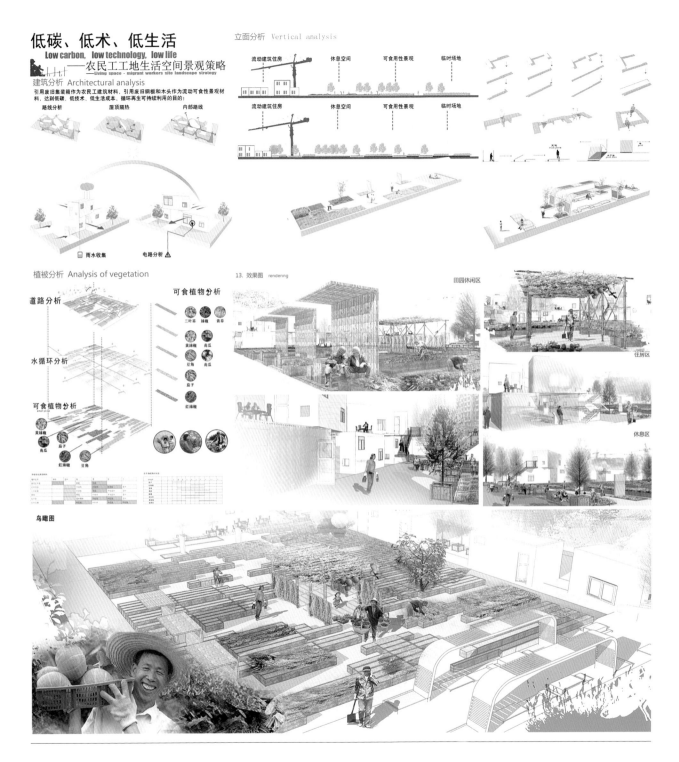

碎片故里 居住区景观设计

What?

《碎片故里》是一个具有怀旧性质、能够体现江南水乡七八十年传统生活的居住区景观，并且通过一个重要节点入口公园重点体现主题。

Why?

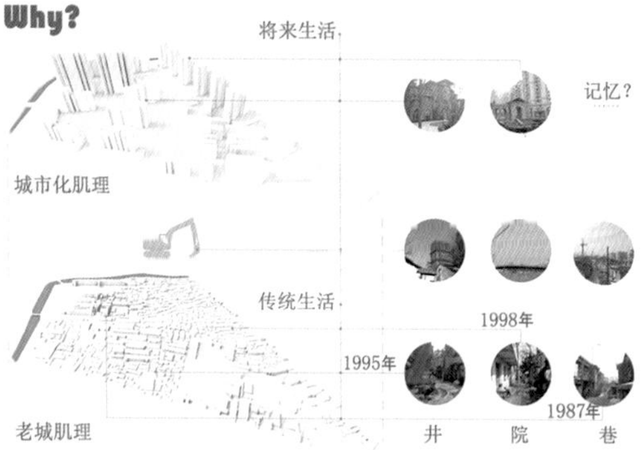

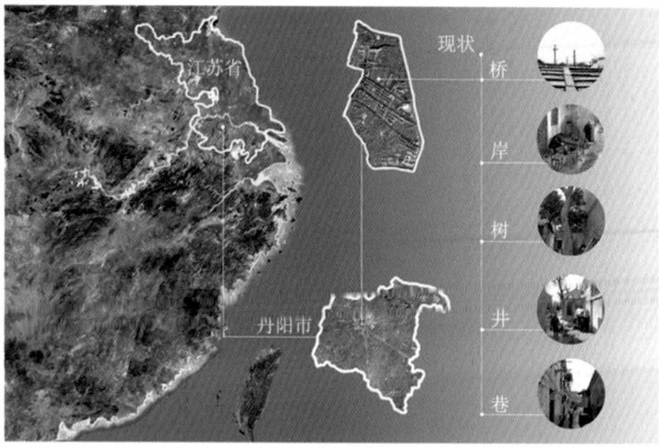

【地理位置】丹阳市地处长江下游南岸，江苏省南部。
【气候特点】冬季偏暖，夏季偏热，春季雨水多，秋季雨水少，是一个典型的江南小城。
【现状分析】丹阳老城现面临着全部拆迁，目前老城内留下来的绝大多数是贫困家庭，但这恰恰也是保留着传统生活气息的尚存之地：井边取水、树下攀谈、桥上卖菜、岸边忙做。似乎在这里时光永久凝聚了，一个个记忆的碎片串联起了老城的历史，巷落里穿梭中似乎又回到了童年。

How?

总平面图
0 5 15 30m

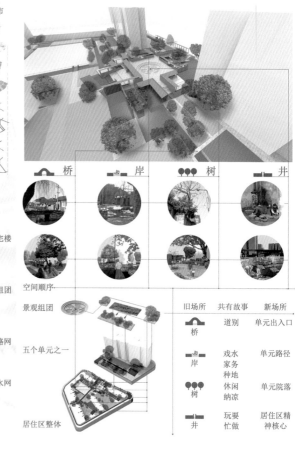

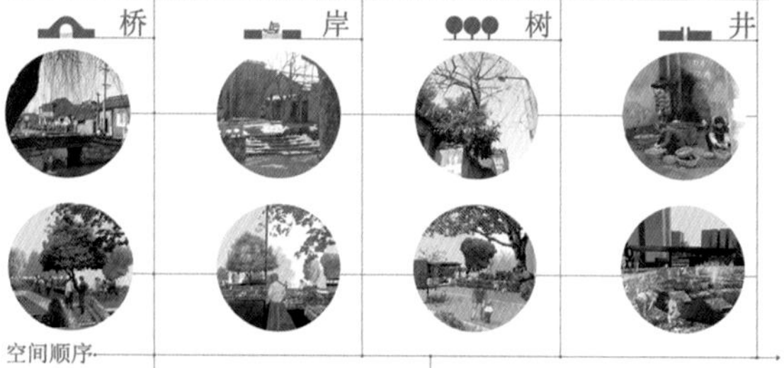

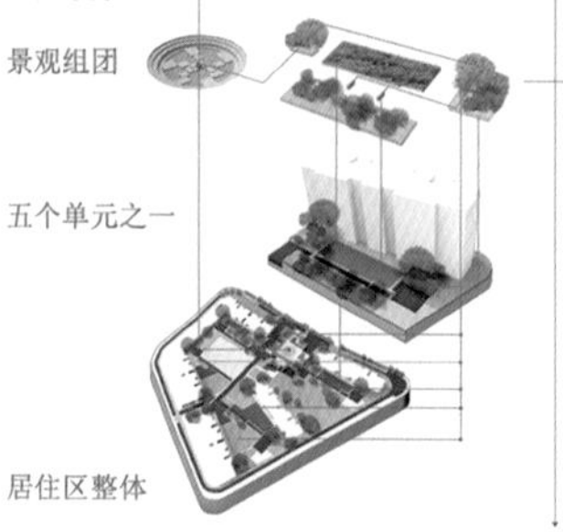

旧场所	共有故事	新场所
桥	道别	单元出入口
岸	戏水 家务 种地	单元路径
树	休闲 纳凉	单元院落
井	玩耍 忙做	居住区精神核心

作品编号： G150
毕业院校： 中国美术学院建筑艺术学院
作品名称： 碎片故里——居住区景观设计
作　　者： 戴骏玮
指导老师： 曾颖

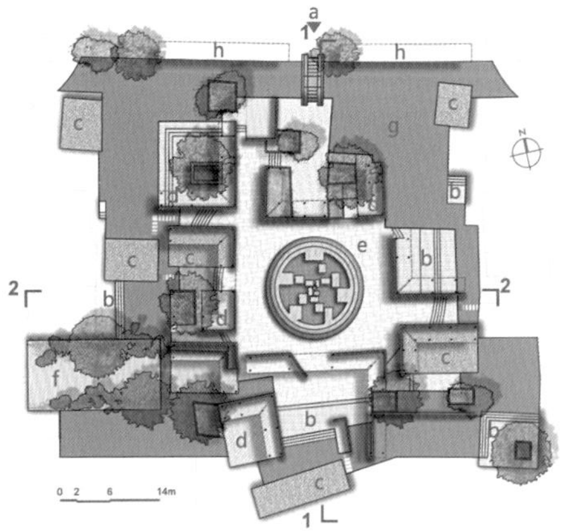

a. 入口　b. 滨水埠头　c. 菜地　d. 茶吧　e. 井园
g. 水池　h. 停车位

节点入口公园的作用

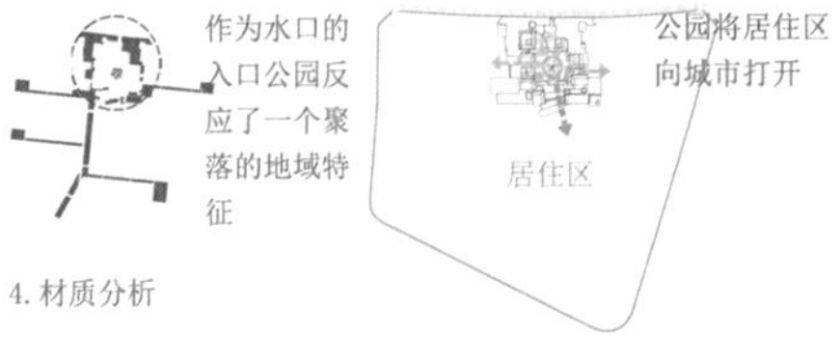
作为水口的入口公园反应了一个聚落的地域特征
公园将居住区向城市打开
居住区

4. 材质分析

1-1剖面图

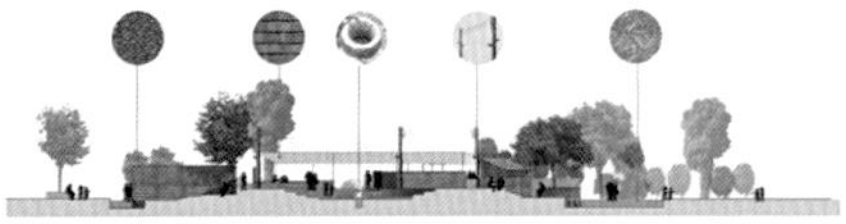

2-2剖面图

节点——入口公园

1. 空间分析

家乡街区传统进入口空间类型

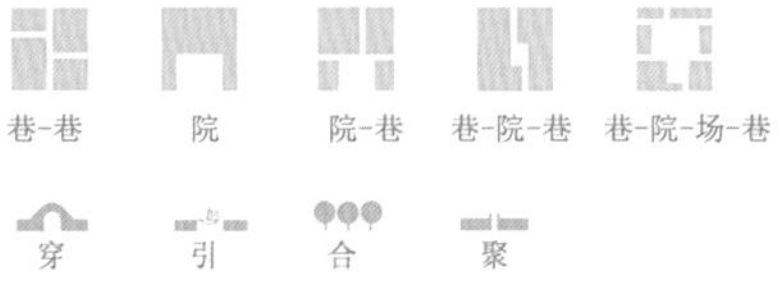
巷-巷
院
院-巷
巷-院-巷
巷-院-场-巷
穿
引
合
聚

公共空间形式：边缘丰富效应

重构
传统公共空间
小空间围绕大空间

入口公园整体空间形成

重构
入口空间
公共空间
整体空间

2. 功能分析

现代小区功能需求

功能体块（生活空间）纳入小空间，延伸居住单元功能

居住单元
生活空间
大空间
小空间

3. 纳入碎片元素

桥
岸
树
井

评委评语：

作品选题具有实际意义，设计意图明确，概念分析具有一定深度，对如何承载传统居住环境有个人的观点，逻辑清晰，表达充分。设计概念独特，但作品选址缺少特色，形式语言缺乏新意，没有体现设计概念与设计意图，效果图表达欠佳。

优点：选题从小处着眼，场地分析从大处着眼，层次分明，逻辑性强。空间结构合理，尺度得当。空间形式多样，方案针对性强。方案内容表述清楚，色彩应用协调，图面效果好，条理清晰。缺点：面积较小，设计元素和技巧的应用有限。

该作品能够根据场地的地域特色提出自己的见解，叙述调理得当，分析较彻底，空间布局整体协调，方案细部设计到位、结构关系明确、尺度把握得当、整体关系协调完整。图面表达新颖独特、清晰透彻，表现力较强。

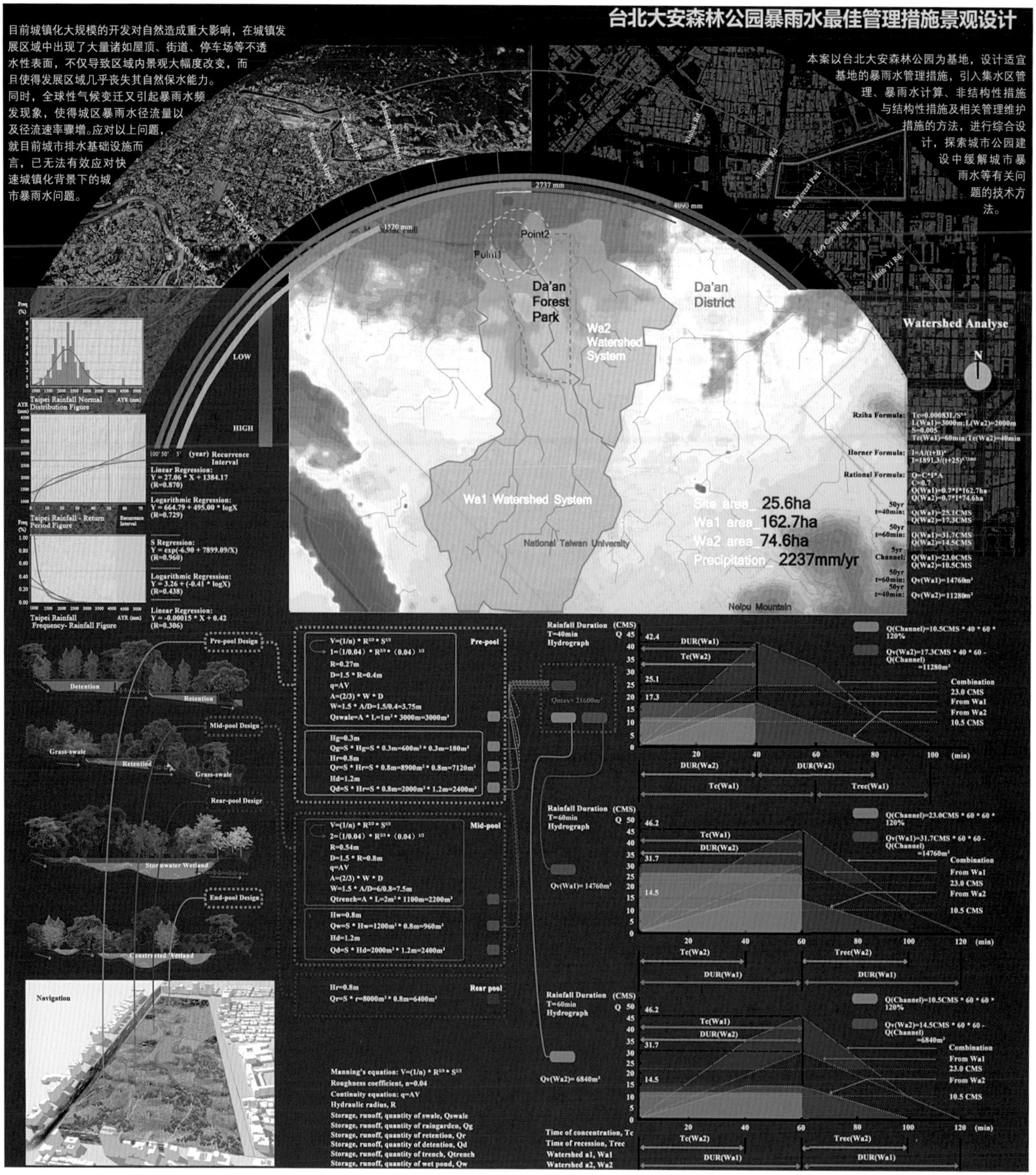

作品编号： G106
毕业院校： 台湾中国文化大学 & 福建农林大学
作品名称： 台北大安森林公园暴雨水最佳管理措施景观设计
作　　者： 王墨　黄倩竹
指导老师： 林开泰　董建文

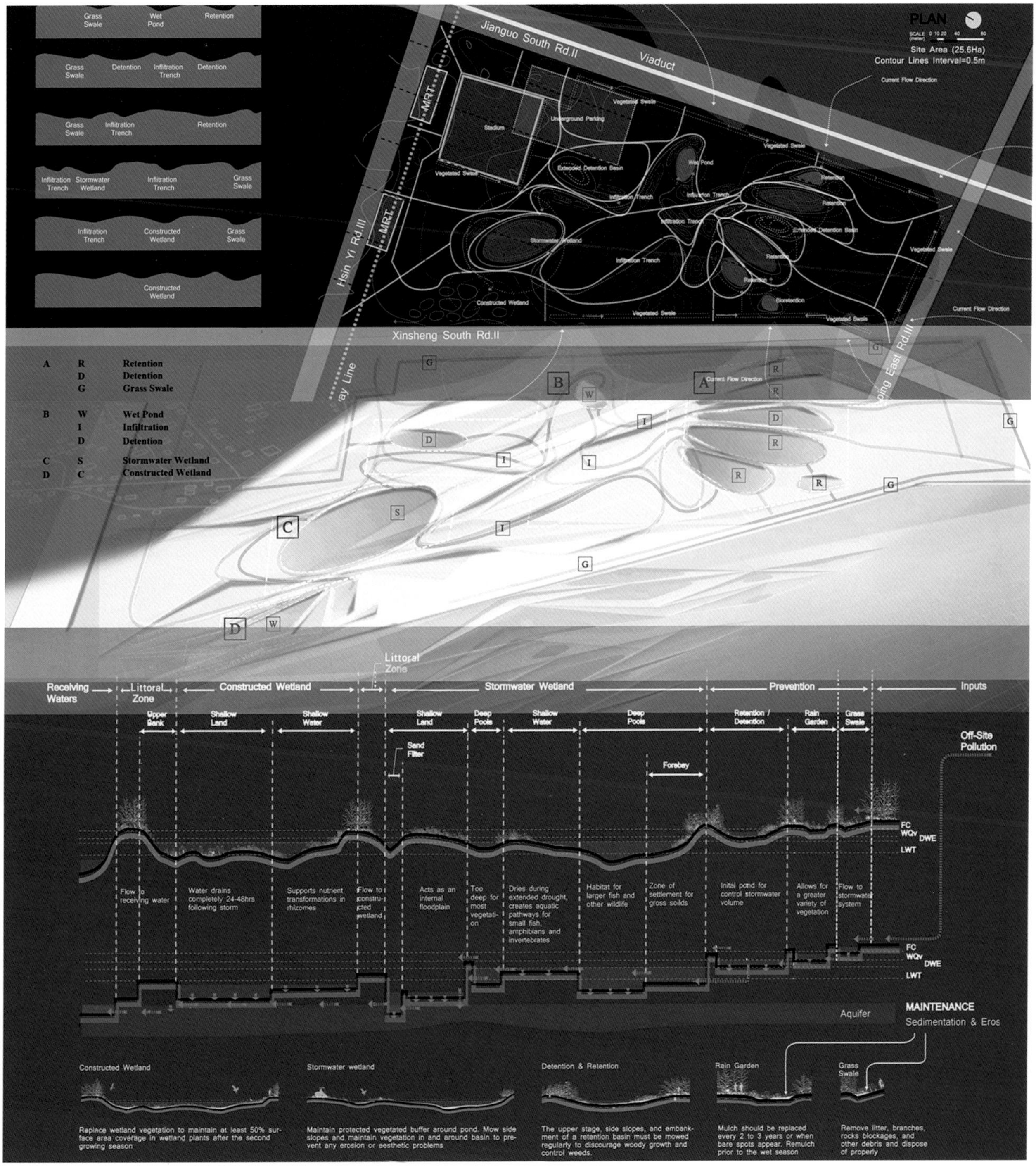

评委评语：

该设计方案能准确抓住时下热点城市环境问题——城市雨洪灾害。同时方案设计过程运用城市暴雨公式、曼宁公式以及合理化公式对降水量和径流水量进行数据的演算。在地表径流方面运用 GIS 工具进行模拟，水体处理上也运用了 BMPS、LID 中诸多雨水收集方法，这些设计思路与方法都是值得当下国内景观设计专业学习与借鉴。但该案例也存在些许不足之处：1. 设计者的思路是由该公园收集 256hm^2 范围集水区的雨水，但主要的水流线路（一级河川级序）并没有明显穿过公园场地内部，收集 wa1 和 wa2 范围内的雨水存在如何改变园内地形将雨水引入园内的问题。2. 合理化公式使用的范围在 80hm^2 面积以内较为准确，但案例中对 162.72hm^2 面积的集水区使用该公式是有待商榷的，须慎重。3. 256hm^2 集水区范围内有许多用地都是城市用地，方案中未提及城市排水管网的影响及数量的考虑，必将对方案的可行性与真实性造成影响。

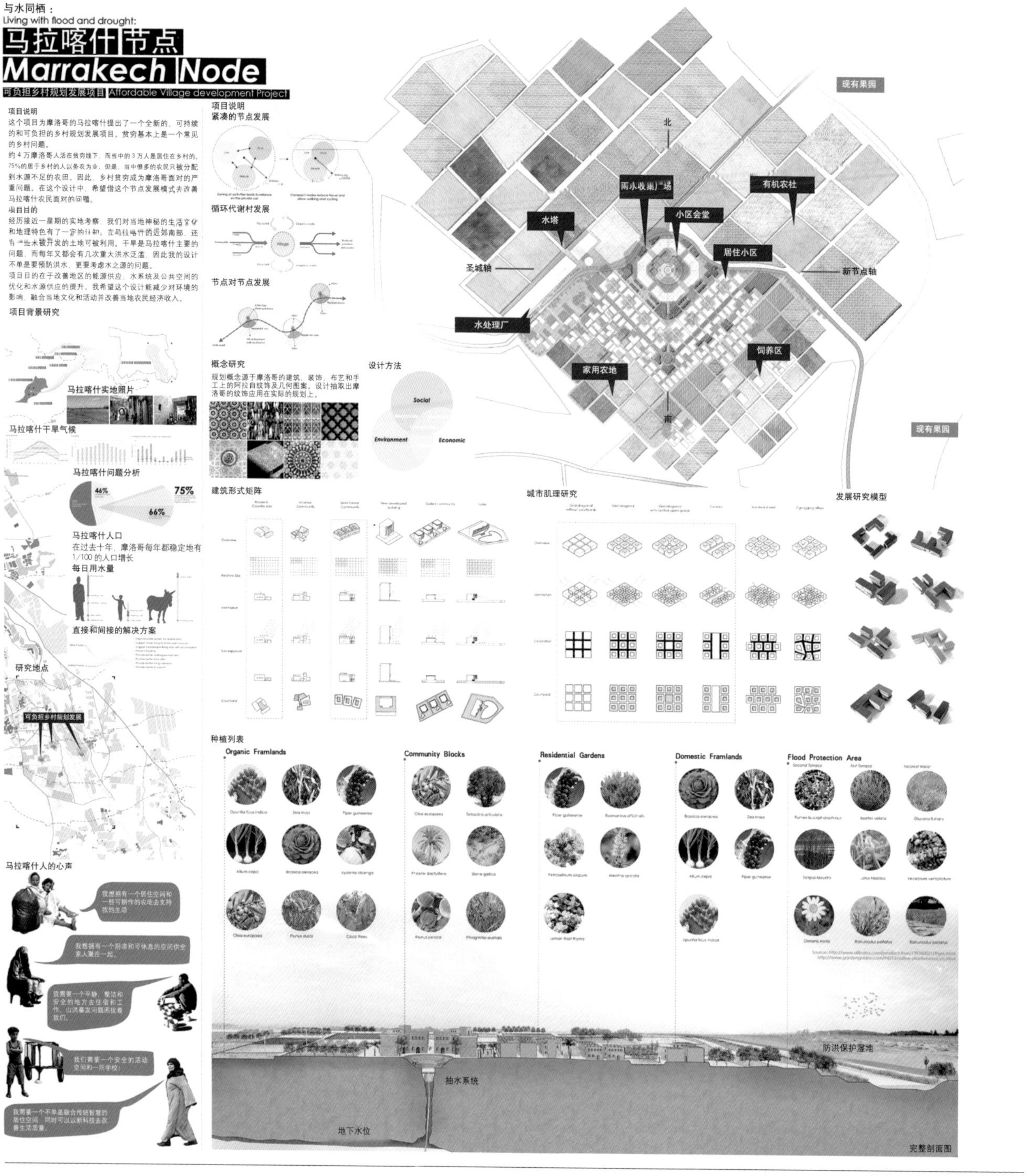

作品编号： G534

毕业院校： 香港大学建筑学院园境学部

作品名称： 马拉喀什可负担乡村规划发展项目

作　　者： 曹兴

指导老师： Scott Melbourne

在炎热干旱区的设计策略

网格图案的规划模式沟通东西轴线，南边的住房列阵可以被更多的阳光照射到，以提供最多的太阳能电源。而紧密的居房设计可以有更多的阴凉空间。另外楼宇都建筑在微斜的地形上，当有雨水的时候，水都经地形而去，希望水浸问题得以解决。

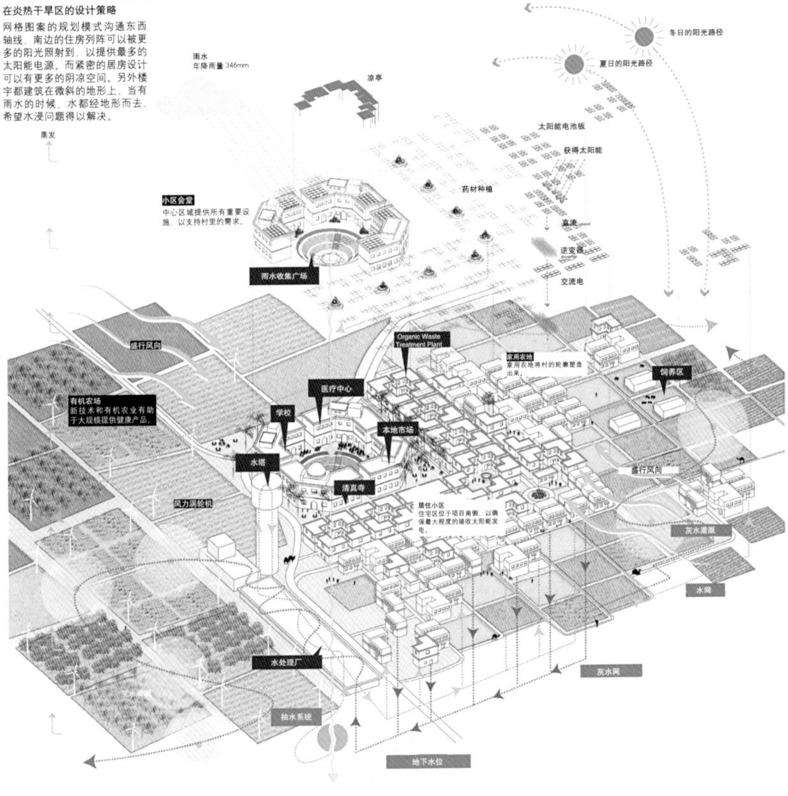

广场剖面图

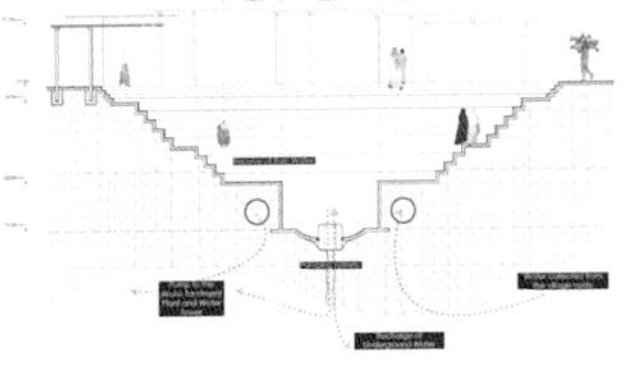

小区剖面图

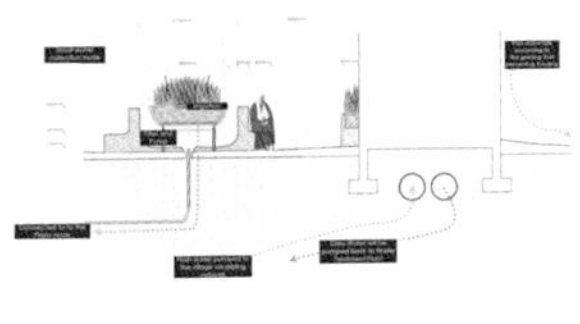

评委评语：

方案基本形式统筹了城市肌理，各类用地空间布局清晰，比例科学合理。以道路网络为骨干的综合交通构成良好的体系，居住单元内部流线通畅，功能明确。

此案的选题处在非洲西北部的摩洛哥，是一个经济较落后的发展中国家，选择研究的城市状况在全球城市发展和民生问题中具有典型的代表意义。方案表达的思路清晰，表现出来的效果和图示简洁明了，从一个完整的规划方案和设计系统来看虽还有很多方面没有涉及，但已经从大体思路上有了很好的开始。

设计表达辅助了设计意图，表达清晰。但问题的罗列方式不够，且问题分析层次也不够清晰，应有较为立体的解决方案。

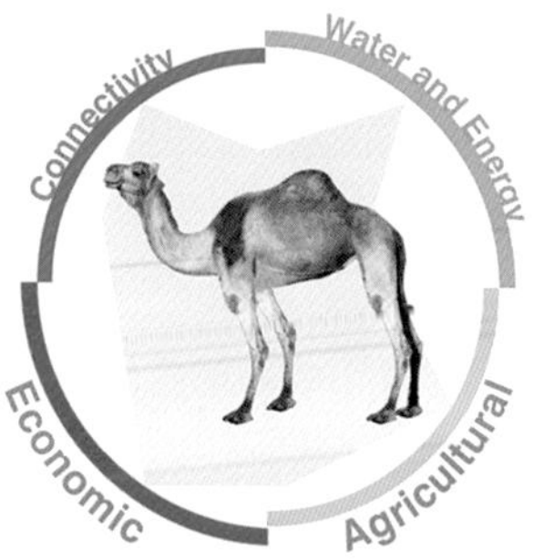

[The desert shelter]

CAMEL GRAZING STATION

在马拉喀什的白色黄金
把问题变作资源：农业、经济、水与城市的连接

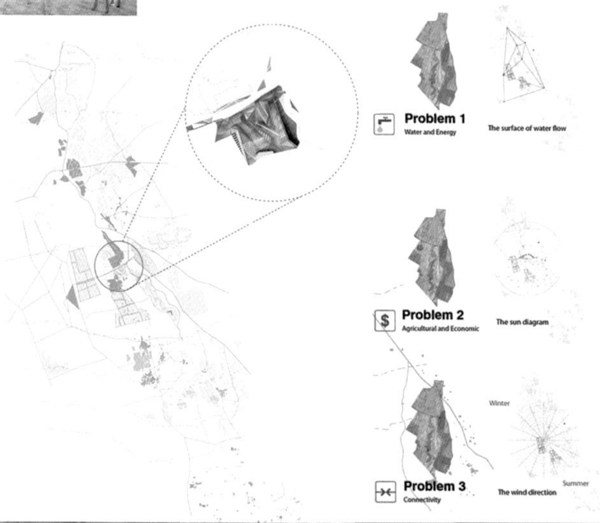

项目陈述
在摩洛哥的马拉喀什，其主要产业为农业、纺织、娱乐和养骆驼。然而，由于小区大多被沙覆盖所以很难确定哪些地区适合养殖或娱乐。根据马拉喀什的地方统计，15%的面积已沙漠化。缺水、气候恶劣和持续干旱既影响当地居民的生活，也影响该地区的生态系统平衡。
项目叙述
由于长期经历降雨量低、洪水和干旱等气候因素，马拉喀什表现出了侵蚀和沉积的现。瞬间过程留下永久的标记和足迹——山区的景象、伤痕累累的河岸和梯田农业。
马拉喀什的最大的河流“瓦迪穆萨河”，河水的源头来自大西洋，从阿特拉斯山到山谷的分流继续冲洗，那是侵蚀的过程：死亡和腐烂，不同状态和变化，形成对比。设计灵感来自路易·卡恩的著作《永恒的艺术的灯光》。这个景观建筑是一个过渡性的空间，在这个空间内建设不同的建筑组件来观察这个“被无情的时间作出洗礼”的区域。
提供一个在马拉喀什的生活的经验，对园林建筑的景观进行鉴定，例如建筑物在侵蚀和腐烂的情况下如何消失。

Programs of water treatment

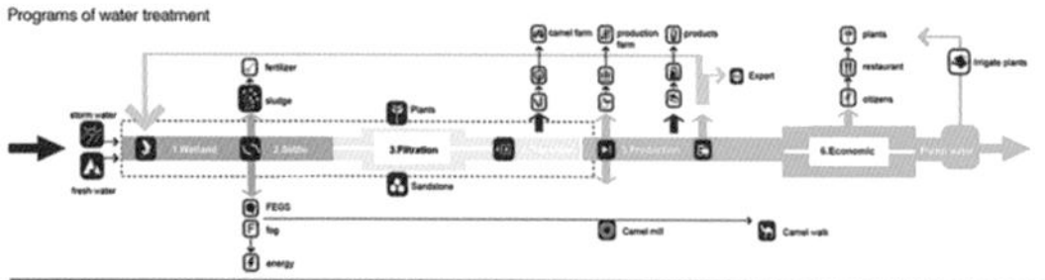

Elevation AA

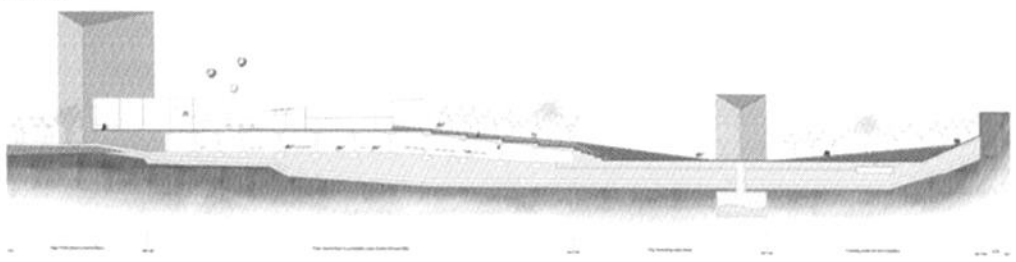

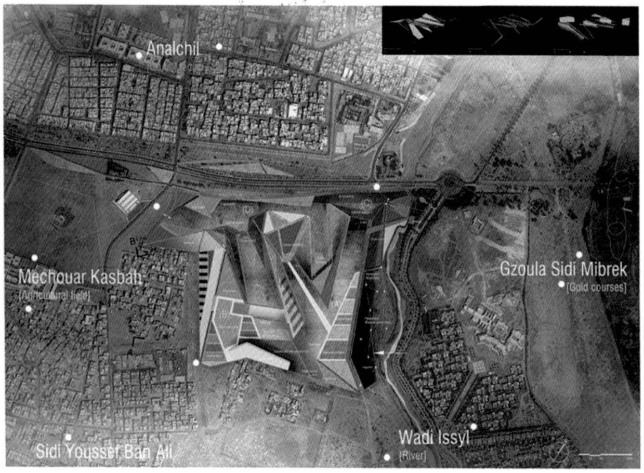

作品编号： G018
毕业院校： 香港大学 Landscape Architecture
作品名称： The white gold in the desert（沙漠中的白金）
作　　者： Bosco So
指导老师： Ivan Valin

Different Layers of the site

在整个景观设计之中，方案设计了一个可以观察并记录马拉喀什自然现象变化的地方：

1. 骆驼农场

在农场内种植玉米、橄榄、柑橘，为骆驼提供食物

2. 骆驼 / 骆驼养殖（沿着从南到北的线性规划）（需要调整河道的宽度）

3. 线性草原

4. 文化保存

5. 纪念碑和内存（帧结构），增加水资源的提供——湿地，减少洪水带来的影响

6. 城市的流动性，骆驼站，骆驼磨和骆驼导赏游（由南部到北部）（连接河流的对岸）

在马拉喀什存在的问题：经济、农业生产、人口增长、水和能源问题。农业领域和城市连接方面的改善将给马拉喀什当地带来了一定的正面影响。

Elevation BB

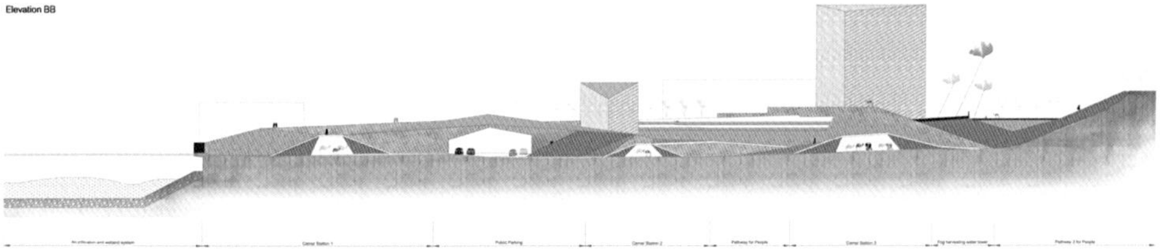

A landscape design that observes and records changes in natural phenomena within the site context

Camel farm

1. Camel/camel breeding with a linear planning along from south to north

Linear Grassland

2. Camel/ Camel walk along the river
   (To create subterranean under the urban site, aims to differentiate the land use before flooding and after flooding)

Culture Preservation

3. A monumentality and memory (Framing structure)
   (An idea that to observe the natural power such as Fog water tower and Flying Electronic Energy)

4. Increase the size of Flood Plain, wetland
5. Urban mobility, Camel station, Camel mill and walk (From south to north)
   (Cantilever over the river)

Section of camel grazing zone (B)

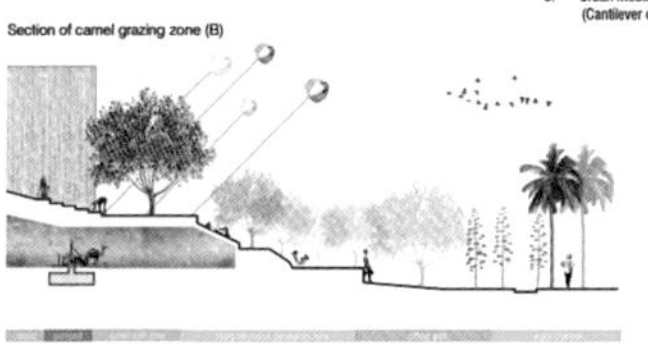

Proposed plants for Camel Grazing zone

Section of observation zone (A)

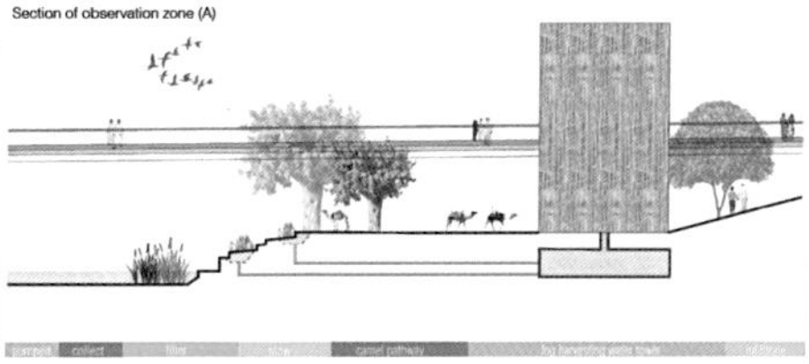

Detail plan of observation zone

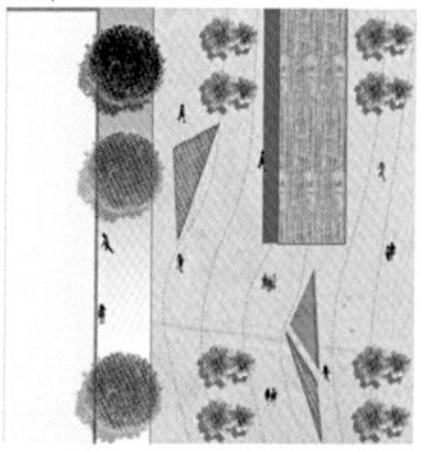

Detail plan of people pathway (C)

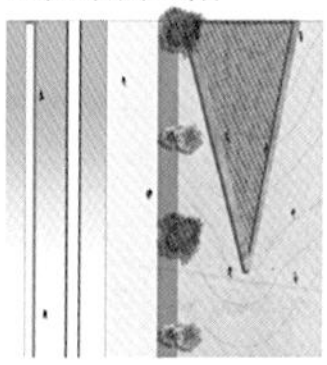

Proposed plants for people pathway

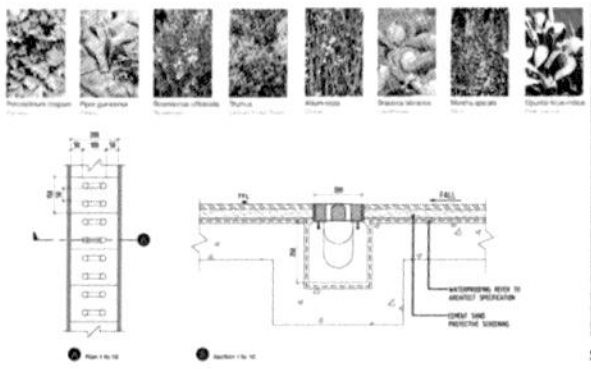

Detail plan of camel station entry (D)

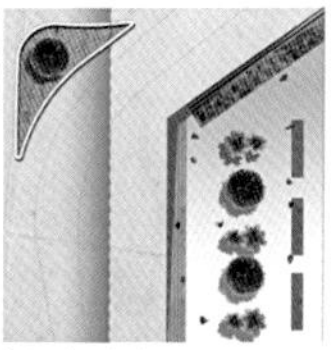

Proposed plants for camel station entry

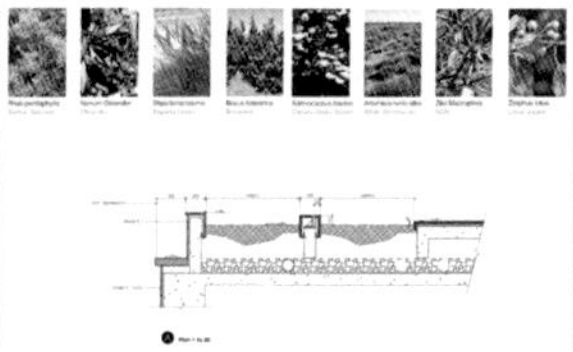

Detail plan of camel grazing zone

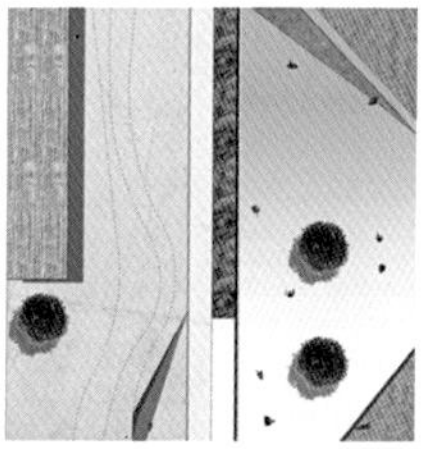

Section of people pathway

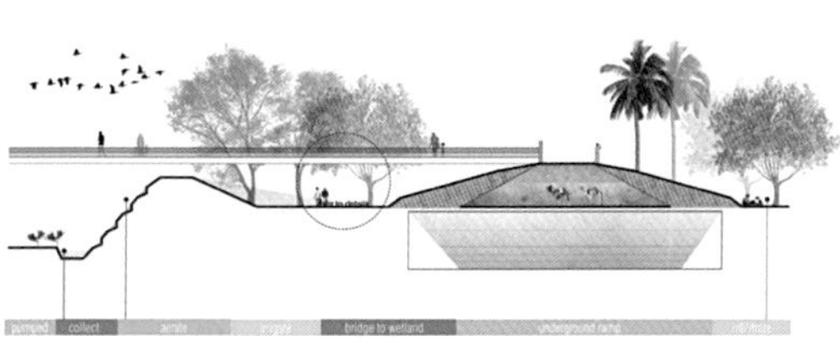

Section of camel station entry

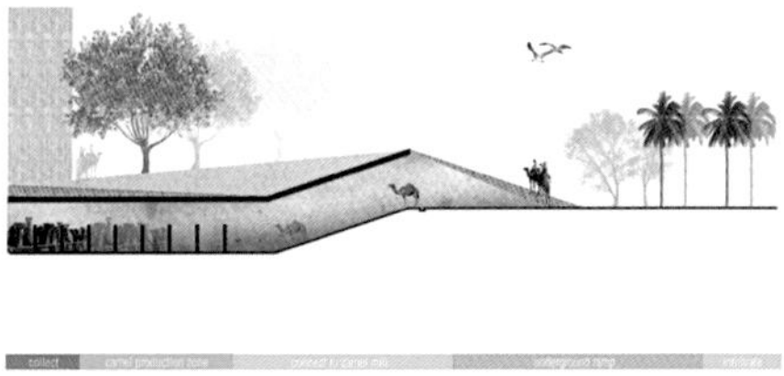

Proposed plants for observation zone

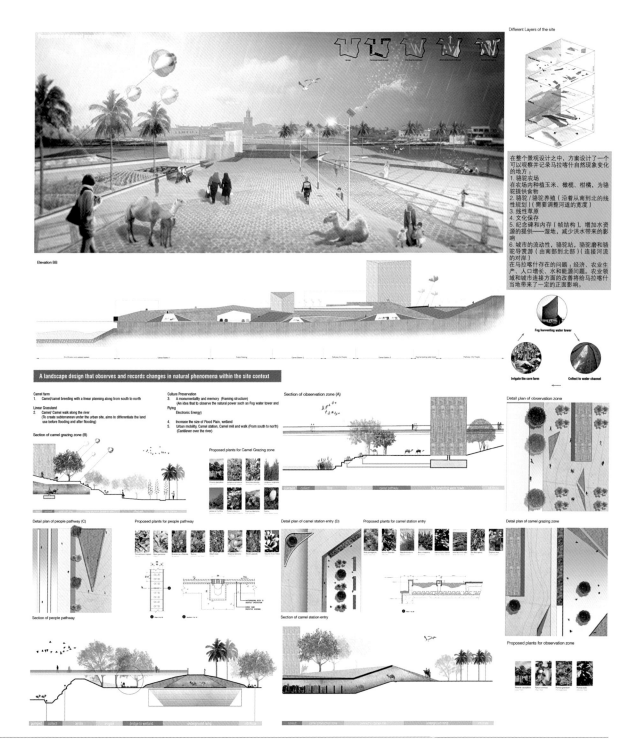

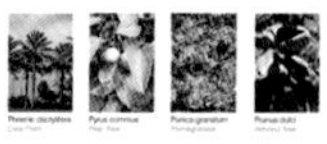

Part1 基地背景篇

1.1 区位分析

四川区位分析

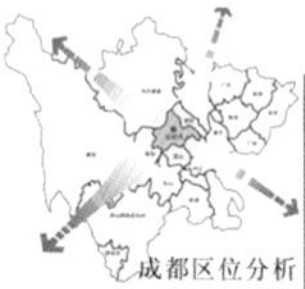

成都区位分析

本案基地分析

成都，四川省省会城市。所在省四川位于我国西南地区，全省总面积是48.5万多平方公里。

成都是中国副省级城市之一。四川省政治、经济、文化中心，也是国家历史文化名城。成都动物园始建于1953年，以饲养野生动物为主，占地面积50余亩，位置在成都新西门外的百花潭侧，风景优美，引人入胜。

1.2 巴蜀人文分析

风土人情

巴蜀风情：巴人明快，蜀人从容，瑰宝陆离，人文荟萃，最是诗人。巴蜀之地向来称为四塞之国，不可谓不封闭，吊然出三峡，成大江东去之势，尖锐，颇让人喟然感叹。

地域文化

巴蜀文化：巴蜀文化绵长久远、神秘而灿烂：可无为逍遥，更因刀剑而存。其中最为代表性乃羌族文化。羌族不仅是四川独有的少数民族，且是中华民族中最古老的成员之一。羌族的石砌建筑文化充满艺术的魅力，被海内外民族学者称为东方的“玛雅文化”。本案动物园的建筑以羌族建筑为基础进行设计。望打造出具有四川独特魅力的动物园，令游人耳目一新，印象深刻。

乔木 Trees

水生植物 Aquatic

草生植物 Grassland

灌木 Shrubs

1.3 植物现状分析

Part2 设计理念篇

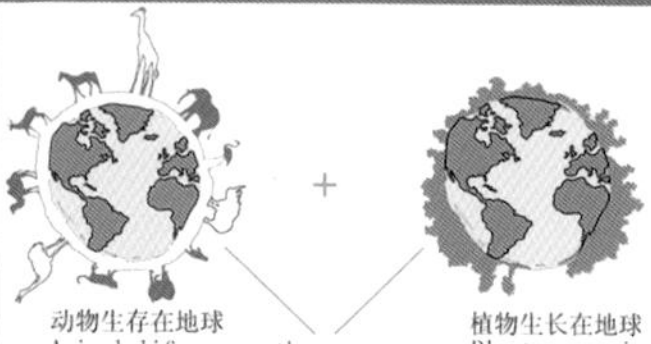

动物生存在地球
Animal life on earth

植物生长在地球
Plants grow in the earth

为动物提供自然、生态的家园
To provide a natural, ecological animal home

人
People

动物
Animal

回归自然、回归生态
Return to nature, return to the ecological

空间换位，别具一格的游览方式
Spatial transposition, have a style of one's own way of traveling

Vision 愿景

人与动物空间换位，共同回归自然

通过改造设计，为动物提供了更加自然的环境。也为人类提供一个机会可以很好地接触自然。

回归·换位——成都动物园改造设计方案

Part4 设计分析篇

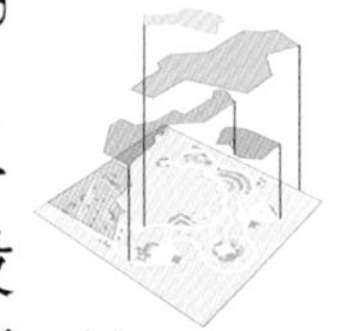

鸟类分布区
两栖动物分布区
草食动物分布区
大型动物分布区
小型动物分布区

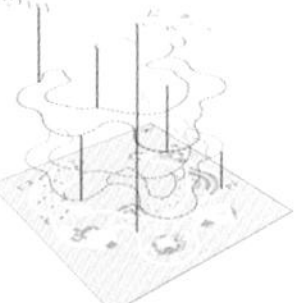

一级交通道
二级交通道
三级交通道
空中景观道
消防车道
停车场

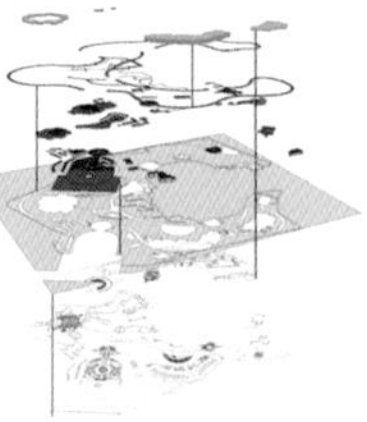

Part4 总平面图篇

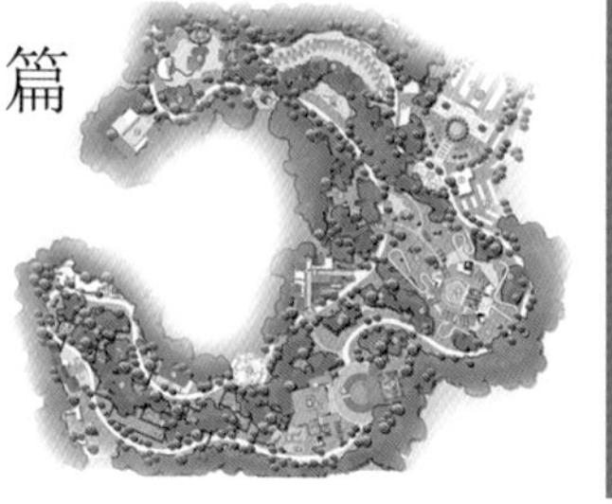

猛兽区：猛兽区的设计进行了重新的规划和场地划分。左图为熊馆，将熊圈养，没有自由和生机。动物如展品陈设在内，供人观赏。本案将动物进行区域性放养，人和动物在竖向空间进行分隔，互不干扰。

作品编号： G215
毕业院校： 四川音乐学院成都美院环境艺术设计系
作品名称： 回归·换位——成都动物园改造设计方案
作　　者： 王佳文　陈瑞萍　文倩
指导老师： 田勇　赵亮　杨骏贤

特色设计

设计思路：猛兽区的树屋设计来自于鸟蛋，希望与动物融为一体、也为游人带来特殊的空间体验。

树屋的整体造型也和鸟类很相似，中部的主要观景道的形状则是提炼了鸟蛋的元素进行设计，这个设计是希望人像鸟一样可以在空中俯瞰猛兽又不会有任何伤害。

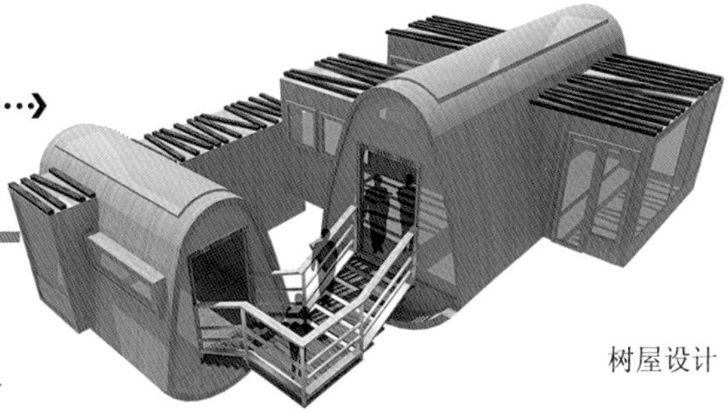

树屋设计

“香蕉”观景建筑

设计思路：以香蕉为原型设计，内部构造分为三层观景台，可与喜爱不同高度的猴子进行较好的接触。

设计强调换位的主题，通过空间的换位，令游人有不一样的感受，得出不同心得。

内部观景台结构：

整体结构：

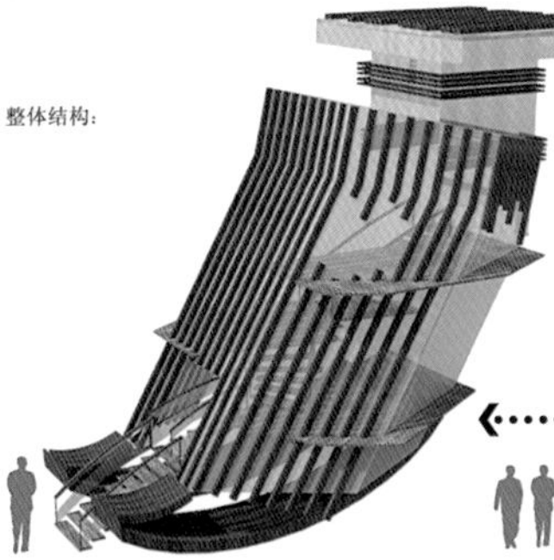

1

2

3

4

回归·换位
——成都动物园改造设计方案

1. 草食动物区：草食动物区的休闲广场建筑依照羌族建筑进行改造设计，屋顶元素提取斑马纹，将羌族建筑和动物园进行结合。本区以动物包围人进行空间设计，从空间设计上表达设计理念：换位。
2. 鸟区：鸟区将休息建筑置于湖中央，动物包围人，从空间上进行换位，达到设计目的和主题思想的体现。
3. 猴区：猴区的”香蕉“ 观景建筑最为特色，表达主题回归和换位，猴类回归自然，与原动物园在观赏方式上进行空间换位。
4. 大象区：大象区进行区域放养设计，使游人和大象可更好的交流和相处，增添趣味性，使人和动物共生、共存。共同回归自然、回归生态，体验大自然的美妙。

主要观景道路：本案将游览方式由步行观景增加为三类：骑马、步行、乘坐观光车。增添了趣味性，使动物园收益增加。

熊猫区：熊猫区由原址的面积扩大到4000平方米，为熊猫生存提供良好环境，并对熊猫和人进行竖向空间分隔，人与熊猫可更近距离接触。结合主题：回归自然。

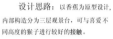

区域位置 Regional location

南投县日月潭气象分析图 Weather analysis chart

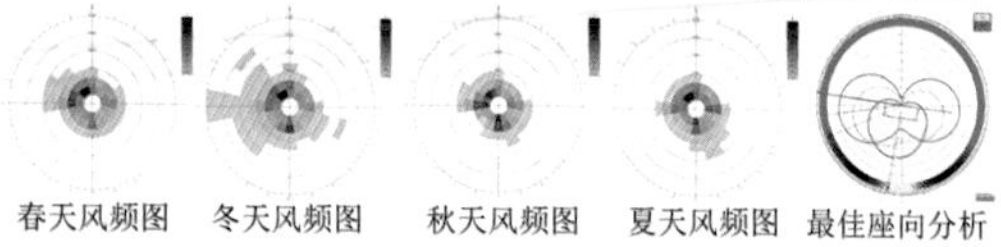

设计构想 Design Concept

全区配置图 Master plan

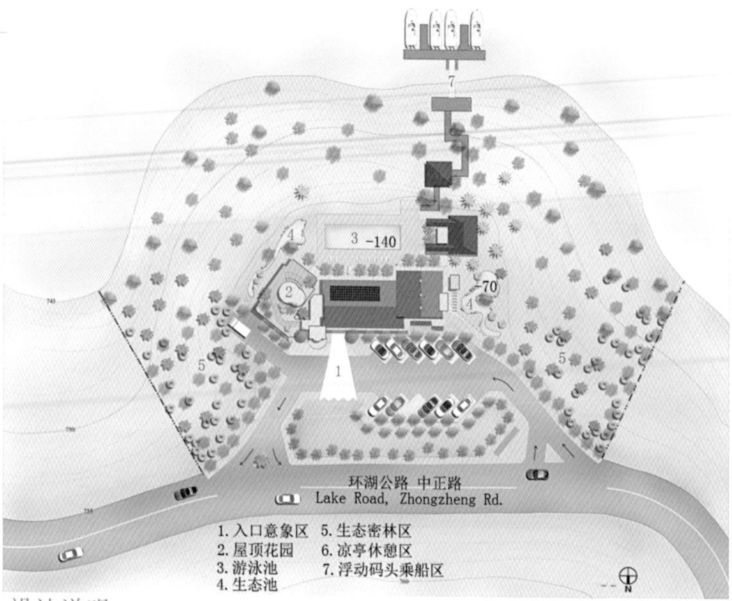

设计说明 Design Notes

考量观光发展对人文及生态环境之影响，我们针对明潭别庄提出示范性的永续环境规划理念，利用近年来台湾开始推动绿建筑评估系统（EEWH），以争取最高等级——钻石级为首要目标，并着重在减少环境负荷污水零排放的概念下，利用人工湿地及生态池的自然净化系统，使生活污水达到净化标准之水质后才排放，同时兼具景观美化效益。再生能源的利用上，则设置太阳能集热管，供应别庄生活所需的温热水使用，而太阳能板则提供室内与户外景观照明使用，并加入特有的邵族文化于明潭别庄内。

作品编号： G413
毕业院校： 台湾勤益科技大学景观系
作品名称： 明潭伊达邵别庄永续环境规划
作　　者： 陈威桦　曾佩茹
指导老师： 欧文生　宋文沛

一层平面图 Floor plan

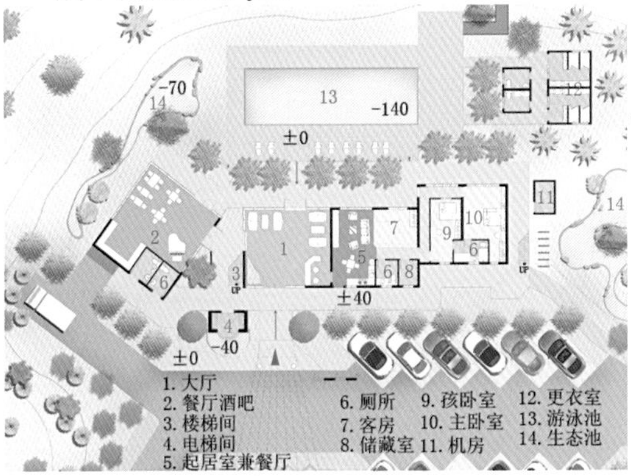

1. 大厅
2. 餐厅酒吧
3. 楼梯间
4. 电梯间
5. 起居室兼餐厅
6. 厕所
7. 客房
8. 储藏室
9. 孩卧室
10. 主卧室
11. 机房
12. 更衣室
13. 游泳池
14. 生态池

二层平面图 Second floor

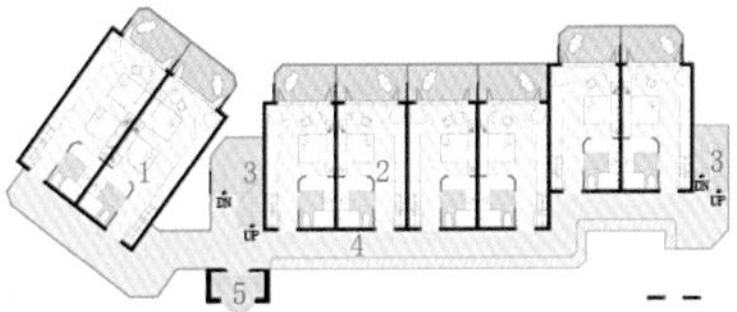

1. 湖景双床房
2. 湖景单床房
3. 楼梯间
4. 走道
5. 电梯间

三层平面图 Third floor

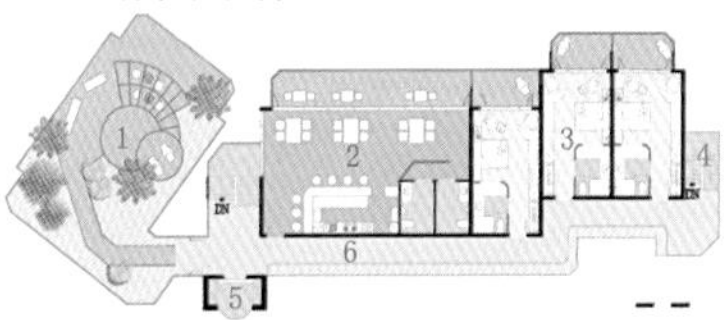

1. 屋顶花园
2. 餐厅酒吧
3. 湖景单床房
4. 楼梯间
5. 电梯间
6. 走道

立面图

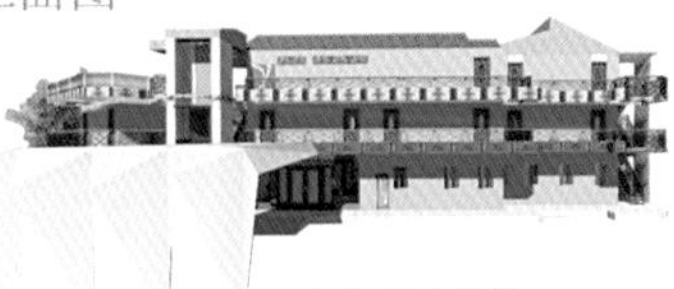

全区北向立面图

全区南向立面图

剖面图与原理示意图

A-A' 剖面

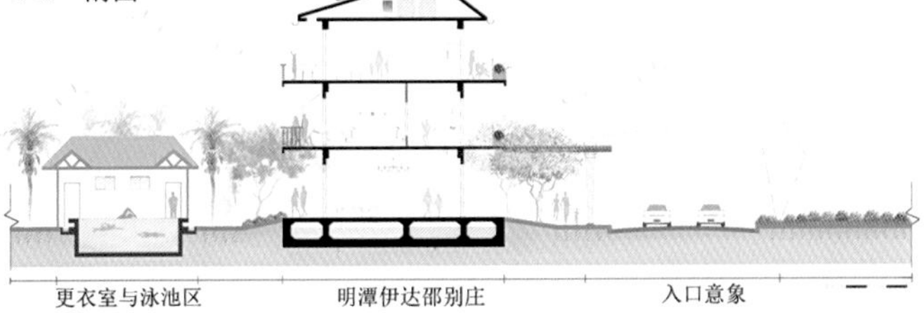

B-B' 剖面

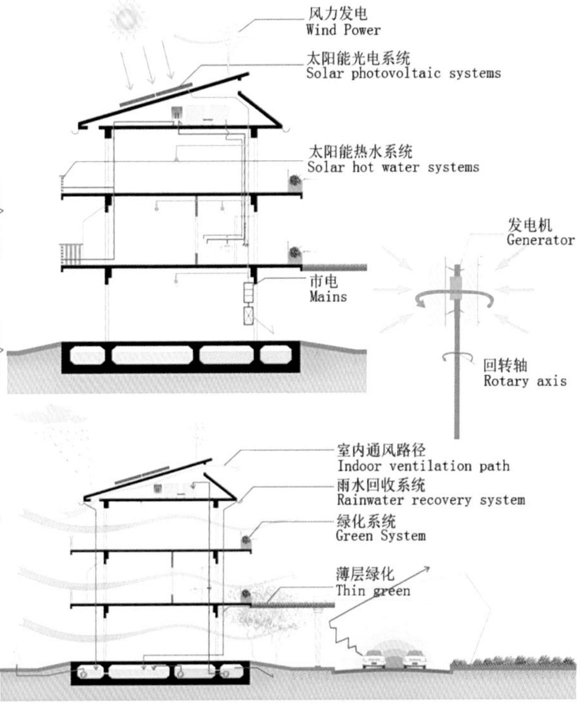

透视图 Perspective

2

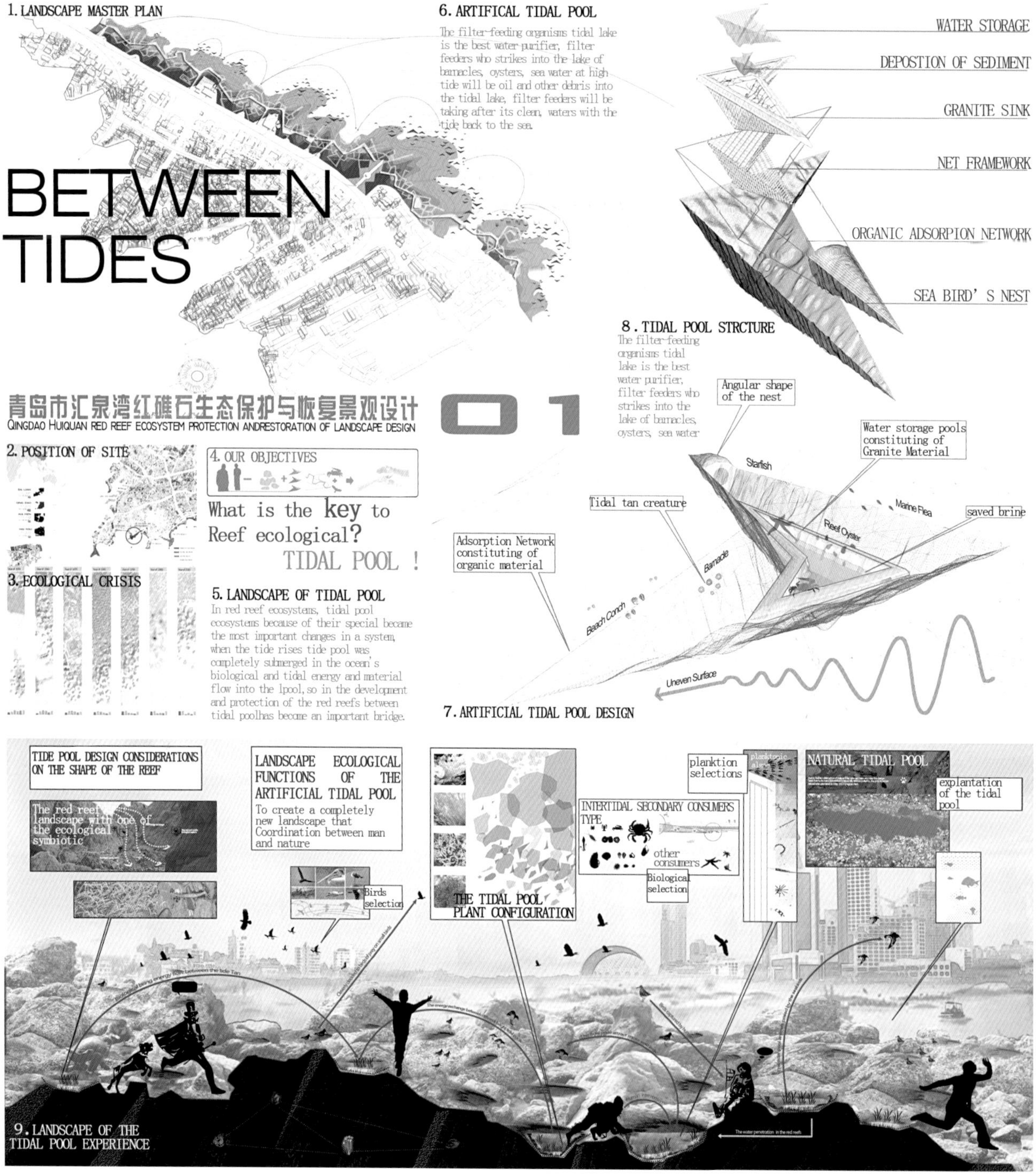
1. LANDSCAPE MASTER PLAN
BETWEEN TIDES
6. ARTIFICAL TIDAL POOL
The filter-feeding organisms tidal lake is the best water-purifier, filter feeders who strikes into the lake of barnacles, oysters, sea water at high tide will be oil and other debris into the tidal lake, filter feeders will be taking after its clean, waters with the tide back to the sea.
WATER STORAGE
DEPOSTION OF SEDIMENT
GRANITE SINK
NET FRAMEWORK
ORGANIC ADSORPION NETWORK
SEA BIRD' S NEST
8. TIDAL POOL STRCTURE
The filter-feeding organisms tidal lake is the best water purifier, filter feeders who strikes into the lake of barnacles, oysters, sea water
青岛市汇泉湾红礁石生态保护与恢复景观设计
QINGDAO HUIQUAN RED REEF ECOSYSTEM PROTECTION ANDRESTORATION OF LANDSCAPE DESIGN
01
2. POSITION OF SITE
4. OUR OBJECTIVES
What is the key to Reef ecological?
TIDAL POOL !
3. ECOLOGICAL CRISIS
5. LANDSCAPE OF TIDAL POOL
In red reef ecosystems, tidal pool ecosystems because of their special became the most important changes in a system, when the tide rises tide pool was completely submerged in the ocean's biological and tidal energy and material flow into the lpool, so in the development and protection of the red reefs between tidal poolhas become an important bridge.
Angular shape of the nest
Water storage pools constituting of Granite Material
Starfish
Tidal tan creature
Marine Flea
saved brine
Reef Oyster
Adsorption Network constituting of organic material
Barnacle
Beach Conch
Uneven Surface
7. ARTIFICIAL TIDAL POOL DESIGN
TIDE POOL DESIGN CONSIDERATIONS ON THE SHAPE OF THE REEF
The red reef landscape with one of the ecological symbiotic
LANDSCAPE ECOLOGICAL FUNCTIONS OF THE ARTIFICIAL TIDAL POOL
To create a completely new landscape that Coordination between man and nature
Birds selection
THE TIDAL POOL PLANT CONFIGURATION
plankton selections
INTERTIDAL SECONDARY CONSUMERS TYPE
other consumers
Biological selection
NATURAL TIDAL POOL
explantation of the tidal pool
9. LANDSCAPE OF THE TIDAL POOL EXPERIENCE

作品编号： G020

毕业院校： 青岛理工大学建筑学院

作品名称： 青岛市汇泉湾红礁石生态保护与恢复景观设计

作　　者： 任佰强　杨玉鹏

指导老师： 刘福智　刘森

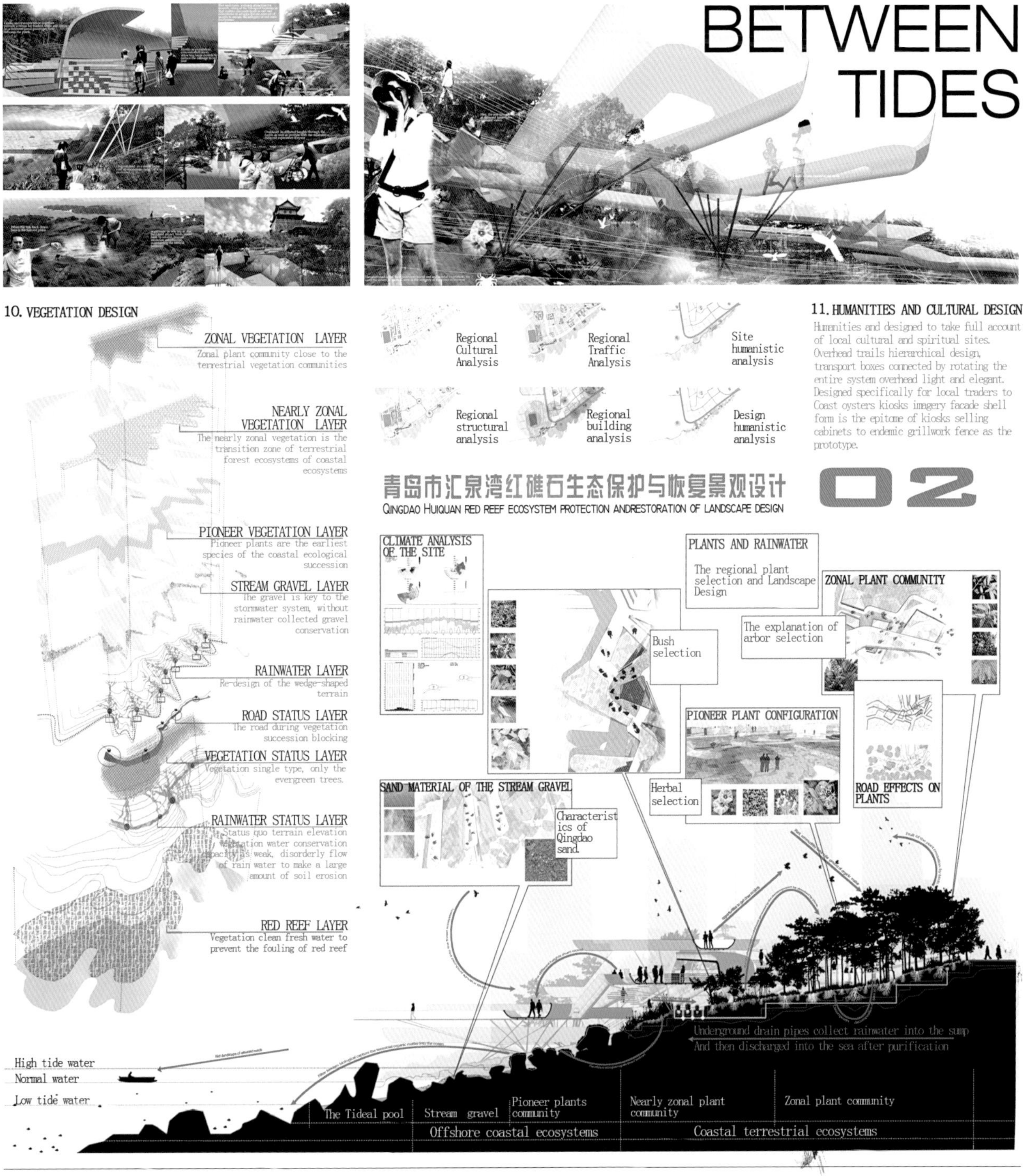
BETWEEN
TIDES
10. VEGETATION DESIGN
ZONAL VEGETATION LAYER
Zonal plant community close to the terrestrial vegetation communities
NEARLY ZONAL VEGETATION LAYER
The nearly zonal vegetation is the transition zone of terrestrial forest ecosystems of coastal ecosystems
PIONEER VEGETATION LAYER
Pioneer plants are the earliest species of the coastal ecological succession
STREAM GRAVEL LAYER
The gravel is key to the stormwater system, without rainwater collected gravel conservation
RAINWATER LAYER
Re-design of the wedge-shaped terrain
ROAD STATUS LAYER
The road during vegetation succession blocking
VEGETATION STATUS LAYER
Vegetation single type, only the evergreen trees.
RAINWATER STATUS LAYER
Status quo terrain elevation vegetation water conservation capacity is weak, disorderly flow of rain water to make a large amount of soil erosion
RED REEF LAYER
Vegetation clean fresh water to prevent the fouling of red reef
Regional Cultural Analysis
Regional Traffic Analysis
Site humanistic analysis
Regional structural analysis
Regional building analysis
Design humanistic analysis
11. HUMANITIES AND CULTURAL DESIGN
Humanities and designed to take full account of local cultural and spiritual sites. Overhead trails hierarchical design, transport boxes connected by rotating the entire system overhead light and elegant. Designed specifically for local traders to Coast oysters kiosks imagery facade shell form is the epitome of kiosks selling cabinets to endemic grillwork fence as the prototype.
青岛市汇泉湾红礁石生态保护与恢复景观设计
QINGDAO HUIQUAN RED REEF ECOSYSTEM PROTECTION ANDRESTORATION OF LANDSCAPE DESIGN
02
CLIMATE ANALYSIS OF THE SITE
PLANTS AND RAINWATER
The regional plant selection and Landscape Design
Bush selection
The explanation of arbor selection
ZONAL PLANT COMMUNITY
PIONEER PLANT CONFIGURATION
Herbal selection
ROAD EFFECTS ON PLANTS
SAND MATERIAL OF THE STREAM GRAVEL
Characteristics of Qingdao sand
Underground drain pipes collect rainwater into the sump
And then discharged into the sea after purification
High tide water
Normal water
Low tide water
The Tideal pool
Stream gravel
Pioneer plants community
Nearly zonal plant community
Zonal plant community
Offshore coastal ecosystems
Coastal terrestrial ecosystems

评委评语：

该方案逻辑准确，在此基础上水到渠成地提出设计方案来。很好地解决了生态保护的问题，表现也非常的到位。不足之处在于人和环境的分离，人只能在远处观看红礁石，缺少环境参与性。人其实也是环境中的一部分，不能从环境中分离出来，可以适当增加人与环境的互动交流。

该作品选题既有对选址地的针对性，也暗含了此类项目在解读、分析和解决现实问题上的可供借鉴的有效方法思路。在生态保护解决方案和景观环境品质的营造间做到了良好的融合平衡，但略为遗憾的是在细节处理上未达到景观设计深度，前期分析和后期方案在对周边区域社会关系和功能内容上做得不足。

方案不足：生态恢复具体措施与景观观赏空间在处理形式上有所欠缺，缺少效果表现；完善意见：建议对空间和竖向交通进行细化设计，对设计元素在景观中的具体表现进行完善。

旅游休闲景区动态观景设计

——贵州省梵净山国家公园景观设计

设计说明

通过对地块地形地貌现状的调查、对梵净山人文的考察，以及对景观互构性的研究，结合设计灵感进一步设计。将地块根据高程和地貌分为“踏云”、“卧云”、“幻云”三个区域，分别对应科普体验、休闲养身、探险娱乐三个主题。由垂直电梯做三个层之间交通中转的核心，交通流线如行云流水般布置，景观节点充分考虑功能与地形的结合。

创建一个具有原始自然风貌、满足人们游玩，集研究、教育等活动需求的旅游胜地，让人们在游玩中学习，让人们敬畏大自然。

设计灵感：

该地块位于贵州省梵净山公园景区，得名“梵天净土”的梵净山具有深厚的佛教文化内涵，高海拔的地貌特征使其自然景观风云变幻，尤其是冬天雪景美不胜收。设计的灵感来源于白云，云既表现了现实物态的云朵，是梵净山常见的自然景观，亦动亦静环绕山巅；同时云又传达出虚无飘渺捉摸不定的抽象意境，观云的过程既是玩赏又是感悟。水是云的本质状态，水具有流动与变化的特性，不论环境如何它都会以适应环境的状态形式一直运动。云是水的另种形式，不仅是物质状态还有精神世界的升华。

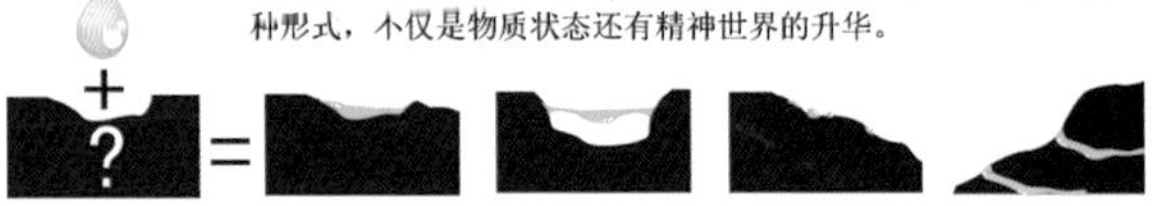

地块设计平面图

①溶洞入口 ②升降电梯 ③集散平台 ④眺望台 ⑤科普溶洞 ⑥浮动云桥 ⑦杜鹃花海 ⑧观景平台 ⑨观景天街 ⑩听雨长廊 ⑪服务区 ⑫观景平台 ⑬登山栈道 ⑭登山栈道 ⑮深林树屋 ⑯空中长廊 ⑰吊桥 ⑱瞭望塔 ⑲观景平台

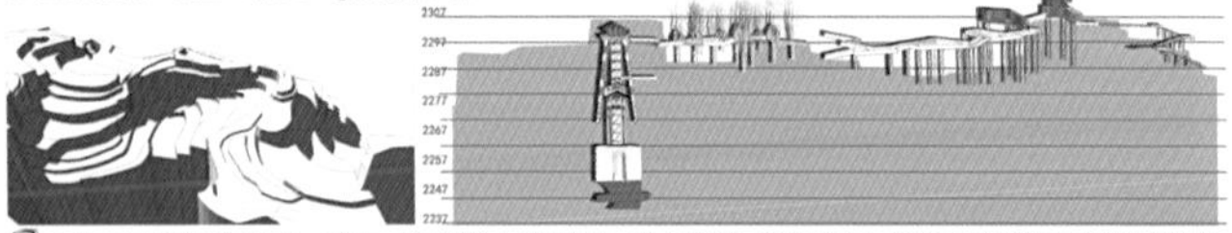

C“唤云”该层为2280~2305m高程的山谷区域，树木繁茂，鸟类丰富，结合现状设计有树屋连廊、穿云吊桥、听风瞭望塔。

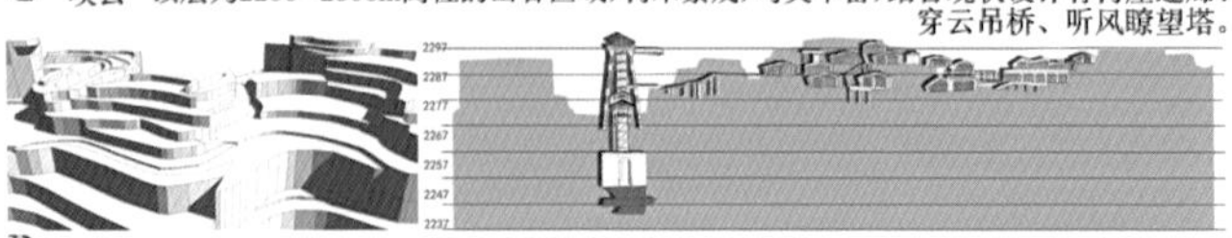

B“卧云”该层为2278~2295m高程的山地斜坡区域，是很好的观景面，设计有水滴观景平台、听雨酒店服务区。

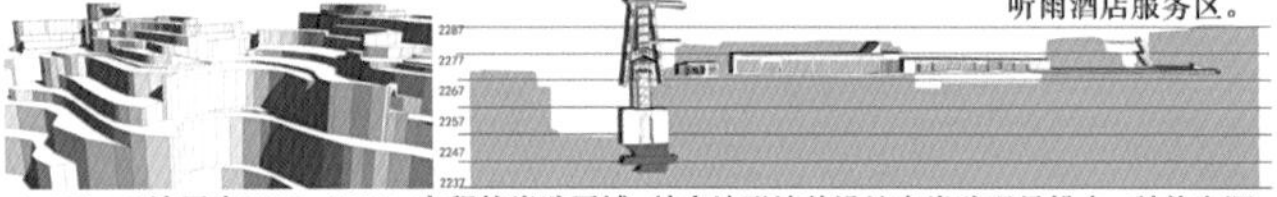

A“踏云”该层为2265~2285m高程的崖壁区域，结合地形地貌设计有崖壁观景挑台、科普岩洞、浮动的云桥。

地形分析与竖向设计：

设计地块海拔2230m，高差有80m，地形复杂，有崖壁、陡坡、陡坎、谷地等。通过对现状地形的模拟和研究，融合设计理念，将该地块分为三个层来设计。“踏云”、“卧云”、“唤云”，伴随着不同高度的游玩体验，内心对自然的态度和感悟也将升华。

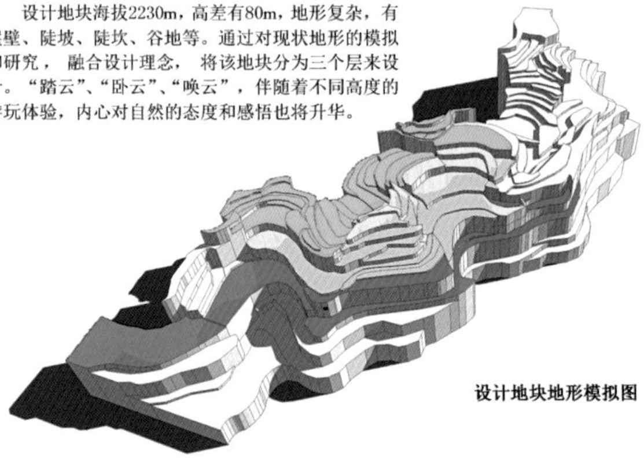

设计地块地形模拟图

交通流线设计说明：

通过模拟和分析地形将地块交通按高程分为三个区域，设置升降电梯缓解高差带来的交通不便，同时竖向联通三个区域，横向形成环形交通；不同的地形交通形式也不同，给游人提供丰富多变的动态游玩体验。

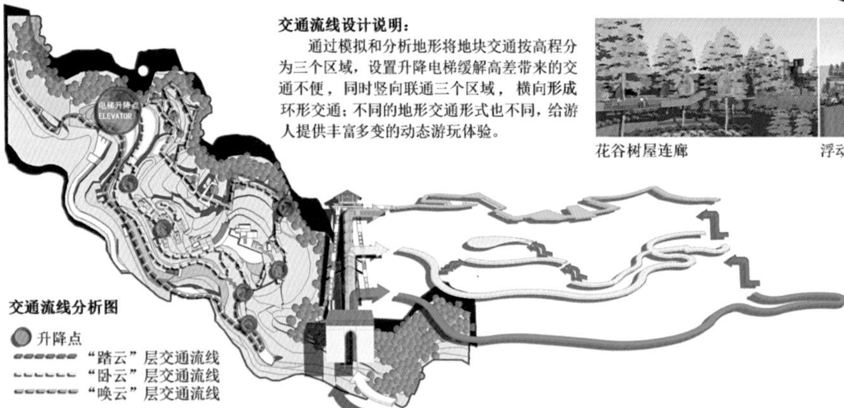

交通流线分析图

升降点
“踏云”层交通流线
“卧云”层交通流线
“唤云”层交通流线

花谷树屋连廊　浮动的云桥　听雨观景休闲酒店服务区

“踏云”层交通形式（树屋、吊桥、瞭望塔）

“卧云”层交通形式（观景天街、听雨服务区长廊）

“唤云”层交通形式（科普溶洞、浮动云桥、登天栈道）

穿梭云间的树林走廊　科普岩洞与崖壁云桥　天生桥与盘山栈道

作品编号：G546
毕业院校：武汉理工大学艺术与设计学院
作品名称：贵州省梵净山国家公园景观设计
作　　者：陈治江
指导老师：张琴

旅游休闲景区动态观景设计
——贵州省梵净山国家公园景观设计

地形与景观空间3D模拟图

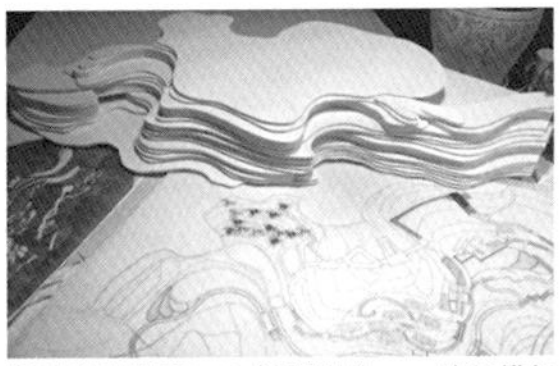

模型制作流程：1.模型制作——地形模拟

2.模型制作——空间试探

3.模型制作——景观场所搭建

4.模型制作——整体景观调整

模型制作对场地地形与景观空间的互构性研究：

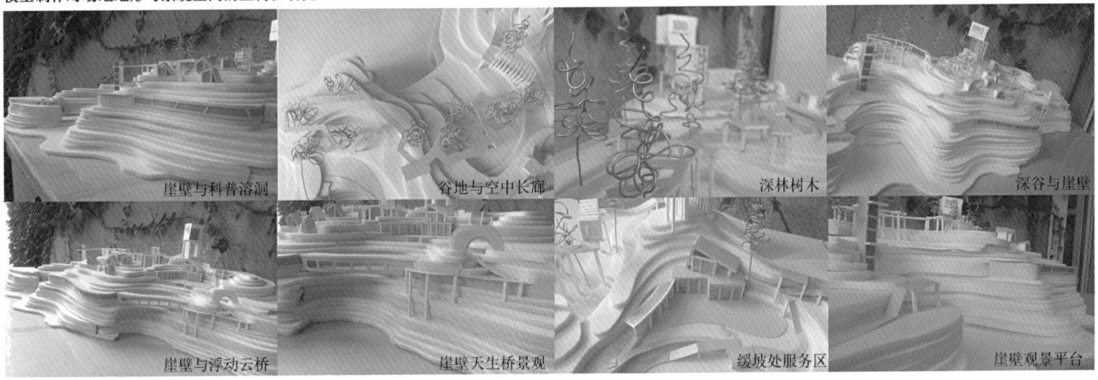

评委评语：

该作品文字叙述简练，重点内容突出，设计与环境结合紧密，空间关系好，图面视觉冲击力强，但对场地存在的问题没有分析。

Born of Fire 浴火重生——古民居火烧房循环利用景观改造

现状问题

随着现代工业、商业、科学技术的发展，社会结构不断更新，城市规模不断扩大，人口日趋集中，自然环境质量逐渐下降，在老建筑区出现的“城中村”的现状一直存在，这给城市生活造成了很大压力与威胁。

保护与改善该地区的自然环境，调节城市小气候，保持该地区的生态平衡，缓冲该地区紧张的消防交通路线。增加该地区人们的社交娱乐活动场地，增加“城中村”人们活动的趣味性，增加该地段景观的审美功能，为“城中村”居民提供宜人的景观创造条件。

提高周围居民的环境生活质量，在此基础上主要为该地区的老人提供休闲场所，同时为附近的小学生提供放学后的嬉戏场所以及家长接送的空间来缓冲该地区附近路段的交通压力。使得该项目成为该地区拥挤住宅的一个呼吸窗口，释放城市压力，面对这样的现状及发展趋势，解决“城中村”生活环境质量低下的问题，是城市景观设计的一个新课题。

地理位置分

项目位于福建省福州市台江区三通路与中平路交汇处。该地段在清末原为福州的“十里洋场”，地段繁华，新中国成立后渐渐落寞。周围皆为旧式建筑与木结构拼接的棚户区。交通路线狭窄，原要被拆迁，却无故被开发商搁置下来。项目原建筑因几场火灾事故烧毁，现荒废无人居住。周边有幼儿园、小学、繁华的中亭街、张真君祖殿、观音庵等。

项目变化轨迹

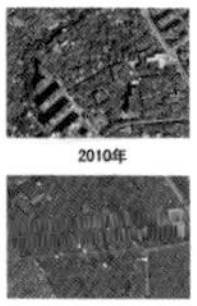

景观为谁而设计

环境现状

社区现状

周围皆为旧式建筑与木结构拼接的棚户区。原要被拆迁，却无故被开发商搁置下来。项目原建筑因几场火灾事故烧毁，原住居民均已搬迁，现该址荒废无人居住。

项目位于棚户区的中心地带，周围居住室内环境大多数为昏暗潮湿，人口密集程度高，居住空间狭隘压抑，交通路线也比较狭窄。

生活现状

附近居民将场地的部分空地利用为菜地与家禽饲养地，但大部分还是处于垃圾堆放、杂草丛生的状态。

周边景观户外活动配套设施少，年老居民经常扎堆晒太阳，缺少活动场地，营造令人宽松舒适愉悦的景观显得更加刻不容缓。

每天小学放学期间附近路段交通堵塞

改造前环境现状（现场照片）

挤	“城中村”人口众多，住房拥挤，精神生活压抑	杂	随处可见养鸡养鸭，晾晒生活衣物	乱	各种电线电缆外露，存在安全隐患且影响生活景观
脏	火灾过后的垃圾，没能得到及时清理，长期堆积	臭	养鸡鸭以及长期垃圾未能得到清理的腐臭	荒	火灾后，居住人口迁移，建筑内杂草丛生，成了垃圾堆

周边环境

传承与发展

保留被烧毁后的防火山墙为天际线，并将其作为立面肌理与历史文脉。既可作为火灾防范意识的警示，又可作为人们对过去历史的一种追忆。

设计原则

设计原则：生态环保、可持续再利用、临时性低成本、以人为本。

方法：利用原有建筑的防火墙为景观立面空间，保留原有火灾后的肌理，提醒人们增强防火意识。

老人活动区域主要种植芦苇等草类植物，营造田间“野”的生态趣味。

人们在回味田野趣味中促进亲子关系：规划出部分空间作为公共菜园供人们种植蔬菜，享受“农趣”。

提供附近小学学生放学的嬉戏空间，缓解接送孩子造成的交通压力：为附近的老年居民提供良好的社会交流空间。

利用废旧轮胎及油桶为花坛，实现资源再利用。

元素符号

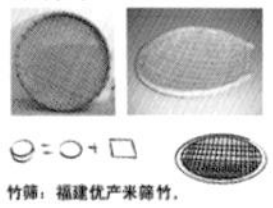

竹筛：福建优产米筛竹。

这里的住户家里几乎都会有一个竹筛，于是便提取竹编的细线条、圆形的外轮廓、方形的小孔作为元素符号。

核心概念

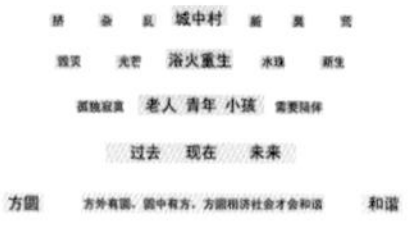

平面图

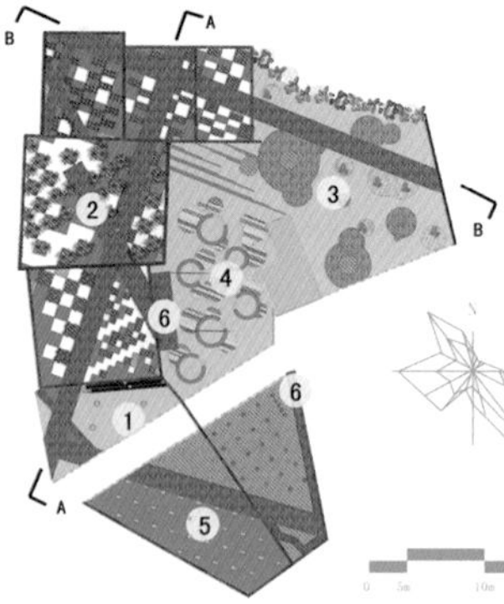

1. 入口景观
2. 芦苇园
3. 儿童乐园
4. 公共菜园
5. 野花园
6. 眺望台

空间人群分布示意图

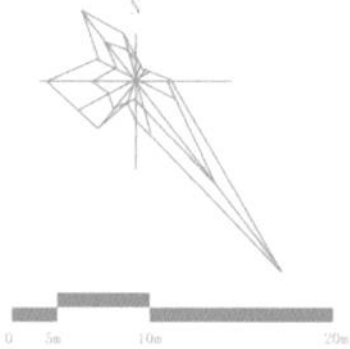

这场大火是一个“契机”，为这一片密集的住宅区烧出了一片空地，环境资源的再利用，将为这一地区带来新的生机。火势必被水扑灭，在阳光的照射下，所有的水珠都会升华，化作气体相互融为一体。将原有的建筑空间比作水珠，“光芒”即为道路。在大的空间原则上保持老人与儿童的活动空间相互交错，空间密集了，人们的交流也就增多了。

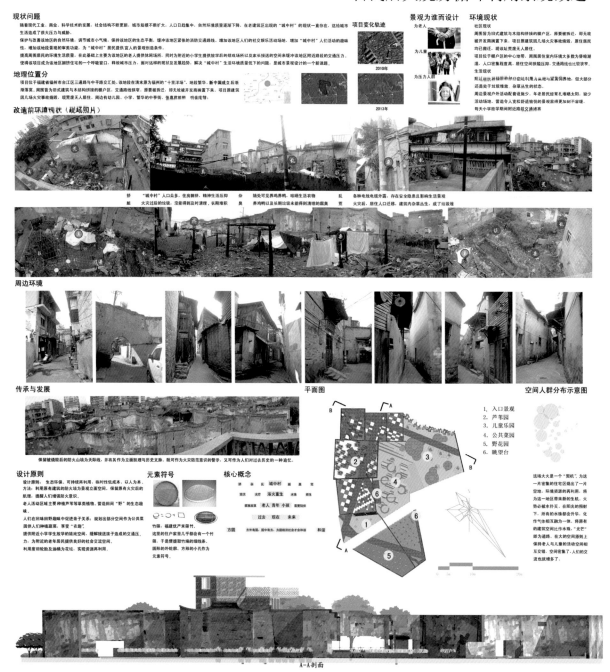

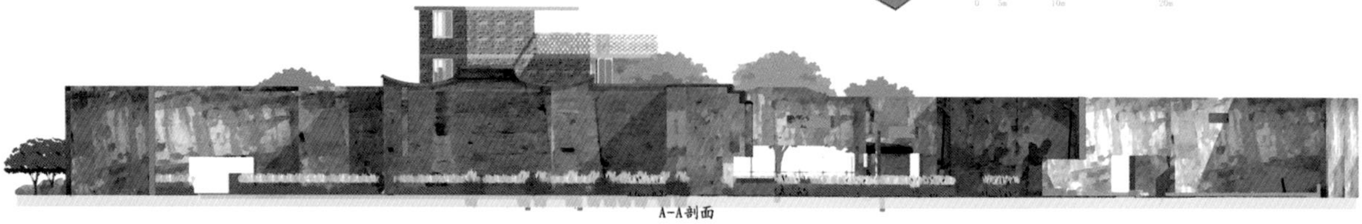

A-A剖面

作品编号：X071
毕业院校：福建农林大学金山学院
作品名称：浴火重生——古民居火烧房循环利用景观改造
作　　者：关文娴
指导老师：郑洪乐

1 被烧毁的房屋遗留下来的木炭拼组而成的景观，废弃的白色的圆石墩为座椅。黑色的木炭景观可以给人们火灾警示，但配以石墩却有了一丝禅意。

6 木质的树池座椅，低矮的亲水池，都是以圆形为轮廓，更能给孩子们带来趣味性与亲切感。为附近的小学生提供新的课后趣味活动空间。

景观结构分层分析

2 以芦苇为主的观赏性植物园，其自然优雅、潇洒飘逸，极富自然野趣，加上芦苇对生长环境有极广泛的适应性，易于种植。

7 废旧轮胎及铁桶为花坛，以点状的形式构成野花园，现代社会中，汽车是不可或缺的交通工具，但同时带给人们喧嚣和污染，在这里快速奔驰的轮胎化成了绿色的使者，在节约能源的同时，也是对未来绿色能源的一种憧憬。

3 打破原有的空间延伸成一个观景平台，增加空间在视觉上、空气上、交通上的流通性。

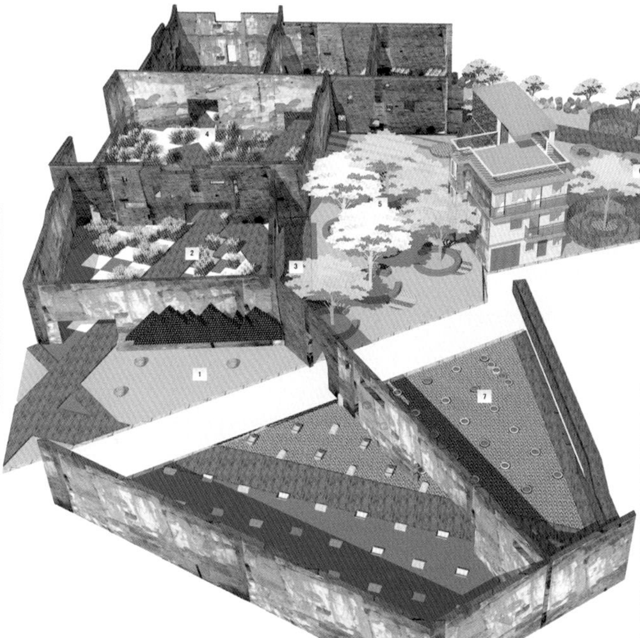

4 非常适合老年人带小孩漫步其中的亲子场所，有大大小小的方形道路构成的几何美，看似无序却有序。

改造前现场照片

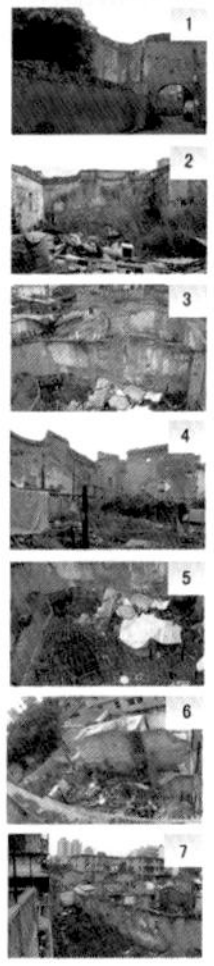

5 利用这一片空地实现人们渴望农田的愿望，将城市农田、社区园艺、生产性景观等等带入其中。菜园是将农业融入城市空间和都市人生活的可能性的有形体现，效果美观实用，又能吸引居民参与。圆形的座椅由附近废弃的石块组成。

B-B剖面

评委评语：

该方案是老城区旧房与景观改造设计，作品对场地及其周边地区的自然、社会、经济、历史、文化等要素进行分析与评价，针对现状存在的问题提出景观设计的原则与策略，随着社会的发展，这样的设计模式将是一种趋势。方案形式上具有一定的视觉效果，但是具体设计过程没有很好地体现出来，例如空间结构、场地功能、景观节点等。此外，方案在表达上缺乏主次和重点，没能准确地传达设计作品。

该课题选题新颖，主题理念不错。但对于现状的考察、调研、分析不足，导致设计内容过于单薄，空间形式的划分过于单一。

前期调研 The prophose research

区位分析：磨碟沙公园位于珠江南岸，黄埔涌东面，紧挨猎德大桥延长线。
设计范围：以珠江南岸、黄埔涌东面和紧挨猎德大桥延长线为边界，占地面积约5.3万m²。

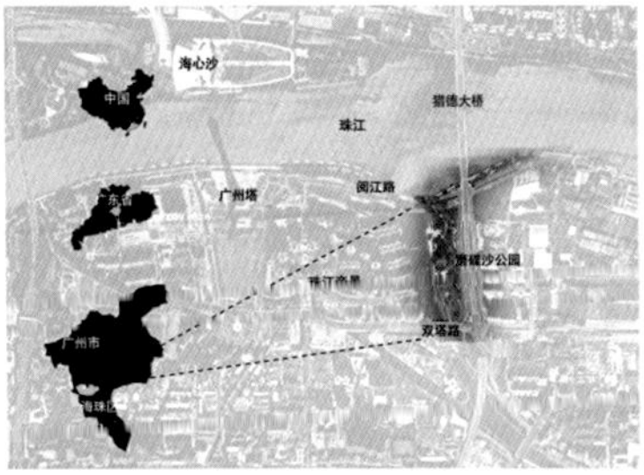

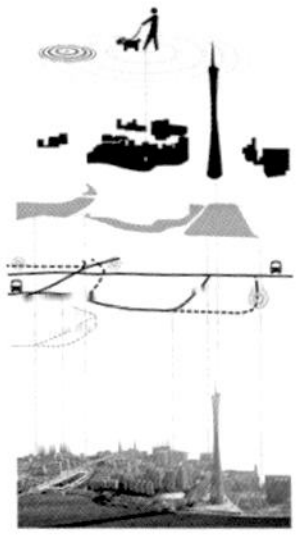

调查分析：

理想的环境：多选

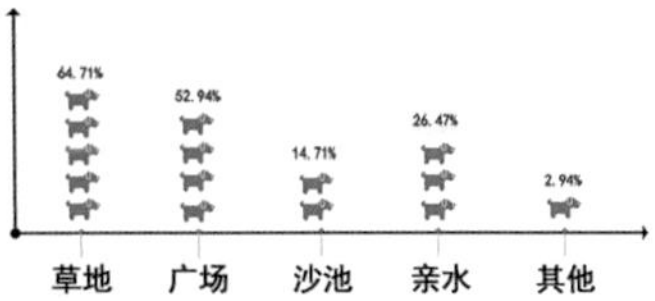

现实的问题

没有足够的活动空间；
缺少粪便池和收集箱；
与路人产生冲突；
禁止带狗进入。

分析结果：

本项目前期对广州居民遛狗的情况做了人数为34人的问卷调查，时间是2013.01–2013.05，主要针对狗民网的广州用户。调查显示遛狗时间大部分集中在晚上，而晚上的人群是以年轻人为主，普通工作者占41.2%，白领占32.35%，大学生占11.76%；还有部分人群是退休老人或家庭主妇，占14.71%。因此遛狗公园应当设置充足的照明工具。广州地处亚热带，夏季炎热，很多长毛品种的犬在如此气候下容易中暑、感冒，因此应当设立亲水设施供犬只使用。

DOG RUN

城市遛狗公园景观设计 City dog park landscape design

分层分析：

人群 以珠江帝景花园、泓景花园、丽景花苑、利安花园等小区群落的养犬人为中心来作为主要服务人群，然后向外扩散吸引更多养犬人或喜欢宠物的人。

建筑 珠江帝景花园、泓景花园、丽景花苑、利安花园等小区群落。还有广州地标性建筑广州塔。

景观 周边有滨江绿化带，西面是广州塔广场。周边环境安静，人流量不大。

交通 三面环高架桥，分别是猎德大桥、阅江路、双塔路。交通方便，周边有3个地铁站、2个公交站。

设计元素 Design elements

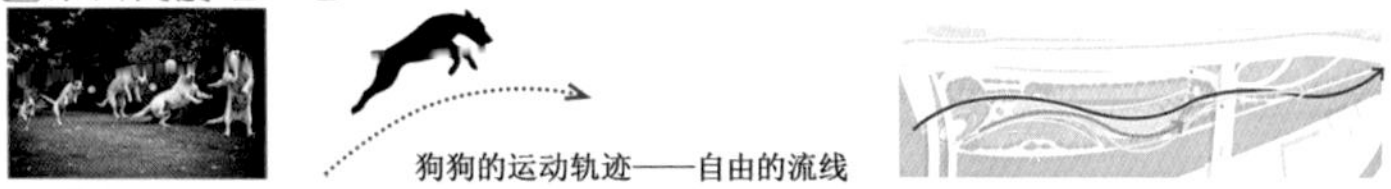

狗狗的运动轨迹——自由的流线

功能分区 Partition function

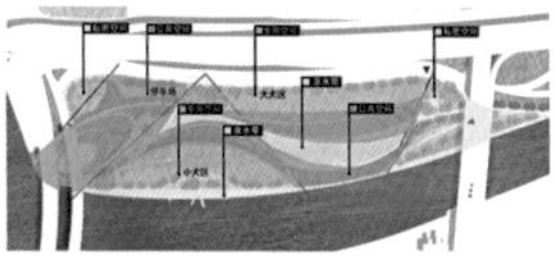

公园划分为4种不同类型的空间：私密空间、公共空间、专用空间、亲水区。

道路设计 Path design

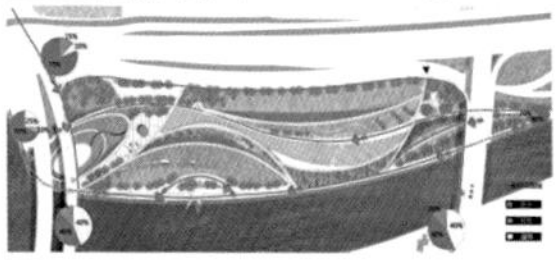

针对附近居民的平时活动挑选出几条使用频繁的人流路线。进而对一般群众和遛狗人士进行分流，尽量避免发生冲突。这样不仅有利于周边居民通行而且保障遛狗人士进行活动的时候不受太多干扰。

竖向设计 Vertical Design

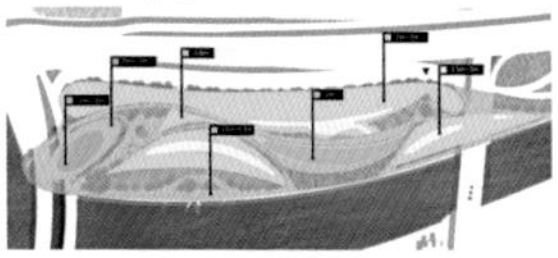

场地地形起伏稍有变化，东南面稍高，西北面稍低，利用起伏的缓坡形成高差。这使公园有较好的景观视线，能看到西北面的广州塔和西塔等标志性景观。

花池座椅1 平面图

花池座椅1 效果图

花池座椅2 平面图

花池座椅2 效果图

总平面图 Siteplanning

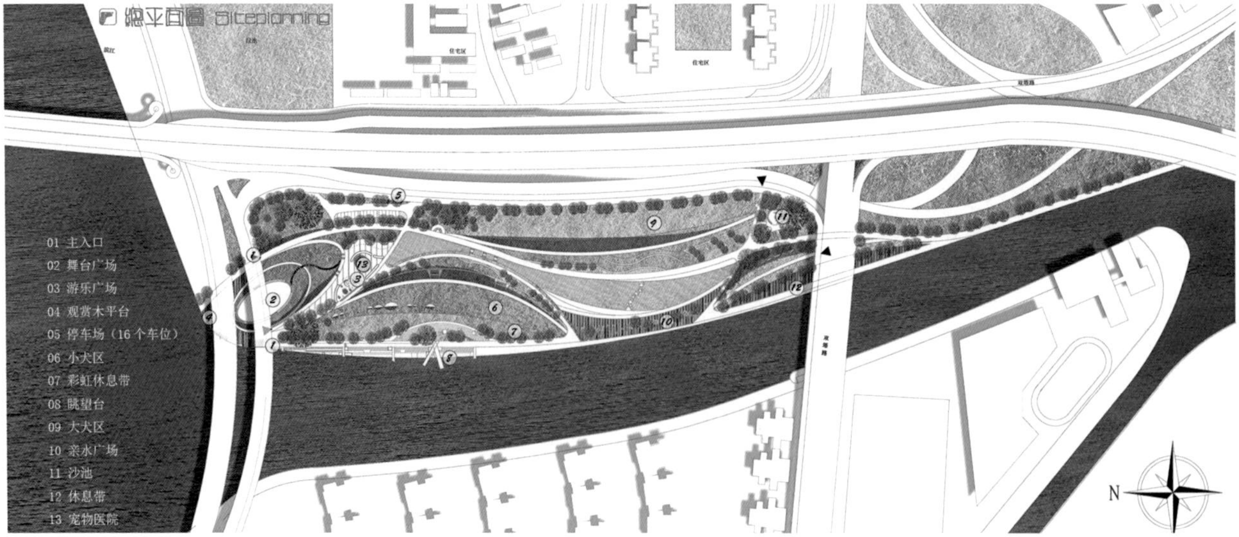

作品编号：X103
毕业院校：广东轻工职业技术学院艺术设计学院环境艺术设计系
作品名称：DOG RUN——城市遛狗公园景观设计
作　　者：管思儿　植明媚
指导老师：李慧

结构分层

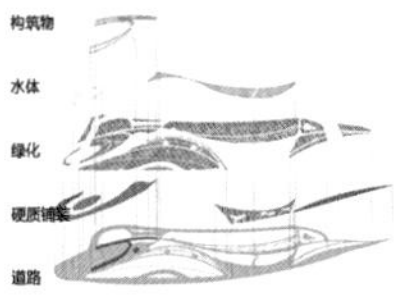

广场景观绿化以及道路两侧的绿化带所形成的片状绿化，将景观分成块状，并形成联系三大绿化空间的纽带，使整个绿化形成系统，达到多样化的绿化效果。

视觉分析 Visual analysis

狗是色盲——因为狗狗眼中没有感受红色的视锥细胞。眼球中的视锥细胞是捕捉颜色的关键，狗狗视网膜中的这种视锥细胞的数量要比人眼中的少。

在狗的眼里，世界就是黄－蓝－灰三种颜色，绿、黄、橙、红在狗看来是不同的黄色，蓝绿色则是灰色，而蓝色、紫色则都是深蓝色了。

所以彩虹在人的眼里是赤橙黄绿青蓝紫，而在狗的眼里，就成了深灰－暗黄－亮黄－灰－浅蓝－深蓝。因此在设计中多使用狗狗能识别的颜色，给狗狗一个彩色的世界。

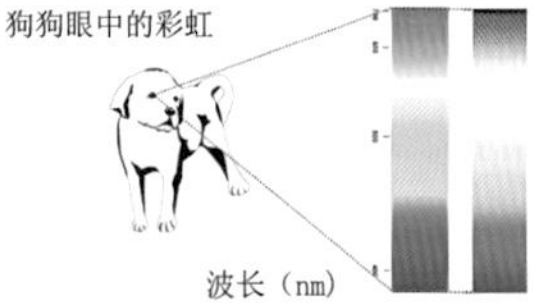

设施设计 Facility Design

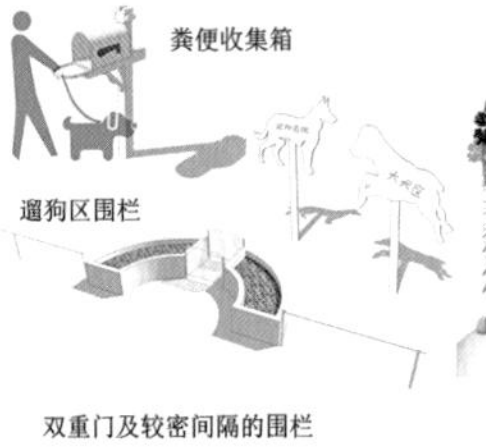

评委评语：

方案的选题具有一定的启示和现实意义，旨在喧闹的城市空间中为与人共同生活在地球上的动物留下一片空间。该方案图面表达清晰、系统具有较强的逻辑性，有一定的视觉效果，但是对方案场地的规划与设计以及人与动物的行为规律缺乏深入分析。

作品把握当今风景园林生物、生态两个主题，在深入研究场地特征和宠物行为心理基础上，针对城市“遛狗公园”及宠物视觉、嗅觉特点，提出了“以狗为本”的环境一揽子解决方案，目标明确，选题新颖。总体布局流畅优美，秩序组织合理自然，构图具有节奏感。图文比例适当，思路清晰，画面明确。

城市•慢行——南京下关废弃铁路片区景观改造设计

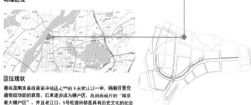

源起

在城市化快速推进和铁路大建设的时代背景下，由于城市空间蔓延和铁路升级改造，产生了大量的废弃铁路。虽然这些废弃铁路曾经对城市的发展做出了巨大贡献，是城市历史不可或缺的部分，但在废弃后，它逐渐成为路障、垃圾死角的代名词，转化为城市的消极空间，在影响城市环境质量的同时还滋生许多社会问题。

如何处置废弃铁路、发挥其潜在价值是当下许多城市在城市设计中所面临的紧迫问题。

设计目标

将废弃铁路沿线各个场地的资源进行整合，在保留工业遗迹历史脉络的同时，使废弃铁路改造、再利用，进而重生。通过绿色慢行交通系统的建设，将市区与该改造区城市慢行道联通，融入城市慢行系统中，打造一个完整的、休闲的、生活的、娱乐的，更有历史痕迹的城市慢行空间。

设计理念

废弃铁路 ——→ 保留 + 整合 + 重构 + 融入 ——→ 城市慢行系统

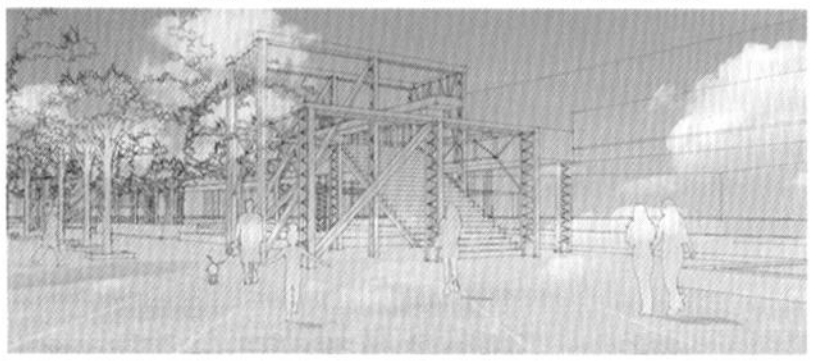

基地分析

历史脉络

下关是一个古老的港埠，早在六朝时期就建有“白石步”码头。1908年沪宁铁路通车，1913年津浦铁路通车，从根本上改变了下关的交通条件，客、货流量日益增加，带来了无限商机

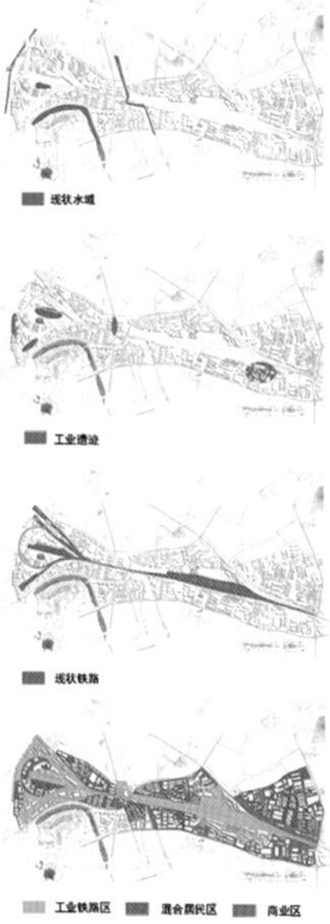

地理区位

区位现状

基地是南京曾经最繁华地区之一的下关老江口一带，随着往昔交通枢纽功能的衰落，后来逐步成为棚户区、危旧房成片的“南京最大棚户区”。并且老江口、5号轮渡所都是具有历史文化的纪念性场所。滨江区域资源之丰富、基础之雄厚、文化之悠久，在沿江城市中都是不可多得的，是南京未来发展空间较大的一个区域。

作品编号： X243
毕业院校： 南京艺术学院设计学院
作品名称： 城市慢行道——南京下关废弃铁路片区景观改造设计
作　　者： 毕必　涂秋艳　高敏
指导老师： 金晶

本次进行改造设计的废弃铁路位于城市中心区域，废弃铁路与城市有着密切的联系。根据现场调研，废弃铁路周边有规划商业、居民小区、待改造南京西站博物馆等多种性质空间。因此结合废弃铁路所处城市的不同区域，将该废弃铁路转换成不同功能的城市绿道，融入整个城市慢行体系中。

废弃铁路改造设计分为4个部分，第一部分，历史与铁路，下关码头部分承载着南京的工业历史文化，再现铁路文化，以自然植物、构架体现铁路痕迹。第二部分，城市与铁路，保留现状中大量的铁路轨道，以停靠的车皮作为元素，将该区域改造成为有工业遗迹风格的小商业空间。第三部分，生活与铁路，在场地中体现铁路边的生活——水元素、铁架元素，植被迷宫，车厢元素被充分使用，给孩子一片游乐天地，给居民一个休憩的场所。第四部分，自行车慢行道，通过带有铁路元素的自行车道将三个不同功能场地连接形成一个整体。

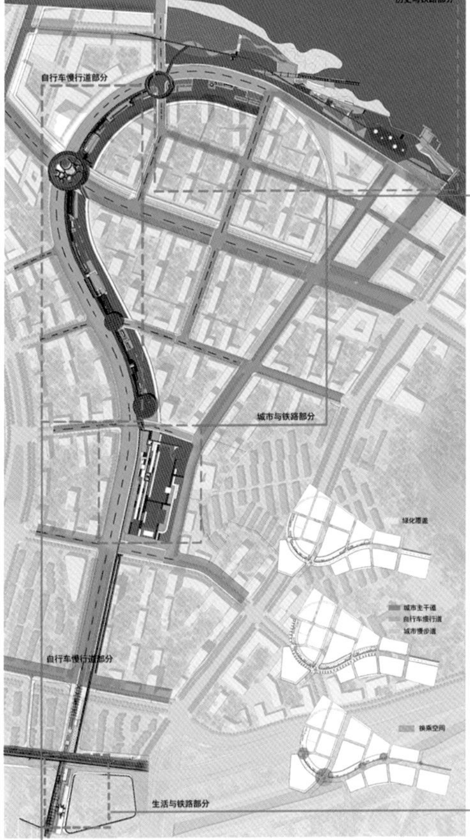

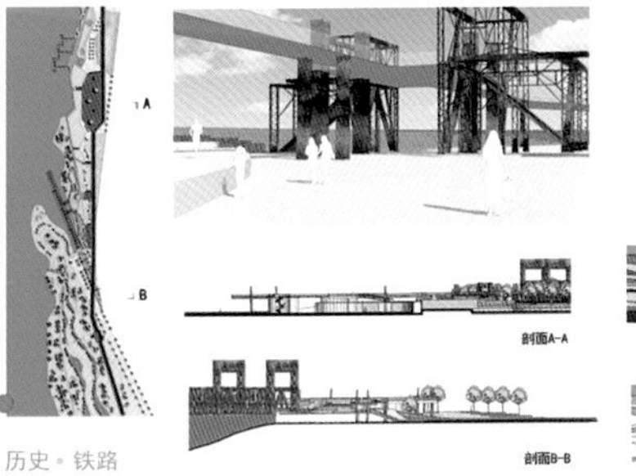

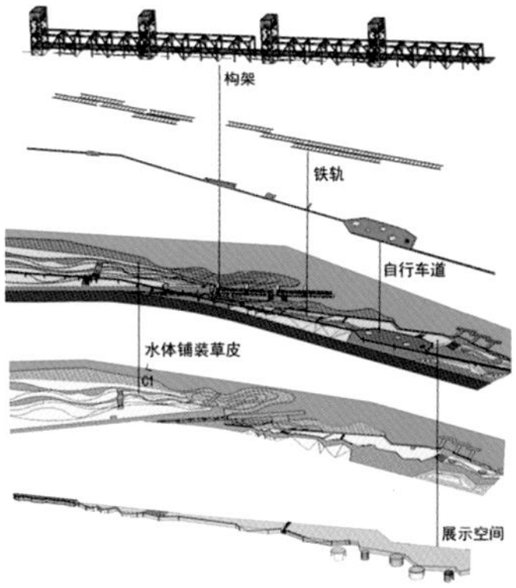

历史 • 铁路

本部分设计体现铁路历史文化的传承。利用现有的防洪墙体、轮渡所铁路构架和设计的自行车高架形成铁路文化的展示空间。

城市 • 铁路

本部分设计体现铁路与城市的关系。现状周边规划大量高档居民区以及特色商业，因此设计中依托现状中大量的铁路轨道以及废弃停靠的铁路车皮，将该区域营造成为带有工业遗迹韵味的酒吧、特色商业、居民休闲游憩的铁路遗迹体验空间。

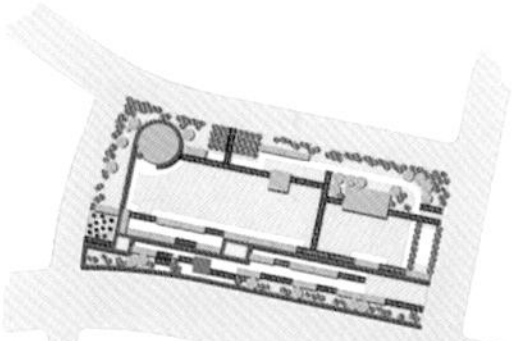

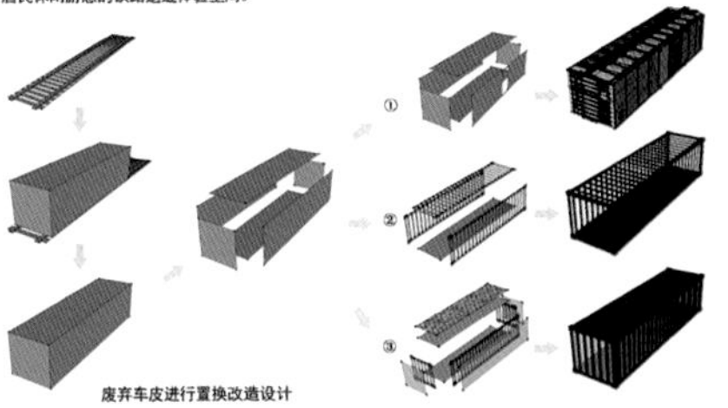

废弃车皮进行置换改造设计

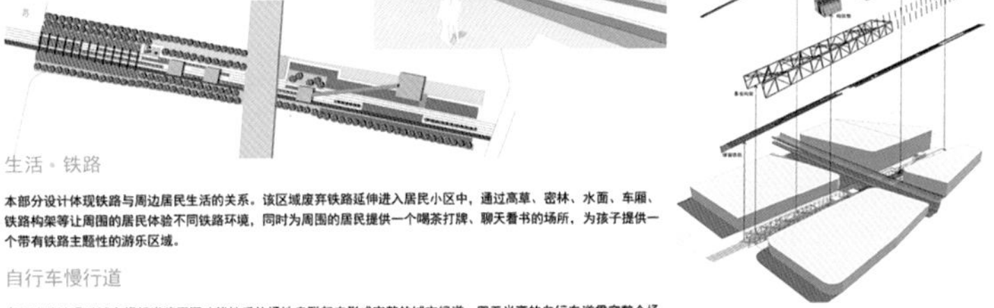

生活 • 铁路

本部分设计体现铁路与周边居民生活的关系。该区域废弃铁路延伸进入居民小区中，通过高草、密林、水面、车厢、铁路构架等让周围的居民体验不同铁路环境，同时为周围的居民提供一个喝茶打牌、聊天看书的场所，为孩子提供一个带有铁路主题性的游乐区域。

自行车慢行道

本部分设计通过城市慢行道将不同功能性质的场地串联起来形成完整的城市绿道。四五米高的自行车道贯穿整个场地，自行车换乘点、上下通道、人行空间处处体现着铁路的元素。

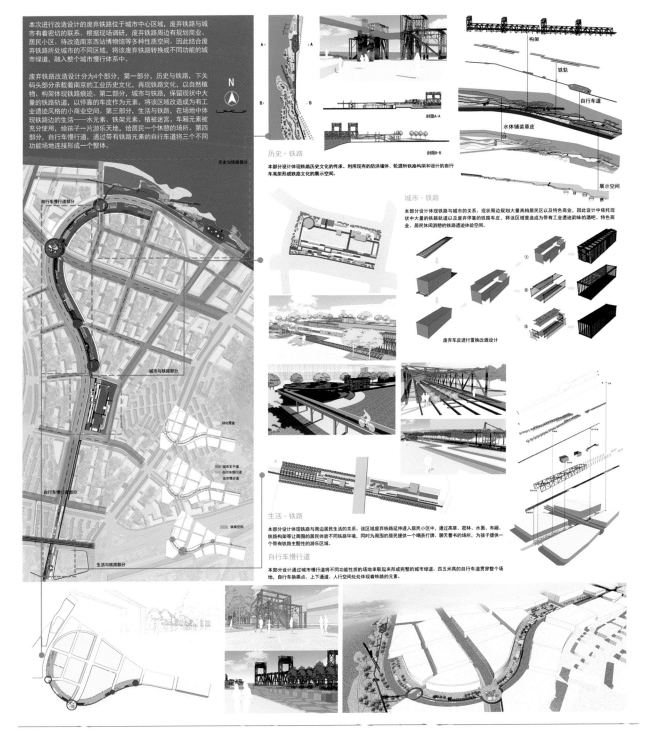

评委评语：

近年来，废弃工业用地的改造和重生一直是热门的选题，本设计针对南京下关废弃铁路片区进行重新设计，对废弃资源利用进行了关注和设计。但对场地周边环境与使用者分析不够，设计途径缺乏创新，缺乏地方特色。

该作品属于废弃工业改造的方案，对城市中的废弃铁路及其沿线场地资源进行整合改造，保留历史脉络的同时，赋予城市慢行交通新的功能，使其重生。作品的方向符合当下的关注热点，具有一定的现实意义，且设计与表现具有一定的水平，但对于场地条件的分析不足，现状问题的挖掘不充分，因此仍缺乏一定深度。

城市"新血液"

郑州解放立交桥下民工市场及周边景观设计

CITY NEW BLOOD

桥下农民工生活

基地位置和概况

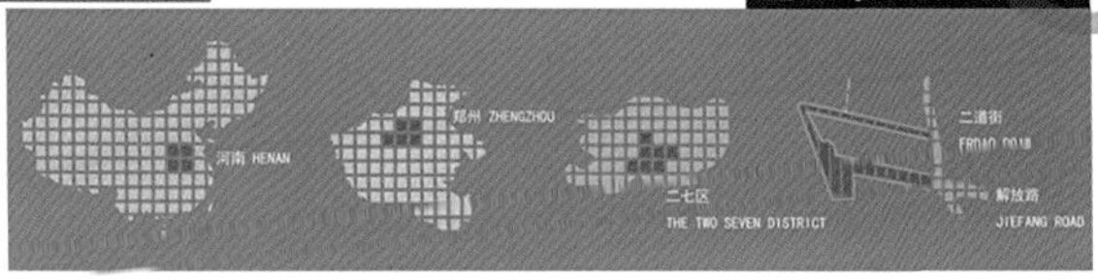

主题解读

主题：城市"新血液"

关键词：信息化 指示性 生活化 景观带

农民工作为城市的新鲜血液注入城市，给城市带来了极大的贡献之后，人们却很少关注他们的生活。本次设计以血管的形式来设计绿道，引导农民工进入正确的求职渠道。同时以绿道为链接，形成多种形式的信息化设施和公共空间，吸引周围人群来此活动，共同协作，促进他们与农民工的交叉与共融，增进他们之间的了解。若干年后，当市场稳定，一些设施已经发展到一定阶段，便会形成新的公共场所，形成像血液一样废弃与更新的过程

基地现状调查

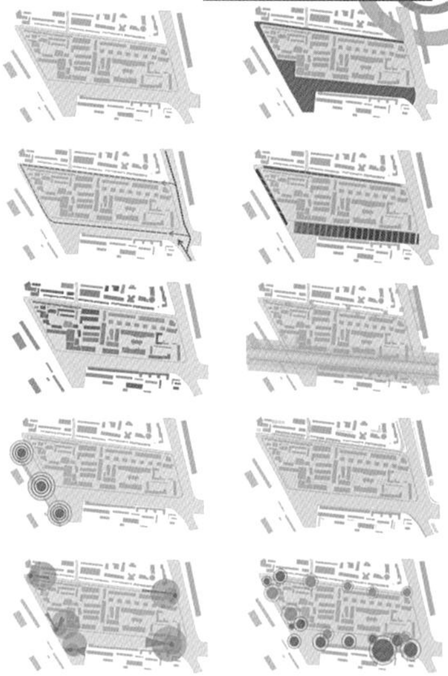

信息化景观

WIFI（无线网络）景观棒

1. 无线网络遍布整个设计基地的始终，人们在此可以进行各种社交活动以及虚拟社交

2. 夜晚wifi景观棒可提供相应的灯光，形成新的照明形式

二维码景观墙

1. 减少火车道对此基地的噪声干扰
2. 种植二维码似的立体绿化，根据季节、阳光、时间的不同变换深浅和位置，进行扫描获取不同信息

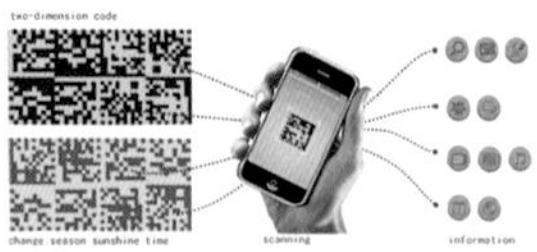

易拉罐临时居所

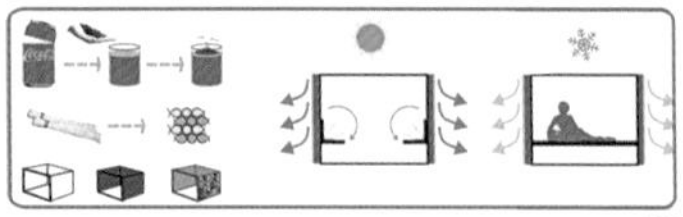

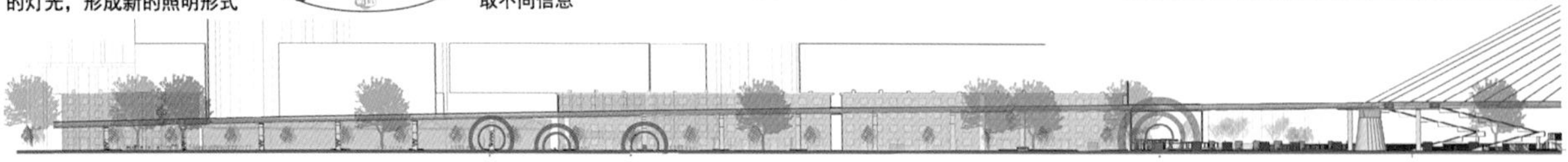

作品编号：X271
毕业院校：郑州轻工业学院国际教育学院
作品名称：城市"新血液"——郑州解放立交桥下民工市场及周边环境景观设计
作　　者：李琛璐　李东芳
指导老师：信璟

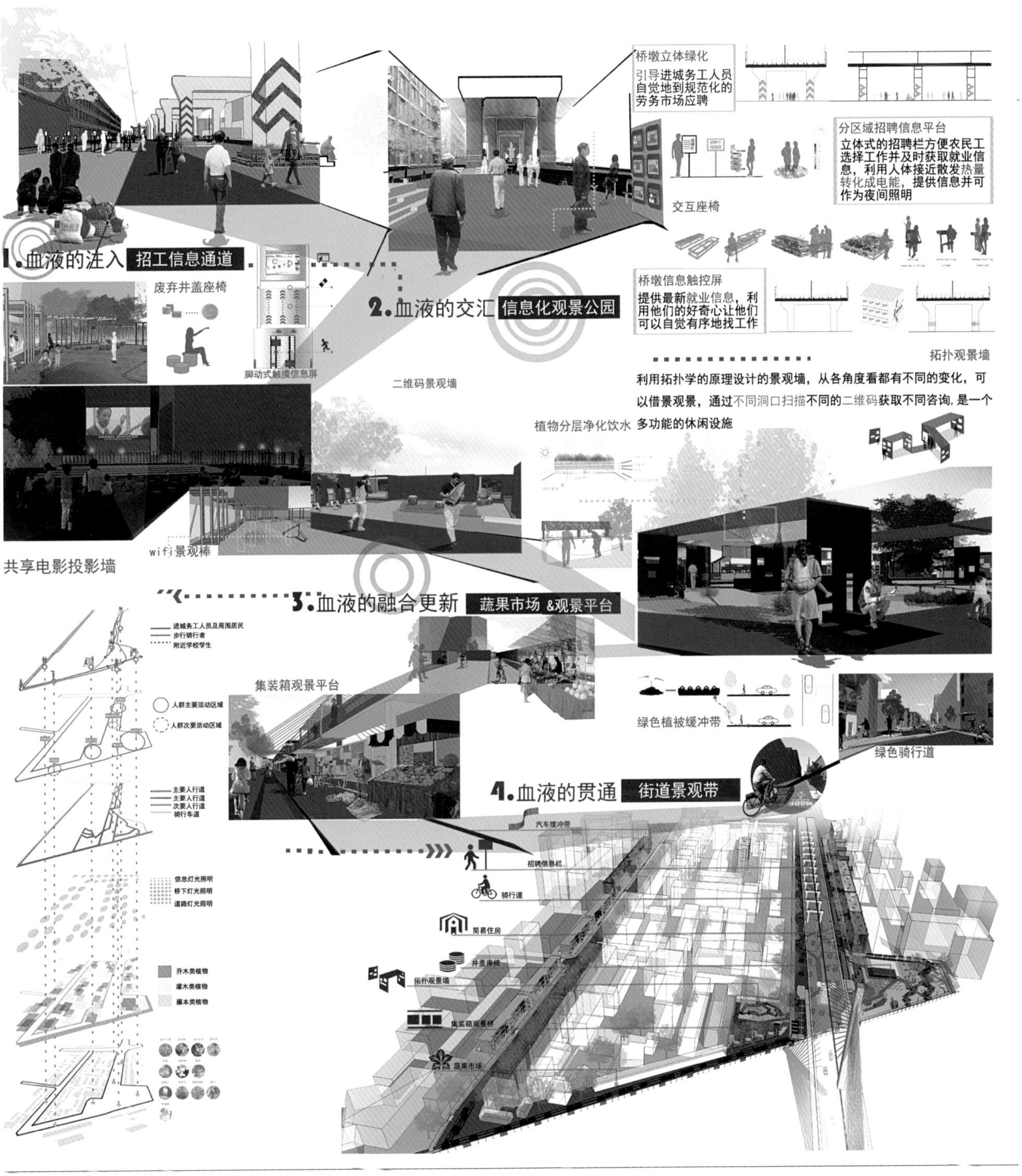

评委评语：

方案将立交桥下的自由劳务市场作为设计选题，具有一定的探讨价值。设计者对场地的使用者及现状各要素进行了较为深入的分析，并以此为基础，构建了层次丰富、功能集合的生活化与信息化共融的城市公共空间；方案图文表达清楚明确，设计理念与设计成果统一性较强。但是方案在与城市肌理融合方面稍欠考虑，以至场地东侧与城市道路相接处设计略显草率、突兀。此外，简易住房的设置会带来一些现实的需求，如：洗手间、垃圾处理与回收等。建议引入更多生态化、可持续性手段，降低该空间的运行和维护需求。

该作品设计理念很有新意，且对场地及其周边区域有较为整体和详细的分析，整体表达明确。

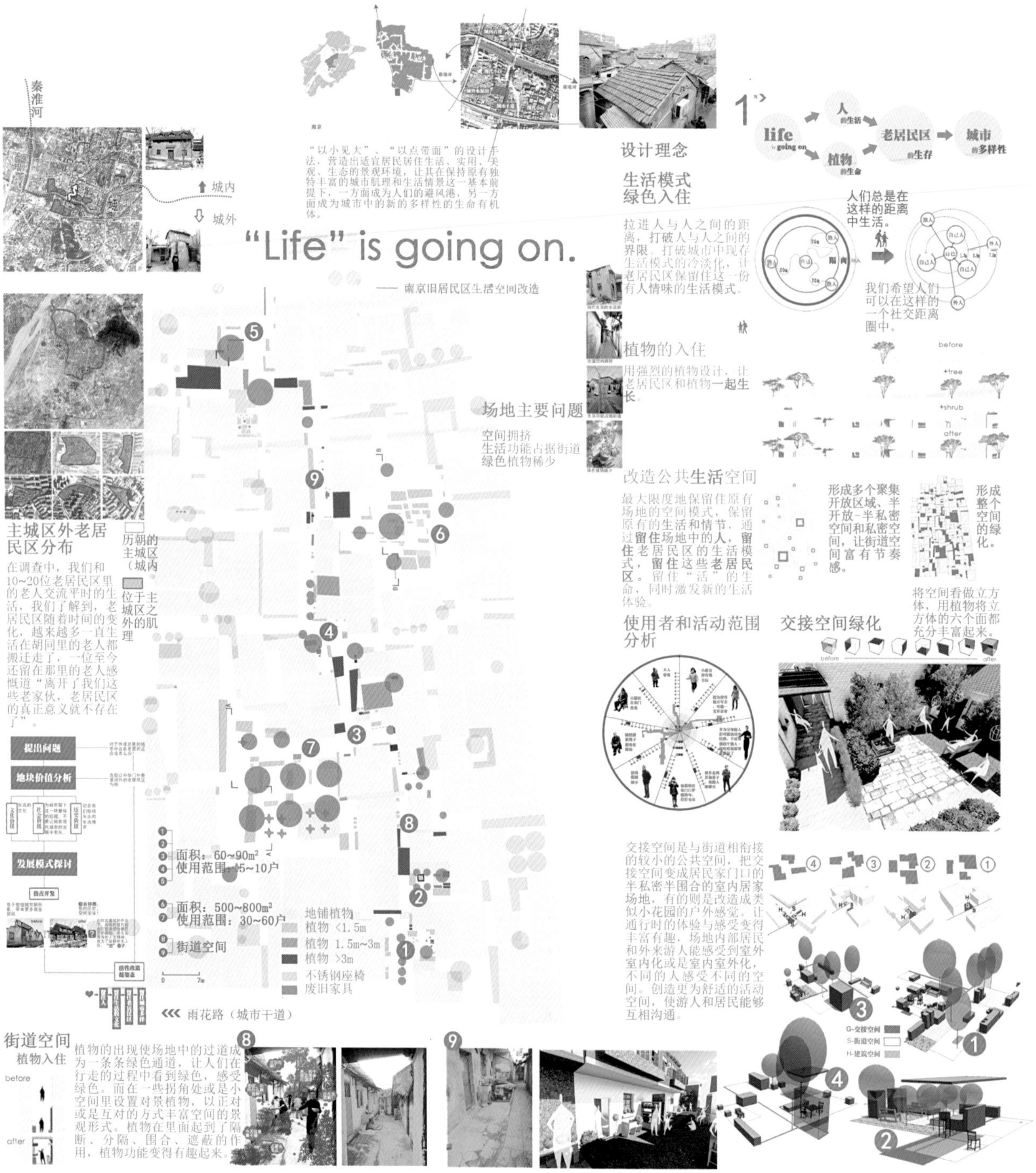
秦淮河
城内
城外
南京
“以小见大”、“以点带面”的设计手法，营造出适宜居民居住生活、实用、美观、生态的景观环境，让其在保持原有独特丰富的城市肌理和生活情景这一基本前提下，一方面成为人们的避风港，另一方面成为城市中的新的多样性的生命有机体。
“Life” is going on.
—— 南京旧居民区生活空间改造
1
life is going on
人的生活
植物的生命
老居民区的生存
城市的多样性
设计理念
生活模式
绿色入住
拉进人与人之间的距离，打破人与人之间的界限。打破城市中现存生活模式的冷淡化，让老居民区保留住这一份有人情味的生活模式。
人们总是在这样的距离中生活。
我们希望人们可以在这样的一个社交距离圈中。
植物的入住
用强烈的植物设计，让老居民区和植物一起生长。
before
+tree
+shrub
after
场地主要问题
空间拥挤
生活功能占据街道
绿色植物稀少
改造公共生活空间
最大限度地保留住原有场地的空间模式，保留原有的生活和情节，通过留住场地中的人，留住老居民区的生活模式，留住这些老居民区。留住“活”的生命，同时激发新的生活体验。
形成多个聚集开放区域、半开放-半私密空间和私密空间，让街道空间富有节奏感。
形成整个空间的绿化。
将空间看做立方体，用植物将立方体的六个面都充分丰富起来。
使用者和活动范围分析
交接空间绿化
before
after
主城区外老居民区分布
历朝的主城区（城内
位于主城区之外的肌理
在调查中，我们和10~20位老居民区里的老人交流平时的生活，我们了解到，老居民区随着时间的变化，越来越多一直生活在胡同里的老人都搬迁走了，一位至今还留在那里的老人感慨道“离开了我们这些老家伙，老居民区的真正意义就不存在了”。
提出问题
地块价值分析
发展模式探讨
活性改造
留住人
面积：60~90m²
使用范围：5~10户
面积：500~800m²
使用范围：30~60户
街道空间
地铺植物
植物 <1.5m
植物 1.5m~3m
植物 >3m
不锈钢座椅
废旧家具
0 7m
雨花路（城市干道）
交接空间是与街道相衔接的较小的公共空间，把交接空间变成居民家门口的半私密半围合的室内居家场地，有的则是改造成类似小花园的户外感觉。让通行时的体验与感受变得丰富有趣，场地内部居民和外来游人能感受到室外室内化或是室内室外化，不同的人感受不同的空间。创造更为舒适的活动空间，使游人和居民能够互相沟通。
G-交接空间
S-街道空间
H-建筑空间
街道空间
植物入住
before
after
植物的出现使场地中的过道成为一条条绿色通道，让人们在行走的过程中看到绿色，感受绿色。而在一些拐角处或是小空间里设置对景植物，以正对或是互对的方式丰富空间的景观形式。植物在里面起到了隔断、分隔、围合、遮蔽的作用，植物功能变得有趣起来。

作品编号： X402

毕业院校： 四川美术学院设计艺术学院环境艺术系

作品名称： “Life” Is Going On

作　　者： 钱沁禾　诸婉玥

指导老师： 徐保佳

⑤私密空间

因：场地位于比较私密的内部，使用功能只局限于周边的几户居民。
果：将这个空间设计成半私密空间。
刺激点：梯步和平台（场地中的二层空间让人难免有种想要上去一看究竟的感觉）。
目的：将原本抛弃的空间重新利用，通过创造“载体”场地，解决小范围住户的公共空间。让这片场地的生活丰富起来。

效果图与场地图片对比

人与树的高度关系

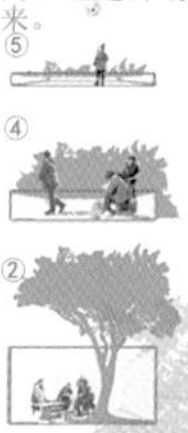

随着平台的一级一级上升，树与人的关系渐渐从乔木到灌木再到草地。

在这个空间里什么都是可能的，楼梯不再是楼梯，而是座椅；平台不再是平台，而是楼梯。人们可以尽情地享用这个空间，强化人的归属感，小孩子们可以在这里尽情的玩耍，满足人们对熟悉的“陌生”环境的好奇心。

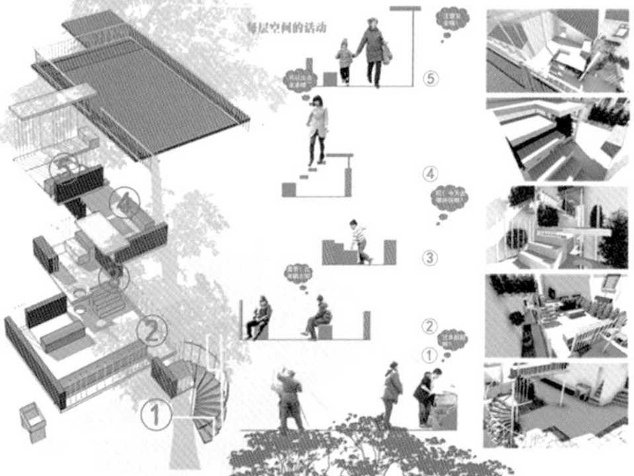

养鸟活动

⑦半开放空间

内外交流
因：地处整个街区的入口部分，商业比较多。
果：将这个空间设计成生活上相对热闹的空间。
刺激点：养鸟。（南京100多年的养鸟文化生活，在这一带经常会看到提着鸟笼的老人）。
目的：将入口大空间作为老居民区内部与周边居民区、与城市交流的点。

景观元素设计

行走在场地中经常会看到很多晾衣服的杆子，通过设计将这些晾衣杆设计成挂鸟的地方。

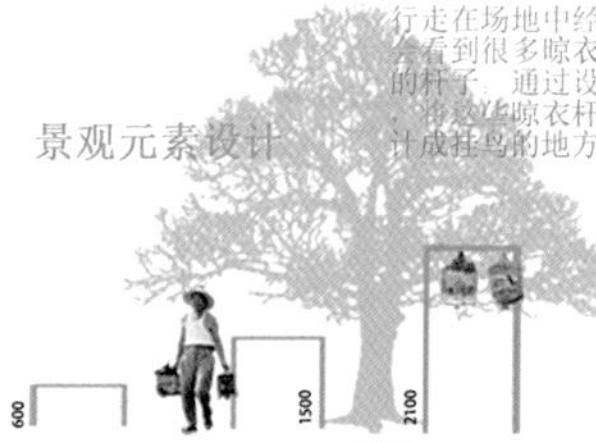

养鸟交流

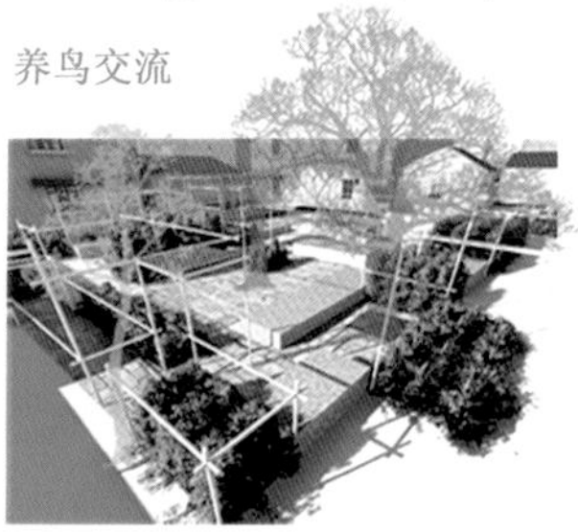

⑥生活空间

功能分析

1. 公共活动空间
2. 居家功能空间
3. 儿童活动空间
4. 老人活动功能
5. 鸟的活动空间

立体效果图

1*为人们提供公共围坐的活动空间，将场地中分散的人群聚集起来，让他们有一个公共的可以交流的空间，人们可以很方便地聚集在一起聊天、休憩，外来参观的人们也可以很快地融入到这个群体中。

2*由于街道的拥挤和公共空间的缺失，导致生活功能占据街道的通行功能。通过设计形成以晾衣功能为中心而发散出的位于每家每户门前的洗衣、晾衣、洗菜、择菜类似相对居家的功能的围合。

3*解决场地中小朋友没地方玩的问题，有了这里，小朋友不再局限在和大人们一起的地方，而是有了自己娱乐的场地。攀爬，在灌木丛中随意穿梭，做自己想做的事情。
将灌木设计成1.2m高，为小朋友提供捉迷藏地方的同时，也避免危险情况。

4*场地中，老人们因为没地方休息，只能随便搬张凳子坐在路边上，不安全，也不安静。根据观察老人们一般喜欢坐在相对安静的地方，看着来来往往的过客，或者新奇的事物。这里的设计主要在于为年长的老人提供休息座椅，用植物围绕，不会孤立，又可以相对安静。老人们并不喜欢坐太高的椅子，老人的座椅一般设计的比较矮(300mm)。

5* 场地中有很多鸽子，他们只能在房顶上休息，鸟儿们该何去何从呢？

⑥半私密空间

内部交流

内——老居民区内部居民。
外——周边地区——城市。
因：地处整个街区的内部交通要道边，内部居民流动性较大。
果：将这个空间设计成以内部生活为主的公共空间。
刺激点：多种家庭生活功能重叠。
目的：解决场地中因没有公共空间导致的生活功能占据街道的现象。同时促进内部居民之间的良性交流。

绿化空间

1. 灌木空间

灌木高度

2. 种植空间

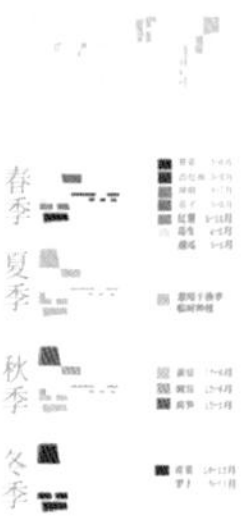

灌木空间

* 通过对灌木的设计，用高1.2m的灌木进行空间分割和围合。1.2m高的灌木，保证孩子们正常娱乐的安全性，通过灌木起到遮挡的作用，同时也为场地带来生机，带来丰富的绿色，为孩子们创造了一个灌木绿色迷宫。

种植空间

春夏秋冬，分别种植不同的蔬菜，来形成和灌木景观不太一样的自然景观形态，通过果实的色彩和大小来增加场地的乐趣和丰富度。

评委评语：

方案从文化、社会及历史三方面剖析了南京旧居民区的价值，探讨出能留住居民、留住生活文化和留住城市多样性的活性改造新策略，选题具有现实意义和探讨价值。设计者对场地进行了深入的调研、理解与分析，并有较强的解决问题的能力。图纸表达富有情趣，感染力强。旧居民区的公共设施（如:照明、垃圾处理等）是影响居民生活质量的问题，方案若能考虑并通过改造解决这些问题，将会更有学术与实践意义。

本案的立题与切入点很好。对于南京旧居民区的现状有一个系统的分析，并将其院落归类，为不同类的群落组织设计出了相对应的模块式设计，这让旧居民区的整体改造具有了可实施性，并且让整体的城市规划能够统一协调。整体的图面效果与排版非常现代、清晰。是一例成功的设计案例。

城市流浪者的庇护所——以北京为例

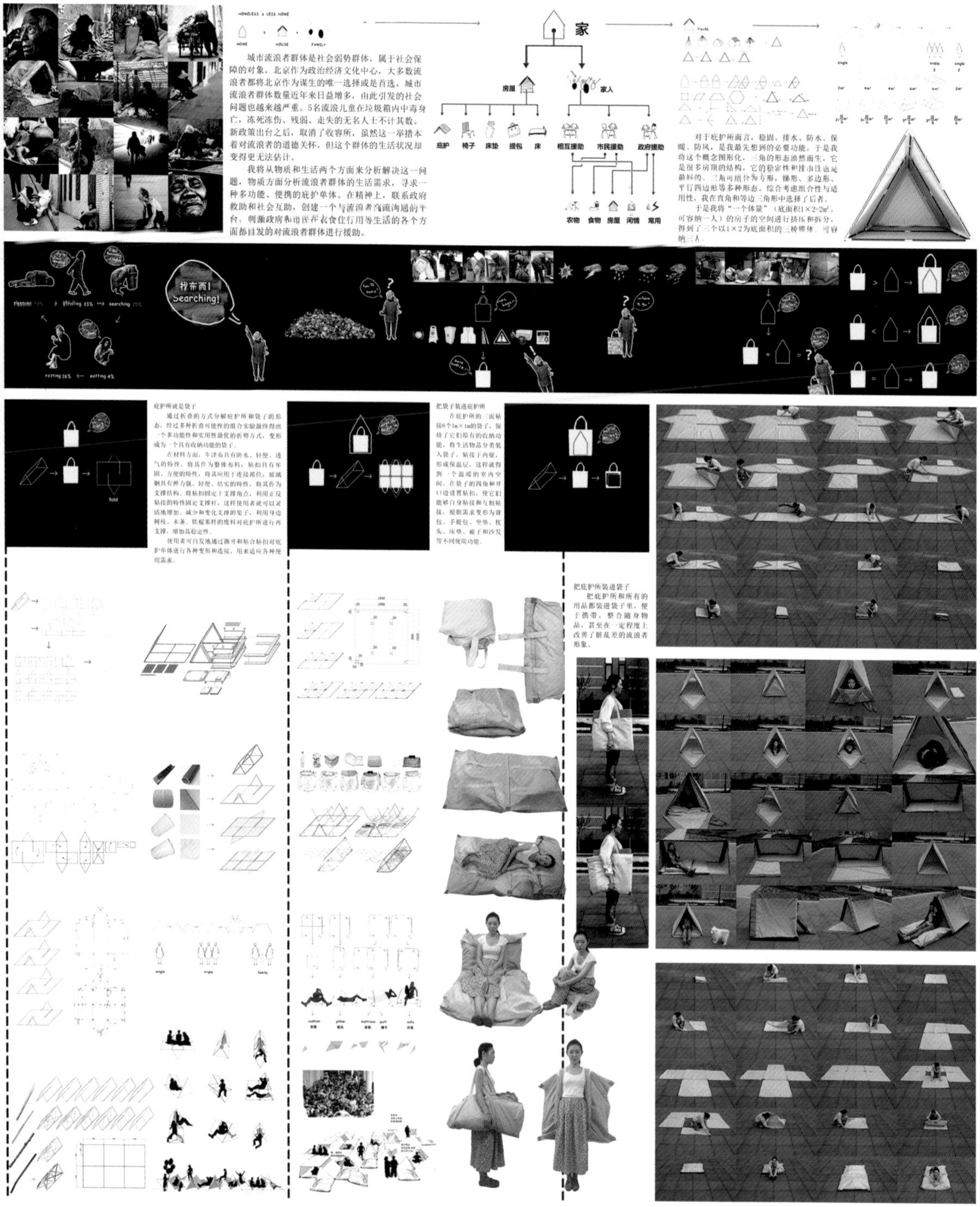

作品编号：G254
毕业院校：北京工业大学艺术设计学院
作品名称：城市流浪者的庇护所——以北京为例
作　　者：崔丽淼
指导老师：石大伟

城市流浪者的庇护所——以北京为例

流浪者的存在从个人到小群体到大群体，所以，为了适应于不同的人员数量构成，他们需要一个更大更坚固的空间，不仅能够供流浪者们庇护，而且还能提供他们更多的活动，它是一种装置，建立在小单体的基础上而存在，但却不只是为流浪者群体服务，它服务于所有人，它具有公共性，多元性，实用性，美观性，高清洁性，环保性。将集装箱的钢板材料进行再加工，裁切出1m×2m的板材，将其作为单元用扣板进行拼装，在小庇护单体的结构之上，演变出了大三棱锥的空间形态，它可被安放于城市中的任何区域，成为集休闲、娱乐、庇护为一体的景观庇护设施。

它为社会提供了一个平台，便于政府对流浪者群体进行监管；为流浪者提供了随时的庇护空间；更增加了市民与流浪者沟通交流的机会，甚至将“图书超市”“食物银行”“衣物超市”的概念融入其中，刺激市民自发的对流浪者进行物质捐赠、精神慰问和信息提供等帮助，这样形成良性的循环，流浪者可以收到实时的救助，在一定程度上解决了温饱问题，也达到原本排斥的两个群体互相沟通的作用。

这样一来政府的救助便逐渐变成了政府和市民的社会互助，在精神上和物质上都给予了流浪群体以关怀和帮助，大部分流浪人员认为依靠流浪乞讨可以维持日常生活，而不需要进入政府救助网络，但却可以让救助系统进入他们的生活，这样他们是以被动的方式接受这些信息和帮助，试着调节流浪者群体与社会之间的关系。

甚至可以将这一装置单体的叠加和组合的形态延展出针对于灾区的救助功能，这一应用也同时需要更完善的支撑结构和管理体系，这只是一个展望，希望以后还能开发出更有意思也更有意义的功能。

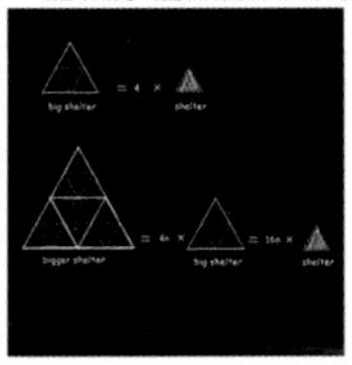

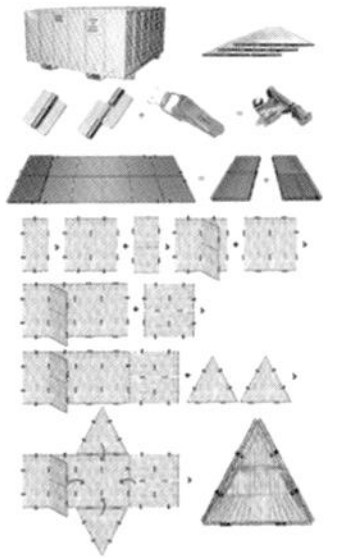

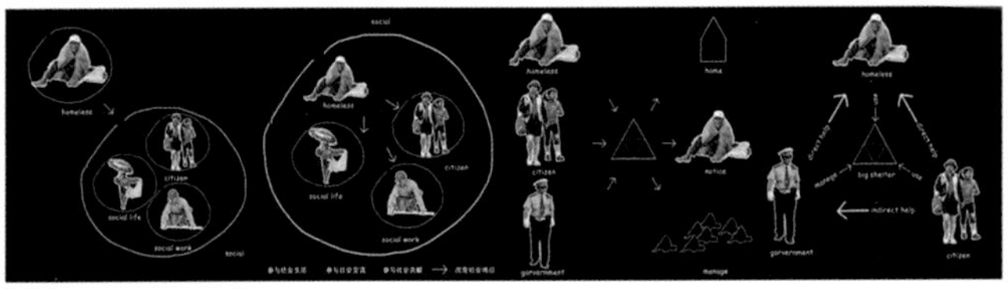

景观庇护装置可以容纳四个庇护单体体量，可以通过中间隔板的变化自由放置小庇护体。可变的室内空间满足人们仰躺坐卧靠等多种姿态。

将庇护装置倒置，形成了不一样的空间体验，因为倒置的形态特性不适宜居住，所以这里可以引入更多的活动功能，形成开敞的公共空间。

将三角形板材拼装于倒置的装置两侧，形成封闭的三棱锥形空间，将垫子和泡沫板置于其内，增加其舒适性和活动性。用废料为装置做防水处理，便可用于种植花草和储存水体，与环境结合，成为可供人们观赏和互动的景观装置。

将以上三种形态组装起来，便成为了集观赏、娱乐、休闲、庇护多功能为一体的景观装置体。它们可根据需求相互拼装，变形为多种形态，满足不同场所的各种活动使用功能。这是一个平台，让市民与流浪者交流起来。

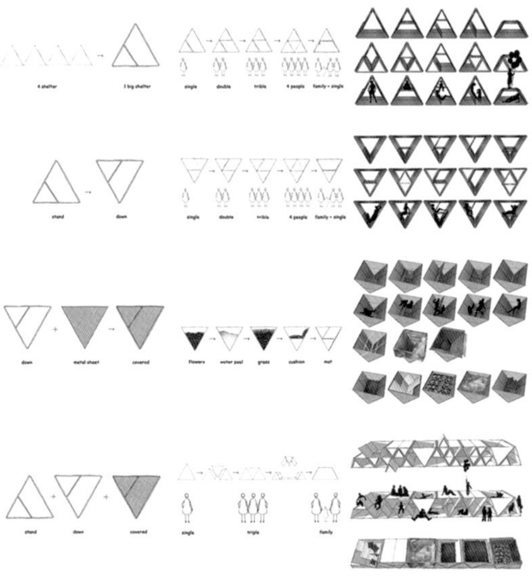

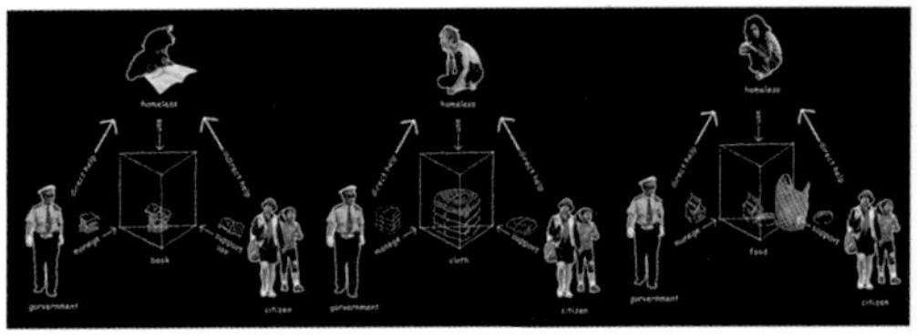

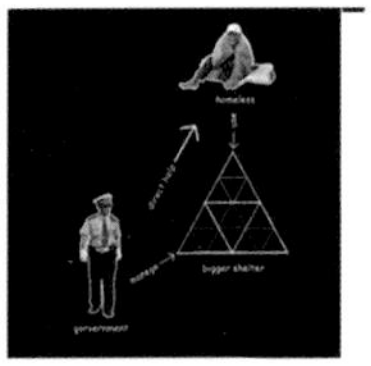

针对大型的场地，大量的流浪人群，用这个装置进行组合，叠加形态或者拼接形态，大量重复，形成大面积的救助庇护设施，安置在郊区、荒地、废旧工厂或是灾区。考虑到对周围环境的影响和救助形式，组合成不同的空间集群的形态，横向低层连廊或竖向高层三棱锥体。单体的组合可形成三角形、四边形、梯形等体块，满足或开放或封闭的不同功能需求的庇护空间，例如个人、家庭、商店、医务室、社区、广场等。最终形成一个集中整合的生活社区。

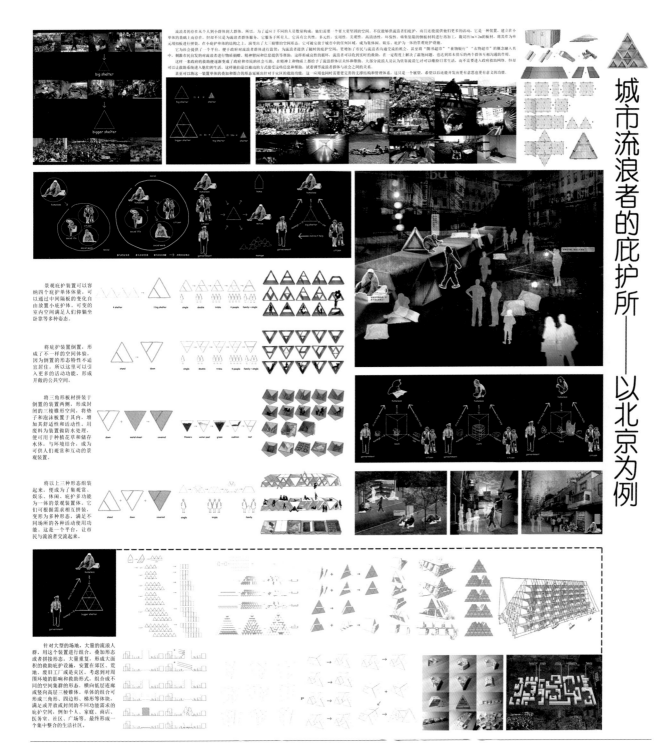

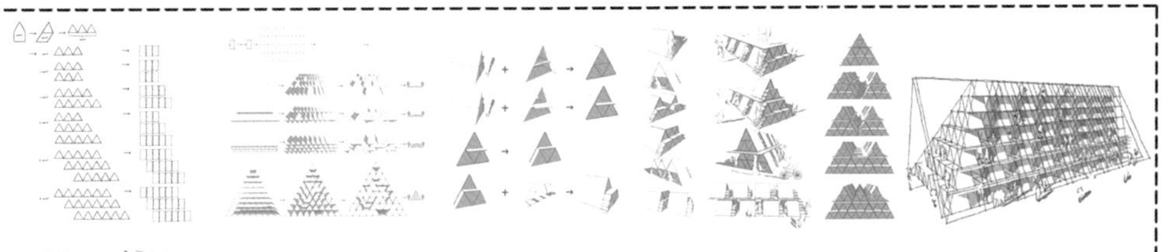

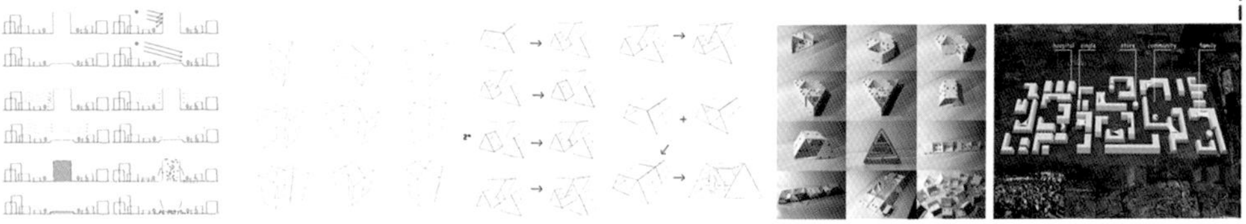

评委评语：

首先该选题体现了设计师对社会的积极关注和良好的社会责任感，设计概念涵盖了公共性、多元性及实用性的设计理念，但在与景观环境的整体谋划及后期管理方面缺乏应有的思考。

选题新颖，注重人性关怀，具有时代性。能够动手制作，更是靠近和还原真实世界的有效手段。方案可以理解为大景观环境中的一个组成部分，涉及人—物—景观环境之间的交互。作者做出的尝试值得肯定。

“瓷”情此景——景德镇彭家弄的保护更新设计

项目背景

彭家弄是景德镇里弄之一，位于景德镇市老城区的中心位置，自唐朝时期起，这儿的居民就以制瓷业为主，随着时代的发展，也由此衍生出许多与制瓷业有关的行业。至今，在居民和当地政府的重视下，该地段仍然保存有较多的历史遗迹和历史风貌。

随着景德镇城市社会经济发展水平的不断提高和交通条件的不断改善，人们对生活的需求增强，对老城区地段的发展要求日趋迫切，但同时又必须保护历史地段的遗迹风貌和历史文化，因此这类历史里弄的保护和更新模式越来越引起人们的重视。

地理位置

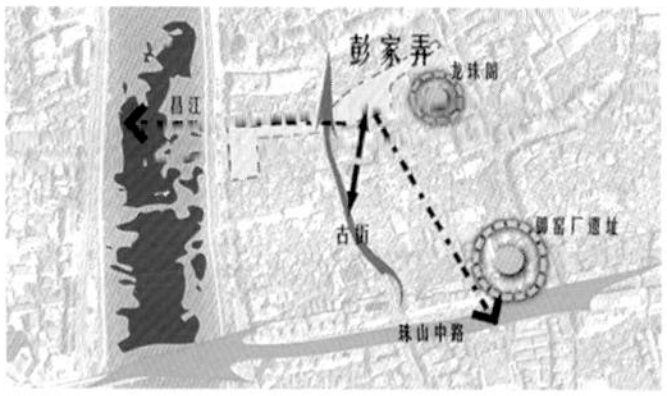

彭家弄位于老城区的中心位置，包括了彭家上弄和彭家下弄，主要是以历史建筑为主的居住区。彭家上弄东至中华北路，西至中山北路东侧99号，巷道长度约300米，宽度约2.5米，与现在的御窑遗址博物馆仅一墙之隔。彭家下弄东至中山北路西侧112号，西至沿河东路，巷道长度约180米，宽度约2.5米，与彭家上弄仅隔着一条古街。

空间格局分析

将彭家弄塑造成“一轴两环三核”的空间格局，一轴是指以彭家弄巷道为核心轴线；两环是指以彭家弄巷道、中华路、古街和沿江东路形成的东西环线；三核是指在出入口和中心区布置三个聚集人气的小型景观开放空间。

保护彭家弄以巷道为交通骨干的传统里弄街巷的格局，保持里弄巷道的走向、宽度、空间尺度及形态。打通向昌江河的通路，让整个里弄空间开放流动，对外展示富有古老和特色的环境。对于里弄的环境内存在的占用巷道空间等情况进行整治和拆除，使彭家弄恢复传统里弄的环境风貌，统一原有的空间形态。

环境现状

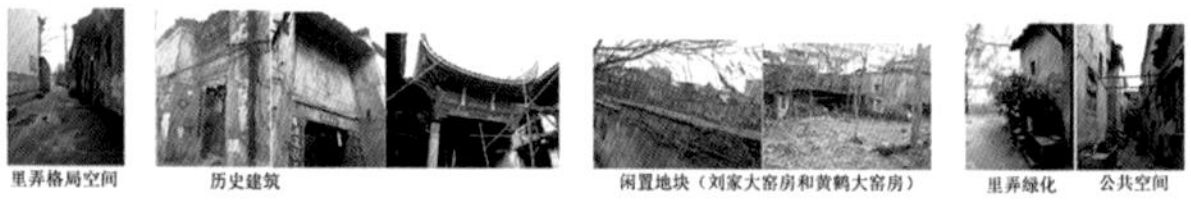

里弄格局空间　历史建筑　闲置地块（刘家大窑房和黄鹤大窑房）　里弄绿化　公共空间

里弄现状分析

彭家弄的用地总面积约1.05公顷，该地块的使用功能比较单一，除了因房屋破损倒塌而产生的闲置地块外（刘家大窑房和黄鹤大窑房遗址），其他的部分都是居住用地。

彭家弄的历史建筑是目前景德镇里弄建筑中保存相对比较完好的，其整体风貌呈现清末民初的风格。彭家上弄有民国民居、清代坯房、窑房区，彭家下弄有清代民居区及历经数百年沧桑的湖北会馆。

彭家弄经历过自然灾害和人为的损坏，其建筑结构保存质量较一般，也有部分建筑保存较差，但是里弄的肌理基本完整地保存下来。

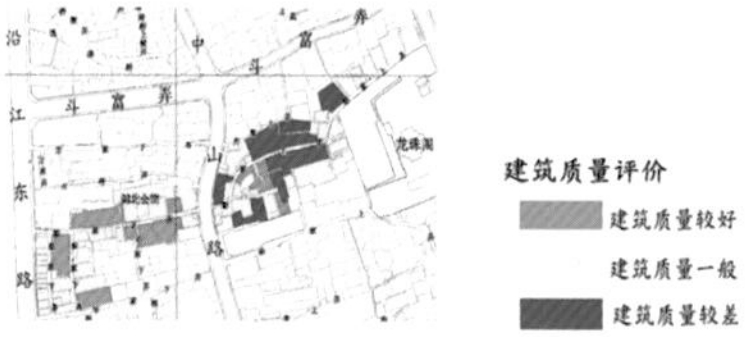

里弄建筑的保护与更新

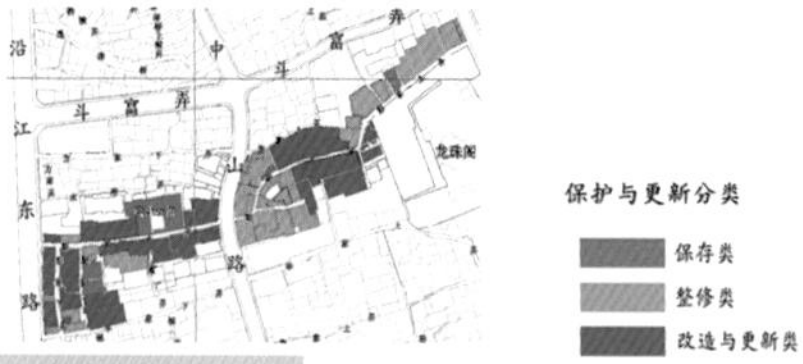

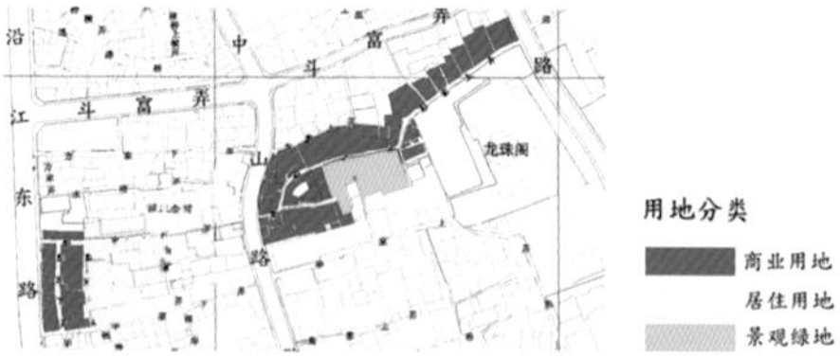

平面布置图

人流分析图

作品编号：G287
毕业院校：景德镇陶瓷学院设计艺术学院
作品名称：“瓷”情此景——景德镇彭家弄的保护更新设计
作　　者：万美程　王强
指导老师：徐进

“瓷” 情 此 景——景德镇彭家弄的保护更新设计

设计说明

该设计以保护彭家弄的历史风貌为基础，对巷道尺度保持不变，控制为2.5米，作为人行道使用。控制并统一里弄内的建筑高度、体量、形式，按照分级分类的方式对里弄建筑进行保护和更新。对具有较高价值的历史建筑要予以保存并进行修缮；对于一般建筑在不改变建筑原貌外形的基础上，可对其原有内部空间进行重新整修，并增添现代基础设施，适应现代人们的生活需求，对建筑外立面和细部的处理上可遵循“修旧如旧”的原则，对建筑的原有门头、砖雕、窗框木雕等装饰进行保护和修复；对里弄内存在的加建、扩建现代建筑进行整治、拆除；对空置地块可作为里弄公共空间加以利用，建设成小型景观场所。

在建筑功能方面，根据该区域内的建筑位置关系，对彭家弄的部分建筑仍然延续其原有的居住功能，对彭家上弄及沿江地段两侧的居住建筑进行功能置换，迁移部分原住居民，注入活力要素，布置成商业零售、特色餐饮、民宿酒店、传统手工艺体验中心、主题会所等文化商业场所，并集中陶瓷艺术文化来吸引人群，形成商住结合的里弄环境特色。在传统里弄的环境下，悠闲平静的现代生活，传统与现代之间形成了鲜明的对比。同时，将彭家弄的商业与周边御窑遗址博物馆的旅游发展及古街商业相联系，塑造区域街巷纵横、活力旺盛、巷内宜居生活的基本功能布局，不但满足旅游者的文化体验、特色购物等需求，也让当地的传统文化得到宣扬和延续，适应当代城市的发展。

功能布局

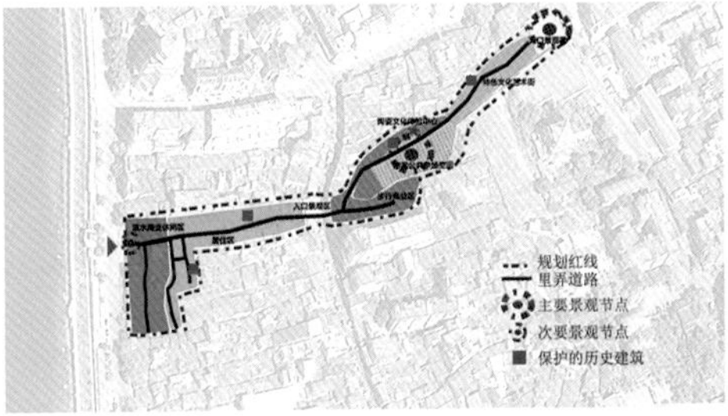

景观节点

“瓷”的运用

景德镇自古以来，以瓷为业，积蓄了丰厚的陶瓷文化底蕴，被世人称为瓷都。千年窑火犹如凤凰涅槃，催生出景德镇陶瓷文化的灿烂，实为中国陶瓷史上的明珠。在彭家弄的设计中将空置地块“黄鹤大窑房”更新为一个小规模的青花主题文化广场，打破了里弄原有封闭狭窄的条状形态，又增加了里弄内的公共休闲空间和公共绿地，并在设计上突出陶瓷文化内涵。同时，在里弄的重点位置，例如出入口、广场等处增加植物绿化和公共配套设施，如休闲座椅、灯具、指示牌、垃圾桶、花坛等，既为人们提供了生活的休闲场所和必要的服务设施，又提升里弄的环境质量。在这些公共设施的设计上融入了原有的里弄符号和传统元素，如陶瓷、窑砖的运用，在现代设计中延续了历史文脉，与历史环境有所呼应。

里弄局部效果

陶瓷文化景观墙

陶瓷文化体验中心

青花主题文化广场

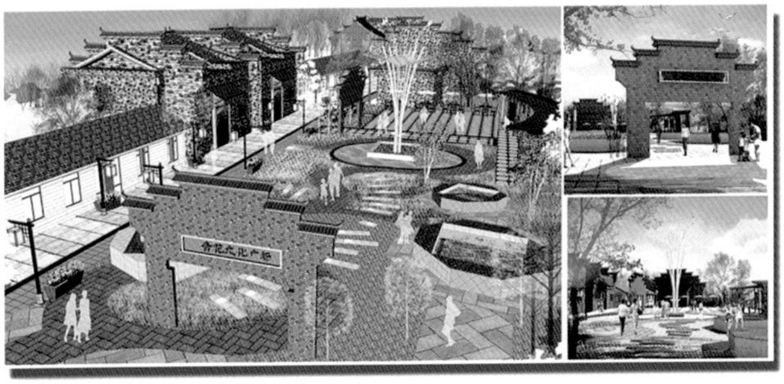

建筑立面形式

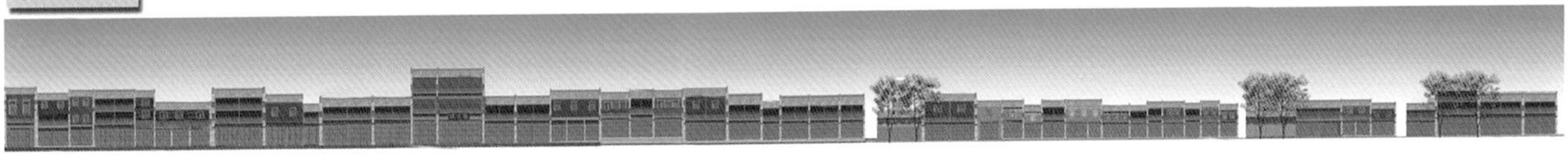

武陵地区——古镇恢复规划设计

重庆区位

彭水县区位

区位分析 Location analysis

黄家镇位于彭水县的西南面，距离县城46公里，东与郎溪镇相邻，西与润溪镇相靠，南与贵州务川县相连，北与靛水镇、汉葭镇相接。面积115.62平方公里。

资源分析 Resource analysis

黄家镇地下、地表资源丰富，组合条件较好，利用价值高，开发潜力大，是该县自然资源富集地区之一。得天独厚的自然条件，使得镇域植物资源丰富，盛产享有“山珍菌王”美誉的大脚菌。粮油、烤烟享誉全县，是全县重要的粮油基地之一。同时，黄家镇也是全县矿产资源最富集的地区之一，初步探测有莹石、重晶石、铁、铝等矿产资源，极具开发潜力。黄家河、白沙河、双叉河等3条溪河分别发源于茂云山东西两侧，阿依河由西南向东北斜贯东部，水力资源较为丰富，现已建成装机2000千瓦的三县电站、飞水岩电站，正在拟建长欣电站。

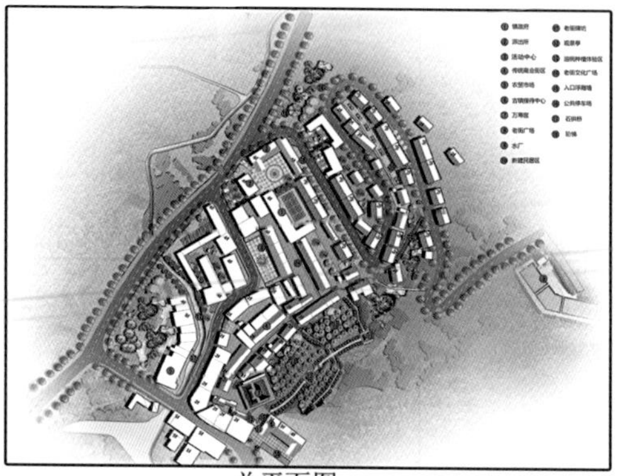

总平面图

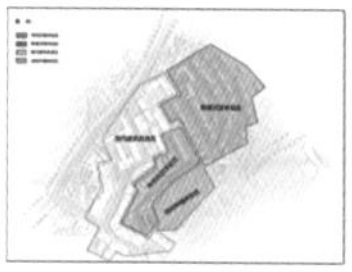

功能分区

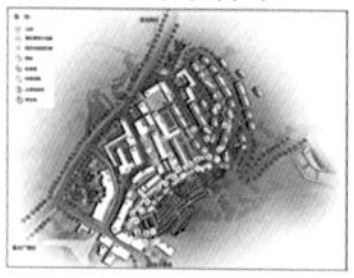

公共设施

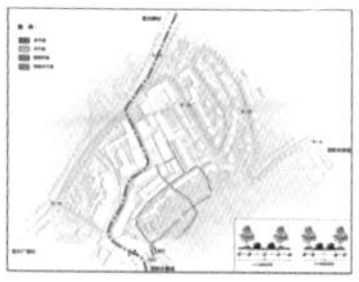

道路分析

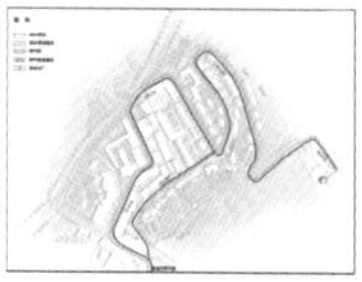

给排水图

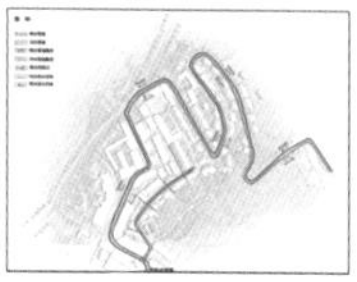

燃气规划

消防管道

主题定位：Theme positioning

功能定位：居民居住、商业贸易、饮食住宿、古镇风貌展示、民间文艺展演、乡村旅游目的地。

主题定位：寻找老街记忆，品尝山野美食。

规划思路：在进入先锋老街的入口修寨门，寨门古朴大方，用木材结构。

功能分区 Sectorization

在空间布局上形成“一线四区”的格局。

1. “一线”构架：是先锋老街内的连户石板路，通过石板路把40多栋吊脚楼、万寿宫、农耕文化体验区连接起来，形成老街的旅游通道。
2. “四区”构架：古街文化体验区、农耕文化体验区、苗族文化集中展示区、现代建筑改造区。

古街文化体验区：确定3~4户农家作为重点游客参观对象。主要是考察古街道的建筑和吊脚楼里陈放的各种生产生活用具，观察苗族人民的生产生活，与当地苗族交谈，吃苗族人制作的特色食品，住吊脚楼木房，感受苗族的文化与生活。

农耕文化体验区：把先锋老街的农耕文化体验区大致分为稻作文化体验区、油桃种植体验区、家禽家畜养殖区。

苗族文化集中展示区：苗族文化集中展示区为万寿宫。主要集中展示苗族文化，搜集苗族民俗文物、古籍等实物，配合文字、图片和纪录片，在传习馆集中展出；每年在万寿宫举行1~2次大型苗族文化艺术活动。

传统建筑改造

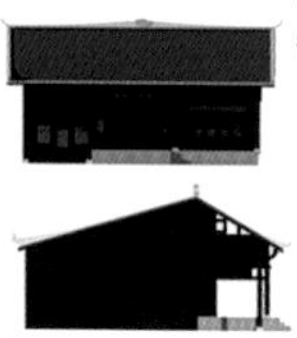

传统建筑，大部分采用穿斗式结构，由于年久失修，破损的较为严重，需要修补和加以改善。

改造方案：

1. 屋顶修复：修复破损的屋顶，做具有土家特色的屋脊，檐口增加灰白色瓦档。
2. 木墙：修补或拆除破损的墙面。
3. 木门：统一改造为如图所示木门。
4. 木窗：修复、加固，刷清漆翻新。或拆除破损的，按原花纹定做。并在窗内侧加白玻璃。
5. 地面：地面找平，用青石板铺设。

现代建筑改造

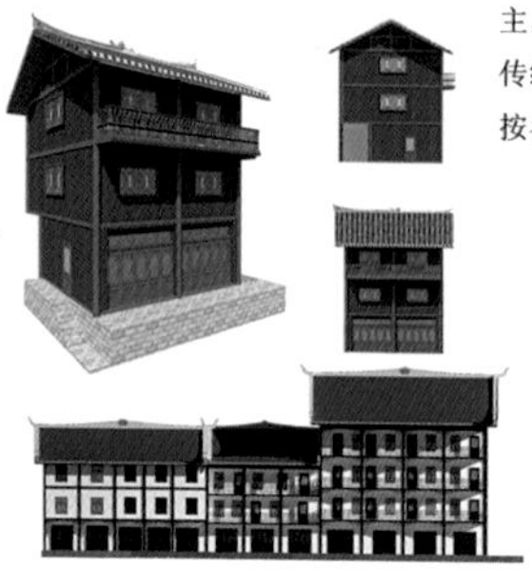

现代建筑层数以三层为主，局部四层，屋顶形式以平屋顶为主，功能一般为民居，底层可做店铺，设计将加设单坡屋顶，恢复传统坡顶形式。同时在一、二层之间设置坡顶挑檐。挑檐以下商铺按各自开间分别加以装饰，门、窗和栏杆按照设计要求进行整改。

改造方案：

1. 平屋顶：统一改造为小青瓦全屋顶，檐口增补灰白色滴水、瓦档。做具有土家特色的翘角。
2. 悬挑部分：增加栏杆，增加装饰，如图所示
3. 铝合金窗：将成品画格木窗加在窗户外侧。
4. 木窗：修复、加固，刷清漆翻新。将成品画格木窗加在外侧定做。
5. 地面：地面找平，修复公路。

作品编号：G499
毕业院校：三峡大学艺术学院
作品名称：武陵地区古镇恢复规划设计
作　　者：曹岩
指导老师：黄东升

万寿宫前视图

▲入口处为12级台阶，台阶中间放置古代吉祥图案浮雕，增添万寿宫的欣赏效果，院庭前门修复高7米的马头墙，门两翼座有双石狮。

万寿宫侧视图

▲ 万寿宫侧面修葺5米高围墙，墙壁用砖石垒砌，上面采用小青瓦。

古街原有古建筑——万寿宫，约600平方米，毁于文化大革命。为了恢复古街历史文化，增添古镇文化氛围，满足居民的文化娱乐活动，增加旅游产品，计划恢复万寿宫。万寿宫或称旌阳祠，修复范围550平方米，主要有入口、戏楼、主殿、附属建筑等。院庭前门修复高7米的马头墙，门两翼座有双石狮，庭院内有吊楼、画栏组成环廊，红柱黄瓦，古朴雅致。中为正殿，在宫院主体建筑两旁列若干神像，供居民和游客朝拜。

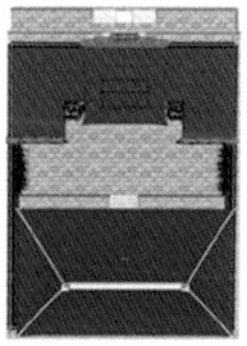

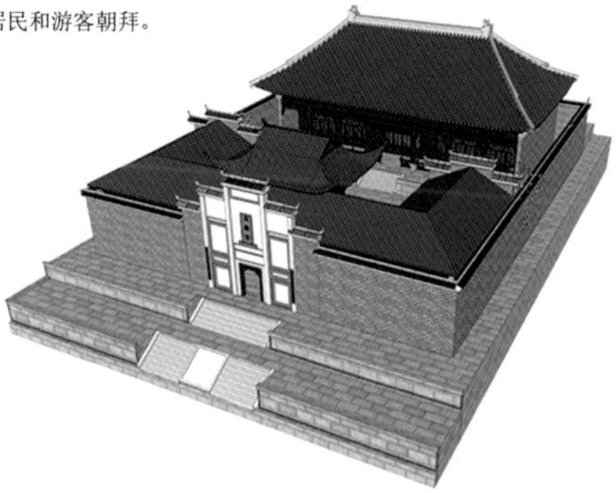

▼中为正殿，在宫院主体建筑两旁列若干神像，供居民和游客朝拜。

主殿前视图

▼戏楼台造型优美坚固，三面墙壁没有隔间层，顶棚是螺旋似的天花板隔音层。大厅、内厅建造奇特，有滴水回音之感。

戏楼前视图

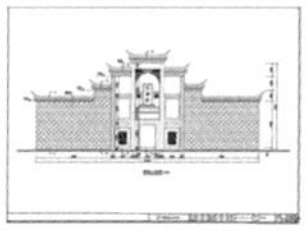

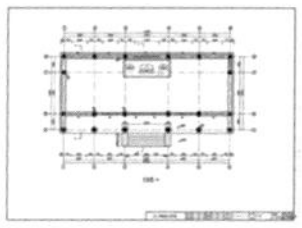

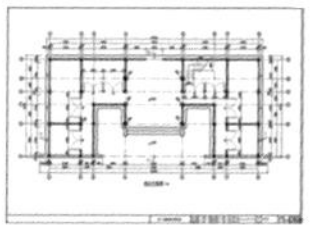

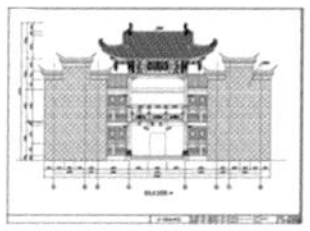

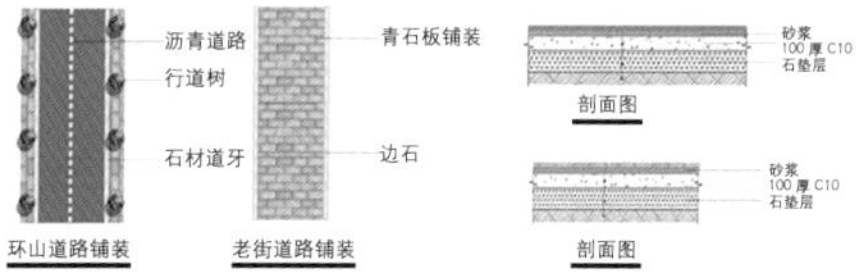

武陵地区——古镇恢复规划设计

墙壁铺仿古瓷砖或刷白色防水乳胶漆。木墙将木板翻新，刷防水清漆。柴灶统一用大理石包装，门窗增大采光。地面：地面找平，铺设防滑瓷砖。橱柜：统一打造为现代化储藏柜。

通过对厕所内部外部的改造，达到农 村无害化节能卫生厕所，厕所外观古朴，内饰设备现代化，厕所及储粪池无渗漏，厕所内无蝇蛆。

地下室同室内改造方法一样，增加采光，对墙壁、地面进行装饰。

室内按照现今的生活方式设计，增添房间的采光性及透气性，墙壁以及顶面采用木质包装，地板铺设实木地板或复合地板。

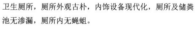

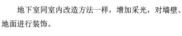

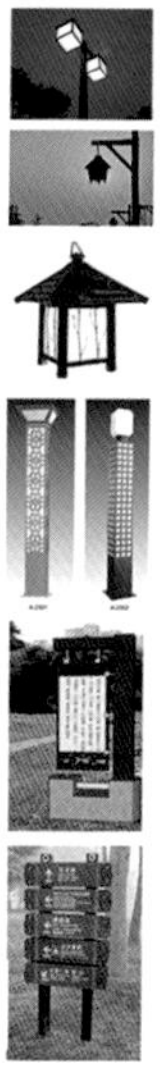

区位概况

望牛墩芙蓉故里处于广东省中南部，珠江口东岸，东江下游的珠江三角洲。北靠广州，南依深圳，东邻惠州，西隔珠江与番禺相望，是沟通广州、香港及江口两岸深圳珠海的交通枢纽，人流物流快捷便利；邻近广州开发区、东莞城区莞城。

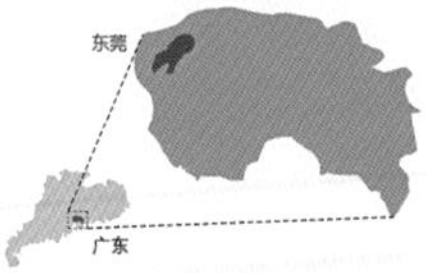

上位规划分析——水乡经济联盟

望牛墩政府提出整合水乡片区各镇街之间的资源，以经济联合体的形式，行程“抱团之势”，将集生态、旅游、宜居、现代物流与一体。

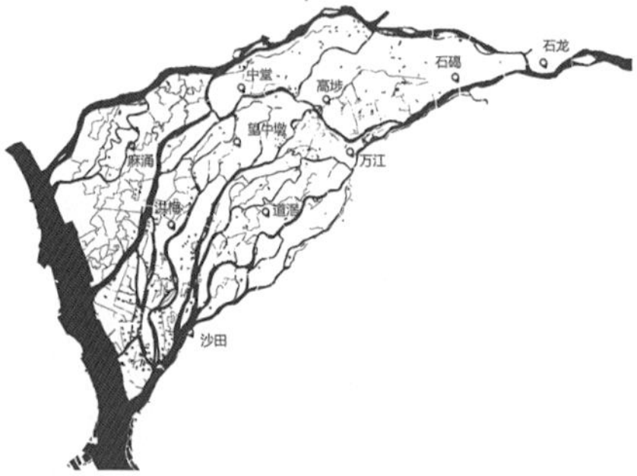

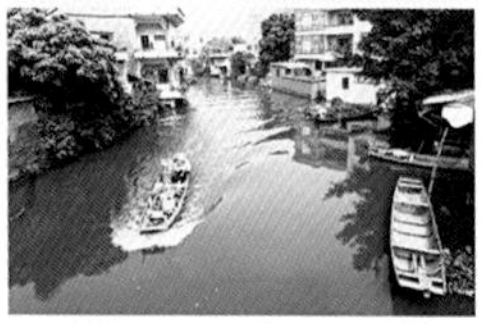

设计要素

一、空间格局

岭南水乡的空间格局丰富多变，水系与陆地、建筑之间形成多层嵌套、相互咬合的关系。

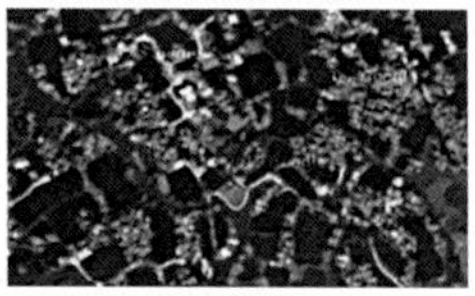

二、建筑

宗祠
宗祠是岭南水乡社会的重要特征之一，严谨的格局蕴含着伦理和礼制秩序。

三间两廊屋
即三开间主座建筑，前带两廊和天井组成的三合院住宅，是本地区最主要的房屋平面形式。

三、景观要素

水口园林：在村落中水流入或流出的地方建桥镇锁水口，旁建文峰塔，成为村落的标志性景观。

榕荫广场：村口的标志性景观，是岭南水乡村民聚集休闲的主要场所。

河涌桥梁：桥是构成水乡聚落的重要元素，体现水乡特色的重要载体。

水埠驳岸：水埠是河岸与水面发生联系的驿站，形成水路转换的空间统一体。

街道内巷：街巷走向明确，大部分街巷的出口都能达到河道。

作品编号：X379
毕业院校：华南理工大学建筑学院
作品名称：芙蓉故里规划及景观设计
作　　者：尹旻　谭景行　黎英健　何小雯　陈梦君
指导老师：孙卫国

场景挑选分析

电影场景1

选自《叶问》

民国时期，客人很早就带着鸟笼来到茶楼，庭院里鸟鸣声不绝，点心的香味四周飘溢，众人闲坐聊天，人生鼎沸。

场景元素：合院，鸟鸣

电影场景2

选自《英雄喋血》

清末年间，好友在庭院厢房里小聚，品尝广府美食，抬头一望，厢房之外的庭院美景——映入眼帘，美不胜收。

场景元素：厢房，庭院景色

电影场景3

选自《浮城大亨》

20 世纪 50 年代，疍家人辛勤地捕获渔产后，现抓现煮，一家人围坐在船上，美滋滋地吃，其乐融融。

场景元素：临水建筑，钓鱼

碧庭鸟语

板桥风清

杉林鸭浮

评委评语：

该作品规划布局关系清晰，层次分明，空间变化丰富，空间相互关联上处理较好，尺度感强，体现了作者较为扎实的基本功。只是作者从已有的岭南主题影片中选择空间转换到场地内作为未来的电影拍摄基地的思路有待商榷。

景观基质的重组——浙江舟山嵊泗县枸杞岛海湾景观设计

The landscape planning and design of GouQi Island in ShengSi ZhouShan ZheJiang

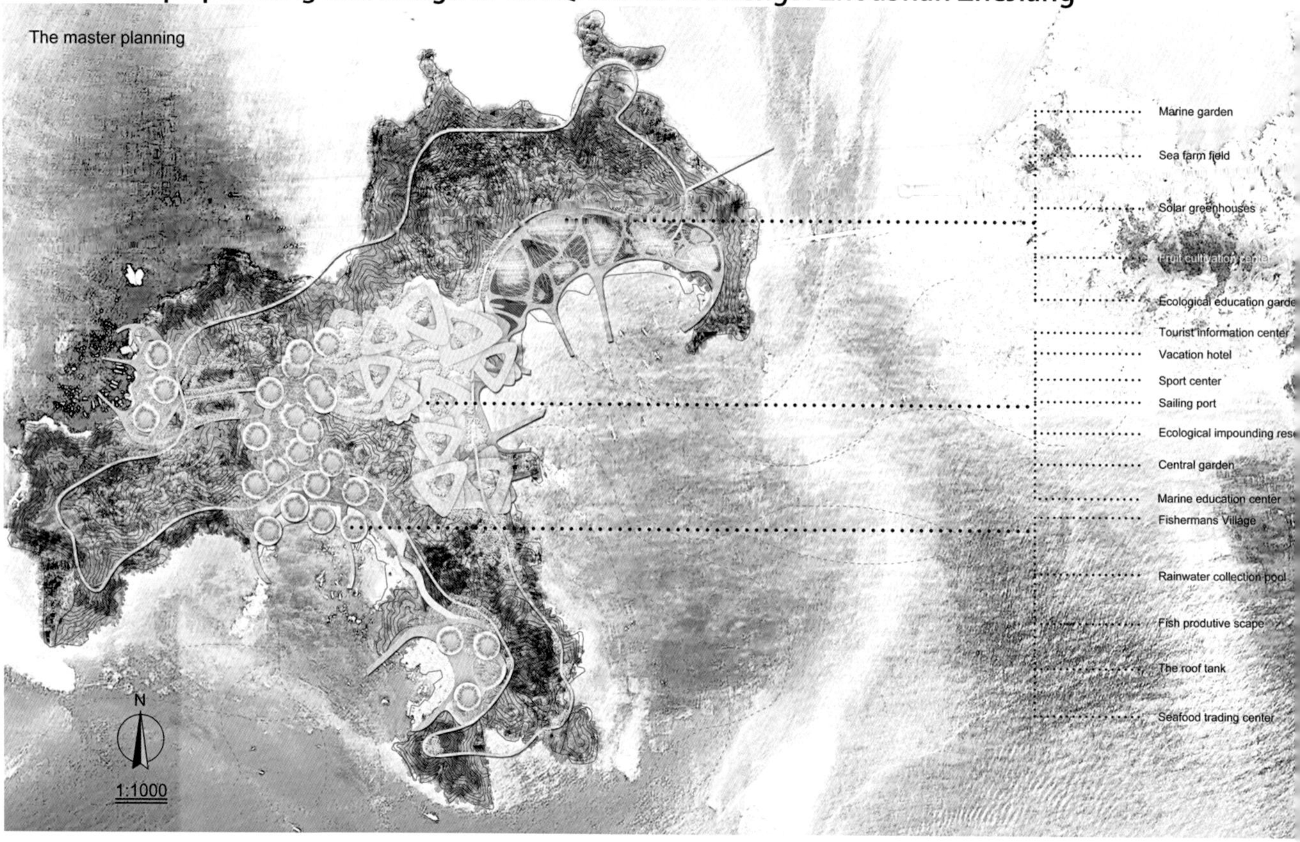

作品编号： G029
毕业院校： 南京林业大学艺术设计学院
作品名称： 景观基质的重组——浙江舟山嵊泗县枸杞岛海湾景观设计
作　　者： 马晨亮
指导老师： 汤箬梅

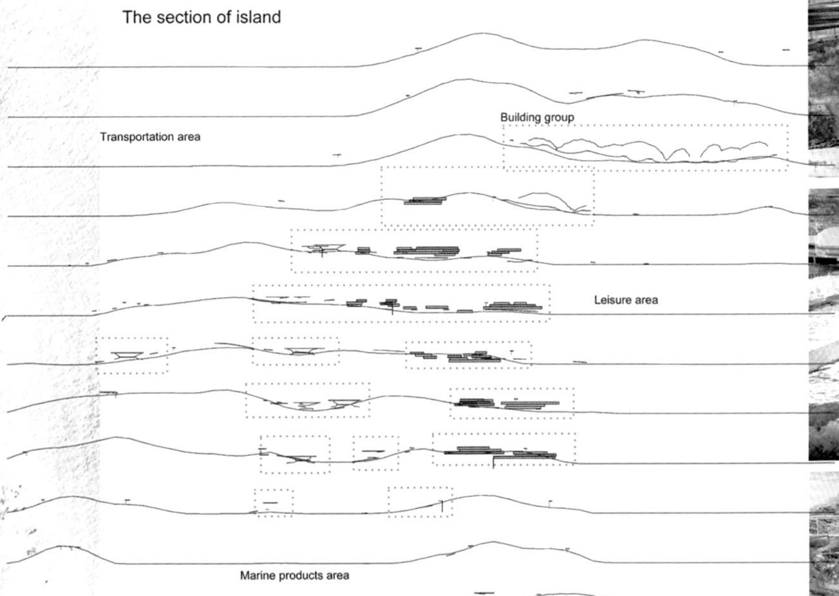

此次课题研究的主题为“景观身体机制的重建”，利用海洋岛屿的潜在资源，以及原有生态空间的人为重组，形成新的人与自然的空间关系。同时利用设计区域内的旅游资源的优越性，建立起新型的旅游度假体验，以及充分开发本地区的隐性清洁能源，服务于本岛和附近城市，以及该片海域的海洋鱼类养殖。在这里我将把设计的区域与人体机制相联系，运用仿生学原理进行景建一体化的建设。

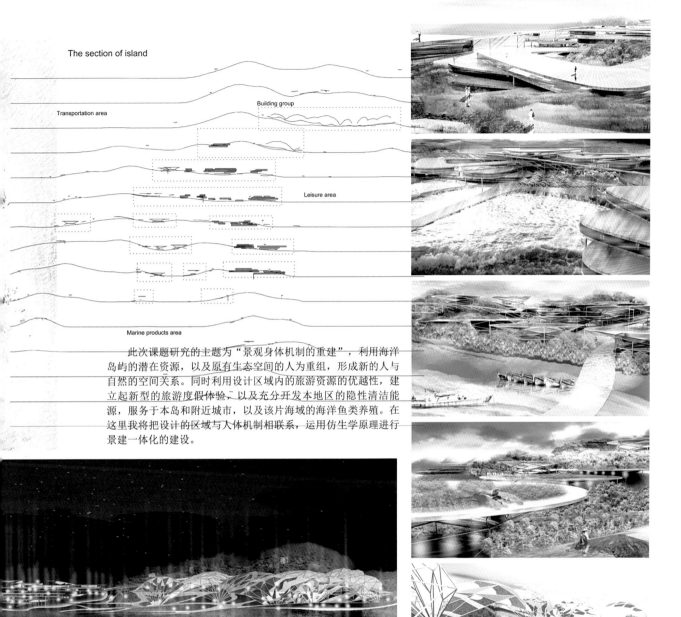

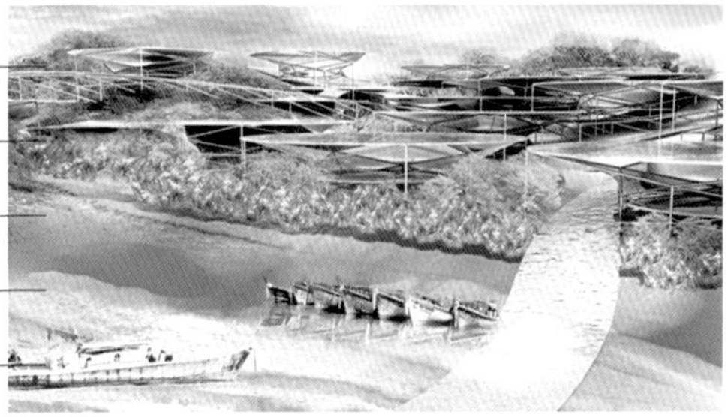

评委评语：

作品最大的优点在于对设计概念的诠释，图面的表达体现出设计者良好的专业素养与创造力。本方案立足场地特征，提出了具有革新性的概念设计方案，形式手法大胆，图面语意清晰有说服力，但设计解决方案与设计意图脱节，设计并没有很好地体现“景观基质”的“更新运用”，更多地使用了“新－旧”对比的手法塑造出前卫的新型景观。

优点：内容表达清楚，逻辑结构层次明晰。场地分析针对问题进行了多层次的探讨，并提出了相应的解决方案。效果表现简洁优美。方案对场地内自然的区域性利用与保护有一定的涉及，但不够深入。缺点：方案整体侧重分析，设计偏于简单。缺少对场所地域性文化的关注。

城市·雨“生活”

城市交通廊道雨水处理装置设计

Urban transportation corridor stormwater treatment plant design

设计构想

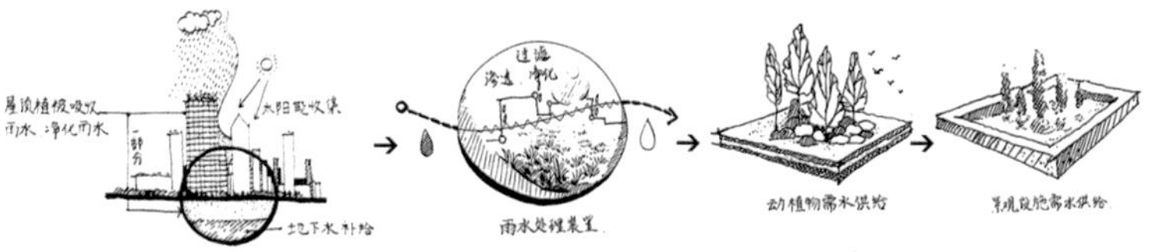

选题背景

目前我国正处在城市化迅速发展的阶段
城市雨水资源大量流失
水土冲蚀
地下水位下降
水涝
雨水径流污染
热岛效应等一系列的雨洪及生态环境问题
对城市水环境、生态、人居环境都构成了严重威胁

随着城市化水平的不断提高和经济的高速发展，城市雨水问题就愈发凸显出来。

面临的挑战

城市雨洪现象越来越多，已经不是新现象了，现有城市及未来城市化发展都将面临这样的威胁。然而，最大的挑战是如何在满足功能与美学的同时使用正确有效的方法解决这个问题。

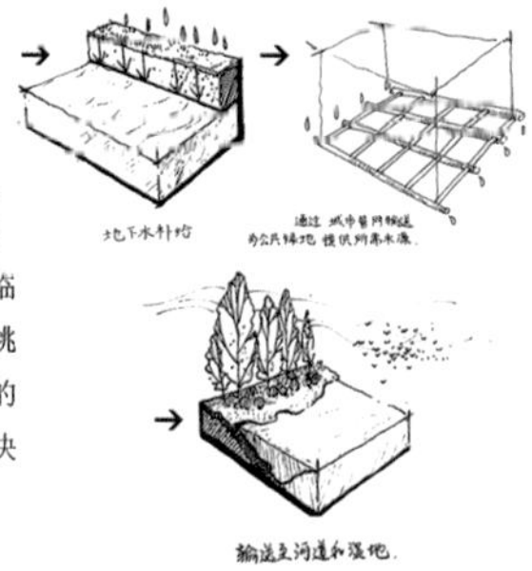

设计说明

目前我国正处在城市化迅速发展的阶段。随着城市化水平的不断提高和经济的高速发展，城市雨水问题就愈发凸显出来。城市雨水资源大量流失，水土冲浊、地下水位下降、水涝、雨水径流污染、热岛效应等一系列的雨洪及生态环境问题，对城市水环境、生态、人居环境都构成了严重威胁。

站在城市人口发展、城市生态环境和土地文化的延续和发展的角度，我们试图探索一种可持续的生态雨水收集处理装置，最大程度地收集利用雨水，并以繁忙的交通为切入点，与城市网格相结合；意图提供一种在城市交通网络中创建可持续的生态景观战略方式，包括雨水收集、处理和利用；力图建立位于城市交通干道上具有流动性、趣味性、启发性和雨水生态景观相结合的空间环境，并联接城市网格，渗透到人工湿地和河流中，进一步完善城市雨洪管理系统。通过这种生态景观廊道最终建立城市湿润微环境。并利用雨水渗透、净化、凝华和升华的演变及不断变化的形态展示带来不同的感官体验，营造诗意的环境，使人们得以启发，提高对水资源的保护、珍惜的意识。

方案一展示

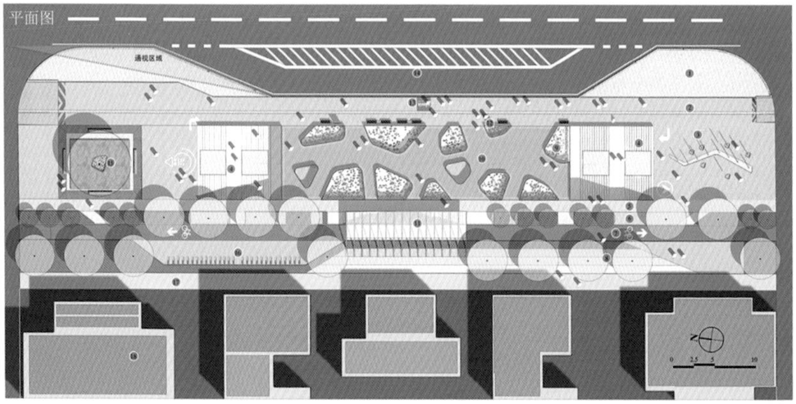

① 雨水处理池 ② 候车专人行道 ③ 喷雾体验区 ④ 水净化体验空间通道 ⑤ 人行道 ⑥ 绿化过滤带 ⑦ 非机动车道 ⑧ 功能绿化 ⑨ 通光孔板 ⑩ 中心景观平台 ⑪ 便捷入口 ⑫ 电子站牌 ⑬ 候车区 ⑭ 公交专用车道 ⑮ 景观蓄水池 ⑯ 自行车停放区 ⑰ 居民区及商业街人行道 ⑱ 屋顶花园

方案一鸟瞰图

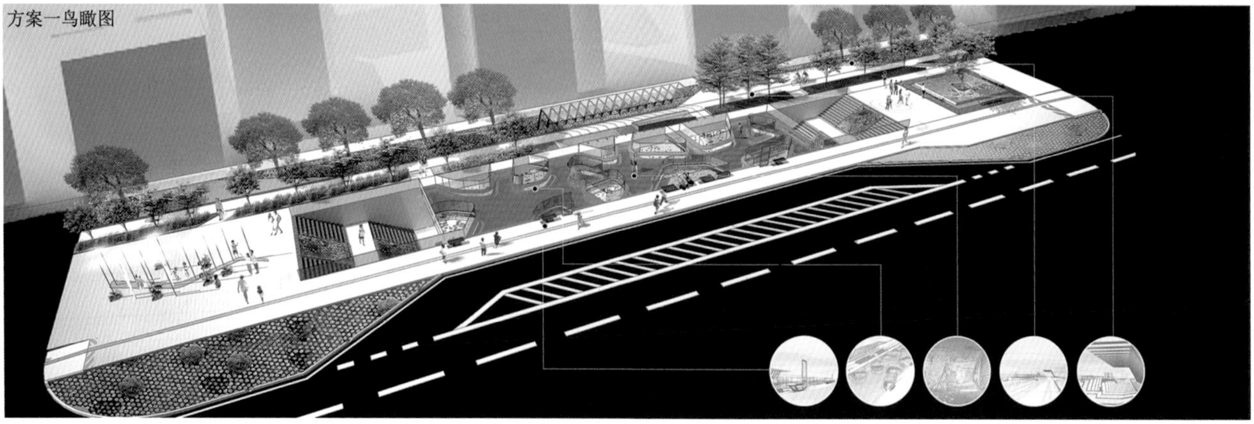

作品编号： X108
毕业院校： 广东轻工职业技术学院艺术设计学院环境艺术设计系
作品名称： 城市·雨“生活”——城市交通廊道雨水处理装置设计
作　　者： 谢平　李丽珍
指导老师： 黄帼虹

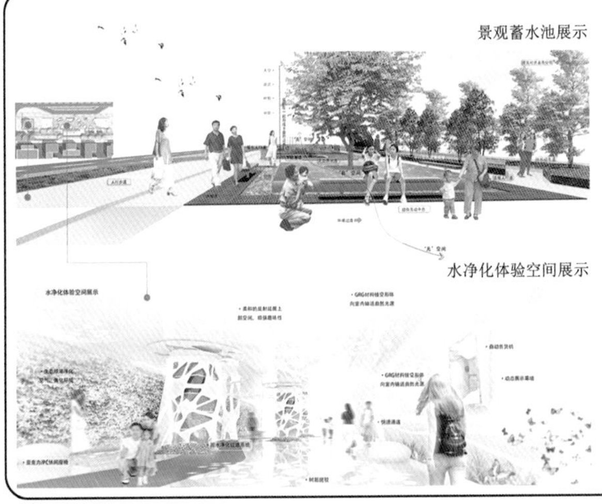

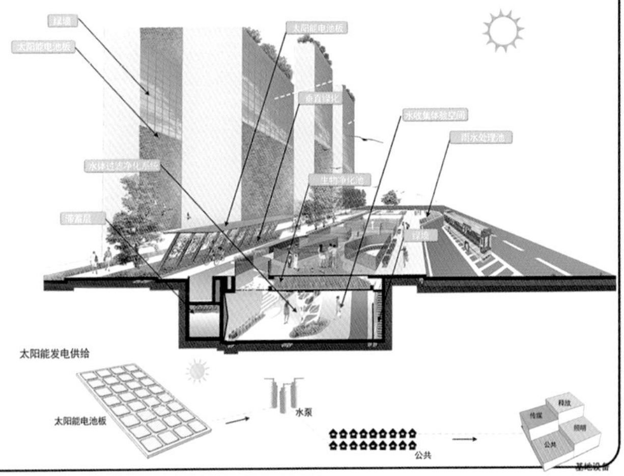

方案二展示

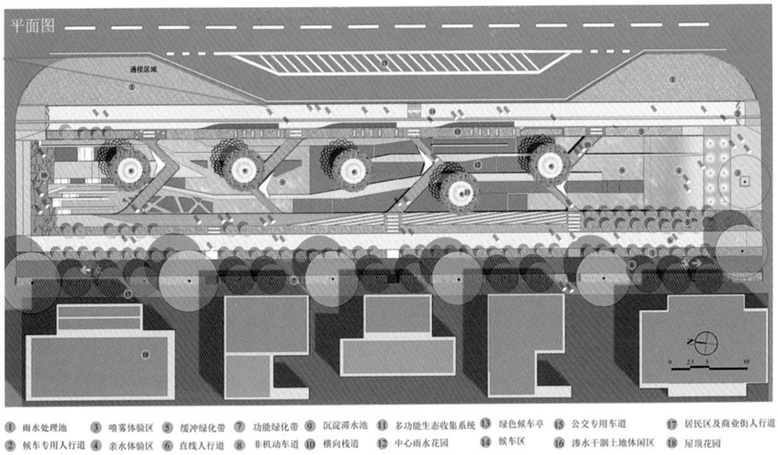

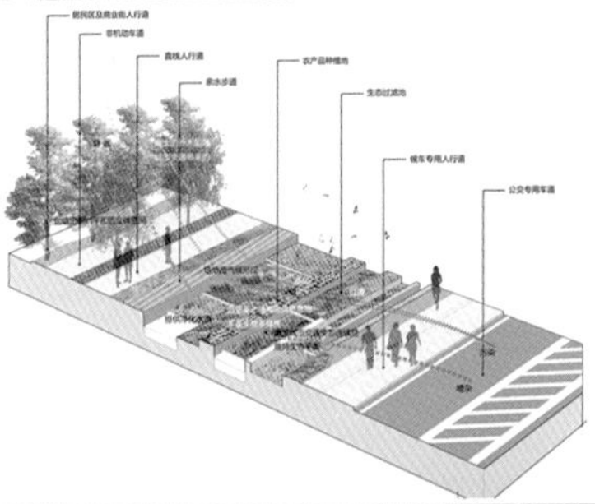

方案二鸟瞰图

评委评语：

该设计题材理念较为新颖，选取一个较小的设计突破口，很好地阐述了自己的想法，重新组织老村口胡同之间的空间关系，达到自己的设计效果，图面颜色搭配方面都不错，思路清晰，不足的地方是设计详实度不够，版面内容及各类设计分析略显缺少，因此无法详尽地表达细部概念。

作品属城市雨水处理开发案例，具有现实意义。利用工程及生态手段思考并解决城市雨水回收后与城市功能及生态环境之间的问题，因此具备学术意义。不足之处：该方案属概念设计，缺乏相关季节降水数据等的分析，论述完整但缺乏深化。完善意见：在概念设计的基础上根据现实因素重点强调雨水收纳的手段多元化及现实极端环境下的处理手段。

广东区位

广州区位

海珠区区位

新滘路区位

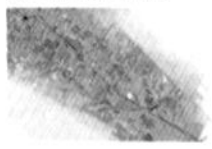

区位分析 Location analysis

项目位于广东省广州市海珠区新滘路绿道。其主要是串联上涌果树公园、海珠湖公园、龙潭果树公园、海珠湿地和万亩果园的线性绿色廊道。周边有农田、少量居民区 、厂房和商业区。是海珠区的一条都市生态绿道。

场地分析 site analysis

广东欲建成安居、康居、乐居、具有岭南特色的宜居城乡，人范围兴造绿道却在短时间飞速完工，绿道的仓促完成也随带着许多问题，例如只建绿道不管配套、只建绿道不划廊道、连接性断裂、人车交通流线冲突等一系列问题。绿道的不足慢慢显现，设施的不齐全、路面被破坏挤占、硬土化铺装打断了绿道的完整性，影响了绿道网的功能和形象。

土里土去

AGRESTIC BREATH —— GUANGZHOU

广州绿道设施设计

GREEN INFRASARUCTURE DESIGN

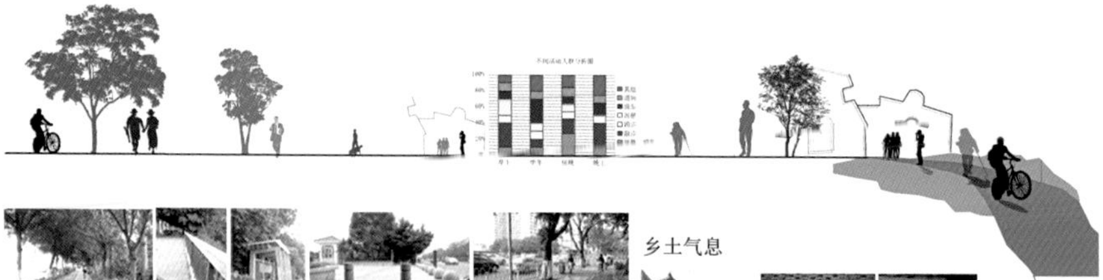

项目现状

乡土气息

项目环境 Project environment

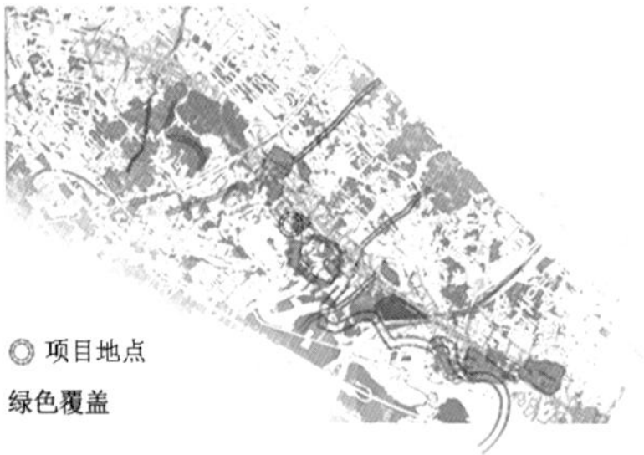

◎ 项目地点

绿色覆盖

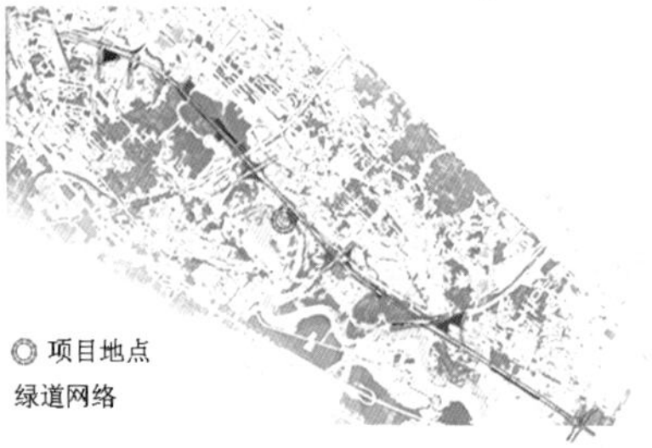

◎ 项目地点

绿道网络

◎ 项目地点

建筑与道路系统

绿道类型分析 The green channel types

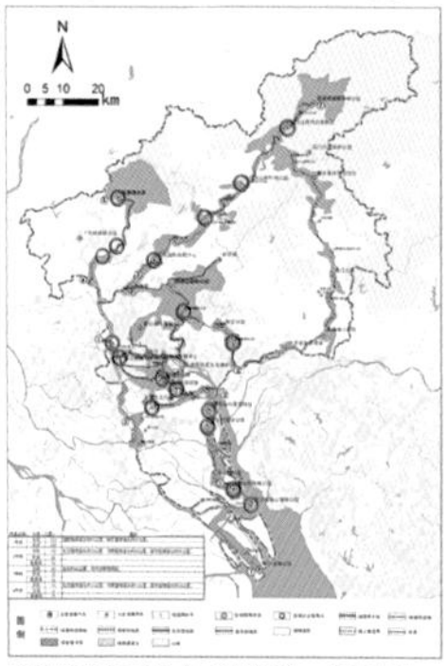

绿道类型可分为都市型、郊野型、生态型。

SWOT 系统分析 System analysis

S内部优势（Strenght）

串联上涌果树公园、海珠湖公园、龙潭果树公园、海珠湿地和万亩果园，具有一定的旅游文化功能，对城市环境的改善具有一定的社会关注。

W内部劣势（Weakness）

新滘路于2006年新建，许多本土文化遭到破坏，缺少一定的文化内涵.

O外部机遇（Opportunity）

改变生态环境是每一个人都想做的一件事情，是改变民生的一个重要途径。

T外部挑战（Threats）

如何使得绿道基础设施更好地服务绿道，使其更具人气，怎么样增加文化内涵使其成为具有教育、科普、旅游性质的多样性绿道。

绿道基础设施
绿道生态连续性 | 绿道生态性 | 地方历史文化
城市生态脉络 | 生态连续性延伸 | 城市文化脉络
城市文化生态绿道

设施、绿道与城市的关系

绿道特点分析 The greenway characteristics analysis

新滘路绿道10km，路段绿色控制线不一，分为5~10m、10~15m、15~20m、20~25m四种类型，周边环境也不一样，有建筑群、湖泊、绿地。

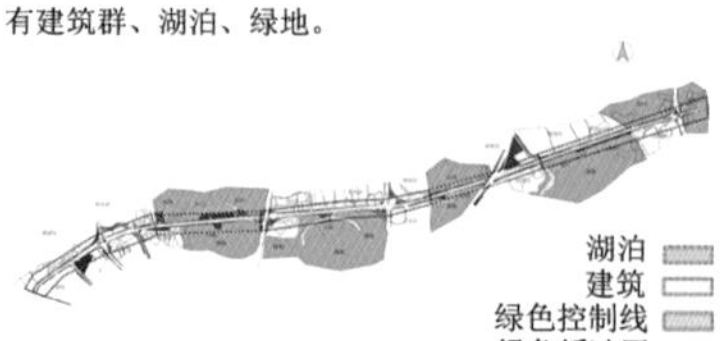

湖泊
建筑
绿色控制线
绿色缓冲区
5~10m
10~15m
15~20m
20~25m

绿道旅游资源分析 Green tourism resource analysis

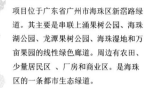

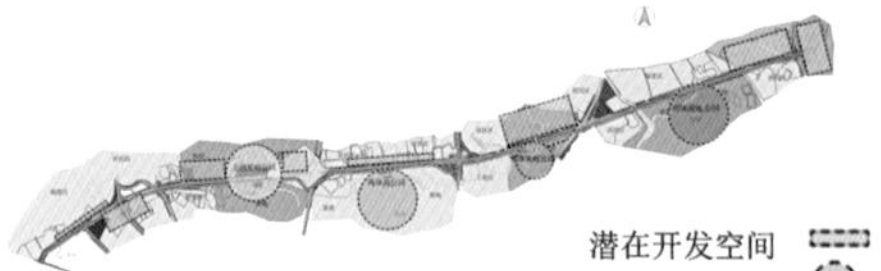

潜在开发空间
现有的公园和开放空间
河流
建筑群
绿色缓冲带
绿道控制区

旅游资源和绿道的串联，使得各个开放空间与绿道呈点线相连的一种连续方式，呈现一种互赢的状态。

作品编号： X109
毕业院校： 广东轻工职业技术学院艺术设计学院环境艺术设计系
作品名称： 土里土去——广州城市绿道新滘路段景观设施设计
作　　者： 陈康健　刘晓明
指导老师： 李慧

设计来源 Design source

土是生长万物的根源，由此以“土里土去”全程贯彻我们的设计内容，在绿道上我们尽可能地退让出土地还原绿化，退硬装还“土”；在设施上我们注重绿道连接性的维持与扩张；在设施元素上提取广州文化，我们在内涵上保持其“土”性；在植物品种的运用上我们采用的是广州的本土植物，在种植选取上体现其“土”性。最终形成一条“土里土去”，生态、便捷、舒适、美观的广州绿道，从而促使广东成为一个安居、康居、乐居的岭南特色宜居城乡。

海珠湖一级驿站设计分析 Haizhu lake level station design analysis

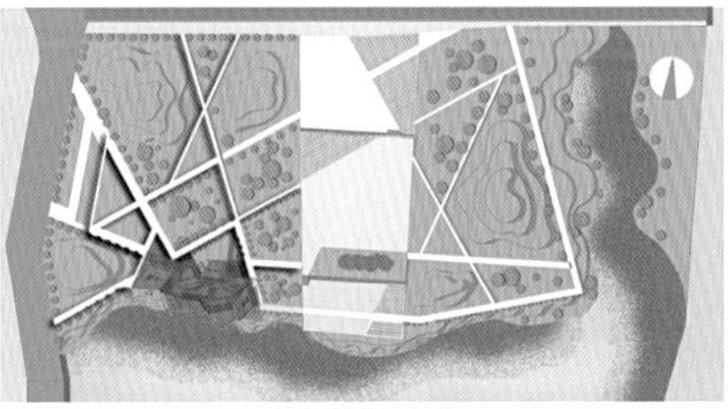

海珠湖广场绿地

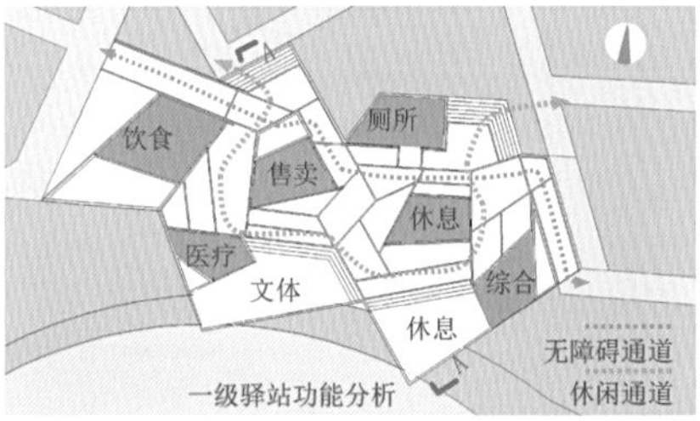

一级驿站功能分析

一级驿站效果图

海珠湖被称为金镶玉。海珠湖公园是广州市唯一的一个城市中心湿地生态公园。出于它是绿道的主要旅游休闲点，我们把一级驿站放于海珠湖内，对推动绿道特色旅游发展有一定的促进作用。驿站具备休闲、娱乐餐饮、商业、交通、科普、卫生等功能。

北立面

东立面

概念演化 Evolution of concepts

提炼

整理

组合

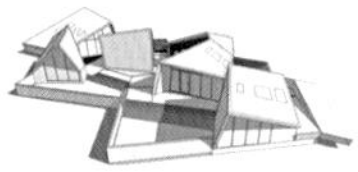

细化

完善

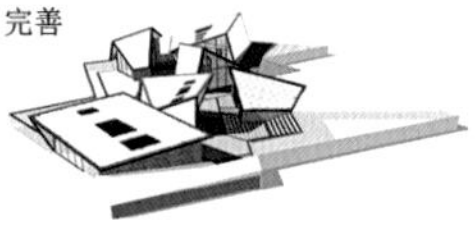

解析

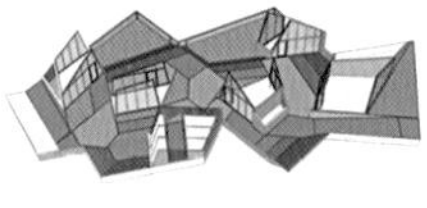

南立面

A-A剖立面

绿道三级驿站设计分析 Analysis of Green Road, three station

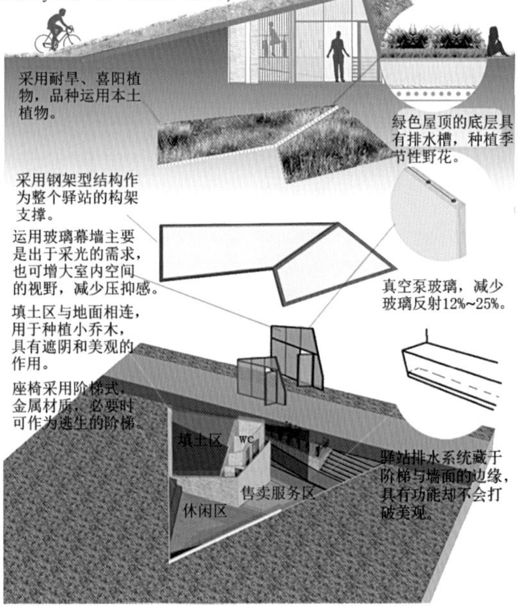

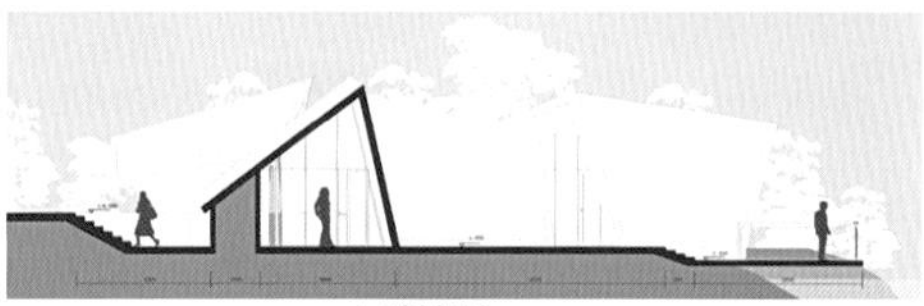

屋顶植物

三级驿站效果图

花名茑萝，具有细长光滑的蔓生茎，长可达4～5米，柔软，极富攀援性，是理想的攀藤植物。长春花其性耐寒、耐旱，喜阳光充足、干燥的生成环境，与茑萝搭配美观且易管理。

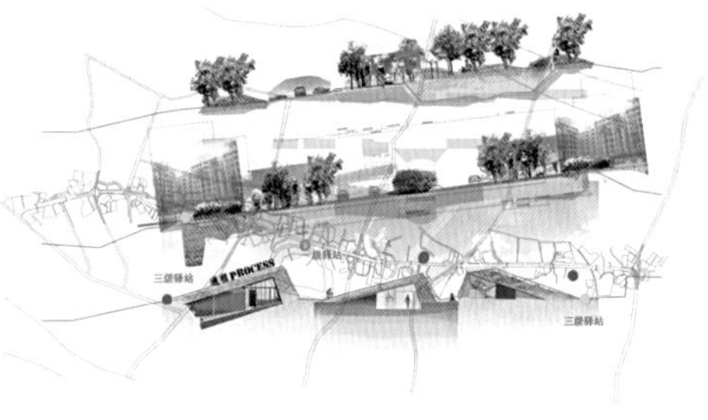

绿道自行车道与人行道示意图

评委评语：

该作品是有关景观生态基础设施设计的概念性方案，前期主要以绿道进行分析论证，后期引出“土里土去”主题，并对场地进行了概念设计，且有详细的生态可实施数据分析，整个过程突出了对解决实际问题的深入思考，体现了作者全面的专业素养。总体设计创意感强，逻辑条理清晰，版面组织相对合理，但在主题上还应做进一步推敲，是“绿道”还是“土里土去”，意向要有清晰的界定。

该选题能较好地结合生态建筑来考虑和解决城市绿道设施设计的问题，图文表达较清晰。不足之处是方案表达的系统性不够。

方案关注了发展过快产生的绿道的后续使用问题，具有一定的开拓性和研究价值。构思巧妙，充分表现出以节约土地和环境保护为前提打造节点空间。但是几个节点的连续性不强，叙述故事缺乏完整性。

桥与水的故事——福州洪山古桥遗址改造

“老洪山桥，它的历史可以追溯至宋朝。洪山桥不只是一座简单的运输桥，它还记载了老福州人的生活，是老一辈福州人的情感纽带。”

“洪塘镇是水乡，也是历史文化名乡。而将这个文化名乡与福州连接起来的，正是洪山桥。”

这里行人、河流、石桥、榕树、古城、新桥、高楼、山川融为一体，相映成趣，诉说着古往今来的历史沧桑。

区域定位

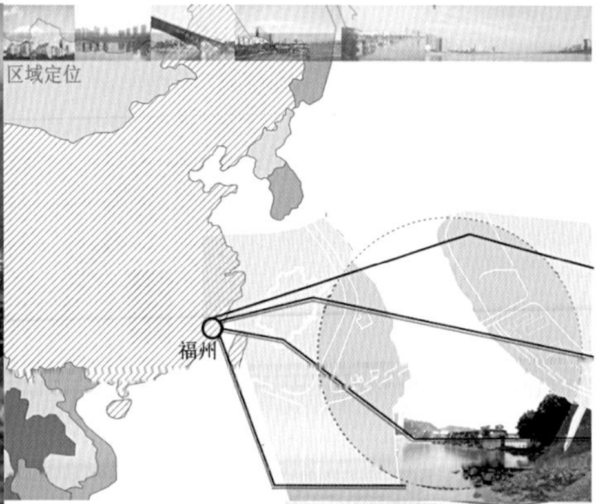

洪山桥位于福州市洪山镇，横跨闽江北港两岸，连接了鼓楼区、仓山区和金山工业园。在下游1公里处原有一座石桥，经多次水毁，明万历六年（1578年）移至上游，重建石梁木面桥。经过历朝历代的重建修护，直至1985年建成新洪山大桥，旧桥废弃。

现状分析

到了20世纪80年代，省政府建了新洪山桥，1985年，新洪山桥通车之后，旧桥彻底荒废，至今已近30年。随着时代变化，人们生活水平逐步提高，洪山桥周围的环境也发生了较大的变化。

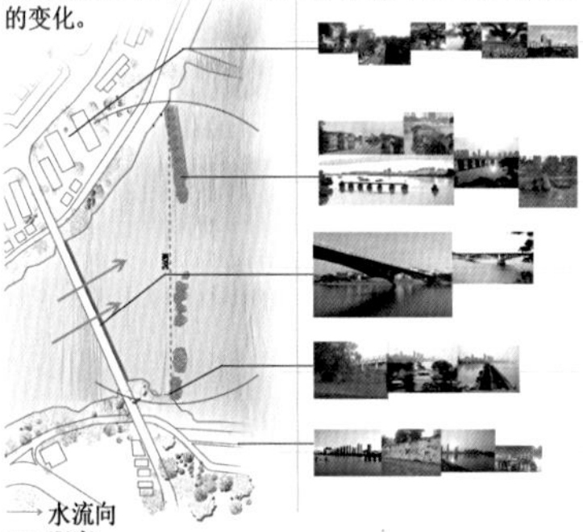

—— 水流向
------ 距离

设计概念

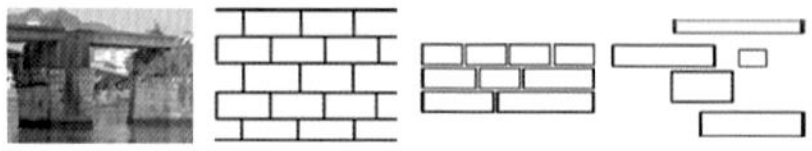

一座由几个桥墩组成的古桥遗址，是对福州最好的历史的见证。方案提取了遗址的元素，进行简化、构造，应用于桥体立面空间的形态上。

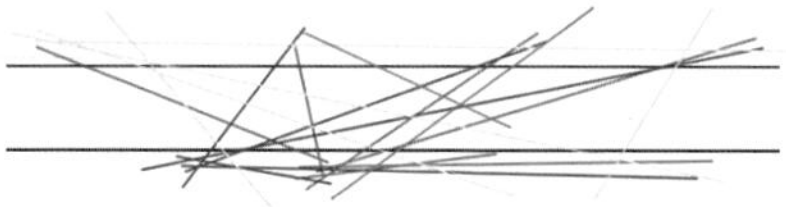

在平面上运用现代感较为强烈的直线作为元素，进行相互交错切割，并与桥的桥墩遗址相结合，形成一个新的形态空间。

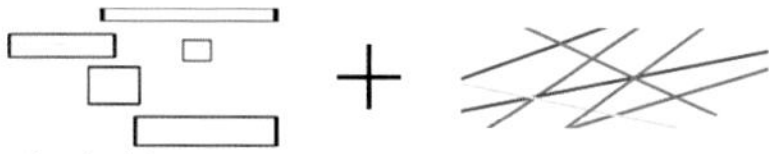

两种元素融合

平面图

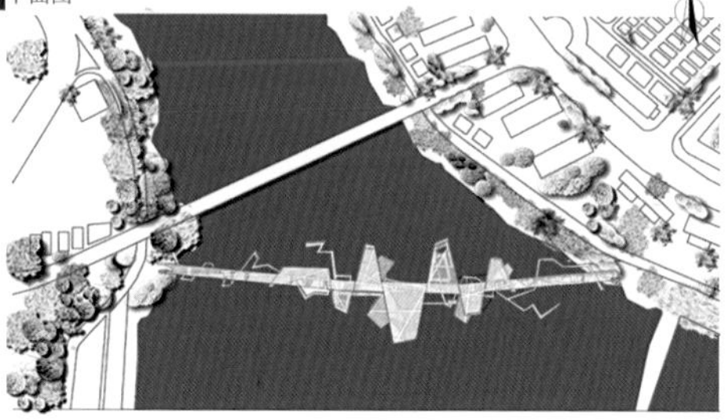

空间竖向分析

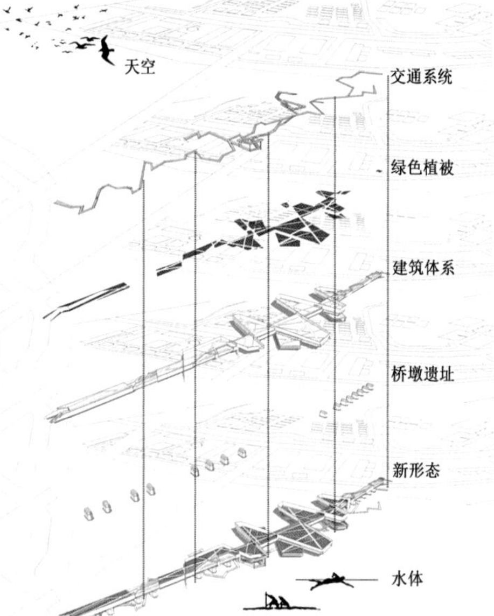

周边空间分析

洪山桥附近，学校占据了很大的部分。虽然和市民共享城市土地和设施，学生和市民间却一直有着强烈的分界线。这个建筑群的场地处于学校和社区的地理分界点，这会是一个很好的平台，创造机会让不同的人群更频繁地交流和共享城市资源。

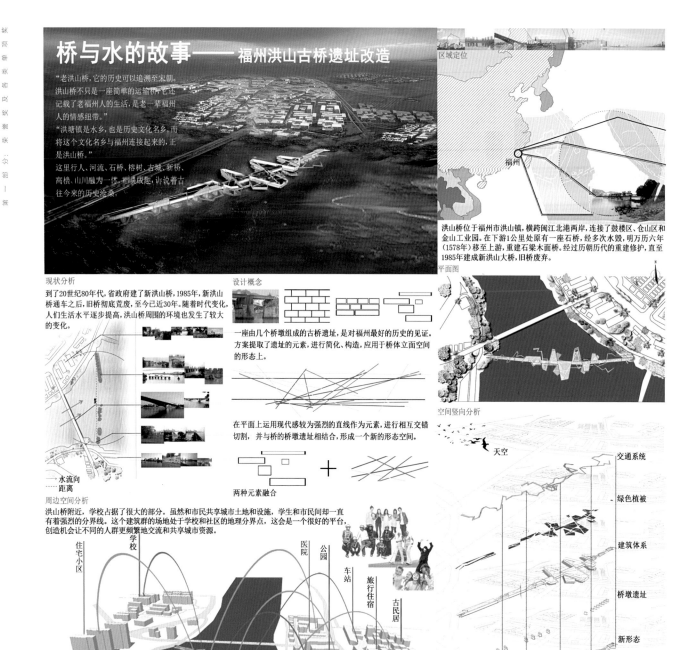

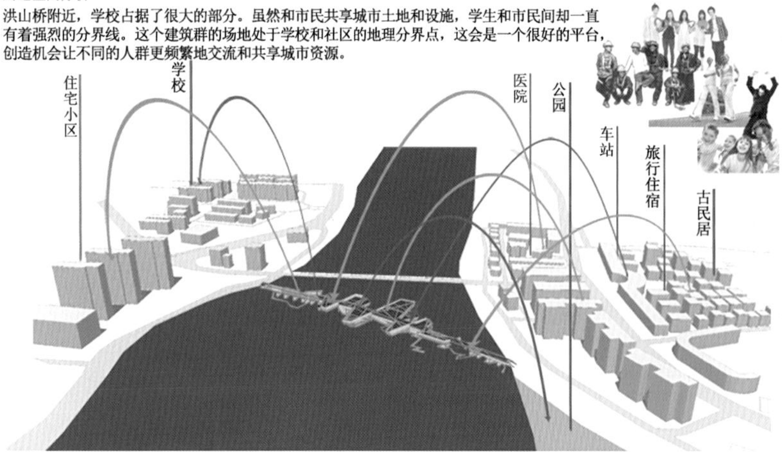

作品编号： X171
毕业院校： 福建农林大学艺术学院
作品名称： 桥与水的故事——福州洪山古桥遗址改造
作　　者： 蔡钢渤
指导老师： 郑洪乐

空间视觉路线

历史塑造了我们的个性意识和地域特性。每个人都会以不同的方式与历史沟通。

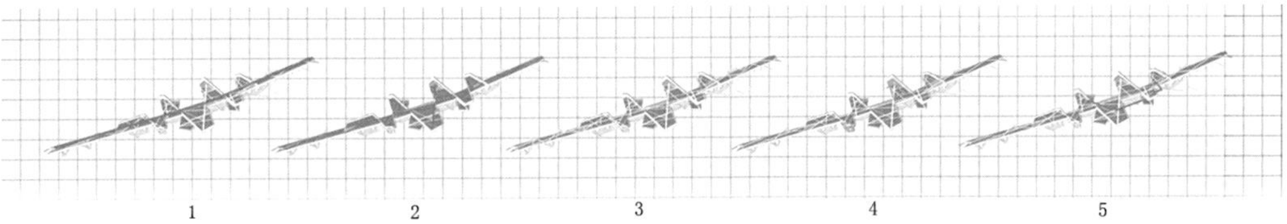

空间视觉

立面效果图

左立面图

右立面图

空间的交叉

旧洪山桥曾是福州重要的交通线路，但是在新洪山桥竣工通行时开始渐渐从人们的记忆里消逝。这个设计的重点在于把被时间冲刷的遗址重新改造，然后以最原始的遗址面貌与新的空间形态想结合展现给市民。一条线路呈现出各种不同层次的景观，各种空间相互交错，有历史的空间，有现代的空间，有自然的空间，相互融合，使古桥的遗址重新回到人们的记忆中，融入到我们现在的生活、现在的环境。

新桥墩分析

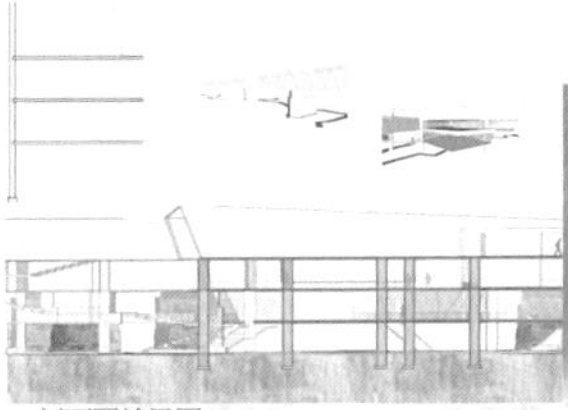

剖面图效果图

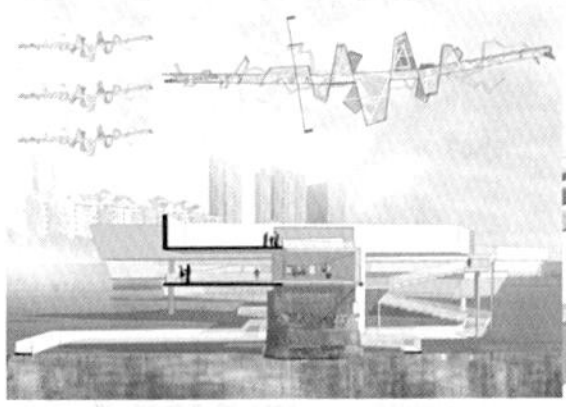

评委评语：

方案选题具有一定文化价值与探讨意义，并将古桥遗址、地域文化及城市公共空间以新的形态展示于水面之上，使桥与水的故事得以在当代延续。方案对场地进行了较为详尽细致的分析，图文内容表述清晰，整体画面和谐，表达清楚规范，富有较强的艺术感染力。但该方案过于追求空间形态的变化，在水面及水中设置过多的构筑物，从生态的角度而言，对所在水域的鱼类等生物影响较大。

本案展示出了一个“城桥共融”、“桥景共生”、“景人共存”的比较庞大、复杂的景观系统，切入点很好，景观造型上既现代又能与古城相结合。在视点分析上，本案做得尤为详细到位，唯独在图面效果上不能够完全展示出本案的风采。

Active space

—— 寻找荫翳

ACTIVE SPACE

“人们在消极空间穿行，而在积极空间驻留”。当空间满足了一定的秩序性或者计划性时，我们可以视其为积极空间；当空间是自然产生的，或者无序性地存在时，我们视其为消极空间。积极空间具有一定的收敛性，而消极空间具有一定的扩散性。

Background

随着城市化的发展，城市交通系统愈发复杂，立交桥的建立在城市中发挥了越来越大的作用。现今，已有不少立交桥拔地而起，这些立交桥缓解了城市的交通压力，同时形成了大面积的城市景观带。一直以来人们只关注桥上空间的交通功能，因而容易忽略桥下空间的可塑性，使其成为了“消极空间”。

桥下空间主要由立交桥以及周围道路围合而成，这样的空间大多形成了灰空间，同时空间形态各异，如何利用好这一部分空间，将影响一个城市的城市面貌及城市空间的分配合理性。

Situation Analysis

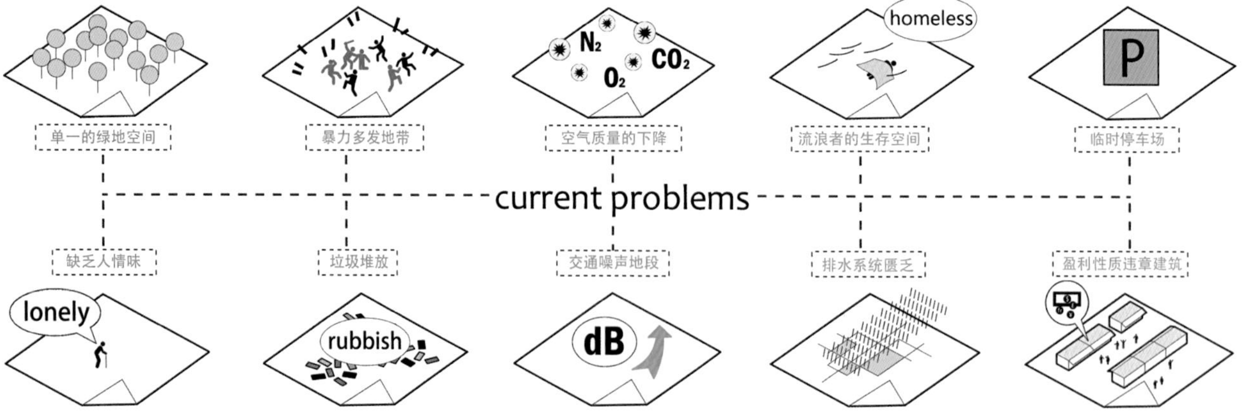

作品编号：X274
毕业院校：江南大学设计学院
作品名称：Active Space——寻找荫翳
作　　者：王瑜
指导老师：杜守帅　王晔

Base status

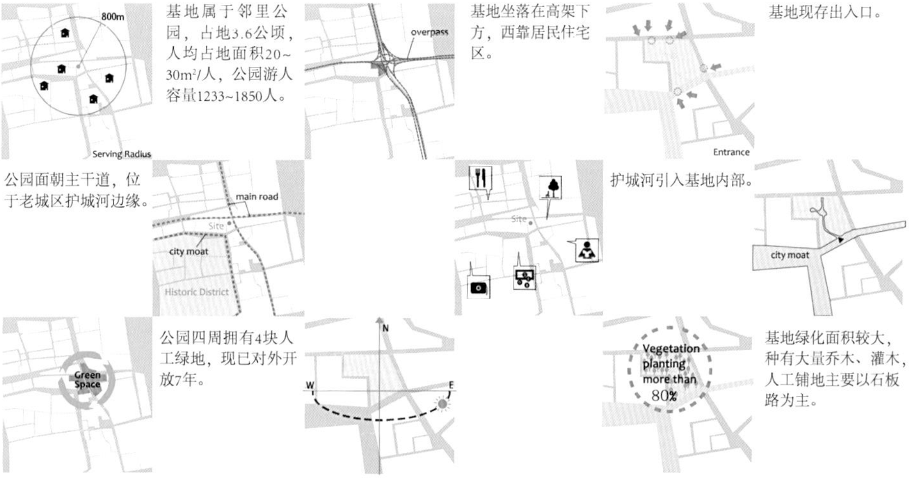

基地属于邻里公园，占地3.6公顷，人均占地面积20~30m²/人，公园游人容量1233~1850人。

基地坐落在高架下方，西靠居民住宅区。

基地现存出入口。

公园面朝主干道，位于老城区护城河边缘。

护城河引入基地内部。

公园四周拥有4块人工绿地，现已对外开放7年。

基地绿化面积较大，种有大量乔木、灌木，人工铺地主要以石板路为主。

Plan

景区入口　竹林
住宅区入口　乔木林
垂钓区　活动广场
观景区　户外草坪
休憩长廊　儿童游戏区
步道　上层植被
构筑物

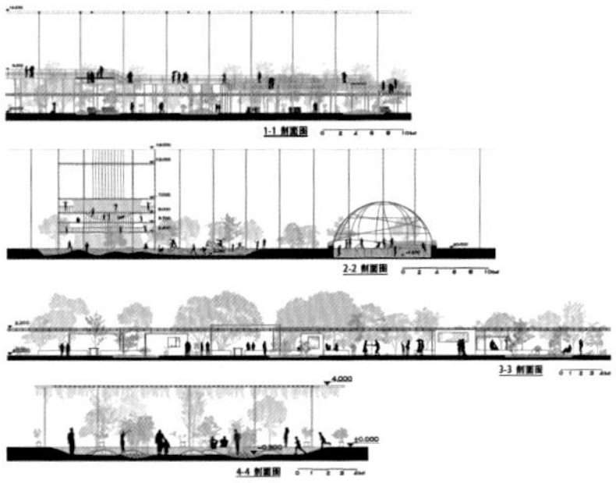

评委评语：

该方案选题具有一定的现实意义，对城市普遍存在的立交桥桥下空间这一灰色地带予以关注，并在设计中探讨这一空间利用的可能性，具有一定的创新意识。方案对现阶段立交桥桥下空间的利用和存在的问题进行了深入、详细的调研，并结合周边居民的活动需求规划出功能各异的活动场地。不足之处在于方案外围环境设计深度不够，缺少细节。

方案设计的功能和尺度宜人，视觉和采光通透，与周边环境的关系做到了一体化的空间效果。值得注意的是一些好的设计理念和思路可能是一种理想化的状态，对于消极空间的设计建造，不但要考虑到工程技术、交通与行为安全、设计规范等一系列的实际问题，还要思考消极空间所处的环境和地段人群是否需要改进，而且它周边环境的设计分析要做更广泛区域的调查和研究，否则它将可能成为新的建造浪费下的又一个没有人参与的消极空间。

根植于历史的“活性”艺术区——鼓浪屿内厝澳有机更新设计

区域概况　Regional Profile

内厝澳是鼓浪屿最早的居民区，这里的人们保留了传统的生活模式，建筑保留着原有的特点。

衰落原因结构分析

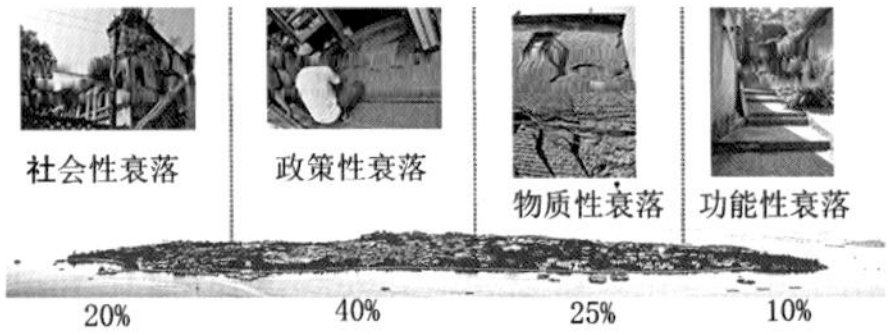

现状分析

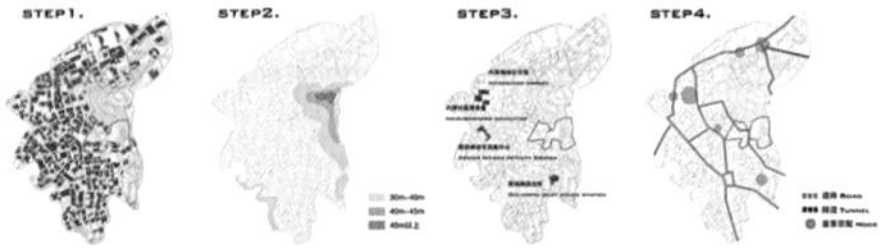

艺术区结构分析

“活性”艺术区的形成

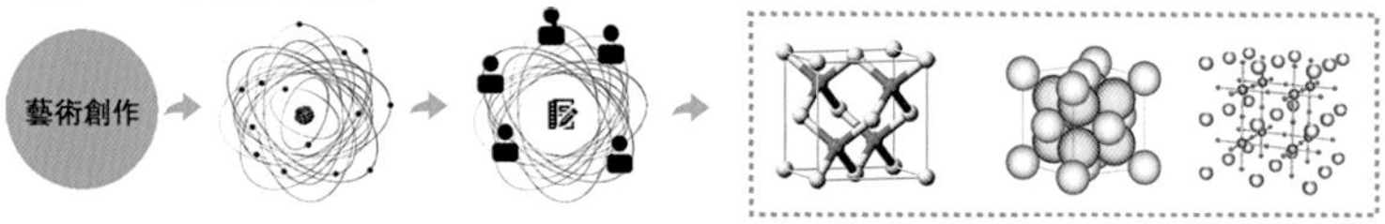

工作室片区

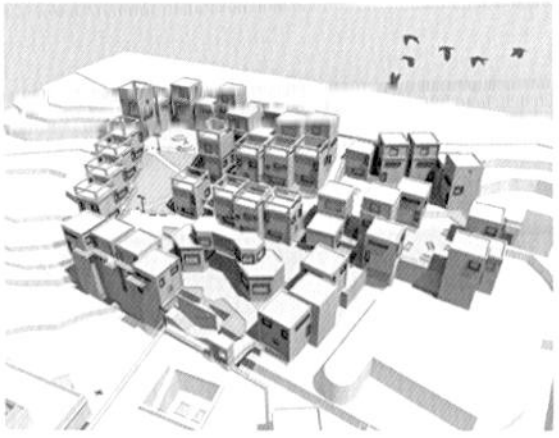

纵观同类艺术区，如798、M50、SOHO都是在原来工业建筑的基础上改造而成，建筑的局限性较强，而像宋庄、33艺术区等，这些都是后来新建的。本艺术区引入“可移动”建筑的概念，将艺术家的工作室区的建筑模块化、量化生产出框架结构和墙体，实现建筑的“可移动性”。这是艺术家对自由追求最大限度的解放，不再受制于建筑空间。

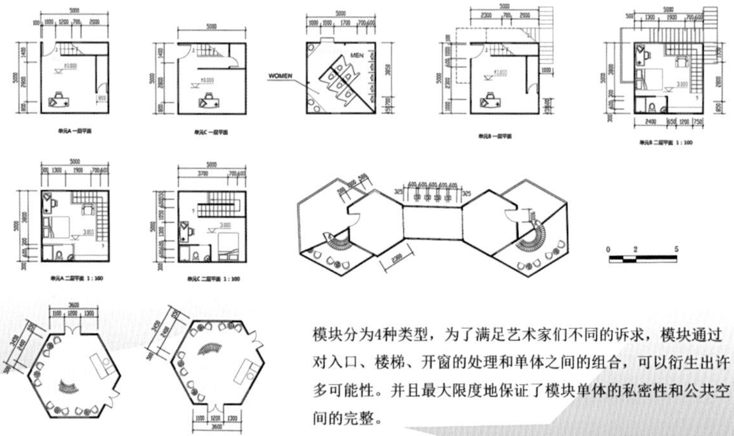

模块分为4种类型，为了满足艺术家们不同的诉求，模块通过对入口、楼梯、开窗的处理和单体之间的组合，可以衍生出许多可能性。并且最大限度地保证了模块单体的私密性和公共空间的完整。

作品编号： G046
毕业院校： 厦门大学嘉庚学院艺术设计系
作品名称： 根植于历史的“活性”艺术区——鼓浪屿内厝澳有机更新设计
作　　者： 陈超
指导老师： 孟晓鹏

2 根植于历史的“活性”艺术区

——鼓浪屿内厝澳有机更新设计

总平面图

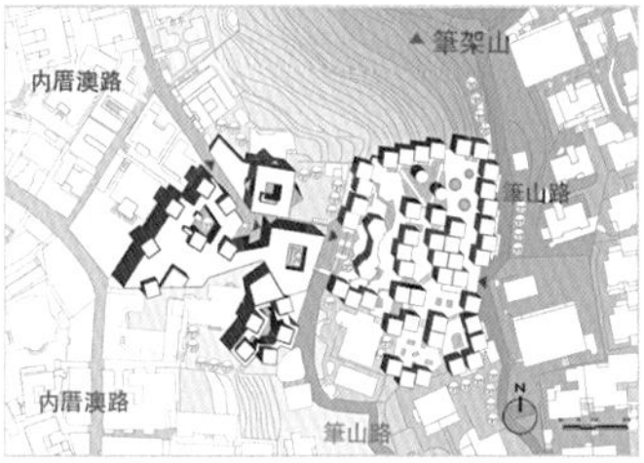

单体设计分析

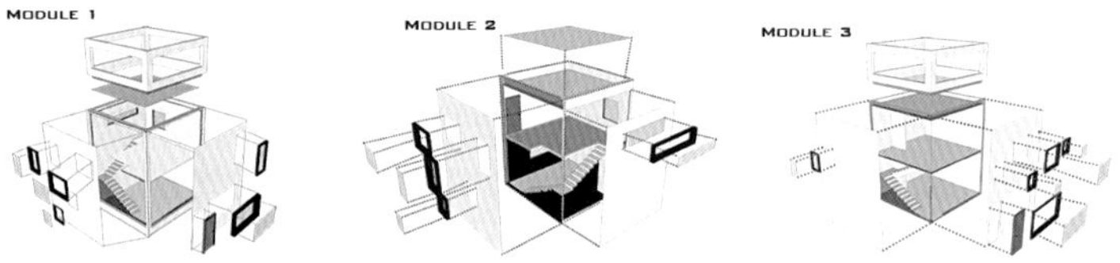

单体造型图示

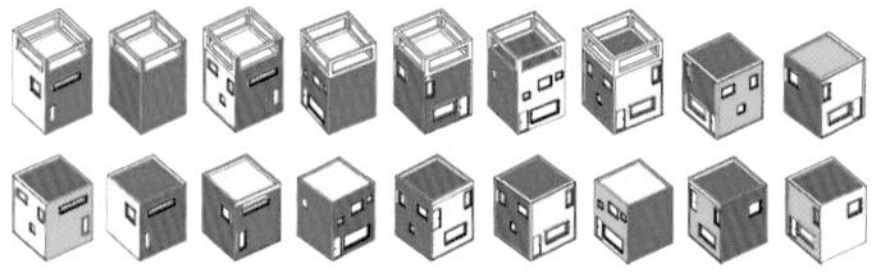

展览馆片区

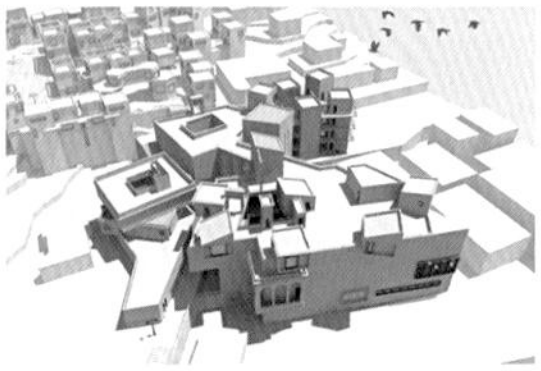

通过对传统空间领域感形成原因的分析和研究，使一个单体的建筑也能演绎出传统院落式建筑的空间魅力。而建筑形式上，在屋顶上的小房子与建筑主题进行穿插，形成新旧建筑并存的现状。屋顶形成内厝澳传统的街巷空间肌理，让这种空间肌理某种意义上也成为展览的一部分。

竖向设计

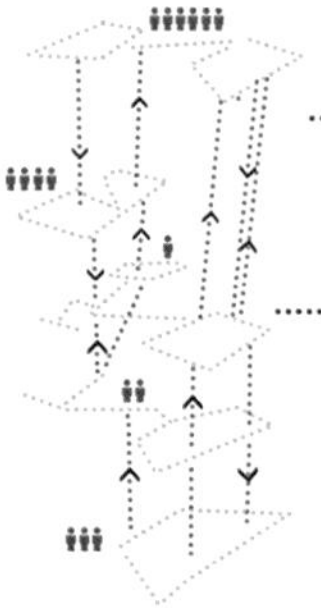

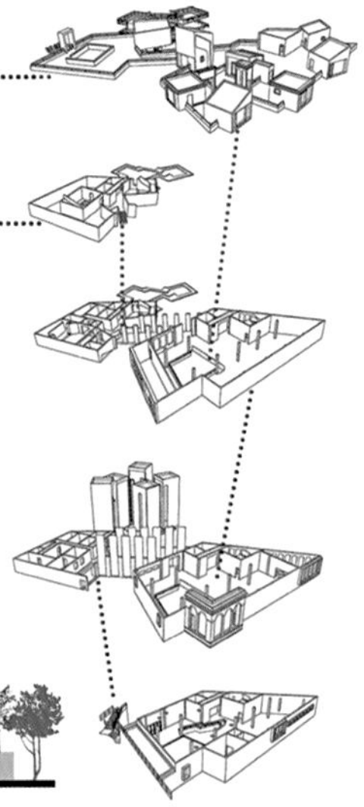

空间吸引力模型

展览馆西立面图

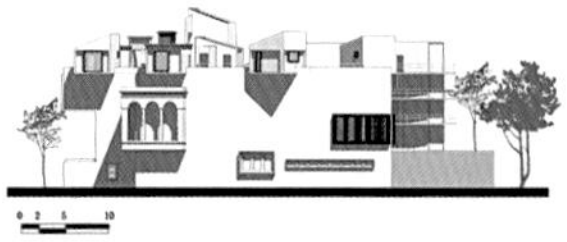

二层平面图

首层平面图

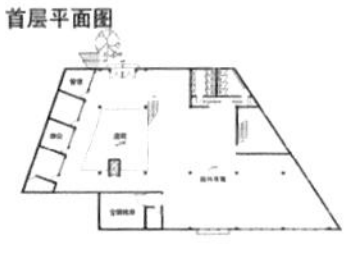

1.主入口
2.管理
3.寄存、纪念品
4.空调机房
5.消防控制
6.储藏
7.配电
8.办公
9.接待
10.厕所
11.临时展览
12.行为艺术
13.雕塑展区

三层平面图

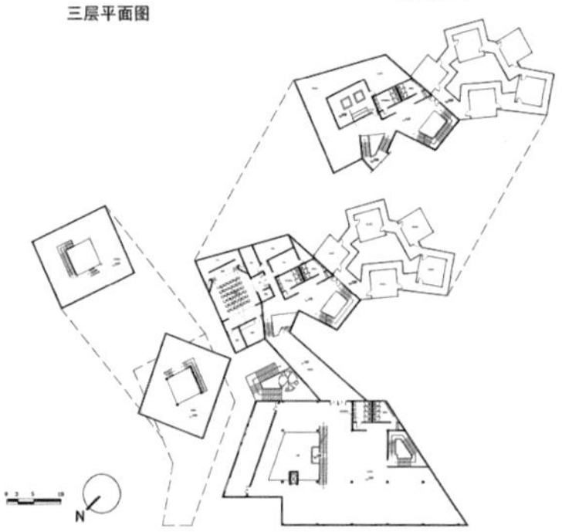

屋顶平面图

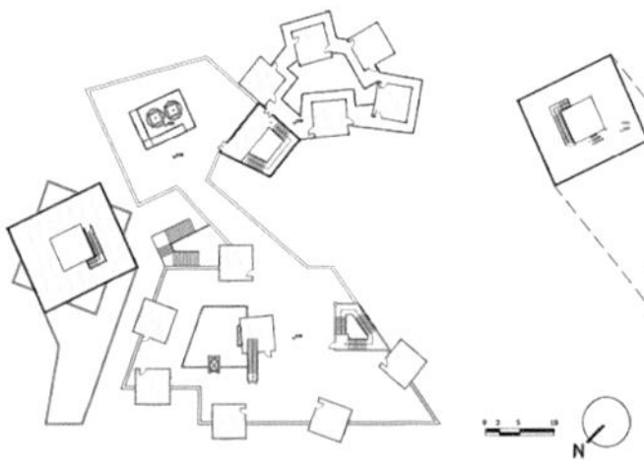

展览馆北立面图

热量分析

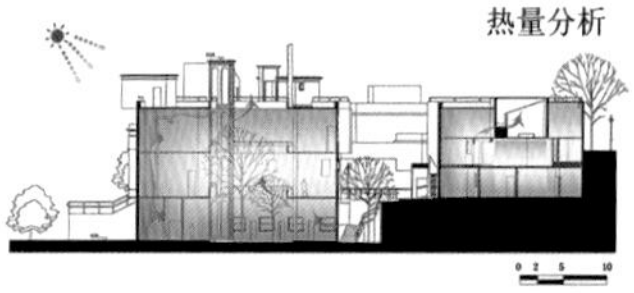

展览馆剖面图1-1

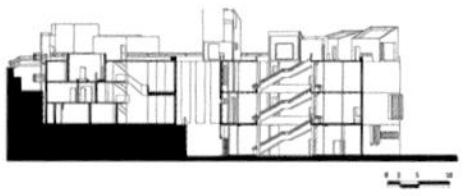

展览馆剖面图2-2

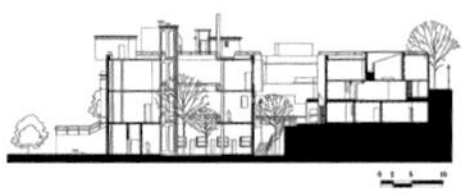

艺术家工作室片区剖面图1-1

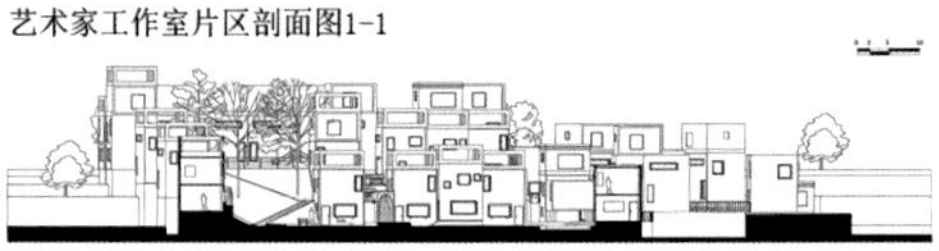

艺术区南立面图

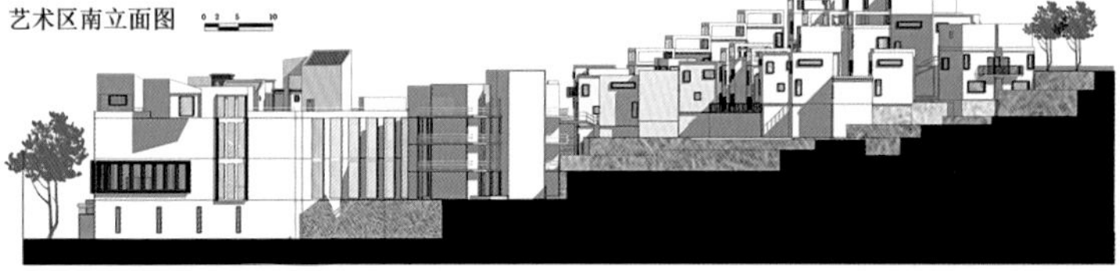

评委评语：

优点：该方案在设计中延续了场地周边原有的建筑肌理，将传统聚落建筑的构成特点融入新建筑的设计中，很好地结合了地形，仿佛城市肌理的有机更新。不足：建筑造型上缺乏色彩以及虚实对比，材质单一，略显呆板。

此设计提出了“活性”概念，它来源于化学物质结构。该理念将艺术家比作电子，艺术创作比作质子和中子，电子环绕着质子、中子转动，就好比艺术家和艺术创作的关系，由此产生了建筑单体（原子）。它们相互结合，通过对单体、门窗、通道的处理形成不同的空间，展现了艺术家不受约束、自由的思想。原子结构是稳定的，在外力的作用下才能变动，而此时“模块化”的“可移动建筑”也正是这个外力，推动着艺术区的变化，使其形成可变化、可延伸的艺术空间。此作品对结构、思想、设计要素的把握十分精准，内容丰富，概念性较强。

基于山水格局下工业城区的城市生态主义思考

——引水入城·绿色蔓延·人居共荣

重庆主城区是一座重工业城市，加上地理环境特殊，重庆面临严重的环境问题，主城区尤其严重。
全市地处川东地区，南北向长江河谷逐级降低，坡地面积较大，有“山城”之称。
我们的设计就与此开始：

废旧工厂急需改造　建筑密度过大，景观绿地缺失，基础设施不完善　洪涝与干旱问题频发，道路与防洪堤大量的硬质铺装

设计理念

如何打破山水格局的限制，促进工业遗产区的改造与发展，变限制为山水格局的优势？
本方案以重庆“重钢工业遗产区”为例，对山水格局下工业遗产区的发展通过景观手法进行论证。

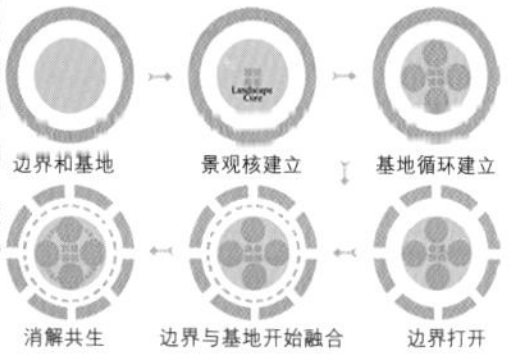

现状与设计展望

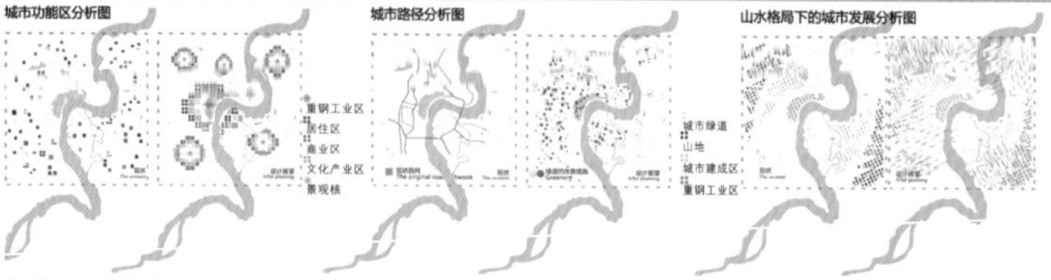

居住区、文化产业区、商业区等零散地分布在城市中，通过城市景观绿地湿地（点）、生态雨洪公园（面）以及城市边缘农业用地（点）、城市绿肺山林用地（面）等，共同构成景观核，使得绿色由点-线-面逐渐覆盖，并建立串联城市各个功能区的组团，从而缓解城市发展过程中的环境压力。

结合自然的地势（西北-东南走向），增加城市湿地、绿地以及广场道路绿化（绿色呈线状蔓延），达到城市景观优化内循环的目的。

采用引水、贮水等生态手法，变地域限制为山水格局优势。首先改造工业遗址区形成湿地公园，再经城市景观水管引水入城市内部，通过溢流的方式补给城市景观用水，在内涝时也可通过管网逆向排放；同时上游通过引水入山，来补给农业林业用水，做到山水要素在城市中延续，从而消除边界局限性，使山、水、城市共生。

社会环境分析——工业遗址与人居环境

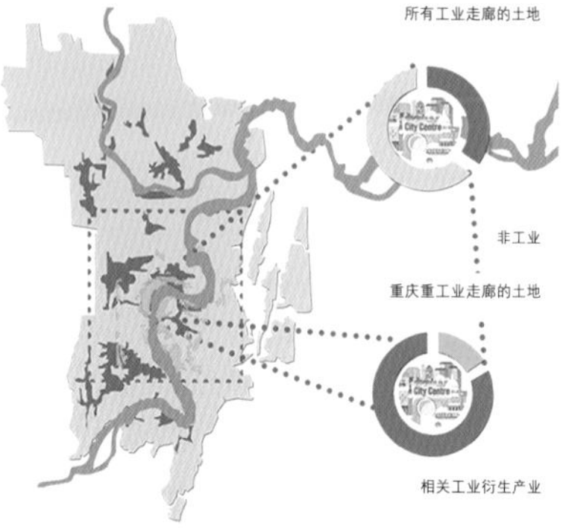

工业遗址区遗留的环境问题

依据洪涝季节与平常水位的水源利用，要对工业遗址内土壤进行分区处理。

钢铁工业的生产过程是化学、物理的变化过程，对环境污染严重，被列为污染危害最大的三大部门（冶金、化工和轻工）、六大企业（钢铁、炼油、火电、化工、有色金属冶炼和造纸）的首位。环境污染主要反映在气、水、渣三个方面。废水主要有焦化厂的废水，它含有酚、氰化物、氯化物和硫化物等有害物质，废水就地浸透污染地下水。废渣处理不得当，污染基地土壤。

居住与居住环境、绿地面积问题

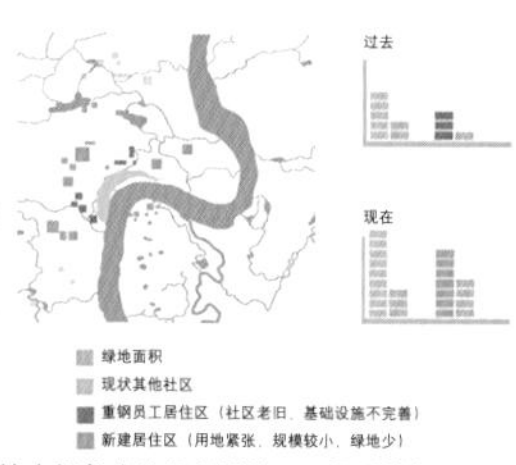

缺少绿色公共服务设施→ 景观核绿色蔓延的必要性

自然环境分析——山水要素分析

各季降水分配的不均衡，对径流的季节变化起着决定性作用。
春季，东南季风使得这一带降水较多，达到年降水的25%～31%。
夏季，市内普遍多雨，夏季降水一般占全年降水的38%～43%，径流量增多，各河川均进入汛期。
秋季，东南季风逐渐退出，各地降水差异不大，一般只占全年降水的20%～25%。

蒸发量、降水量与土壤分析

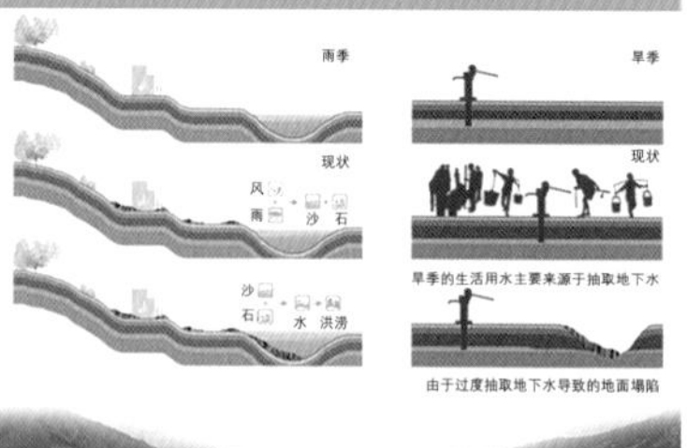

作品编号：G167
毕业院校：西安建筑科技大学艺术学院
作品名称：基于山水格局下工业城区的城市生态主义思考——引水入城，绿色蔓延，人居共荣
作　　者：党琪　李天舒　申东利　李文博
指导老师：张蔚萍　杨豪中

平面图

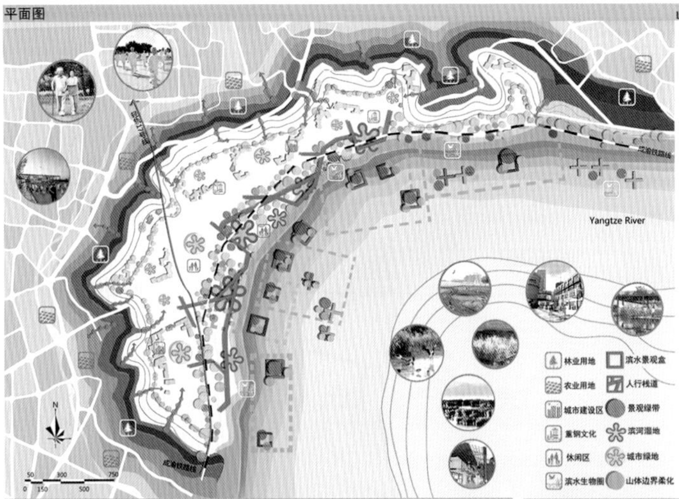

山·引水——山林地——农业用地

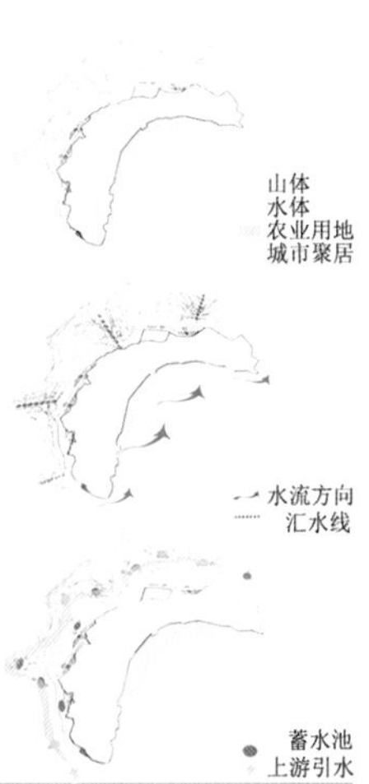

现状：暴雨季节产生泥石流，土壤疏松下滑。

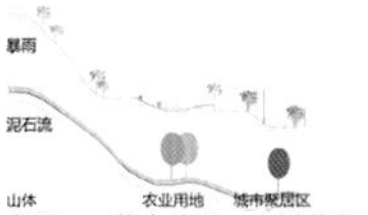

步骤一：整合地形，由原貌变为台梯式，边缘先绿，改善土壤。

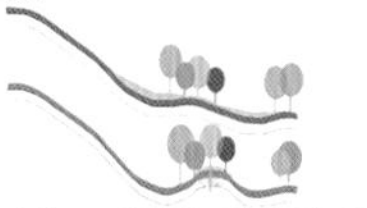

步骤二：洪涝暴雨季节引上游洪水，向山体引水，并控制流量形成山上蓄水池以供使用。

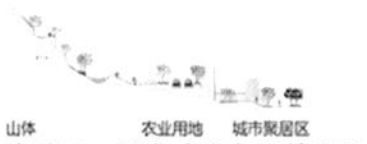

步骤三：旱涝季节均可利用引水水源进行农业灌溉以及山地林地的植物养护，使植物繁盛丰富，农业用地用水有保障。

水·空间设计

工业基地范围内的滨江堆场区遗留很多之前作为运输工业材料的集装箱。

1. 再利用这些集装箱作为滨江新景观空间的原材料。
2. 可在一定水域内形成景观节点，例：植物种植池、游憩平台以及鱼类的养殖观赏。
3. 连片的景观植物池在汛洪季节可以降低洪水冲击力，减流减速。
4. 游憩平台可以让人有亲水近水的愉悦心情。
5. 鱼类的养殖与观赏既对遗址郊野公园有一定经济效益又是增加生态多样性的积极做法。

因工业遗留的问题，需分区对待引水问题。常态引水可以引水入地下管道，经过滤达到一定水质要求。一般污染区，采用局部换土或是隔离植物消解污染。

当汛洪期来临，水位上涨蔓延，若遇洪水期泛滥，水将漫过重污染土壤区进而产生次生环境危害，所以当有洪水蔓延时，需要通过管道引流至公园内湿地，避免直接经过引起二次污染。

近滨水空间——滨江水域景观设计

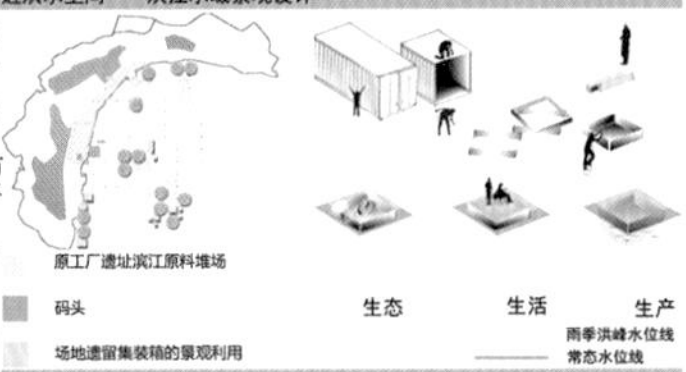

工业遗址保留·改造——湿地公园·游憩时光

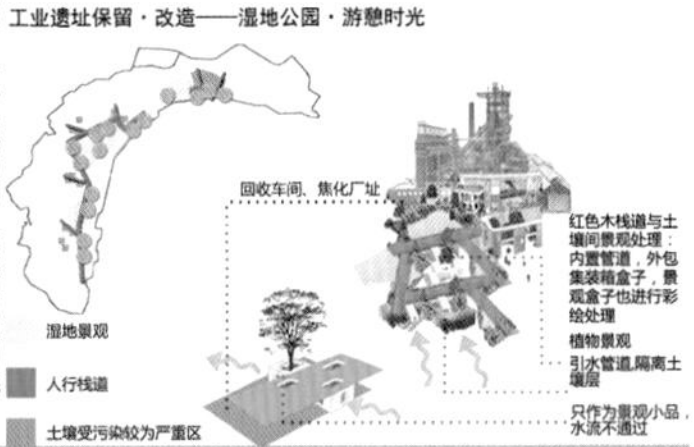

城·空间设计

当通过地下景观用水管道引水至城区绿地时，管道溢流。

1. 某些供给城市绿地景观用水，形成以草地为主的景观空间以及以广场为主的开放空间。
2. 某些空间因地势形成湿地空间，可在上方架设人行道供人通行，而下方空间：

a. 常态情况下则作为景观湿地。

b. 暴雨季节则作为排解城市内涝的排解水池。

布局最终形成供给城市绿道及蓝道的稳定水源，并在一定限度内可解决城市内涝问题。

城市公共空间绿地

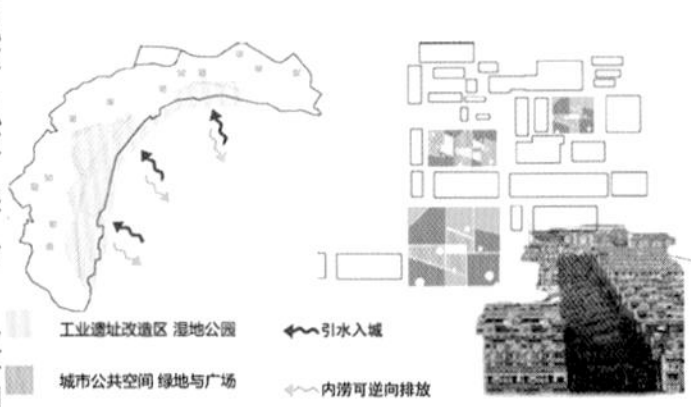

乡土植物

从滨江空间——工业遗址湿地公园——城市绿道蓝道剖立面

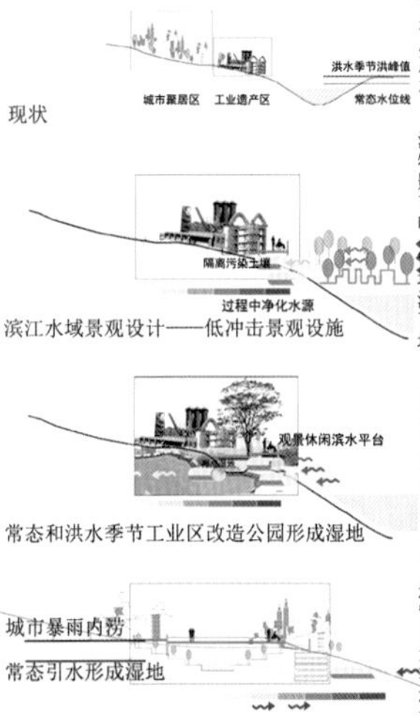

现状

设计区域包括高差极大的城市聚居区域、工业遗产区域以及部分水域水面。

滨江水域景观设计——低冲击景观设施

洪水季节通过植物片区的低冲击影响，降低对城市边界环境的影响。

常态引江水补给城市景观用水，洪水季节通过地下水过程降低对城市的影响。

常态和洪水季节工业区改造公园形成湿地

在工业遗址区中形成湿地滞留池，种植植物并且过程中净化水体，进而传导至城市聚居空间。在湿地及其周边形成人休憩、娱乐等环境场所。

城市暴雨内涝

常态引水形成湿地

常态引水作为景观用水、城市暴雨内涝排水减灾

通过引水措施的管道，可向城区内引水作为城市景观用水。暴雨季节，可通过管道逆向排放，解决城市内涝问题。

效果图

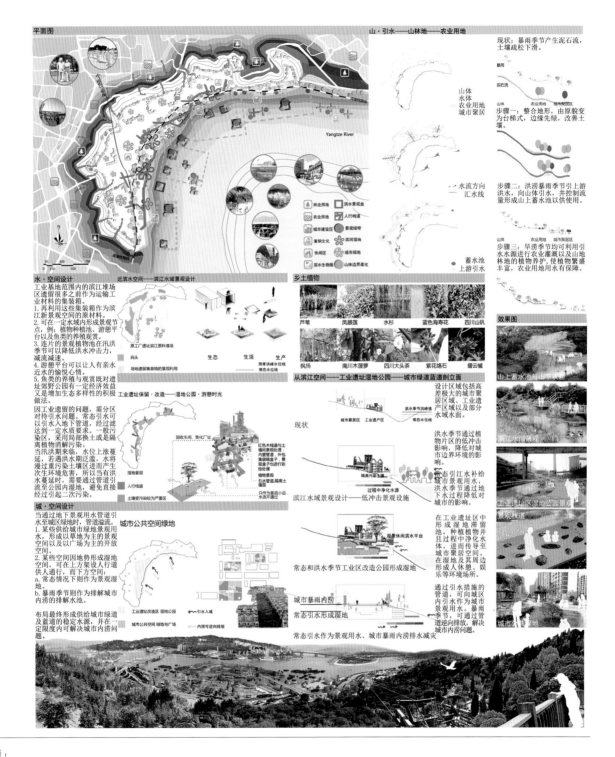

评委评语：

作品系统分析了场地的基本环境状况，针对场地工业遗产区的独特性，提出打破山水格局的限制，利用水系的引入，而使工业遗产改造和保护融入和谐共生的自然环境中，思路比较清晰，空间处理手法比较合适。稍微欠缺的就是植物景观个别配置不当，如凤眼莲为生物入侵物种，不适合种植在水体中。

该方案对城市格局、水体和工业发展等要素进行了研究和探讨，设计目标较为明确具体，规划和设计的思路逻辑清楚，对应问题提出的解决方法有理论依据，且能够进行针对使用者的深化设计。

重拾被遗忘DE CHUN CUI

—— 长春第一汽车制造厂厂前宿舍区公共空间再生计划

区域背景

2009年11月20日长春第一汽车厂厂前宿舍区被列为长春首批历史文化街区，该社区在国内较早地引入了邻里单位的规划思想。邻里单位的规划思想加上周边式的布局形成了代表苏联当时对社会主义生活模式的定位与构想。

院落布局分析

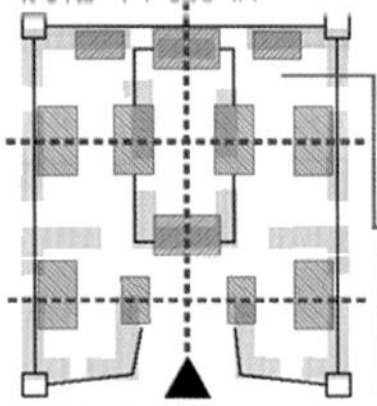

形成年代　1954年
院落占地　2.29公顷
特色建筑　中国传统大屋顶建筑造型
建筑层高　三、四层清水红砖建筑
建筑性质　宿舍楼
建筑数量　宿舍楼三层11栋，四层3栋，平面呈“一”字形4栋，“L”形10栋，“U”形1栋

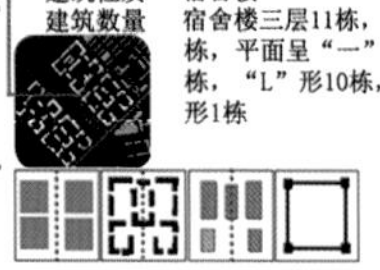

优劣势分析

中心城市，交通便利。

是一汽最早建筑之一，具有良好的历史文化价值。

社区住宅层高以三、四层为主，院落尺度大，尺度感强。

典型的东北四合院布局，由主体建筑围合成五个院落增加了院落的围合感，同时增加了游走于其中的乐趣。

社区基础设施破坏严重。

庭院公共景观陈旧。

寒冷的冬季缺少室外公用交流空间。

儿童在庭院内缺少参与互动介质。

社区出入口多，建筑的相似性在一定程度上减弱了院落的方向感。

概念引入

第一条线索 → 重拾 → 自然美 邻里情

第二条线索 → 被遗忘 → 农耕文化 院落空间

第三条线索 → 纯粹 → 自给自足 悠闲惬意

↓

对社区公共空间与居民关系预想的思想

↓

庭院通过对居民参与性活动的诱导，增加居民与庭院的互动。改善现有冷漠的邻里关系，增强居民之间的互动交流，使原有的历史街区焕发新的活力。

人员结构分析

儿童	社区缺少供儿童玩耍的公共场所，对室外的公共空间诉求较高。
现有一汽职工	朝九晚五的工作性质，使这类住户白天在社区停留的时间较短，社区活动主要集中在晚饭以后。
外来租户	朝九晚五的工作性质，使这类住户白天在社区停留的时间较少，社区活动主要集中在晚饭以后。
一汽退休职工	在社区停留时间最长，对社区活动的灵活性较强，对社区公共空间以及可参与性活动诉求较高。

社区功能分析

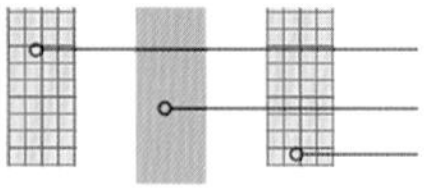

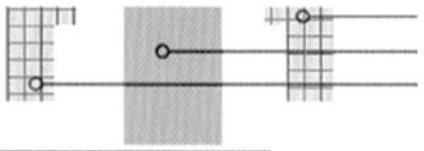

方案定位

在解决居民对冬季公共空间需求基础上，植入生产性景观元素。

生产性景观诱导因素分析

观赏性	生产性景观有较强的时令性，不同的季节呈现不同的景观特质。
生产性	在社区居民精心修整下，作物为社区提供天然无公害的水果蔬菜。
科普性	农作物作为农业文明的象征以及都市景观自然周期运转的表述，为社区儿童提供室外亲近自然的大讲堂。
互动、参与性	生产性景观作为沟通居民与社区，居民与居民之间的媒介，对居民参与性活动具有诱导作用。

为社区退休职工提供自我价值实现的平台。

目标

引发人们身处街区时产生共鸣，共鸣作为互动的起因，进而产生故事、乐趣，从而提升场所的魅力和区域价值。

第一院落空间规划

——果树种植儿童游乐区

作品编号： G616
毕业院校： 东北师范大学美术学院环境艺术设计
作品名称： 重拾被遗忘的纯粹——长春第一汽车制造厂厂前宿舍区公共空间再生计划
作　　者： 尹春然
指导老师： 王铁军　刘学文　刘志龙

第二院落空间规划

——中轴内院公用空间部分

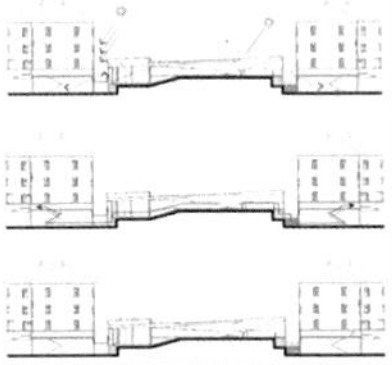

采光、通风分析

庭院中心院落建筑元素的植入，为联系两个地下室空间提供了可能，建筑元素与原建筑留有2.6m且下沉0.8m的空间，在加固原有建筑的基础上在地下室立面开窗，削弱地下室空间的封闭感，同时保证了地下室空间的通风和采光。

冬季路线分析

庭院中心院落建筑元素的植入，为联系两个地下室空间提供了可能，同时为寒冷冬季社区居民提供去处，居民在不走室外的情况下就可以达到公共休闲空间，同时增加了社区居民之间的互动交流。

夏季路线分析

庭院中心院落建筑元素的植入，为社区居民提供了遮风避雨的空间，建筑元素部分下沉，增加空间趣味性的同时，下沉部分为室外庭院提供了可停留的绿色屋顶平台，通过两边保护措施的介入，为社区居民提供了安全保障。

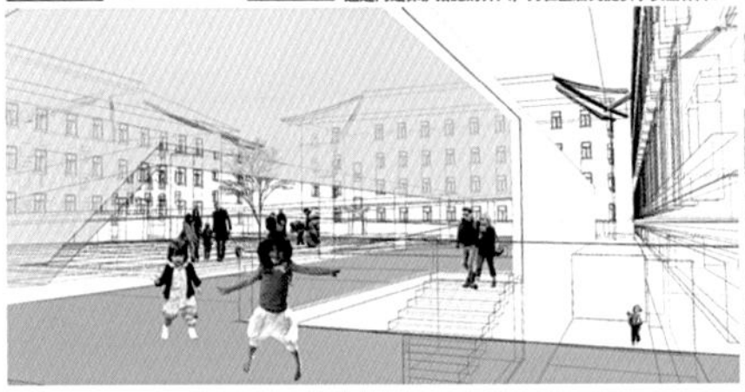

该院落位于中轴线U形向内围合部分，私密性较强，人车分流的管理措施为该院落的安全提供了保障。公共空间成为了社区居民互动交流，增进邻里关系的媒介。通过建筑元素的介入，连接两个地下室空间，解决了社区居民对冬季公共空间的需求，沙坑元素的应用成为儿童亲近大地的介质，增强了儿童与院落的互动。

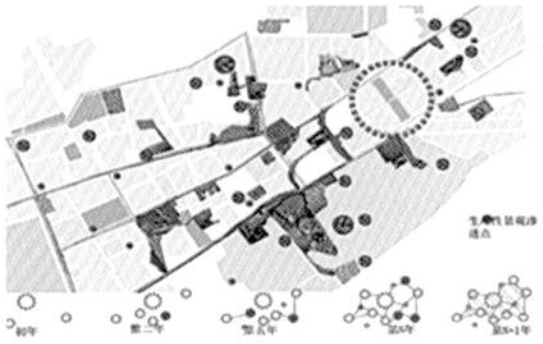

对于生产性景观的展望

以一汽职工宿舍区作为生产性景观的辐射原点，向其他社区及城市之间渗透，把街道周围的公共空间作为连接各个点的纽带，以点线面的递进关系，慢慢渗透，逐渐被市民接受。给市民更多体验农园生活的可能，在忙碌之余有一个身心放松的新环境。缓解城市市民之间冷漠的现状，成为市民之间互动交流的媒介。

评委评语：

方案探讨了如何使历史文化街区更好地转化功能为现代居民提供更好的服务，作品在改善邻居关系、增强街区功能服务、促进居民互动交流等问题上提出许多切实可行的解决方案，提升了空间的丰富性，但方案中略显硬质铺装面积过多且材质单一，少了些许绿荫与自然的体验。

特点：逻辑严密，设计合理。长处：有良好的设计理念，对场地生态、文化、历史的价值有较好的思考，设计对当前旧城区建设有实际意义，具有一定的探讨价值；总套设计逻辑严密而不呆板。不足：缺少手绘方案推敲图环节，等等。

该方案力求为厂区环境改造起到锦上添花的作用，设计中考虑到与各项相应的景观改造相配合，以独特的视角进行设计。切实从人的角度出发，创造了更多的人性化场所。不足：方案不够深入细致，内容稍欠完整性。

桥·园

北京国贸立交桥区域景观空间改造

“桥·园”是为应对国贸区域快速发展与建设带来的挑战与变化，提出的改造策略，意在创造一种可持续运作的空间系统，容纳区域内的不同使用者，充分利用场地条件，重新联系道路两侧断裂的城市空间。

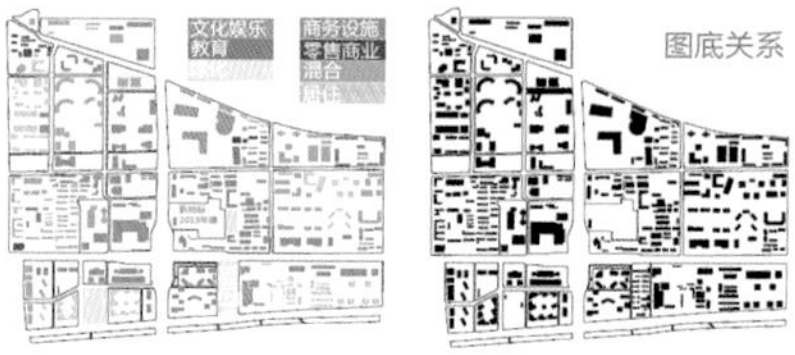

选址分析

北京商务中心区（Beijing Central Business District），简称北京CBD，地处北京市长安街、建国门、国贸和燕莎使馆区的汇聚区。国贸CBD区域逐渐成为故宫之外的另一个城市中心，代表着现代北京的发展状态。

现状分析

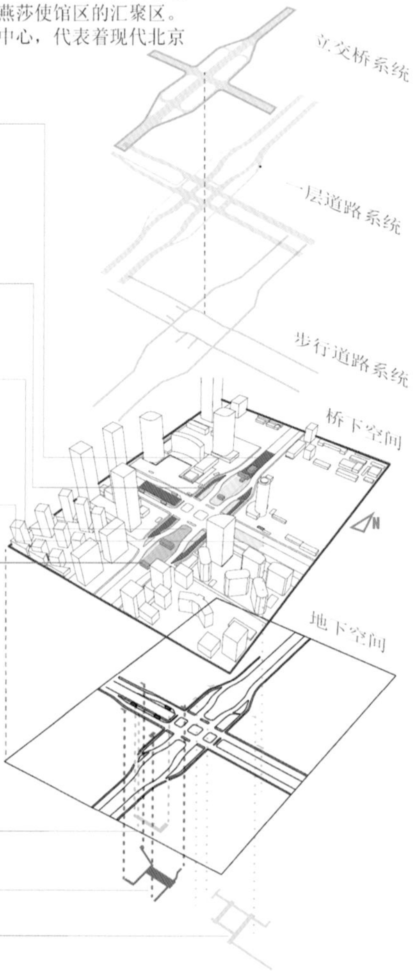

概念分析

快速道路切断了两边城市空间的联系

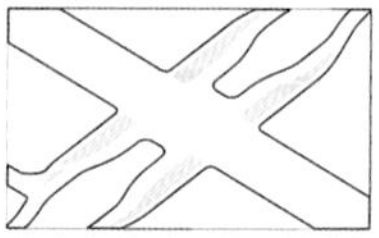

产生大量不可进入的封闭绿地

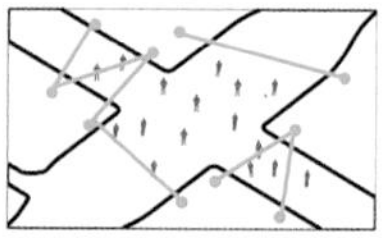

设置高效步行网络，加强道路两侧的联系

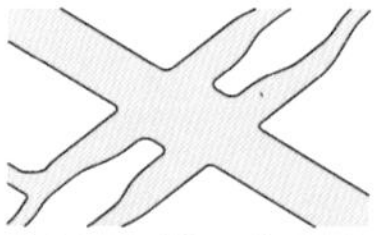

整合绿地系统，使道路绿化空间转化为开放的景观系统

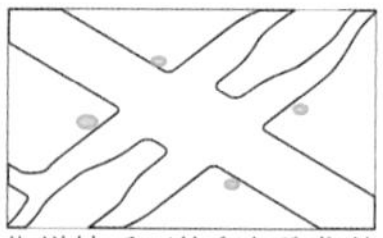

街道缺乏可停留与聚集的公共空间

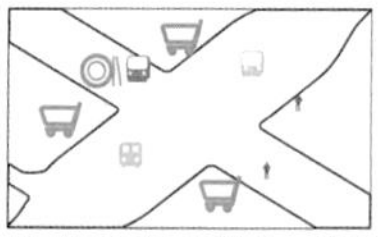

地下空间缺乏联系，线路设计不合理

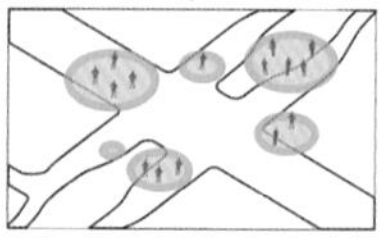

增加公用空间，加入人的活动与行为，延续街道的城市属性

联通地下空间，形成合理运作的空间系统，激活荒废的地下空间

作品编号： G626
毕业院校： 北京林业大学艺术设计系
作品名称： 桥园——北京国贸立交桥区域景观空间改造
作　　者： 张骁　赵洪莉
指导老师： 公伟　刘长宜

步行通道

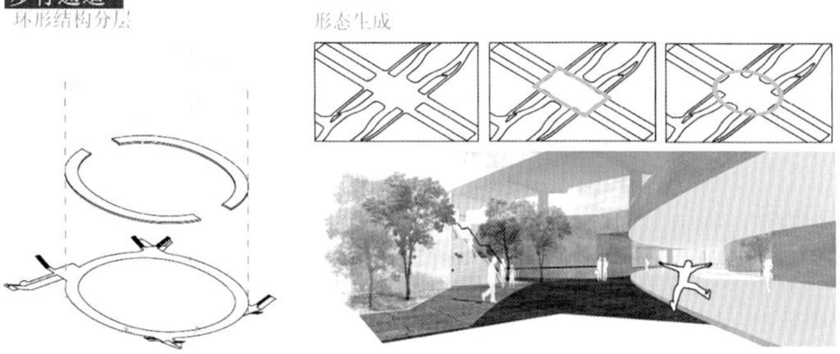

公交枢纽

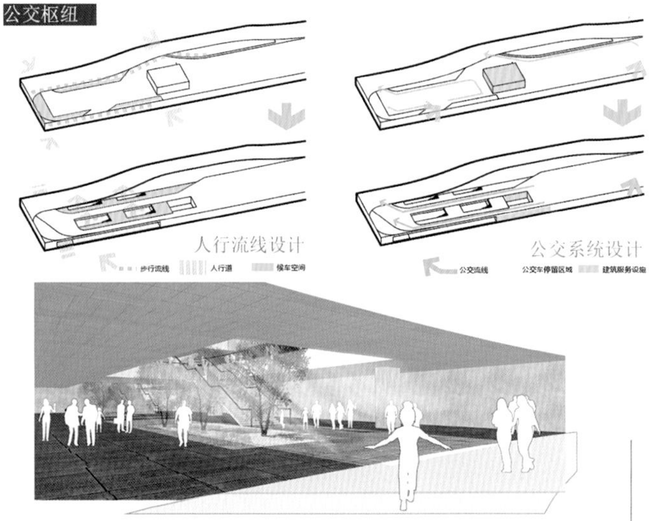

景观系统

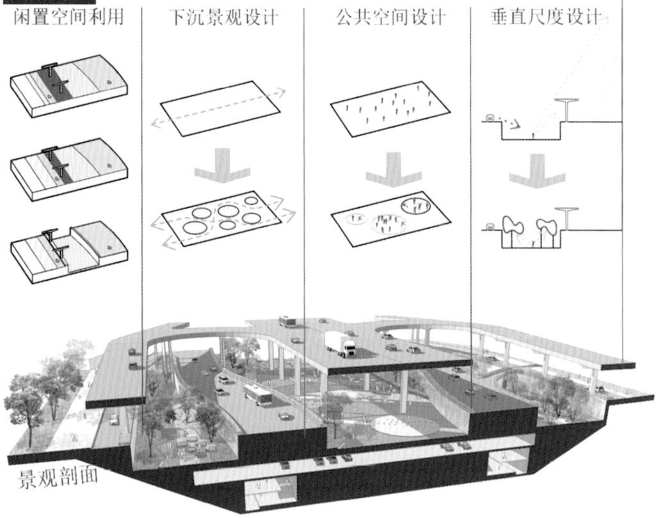

分层结构

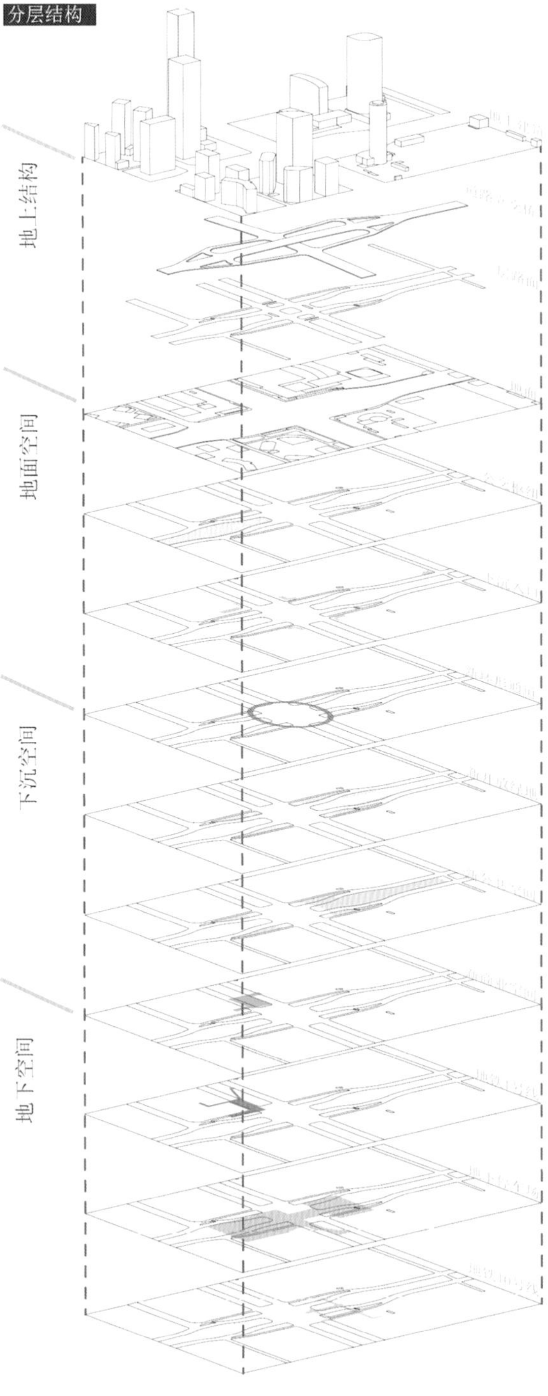

评委评语：

该作品选取了当前城市基础设施建设与景观的关系的命题，以大城市立交桥节点为研究对象，尝试分析研究了城市公共交通、商业复合功能、景观系统等因素在立交桥空间设计中的复杂问题，并在某些方面提出了具有一定实践价值的解决方案，具有较强的社会意义和创新性。对研究对象的调查研究客观、详实，设计思路及目标概念清晰明确。但作为立交桥景观空间改造项目，其改造策略和方法过于概念化，若能在设计中提出更为具体且切实可行的实施措施则更具价值。

该方案前期分析较好：对场地及周边地区的自然、社会、经济、历史文化等要素进行了综合分析与评价，针对现状存在问题、挑战和机遇提出一定解决办法，并借助地理信息系统工具 (GIS) 进行分析。不足之处为：微观层次解决问题没有跟上前期分析，表现不够细致深入。

LiVE IS MORE 澳门滨水景观建筑设计

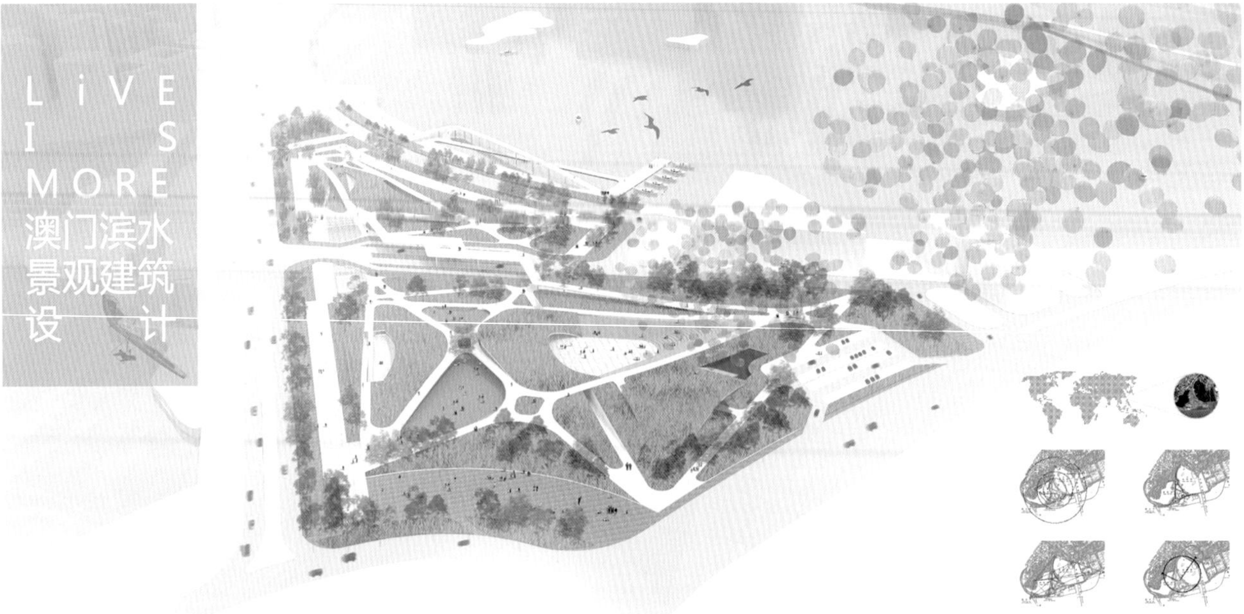

澳门城市定位

澳门，在城市定位上被定为世界活力之城，因为澳门有丰富多彩的博彩旅游资源，以博彩旅游业为经济主体，尤其是经过近几年的高速发展和博彩业国际化，澳门经济的主体改变了澳门的人文景观和自然景观，并且在多方面的影响下长期的发展下去。

以博彩旅游业为经济主体给当地政府带来了大量的经济收入，政府部门也将大部分的经济收入放在对外旅游业的资源、设施等项目中。当地人口动向，包括旅客以及移民者、工作人口的逐年增长，这个情况给澳门基础设施的建设施加了极大的压力，跟不上本地需求的供给，近年，当地政府策划拟造宜居之地的澳门。要使澳门真正成为"宜居之地"，须开辟经济可持续发展空间，除了博彩旅游、会展、度假、休闲等，还要开拓更大的宜居空间，来改善居民生活和居住环境。

澳门滨水景观建筑设计——"Live is more"的基地位于澳门本岛的南边滨水带，以本地居民为设计主体对象，为解决基地人流稀少、土地被浪费以及居民公共活动区域缺乏等问题设计的一个市民休闲活动综合体。其中包括展馆、美术馆、公共图书馆、商业、餐饮、滨水景观等实际功能，为澳门本体发展从"单一博彩旅游为主体经济"转型到"宜居城市"。同时增加雨水收集系统，形成水体自给自足的循环设备，符合澳门近期以及未来的城市发展动向。

设计初步构想过程

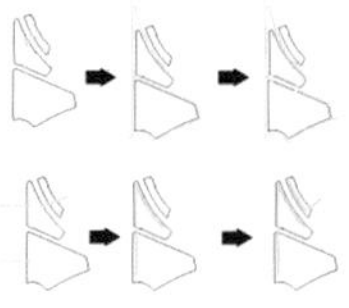

总平面图设计过程，增加内部交通枢纽带

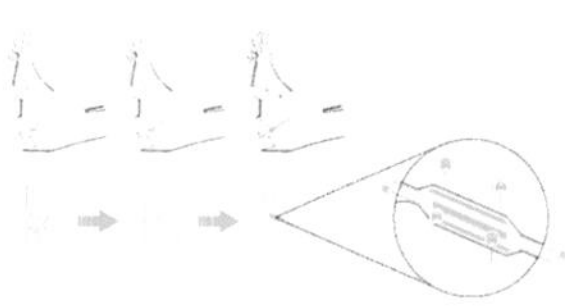

区域规划过程

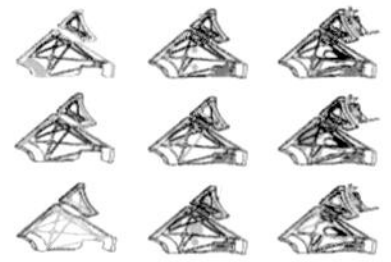

人车流线

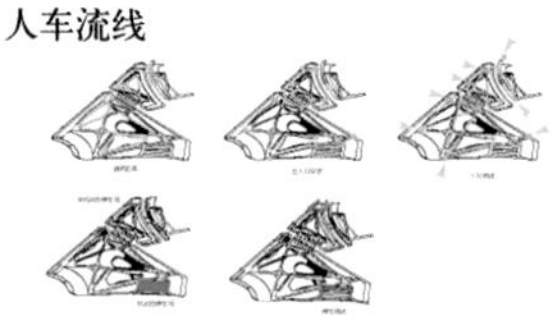

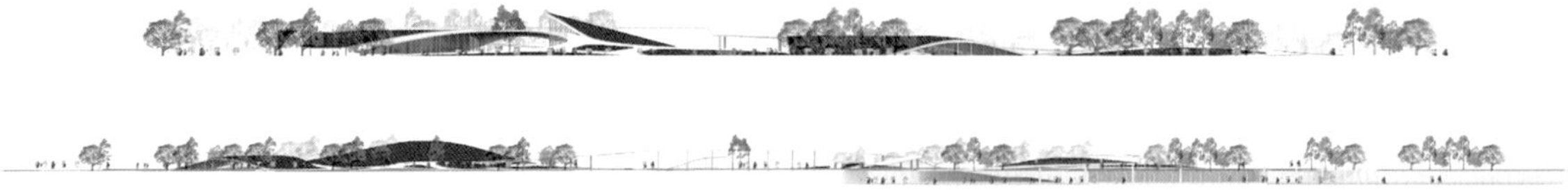

作品编号： X276
毕业院校： 江南大学设计学院
作品名称： life is more——澳门滨水景观建筑设计
作　　者： 赖韵琪
指导老师： 朱蓉

地理环境分析

澳门属于亚热带沿海区域，炎热的夏季以及咸咸海风是最具有地域特点的气候表现。因为基地就在海岸线边上，海风较大，行人站在露天空间感觉较为不舒适，这个问题需要被注意。通过大量的信息采集与分析，澳门一年四季，每一个月基本上都有海风较大的几天，同时澳门有不明显的季风，不同季节吹来自不同方向的风。在建筑物的高低起伏设计上，利用覆土、坡道、下沉空间等形式，缓解气候给人们出行带来的影响。

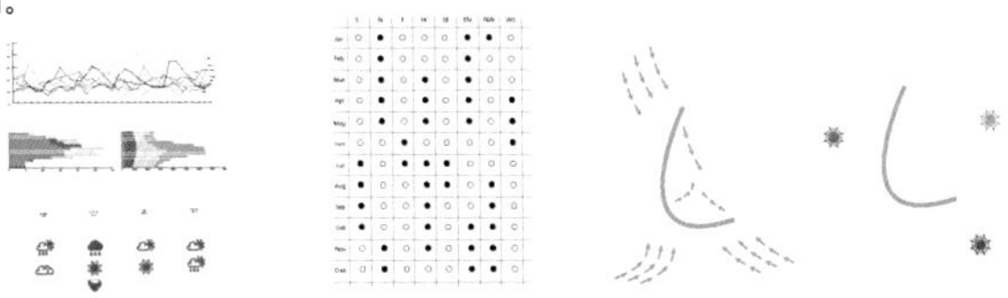

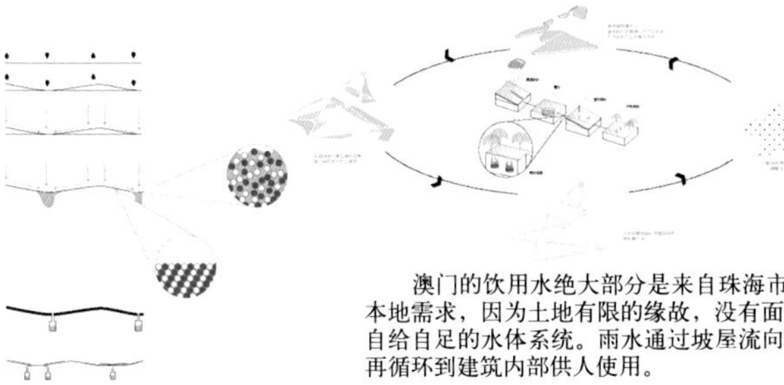

澳门的饮用水绝大部分是来自珠海市的西江磨刀门水道的原水（未经处理的饮用水），澳门在气候方面原本可以自己储水满足本地需求，因为土地有限的缘故，没有面积来百分百完成这项工程。基地在南湾与西湾两湖之间，可以利用这个特别的条件建造出自给自足的水体系统。雨水通过坡屋流向绿地，再流向路边的水沟，继而流向分散在各处的集水点，经过混凝、气浮、过滤、消毒再循环到建筑内部供人使用。

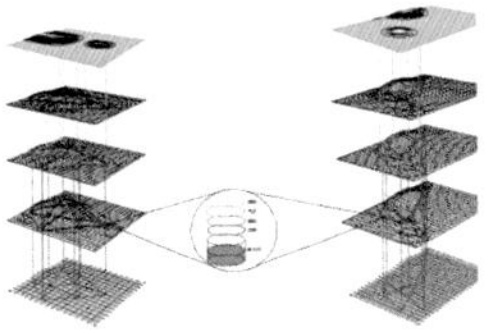

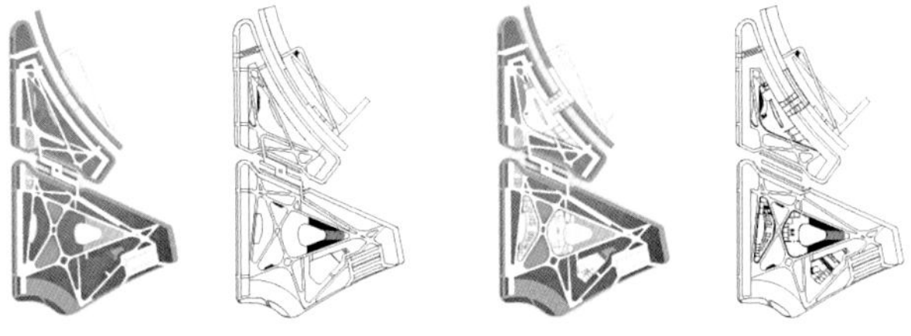

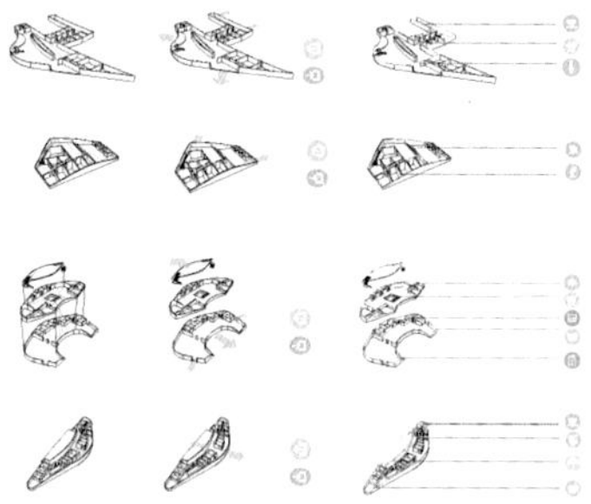

建筑构造与水体系统

建筑形体为覆土建筑，层数最多的为三层，主要是未来保证西湾、南湾两岸的观光视线不被遮挡，建筑高度尽量往下降，形成多个下沉的室内外空间，室外的下沉空间包括三个中庭以及一个下沉广场。基地起伏的形状以及建筑的位置是根据季风方向而定，大体形成一个“L”形。在两块面积较大的设计区域之间除了可桐乡的交通枢纽以外还有直通内部的步行观光桥梁。穿插的小路也是高低错落，形成桥或者是下沉通道，而下沉通道可直接进入建筑内部。在点线面体之间形成一种富有趣味性的空间关系，不会因基地过大而感觉空旷。

澳门处于多雨的地理位置，但由于澳门土地有限，很难建造自己的水库，大部分原水都由别的城市运送过来。为了实现低碳的生态建筑趋势，在建筑以及土地下方建设自给自足的水体系统。雨水通过坡屋流向绿地，再流向路边的水沟，继而流向分散在各处的集水点，经过混凝、气浮、过滤、消毒再循环到建筑内部供人使用。

评委评语：

前期分析和方案阐述均较为详实，对于场地中所处位置的特殊气候环境和地理特征有着针对性的思考与解决方案，形成独树一格的景观结构。

该选题针对城市中公共空间活力不足的现状，结合基地环境存在的问题，通过对场地要素的分析与评价，运用具有针对性的景观设计手段与景观要素，以达到塑造多样化的景观空间，实现人与城市的共生、共存、共荣的目的；图纸整体色调搭配和谐，要注意各小图在整个版面上的比例大小关系。

设计以澳门当地居民为主体对象，为解决基地人流稀少、土地被浪费以及居民公共活动区域缺乏等问题，为市民设计一个休闲活动的综合体。同时增加雨水收集系统，形成水体自给自足的生态循环系统。方案建立在深入的场地理解的基础之上，针对性强，符合未来的城市发展动向。

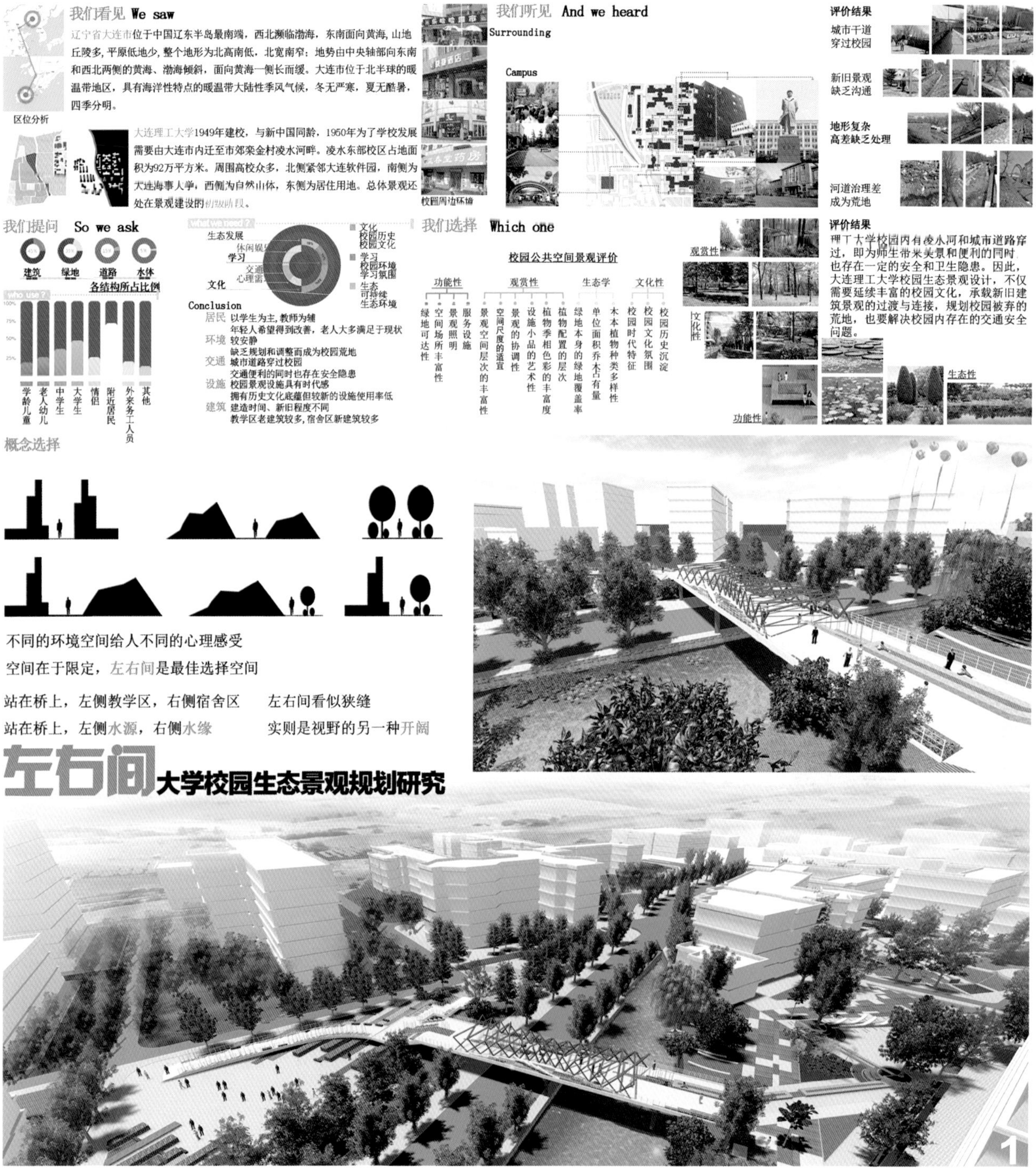
我们看见 We saw
辽宁省大连市位于中国辽东半岛最南端，西北濒临渤海，东南面向黄海，山地丘陵多，平原低地少，整个地形为北高南低，北宽南窄；地势由中央轴部向东南和西北两侧的黄海、渤海倾斜，面向黄海一侧长而缓。大连市位于北半球的暖温带地区，具有海洋性特点的暖温带大陆性季风气候，冬无严寒，夏无酷暑，四季分明。
区位分析
大连理工大学1949年建校，与新中国同龄，1950年为了学校发展需要由大连市内迁至市郊栾金村凌水河畔。凌水东部校区占地面积为92万平方米。周围高校众多，北侧紧邻大连软件园，南侧为大连海事大学，西侧为自然山体，东侧为居住用地。总体景观还处在景观建设的初级阶段。
我们所见 And we heard
Surrounding
Campus
校园周边环境
评价结果
城市干道穿过校园
新旧景观缺乏沟通
地形复杂高差缺乏处理
河道治理差成为荒地
我们提问 So we ask
建筑
绿地
道路
水体
各结构所占比例
who use？
100%
75%
50%
25%
学龄儿童
老人幼儿
中学生
大学生
情侣
附近居民
外来务工人员
其他
What we need？
生态发展
休闲娱乐
学习
交通
心理需求
文化
文化 校园历史 校园文化
学习 校园环境 学习氛围
生态 可持续 生态环境
Conclusion
居民 以学生为主，教师为辅
年轻人希望得到改善，老人大多满足于现状
环境 较安静
缺乏规划和调整而成为校园荒地
交通 城市道路穿过校园
交通便利的同时也存在安全隐患
设施 校园景观设施具有时代感
拥有历史文化底蕴但较新的设施使用率低
建筑 建造时间、新旧程度不同
教学区老建筑较多，宿舍区新建筑较多
我们选择 Which one
校园公共空间景观评价
功能性
绿地可达性
空间场所丰富性
景观照明
服务设施
观赏性
景观空间层次的丰富性
空间尺度的适宜
景观的协调性
设施小品的艺术性
植物季相色彩的丰富度
植物配置的层次
生态学
绿地本身的绿地覆盖率
单位面积乔木占有量
木本植物种类多样性
文化性
校园时代特征
校园文化氛围
校园历史沉淀
观赏性
文化性
功能性
生态性
评价结果
理工大学校园内有凌水河和城市道路穿过，即为师生带来美景和便利的同时也存在一定的安全和卫生隐患。因此，大连理工大学校园生态景观设计，不仅需要延续丰富的校园文化，承载新旧建筑景观的过渡与连接，规划校园被弃的荒地，也要解决校园内存在的交通安全问题。
概念选择
不同的环境空间给人不同的心理感受
空间在于限定，左右间是最佳选择空间
站在桥上，左侧教学区，右侧宿舍区
站在桥上，左侧水源，右侧水缘
左右间看似狭缝
实则是视野的另一种开阔
左右间
大学校园生态景观规划研究
1

作品编号：X301
毕业院校：大连理工大学建筑与艺术学院
作品名称："左右间"——大学校园生态景观规划设计研究
作　　者：孙芳芳
指导老师：唐建　林墨飞　霍丹

左右间 大学校园生态景观规划研究

彩色总平面图

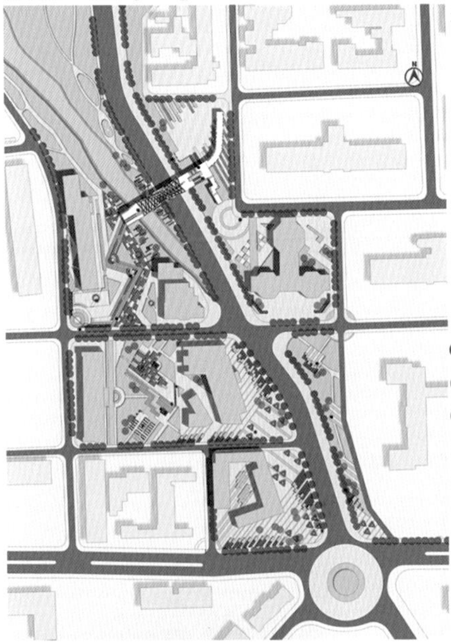

设计说明

大连理工大学凌水东部校区周边环境复杂，校园西门紧邻住宅区，西门便是连接校园与城市的重要节点，交通便利，临近消费市场，这里是沟通学校与城市景观的重要节点。理工大学校园内有凌水河和城市道路穿过，即为师生带来美景和便利的同时，也存在一定的安全和卫生隐患。因此，大连理工大学校园生态景观设计，不仅需要延续丰富的校园文化，承载新旧建筑景观的过渡与连接，规划校园被弃的荒地，同时也要重点解决校园内部存在的交通安全问题。本方案通过架桥的方式缓解交通压力，减少安全隐患，通过对空间的整理、规划以及生态技术的应用，充分展现校园的文化氛围和优美环境。

水路生境交换分析图

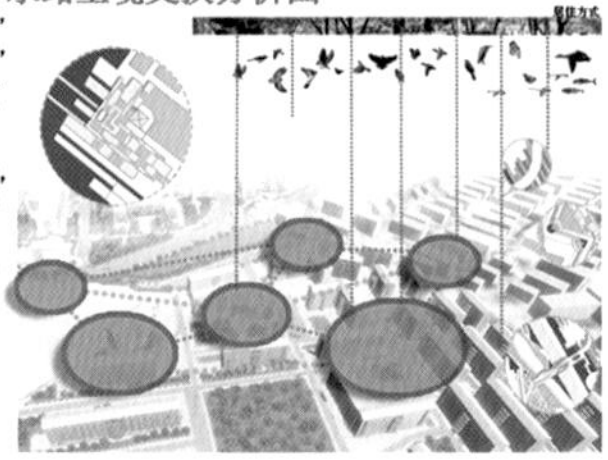

生态系统是开放系统，为了维系自身的稳定，生态系统需要不断输入能量，否则就有崩溃的危险。许多基础物质在生态系统中不断循环，其中碳循环与全球温室效应密切相关。水陆生境之间交换的能量，使其在自然环境中流动，能量流动指生态系统中能量输入、传递、转化和丧失的过程。能量流动是生态系统的重要功能，在生态系统中，生物与环境，生物与生物间的密切联系，可以通过能量流动来实现。能量流动两大特点：能量流动是单向的，能量逐级递减。

太阳能路灯示意图

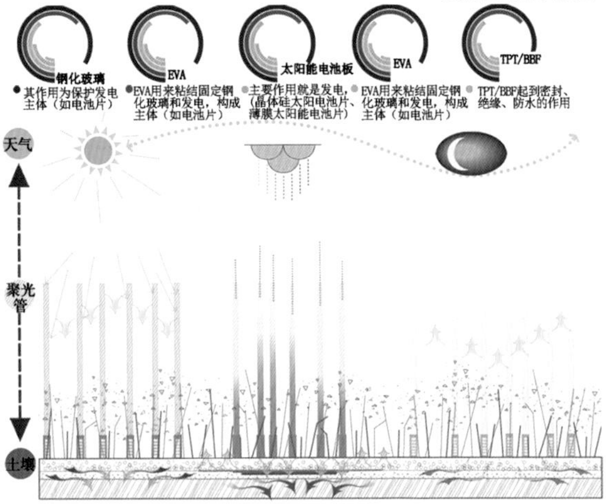

大学夜景照明要充分利用资源，本次方案设计中校园的照明能源来自太阳能电池板的收集，使其转化为电能，白天吸收阳光照射所带来的能源，转化为电能，用于晚上灯管发光。这样不仅节省了夜晚照明所需的能源，并且其在雨天也可收集雨水，收集管内壁有防水防潮设置，用于浇灌校园的植物。这不仅充分利用太阳光照，节约能源，减少能源浪费，也使生态校园景观更加丰富。

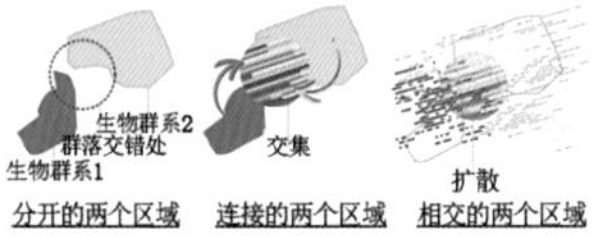

桥上局部鸟瞰效果图

大连理工大学1949年建校，与新中国同龄，因此，红色对于大连理工大学来说亦有重要的含义，桥身借用红色表达对新中国成立及学校建立的纪念。

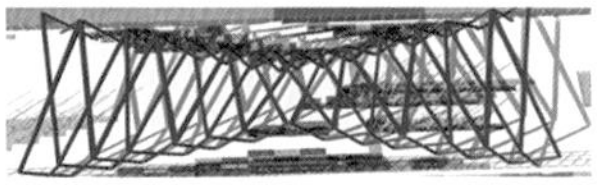

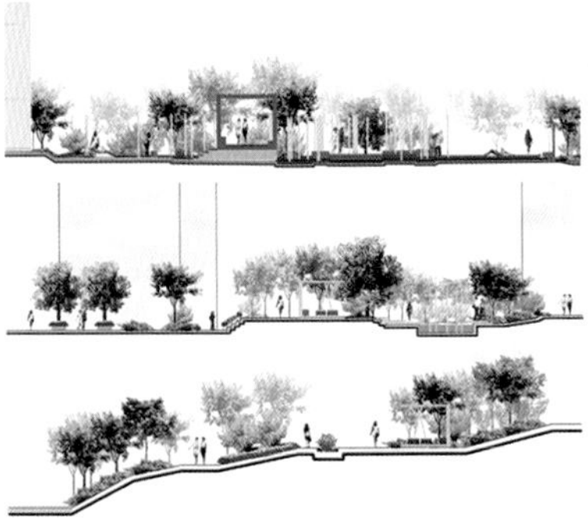

2

评委评语：

方案设计思路清晰、分析较为全面，总体布局合理、空间组织清晰明确，图面内容翔实，表达清晰。方案在设计深度方面，尤其是细部节点的设计可以再深入些。

作品对现有场地进行了详细分析和实地考察，提出了现有场地存在的问题，并针对这些问题提出了具有创意性的解决方案。设计作品理念清晰，最终方案与设计原则和理念一致性强。整个板面清新、条理清楚，图面表现具有较强的艺术性，值得赞赏。景观设计富有现代感及创造性，但生态性提及较少。

本方案是一个从分析到构思都比较完整的作品，选题贴近现实，研究深度和指向明确合理，内容详实。作品从多个角度对基地进行了详细的分析，条理清晰，逻辑合理。方案空间构成与布局合理有效，尺度感较好，景观元素的运用具有人文和生态关怀。景观节点设施的艺术性还有待加强。

基地区位　大连理工大学凌水东部校区位于大连市沙河口区与甘井子区交界的凌水镇内，占地面积为92万平方米。学校依山傍海，周围高校众多，北侧紧邻大连软件园，南侧为大连海事大学。

基地现状　本案研究与实践的基地为花果山及其周边部分校区。花果山位于大连理工大学凌水东部校区核心地段，面积约为3.4公顷，地势南高北低、西高东低。山上有一片葱郁茂盛的自然林，更有学校重要的精神殿堂——山上礼堂，一条城市道路纵切花果山通向礼堂。

自然条件

气候：具有海洋性特点的暖温带大陆性季风气候，冬无严寒，夏无酷暑，四季分明。

气温：年平均气温10.5℃，七月气温最高，一月气温最低。

风：全年以北风及西北风最强。

降水量：年降水量550～950毫米，七、八、九月雨量集中。

地形地貌：平原地形小，以山地地形为主。

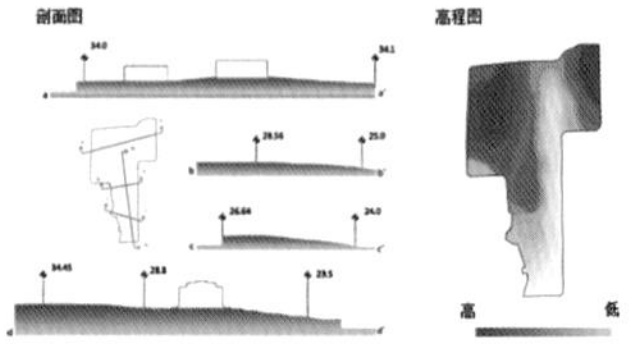

明德路人车混行，交通事故时有发生；汽车停放无序，乱占人行道，影响校园景观；交通组织不完善，缺乏系统性。

商业店铺脏乱差，招牌乱占人行道；店铺的石阶年久失修且没有扶手，存在安全隐患，周边建筑形象不一。

道路和临时建筑破坏山体；园路破坏当地植物群落；挡土墙影响美观，阻挡视线。

花果山公园和筑在其中的山上礼堂缺乏明显的入口空间；交通组织不完善，缺乏系统性；公园缺乏导视系统。

基地人群年龄分析

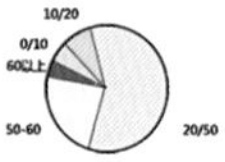

大部分活动的人群为青年人和中老年人，以学生和周边的居民居多。

总平面图

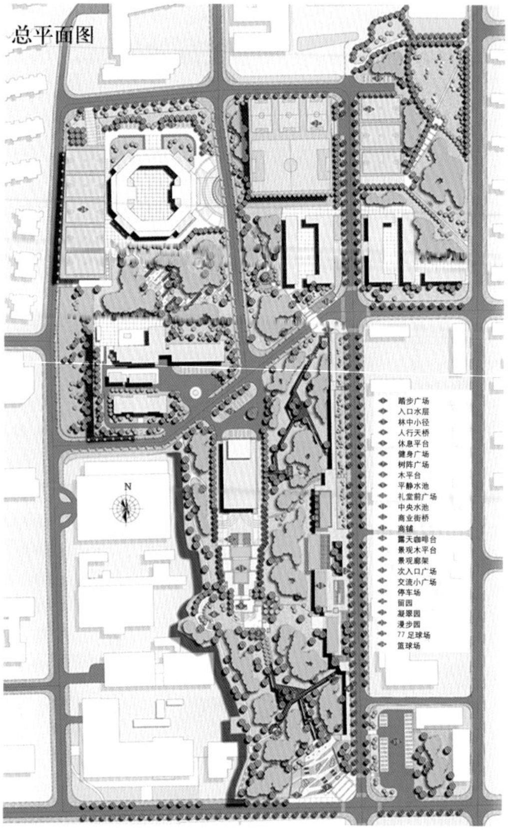

山地校园生态景观规划设计研究
——以大连理工大学凌水东部校区为例

设计目标：

改善花果山公园的景观环境，解决明德路的道路交通系统存在的问题，增强空间可识别性和安全性，并对人群进行适当的分流。

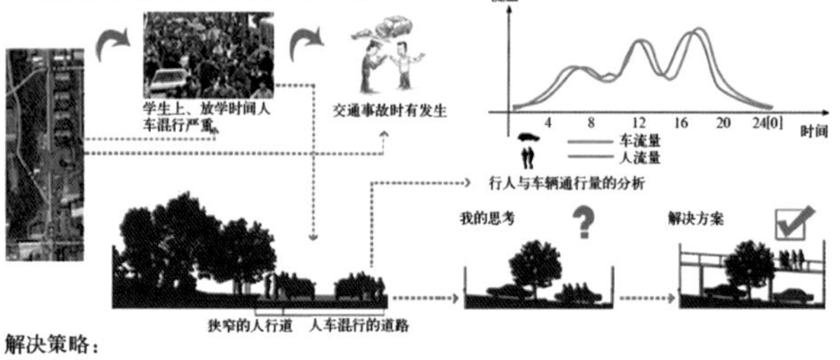

解决策略：

在明德路南北向架起景观桥，它首先是条多功能的“条带”，增加该地的空间层次，一方面可以竖向上增加南北向的通道，另一方面也可以作为连结山上和山下的中枢。另外，以对桥上迷你商业街的重建来完善该地的功能，满足周边人群的要求。

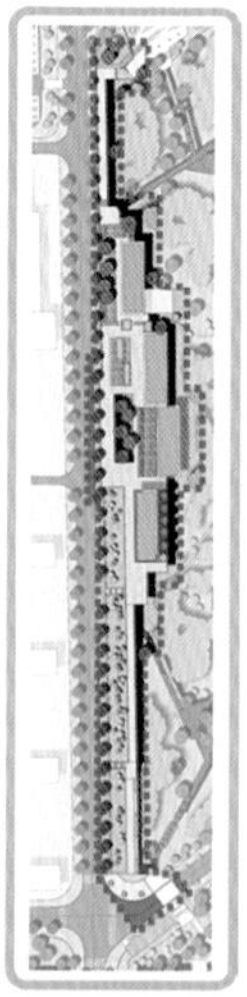

空中步行系统效果

人行天桥对校园的价值意义：

1.天桥作为南北的连接通道，可以实现人车分流，缓解明德路交通高峰时段的紧张，提高安全性，对校园安全建设具有重要意义。

2.天桥与山体相结合的设计，减少道路对山体的破坏，另一方面，利用天桥作为花果山与外界联系的纽带，可以缓和上山的高差，平缓层次。

3.天桥作为校园公共空间，为在校师生提供多元化的景观感受和游憩体验。

4.架于其上的迷你商业街满足了该区人们的服务需求，增加层面服务。

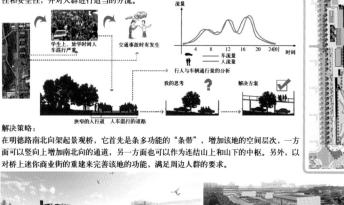

作品编号：X318

毕业院校：大连理工大学建筑与艺术学院

作品名称：山地校园生态景观规划设计研究——以大连理工大学凌水东部校区为例

作　　者：王琳琳

指导老师：唐建　林墨飞　霍丹

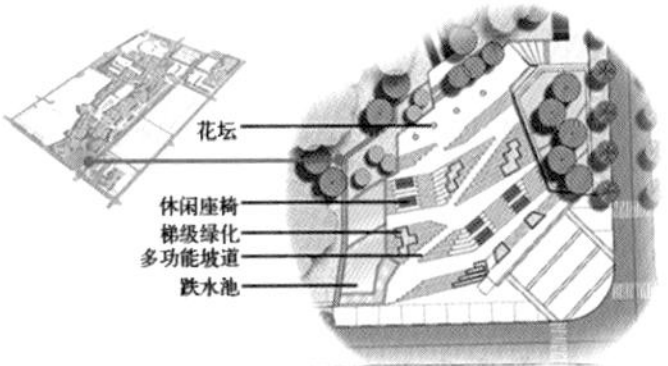

踏步广场　将原场地的老建筑拆除，设计了踏步广场作为山体公园的入口广场，同时也作为人行天桥的南入口。设计中考虑了坡道与台阶相结合的方式和景观坐台与台阶相结合的方式，并且，在人们登台阶的过程中，也有梯级绿化和大型叠水景观供人们欣赏。在这样一个丰富而充满趣味的空间，踏步广场一定会成为成为人们关注的焦点和聚会活动的空间。

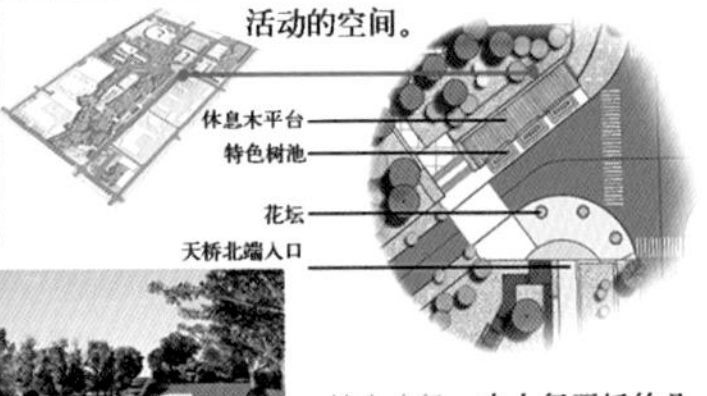

林中小径　由人行天桥的几个重要节点引向山上。小径镶嵌在花果山中，让游览其中的人们可以亲近自然，轻松地呼吸大自然的空气，身处天然的氧吧，是真正的依山而行。走在这条悬挂于半空中的小径之上，人们会发现眼前的风景与地面上看到的截然不同。在地面时，人们总是要抬头仰望林中的树木，而在这条小径之上，人们可以与树叶近距离接触，甚至可以用双手抚摸树枝。为了使树林与小径融为一体并确保不改变树林的形态，设计将各种元素进行整合，呈现出来的便是眼前这条小径。

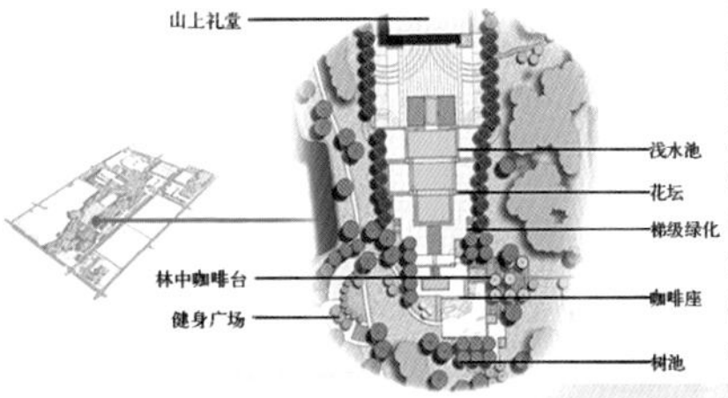

礼堂前广场　利用北高南低的地形，在绿墙围合下的中轴线上设有三个水池，由北而南依次叠落，之间两边设台地相连，自然地加强了三个大的不同标高的视点，丰富了空间的层次感。另外，同时可以将水池作为雨水收集系统，落实校园生态景观建设，弥补该地区有山无水的遗憾。

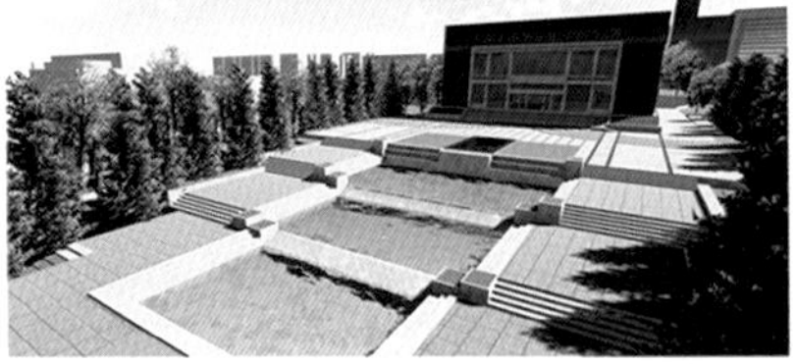

设计中以三个依次跌落的水池为中心，结合两边高大的绿化带设计构成一个完整的广场景观，充满序列感和秩序感。充分利用原有的地形和绿地，更好地衬托出山上礼堂作为校园文化精神殿堂的光辉形象。

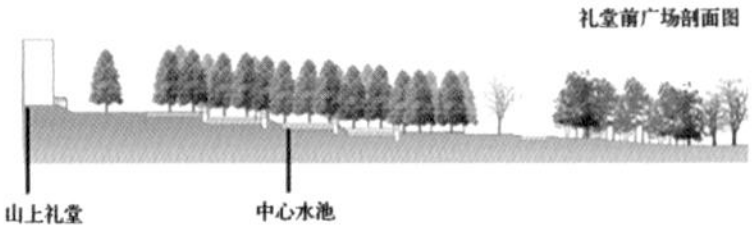

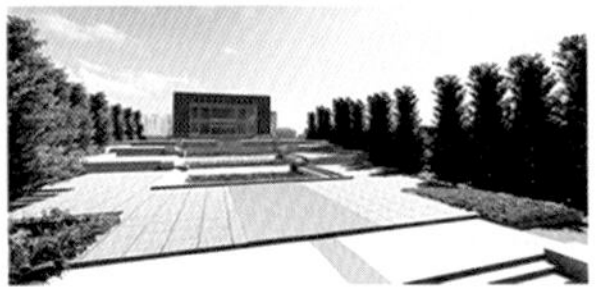

山地校园生态景观规划设计研究

——以大连理工大学凌水东部校区为例

空间规划

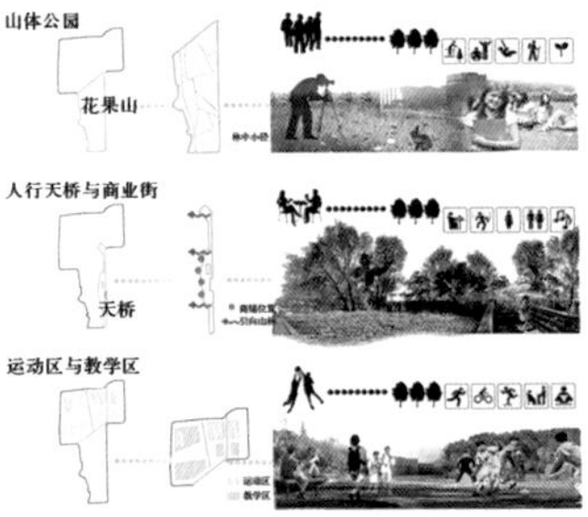

剖面设计

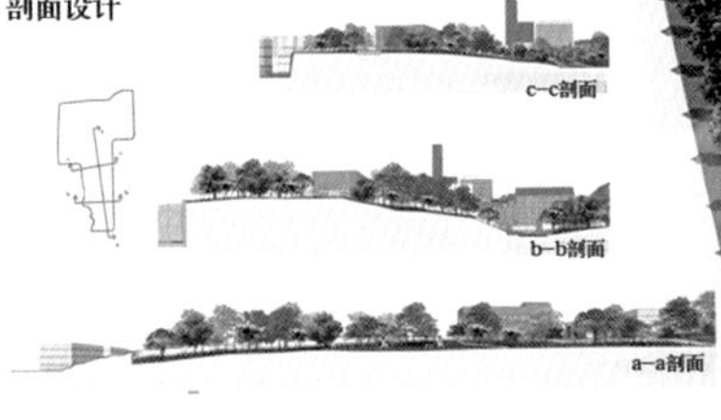

评委评语：

该方案对现有环境分析深入，对存在问题把握准确。作者在尊重原有自然地形基础上，通过环境景观的改造设计将原有孤立的建筑、交通、景观进行有机的联系，使整体环境和谐统一。其次，考虑到原有道路狭窄、人车混行的安全隐患，作者提出了立体化的交通方式，用高架桥的形式进行人车分流，并将校园中的主要建筑、商业售卖点和山地广场进行有机联系。但该方案对校园文化的关注和表现不够，对基地和周边环境的联系未作分析，效果图的表现力缺乏，感染力不足。

景观设计构思完整，分析图表达明确，整体设计符合人体工程学，绿化面积较大，设计表达有一定的深入性，图量较多，进行了多方面的设计讨论，设计有实践性，具有艺术感染力。

设计概念

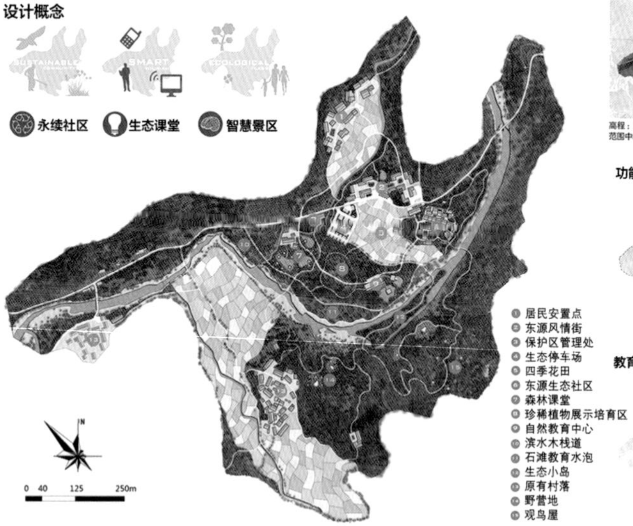

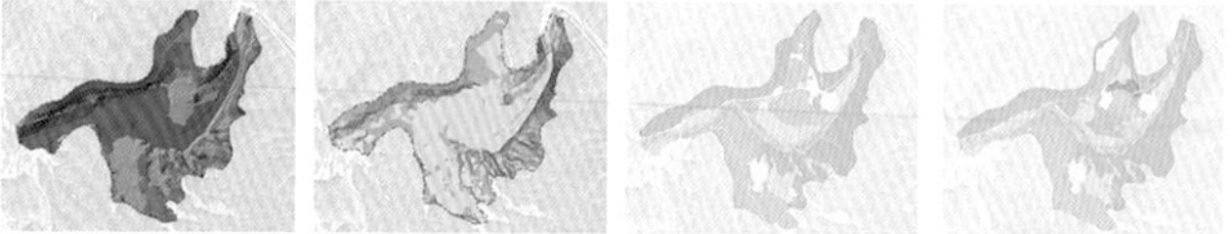

高程：东源景区四周山地环绕，景区主要范围中地势较为平坦。

坡度：东源景区四周山地环绕，景区主要范围中地势较为平坦。

景区中部主要为当地村民耕地，沿昌坪港河岸多为石滩，景观体验价值较高。昌坪港南岸主要为原有山林，其中有大片竹林。

在保持原有大地的肌理基础上，在中心服务区增设商业服务用地，并结合规划设置自然教育中心、森林教室等。

功能分区图

- **生态村落区**：安置从马头山自然保护区中迁出的社区居民，促进产业转型。
- **中心服务区**：综合服务空间。
- **古村体验区**：对东源村进行改造，在对其进行风貌维护的基础上加入民宿功能。
- **自然教育区**：布置一定面积的草坪及疏林草地，提供观赏空间。
- **自然体验区**：保留原有山林及植被，设立游步道及营地、观鸟屋等设施。
- **生态保护区**：对现状山地、林地进行生态保育。

交通分析图

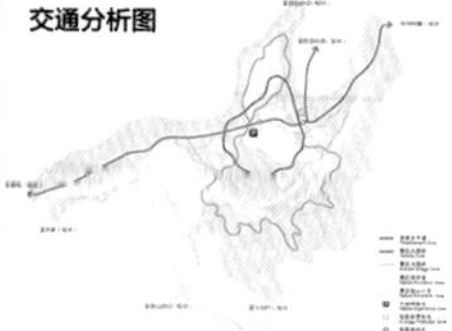

- **景区主园路**：围绕游客服务中心、自然教育中心、森林教室、东源风情街形成旅游核心主环线。
- **景区次园路**：依托主园路，在景区北向形成联通居民安置区的文化体验小环线，在东向形成穿越自然山林的自然体验小环线。
- **景区游步道**：在串联主园路与次园路的基础上创造亲水滨水空间的可达性。
- **景区登山小径**：结合原有土路及等高线进行游径建设。

教育游径规划

- **森林生态教育径**：位于东源景区南部，在原始山林和竹林中穿越，以植物认知、生物认知、昆虫收集为主题。
- **石滩湿地教育径**：位于东源景区中部，沿昌坪港两岸进行游览解说，以石滩及湿地相关知识为主题。
- **稻田互动教育径**：位于东源景区中部，围绕四季花田进行游览，并进行农耕体验。
- **溪涧探幽体验径**：位于东源景区北部，沿着原有溪涧进行设计，以鸟类观察、山涧溪流相关知识讲解为主题。

种植规划

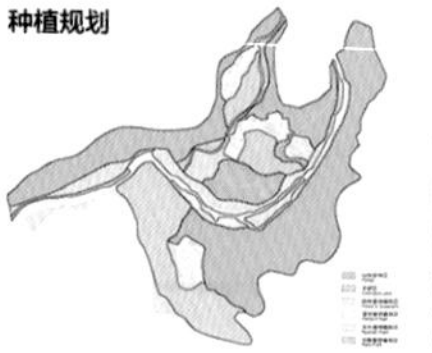

- **山地密林区**：现状树木生长参差，种类繁复，予以保留。
- **农耕区**：通过不同农耕植物的搭配营造四季景观效果。
- **疏林草地植栽区**：郁闭度50%-40%，在保证荫蔽的同时保证部分实现开阔。
- **湿地植物植栽区**：选择不同高度、叶形、花色的湿生或水生植物。
- **滨水植物植栽区**：创造层次丰富的滨水植物景观。
- **珍稀植物植栽区**：依托自然教育中心，通过不同区块的划分进行不同植物物种的种植试验及展示。

生态课堂

利用自然保护区丰富的自然资源为学生提供第二课堂，并形成旅游景点。

类别	活动主题	活动形式	备注
小学参观项目	1、鸟类观察（春、秋、冬） 2、昆虫观察（夏）	野生生物观察，示范，角色扮演，讲解，游戏和讨论	由教育主任带领，行程可从四大教育游线选其一，约半天完成。
初中参观项目	1、石坪港探秘石滩体验 2、室内工作坊	多元化的教学活动，如观鸟和夏季进行的湿地探索，自然教育中心工作坊等	由教育主任带领，行程可对四大教育游线进行自由组合，一天完成。
高中参观项目	1、登山树径认知 2、生物多样性认知	标本制作，野生生物保护与识别，讲解和讨论等	

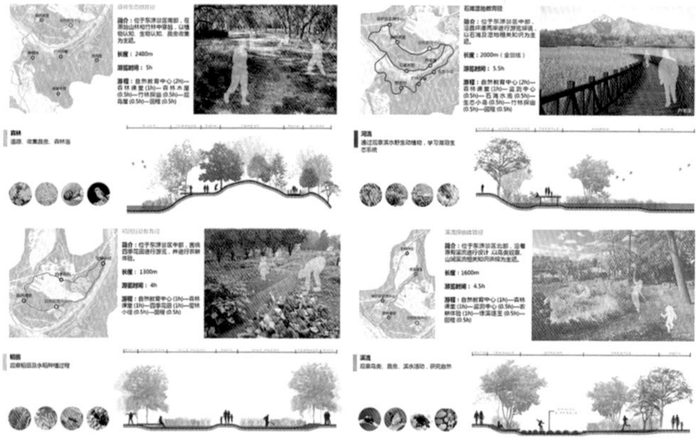

设计说明

江西马头山自然保护区位于武夷山脉中段腹地，地处资溪县北部与鹰潭相邻，北与龙虎山相连，南靠大觉山。其中生态旅游区范围跨越保护区边界，包含了部分实验区及保护区外围地带，生态环境优良，生物多样性丰富。本文对自然保护区实验区如何协调保护与发展的矛盾以及自然保护区外围地带如何利用保护区知名度发展相适应的经济产业，带动保护区发展做出探讨性研究，为我国自然保护区实验区及保护区外围地带生态旅游的发展提供了新的思路，并将理念应用到马头山自然保护区生态旅游区的总体规划中。

总规部分因版面限制在此略去。在详细规划设计层面，选择位于保护区边界外围及保护区实验区交界处的东源景区，从功能分区、交通系统、项目策划等层面进行分析与规划设计，并对其中的若干节点进行重点设计。

1）生态社区，通过生态旅游调动社区居民参与保护的积极性，从而兼顾资源永续利用及当地社区可持续发展。

2）自然课堂。利用自然保护区丰富自然资源为学生提供第二课堂，并形成旅游景点。

3）智慧景区。通过网上预订系统严格控制自然保护区客流量，通过手机 APP 导览系统为游客提供便捷、互动的游赏过程。

智慧景区

•智能游憩可以从“旅游服务”、“旅游管理”和“旅游营销”三个方面提升旅游信息现代化水平。
•游客可以通过全面了解自然保护区的旅游资讯及线路信息，并可通过电子地图、手机导游设备等轻松实现自助游览。

•进入虚拟景区，打开应用，智能系统随着用户的旅游线路自动播报各个景点的导游信息。
•游客可伴着音律穿梭在自然山水之间，触摸尘封的历史，体验旅游乐趣。

生态教育解说

解说系统

结合智能游憩平台，由自然导赏员带领，进行对学生、对游客的环境、生态相关知识讲解。解说内容包括当地的生物链、珍稀保护植物等。

两带一环

两带：横向——旅游主干道
纵向——途经登山径
一环：串联主要游憩节点

五心

整合自然资源、人文资源之精华。由北至南依次为：生态社区、综合服务点、东源村、自然教育中心、森林教室。

三片区

围绕综合服务点形成居民安置、东源村落以及自然教育三大主题片区。

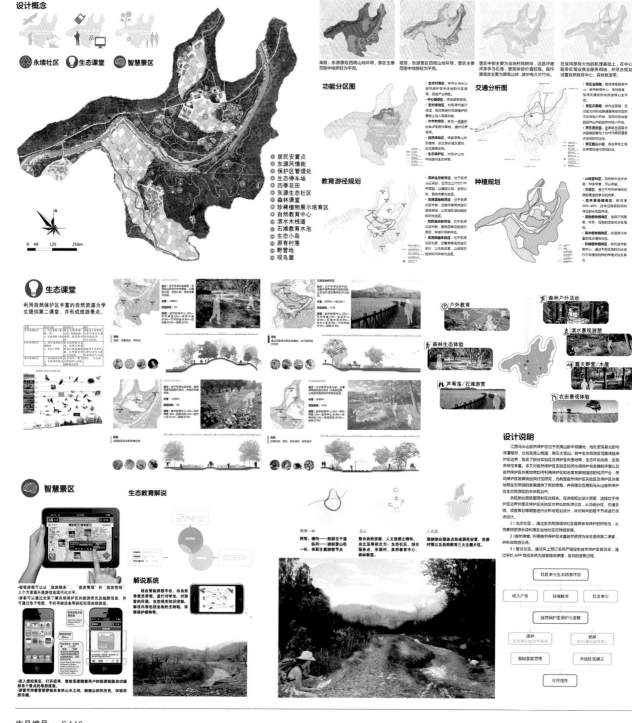

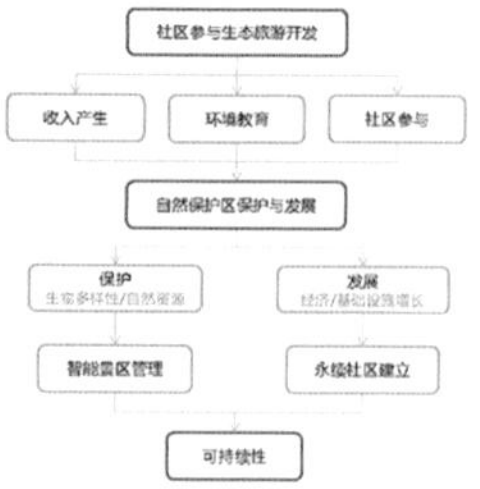

作品编号： G440
毕业院校： 同济大学建筑与城市规划学院
作品名称： 马头山国家级自然保护区生态旅游区规划设计
作　　者： 杨天人　常凡　李菁
指导老师： 吴承照　陈静

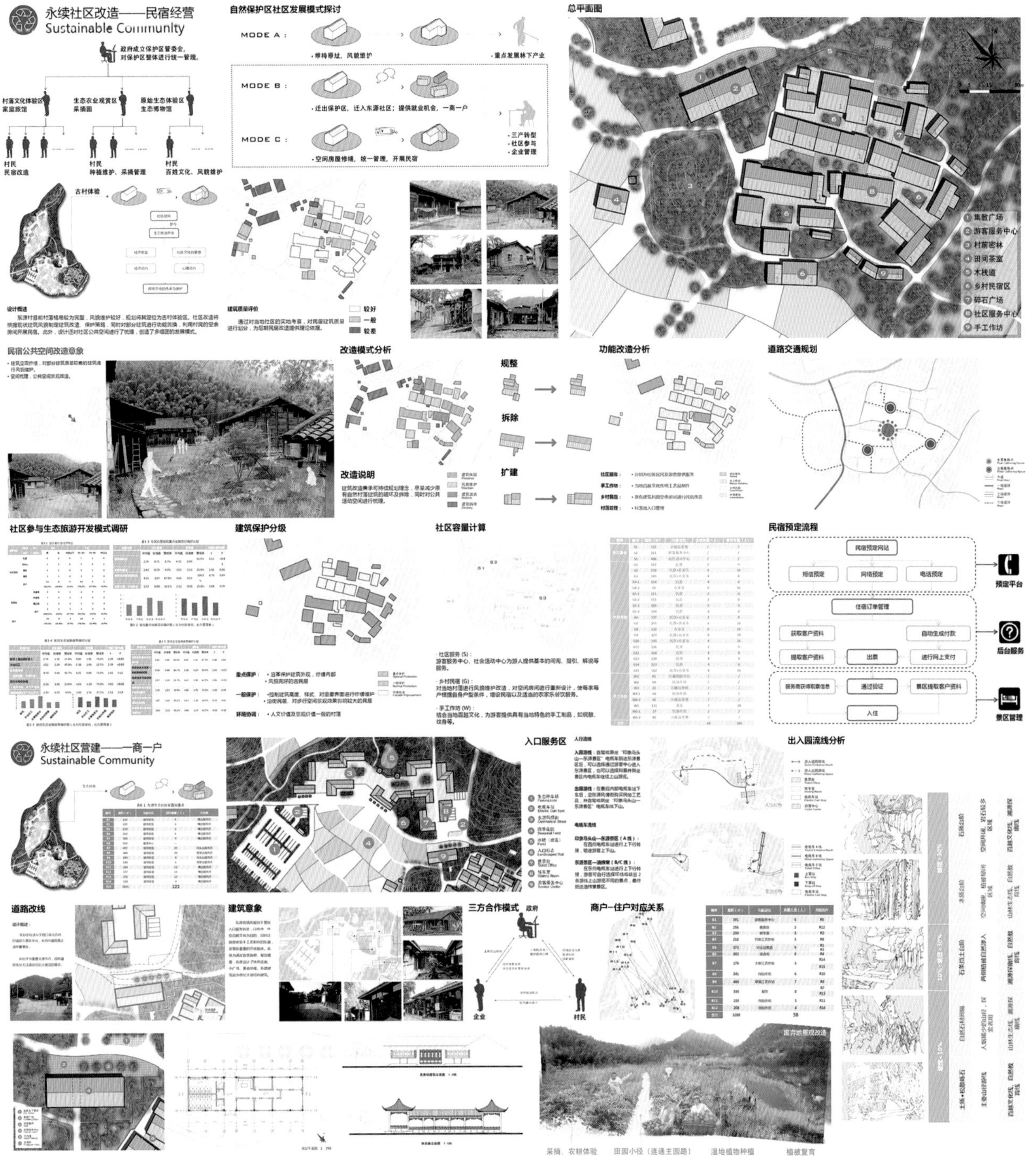

评委评语：

选题具有较好的探讨价值，对场地现状要素的分析与评价较好，分析方法有一定的创新性，表达理性又充满艺术色彩。该规划对现状情况分析透彻，设计创意有特色。

该设计在对基地及其周边地区进行充分分析的基础上，提出了协调保护与发展矛盾的方法以及保护区外围地带适宜开展的经济产业。详细规划设计中，该方案在协调生态保护与永续社区营建之间的关系方面有自己的独到之处，将生态理念通过体验式的游线设置、多样的讲解渠道、优美的观光环境等设计细节传递给参与者。该方案还体现了对场地内自然、文化遗产以及原生态的生活方式的保护和展示，所提出的解决方案具有合理性和创新性，整体内容表述清楚、逻辑严谨、说明简练、色彩搭配协调优美。

基地背景

01区位分析

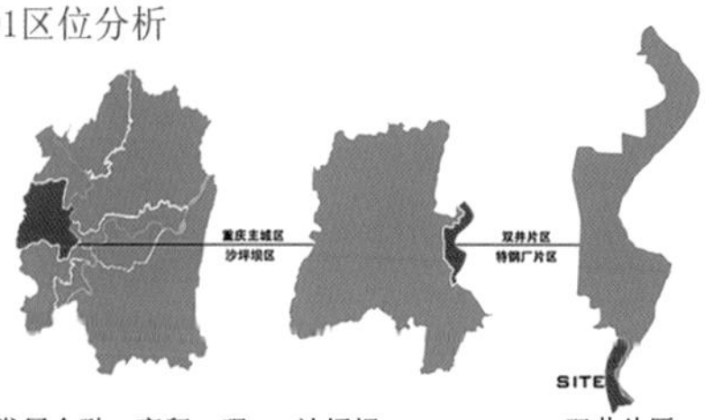

发展金融、商贸、现代物流及都市旅游为主的第三产业

沙坪坝：双副中心生态宜居城区

双井片区：科教高新园区

02城市建设背景

旧城更新

A 合理利用城市土地
B 改善城市环境质量
C 强化城市整体功能
D 展现城市地域文脉

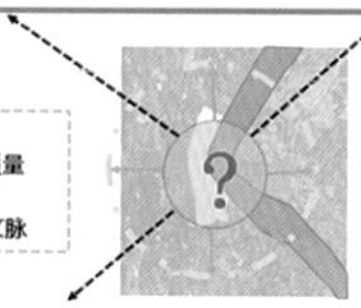

退二进三

A 产业结构调整
B 土地功能置换
C 工业遗产保护

沙坪坝中心城区由于用地条件限制，环境容量已经达到极限，向北疏散与拓展成为城市发展的必然；而本规划区内大量工业企业的"退二进三"为承接沙坪坝中心城区人口和第三产业的发展、完善城市功能提供了空间保证。

03任务书解读

延续：空间记忆、生活方式、山、城、水"格局、地域文化……

发展：产业结构挑整、土地功能置换、营请舒适生活环境、创造多样性的生境空间……

随着城市化进程的推进，城市土地资源越来越紧张，城市的老旧工业厂区的改造和更新成为了一个时下热门的话题。如何激发工业废弃地的活力，重新注入城市功能，提高土地利用价值，成为了设计者和规划人员需要思考的问题。景观专业与规划、建筑专业从不同角度，共同思考，解决城市设计需要解决的基本问题，并且找到专业特色，尤其着重从城市气候角度进行城市设计的探索，尝试使用新的方法进行设计。

目标定位

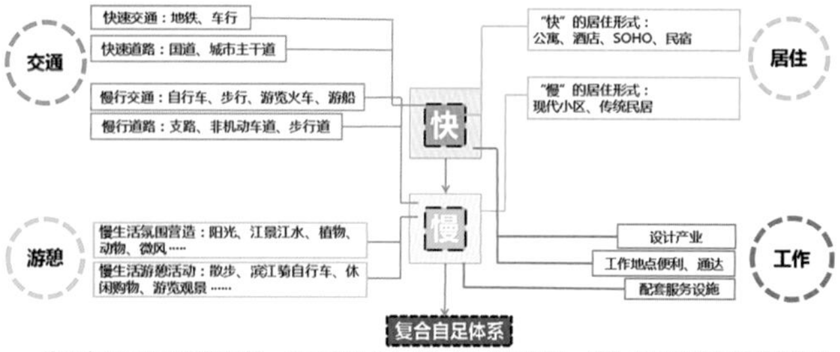

传承老旧工业区场所记忆，展示重庆"山-城-水"空间格局，植入多种新型功能联动发展，提升本片区活力并带动周边片区活力。将基地打造成为重庆市城市商业游憩区，使其成为重庆人新型生活方式的前沿阵地。

总体规划结构

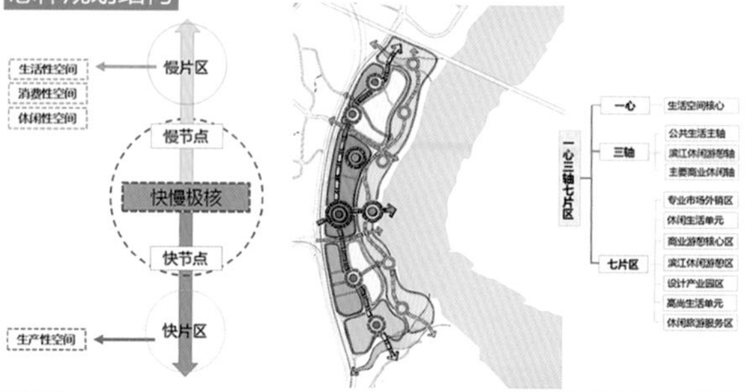

延续与发展——重庆市特钢片区改造规划设计

双速生活

城市商业游憩区城市设计

Life of 2-Speed

Urban Design of the RBD through the Renovation of Special Steel Plant, CQ

01

城市设计策略

气候设计策略

城市整体形态

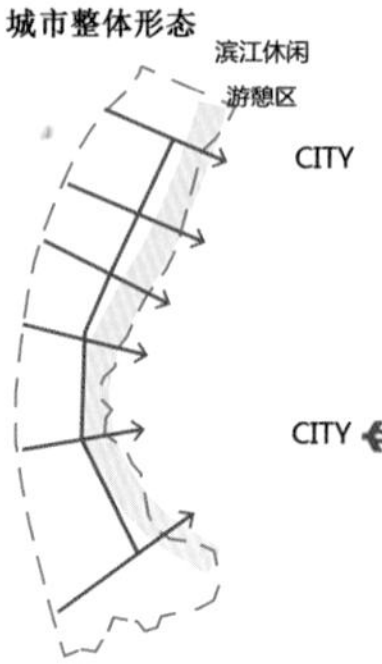

滨水形态界面

道路垂直于水域方向，体现滨水城市特征。休闲游憩区靠近水域。

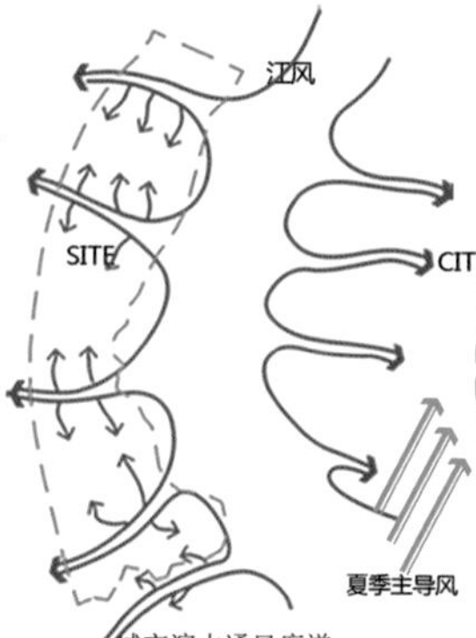

城市滨水通风廊道

应当保留通向城市的风廊，并引导江风进入基地内部。

路网方位及密度

主要考虑夏季盛行风的通风及江风的引导，路网采用网络状结构。

城市路网

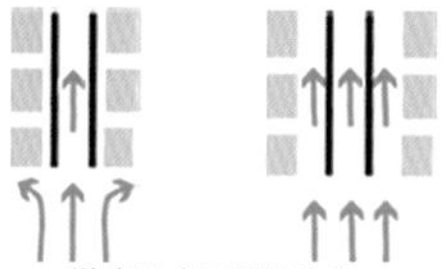

道路影响风道的形成

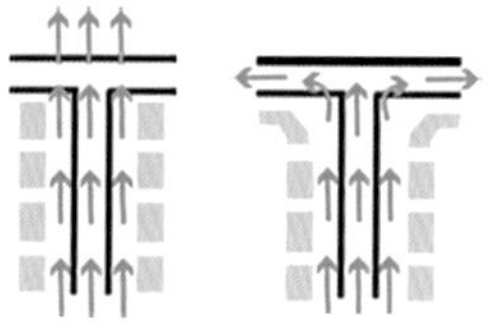

路网对风向的引导

通过适当拓宽道路宽度，在路口形成喇叭口状，加强风道形成与对风向引导。

开敞空间设计

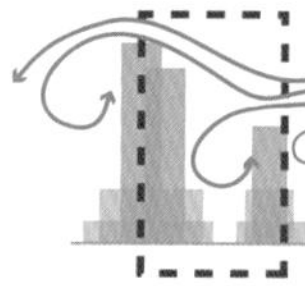

地段内街道空间形态

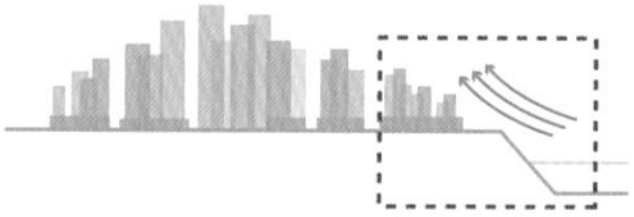

气候对城市天际线的影响

建筑组合模式

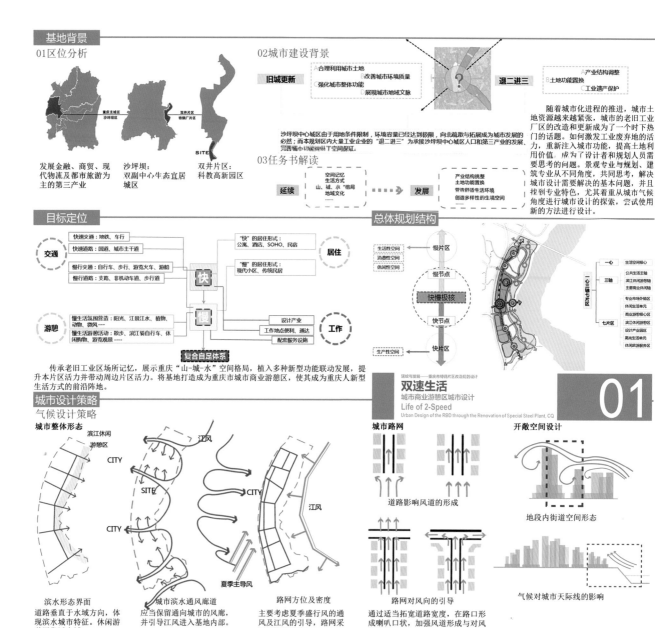

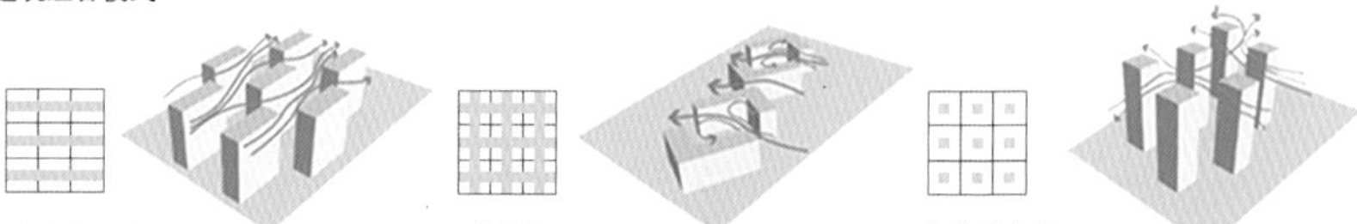

错落的板式　院落式　品字形点式

气候设计角度下的开放空间设计：建议江岸建筑由低到高布置，有利于江风的引导；街道空间形态呈倒梯形状，有利于风道的形成。

建筑布局由错落的板式、较为开放的院落式及品字形点式组成，有利于风的通过与停留。

作品编号：G521
毕业院校：西安建筑科技大学建筑学院
作品名称："双速生活"——重庆滨江城市商业游憩区城市设计
作　　者：吴碧晨　郑科　吕安
指导老师：董芦笛　樊亚妮

城市设计

01总平面图

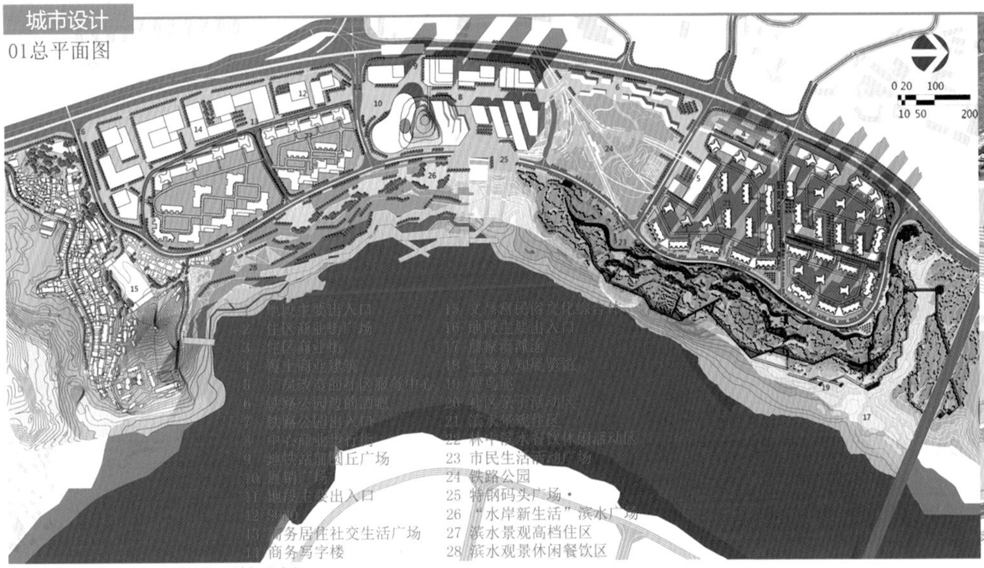

02效果图

03城市空间形态气候合理性分析

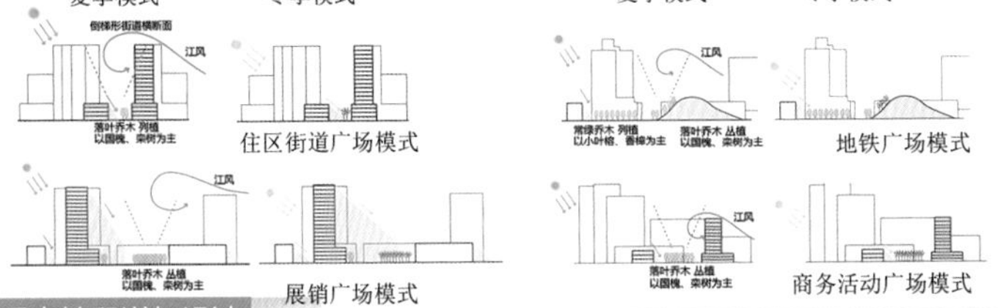

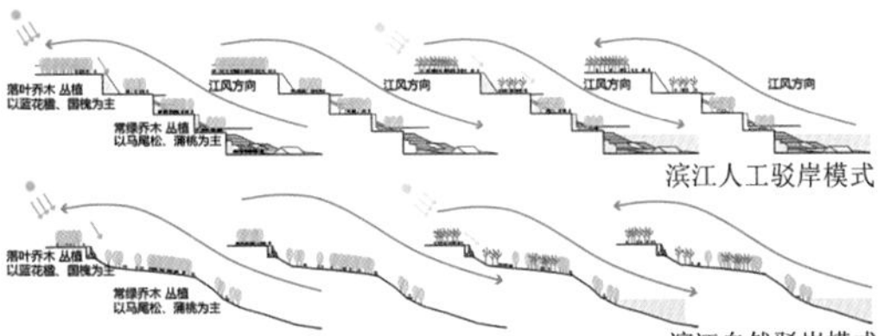

重点地段详细设计

01效果图

城市生活主题地段核心区域效果图

亲子活动主题地段核心区域效果图

生境认知主题地段核心区域效果图

02总平面图

延续与发展——重庆市特钢片区改造规划设计

双速生活

城市商业游憩区城市设计

Life of 2-Speed

Urban Design of the RBD through the Renovation of Special Steel Plant, CQ

02

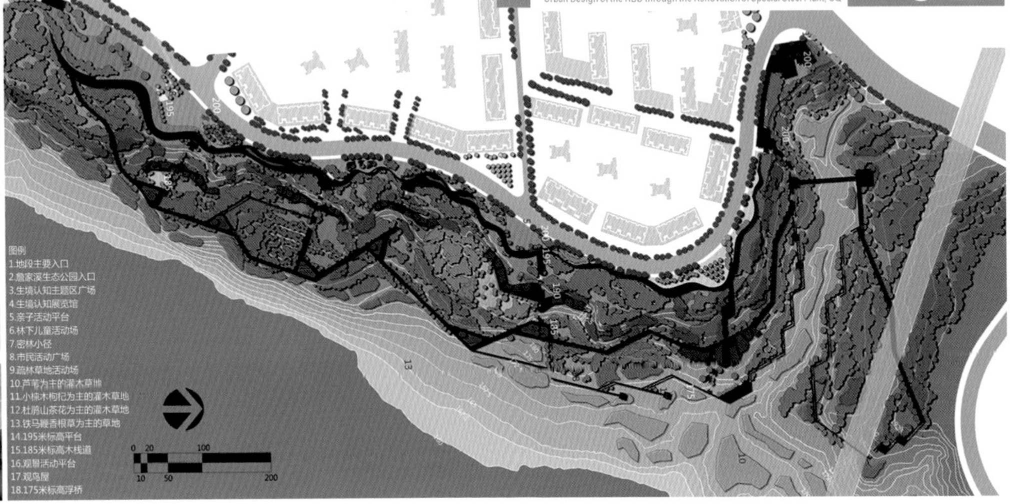

评委评语：

选题较好，体现了对区域性环境和资源问题的关注。对场地现状要素的分析与评价较好，对地方性设计条件的把握和理解能力稍弱。解决问题方案比较合理性，但需要的是设计创新。各类现状资料与场地分析到位，因此设计有的放矢，针对性比较强，景观空间结构与层次较为合理。

该设计对基地现状要素的分析与评价，以及地方性设计条件的把握和理解都比较好，规划能抓住重点，并作出较为整体和全面的解析，从空间布局、交通组织、容积率、天际线、公共生活空间等设计问题上都能提出相应的解决方案，在整体设计方案上也不乏形式感，并充分考虑了生态等方面对规划的影响。

■ 背景

以调研的三个城市为例剖析近代居住方式的变化，北京、上海、南京，在一百年前有截然不同的居住方式却在今天惊人的相似

■ 设计说明

几十年来，块状塔装住宅单元迅速吞噬着中国城市，原有的特性、独立性却早已消失不见。仅仅依循过去的行为模式和维持习惯的法令机制，已不足以面对这个变化中的世局，更不用说那些依然根深蒂固、习惯俗称的现实窘境。运用共生思想给出一个开放性质的集群模式住宅单元。从宏观和微观两个方面入手，微观方面用基本单元组合的手段按规律组合形成差异关联的多样集群，宏观方面用设计的手段去控制这些多样的单元组合，形成同一关联。在人的无意识领域，创造出所有无穷尽的可能性。我们希望提供一种可行的模式，一个让都市建筑可以真正自行建构的方法，将个体性、差异性、集体性与密集化结合其中，孕育出三向度的集群部落以及社区。将个人自由、多样性与邻里生活等带回城市

■ 场地位置

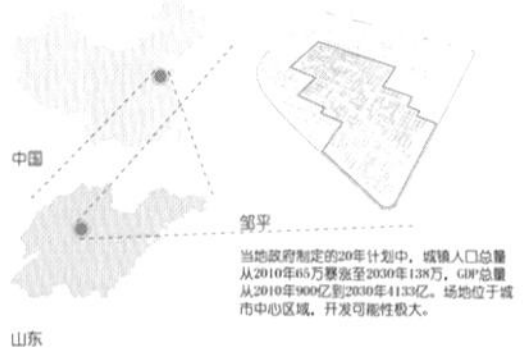

■ 村落特质

对方案场地进行实地调研，结合典型的案例及文献资料总结出聚落的几大特性，作为有效的依据

■ 概念

打散功能，用集群的手段去探索新的居住方式，在保有聚落所有特性的基础上，建立一个共生的聚落

创造一个集群形态的布局，赋予每个单元以共有的特征，从而使每个元素具有某一相同的部分

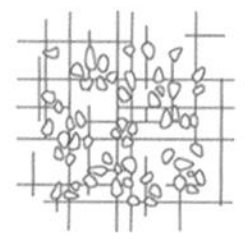

用中间元素将每个单元进行连接，连接媒介在建筑中多表现为中介空间

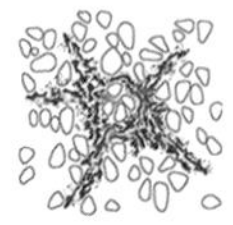

将按顺序完成的活动按可辨认的空间关系放置在一起，创造连续路径和相对集中的功能区域

■ 场地分析

分析场地周边因素及这些因素的辐射范围，从而得到环境对场地的限制条件

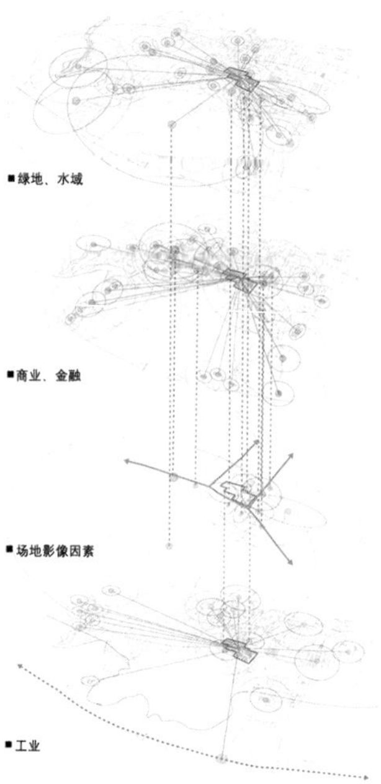

■ 场地进化

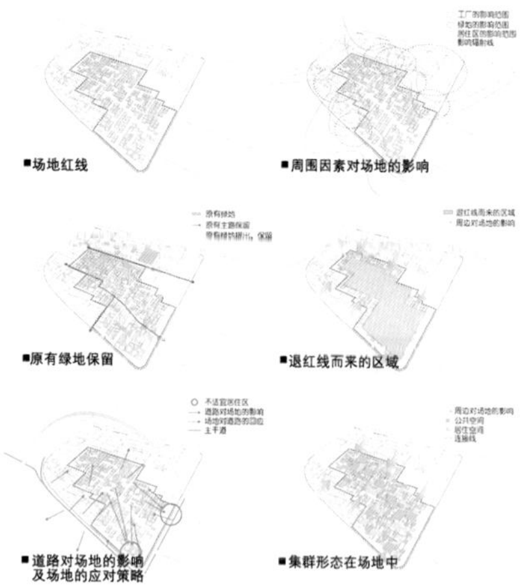

■ 人口调研

对场地周边100位城市居民进行居住调研，主要包括经济条件下理想房型、面积、居住人数等，根据人口需求配置等比例的居室类型

一居室	29人	29%	34～65m²	1～2人
两居室	47人	47%	50～85m²	2～3人
三居室	24人	24%	90～120m²	3～5人

URBAN SETTLEMENT DESIGN 城市聚落设计

CLUSTER MORPHOLOGY IN URBAN RENEWAL 城市更新下的集群形态

■ 2001~2030年人口结构变化

分析统计2001~2030年城市人口增长系数及人口结构变化，所规划的集群居住也要随之相应的改变

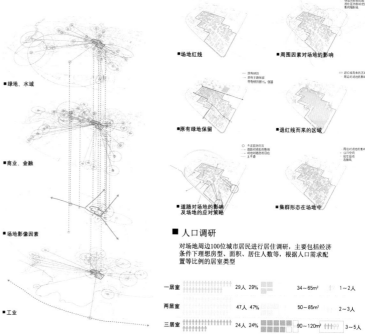

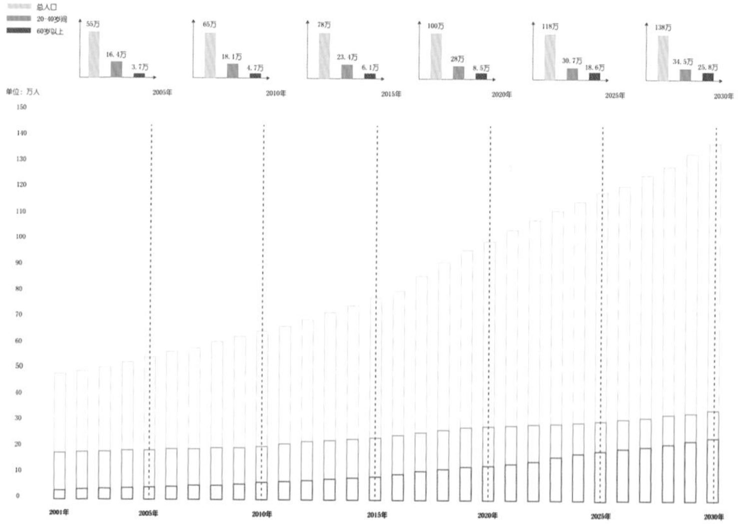

作品编号：G625
毕业院校：北京林业大学艺术设计系
作品名称：城市聚落设计——城市更新下的集群形态
作　　者：张科　任竹青
指导老师：张晓燕　萧睿

URBAN SETTLEMENT DESIGN 城市聚落设计

CLUSTER MORPHOLOGY IN URBAN RENEWAL 城市更新下的集群形态

■ 模块化空间

由4mx4.5m的基本模块构成基本的居住空间：大房间、卫生间、厨房等，这些房间可以任意拼合在一起，我们所希望的多样性并不是由不同的元素求多构成的，而是由基本的单位进行不同的组合而成。在多样的前提下包容着同一元素

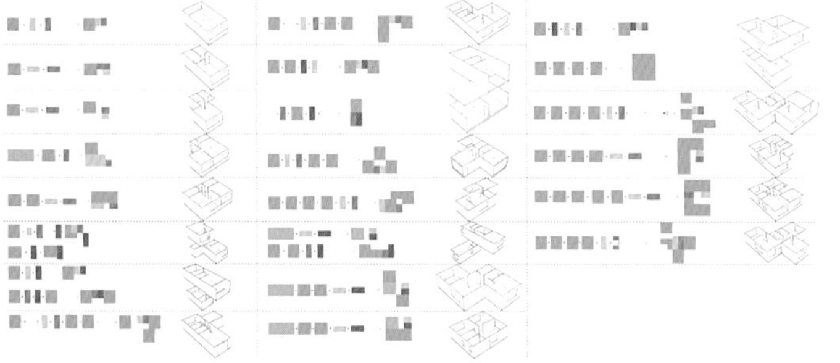

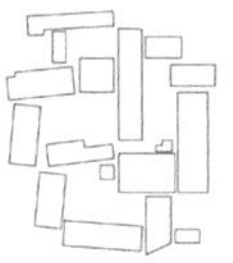

传统聚落拥有一个个独立的个体围合成的多样的空间

我们假想这个空间通过垂直向度的发展来增加居住密度，同时也架构了小的集群体系

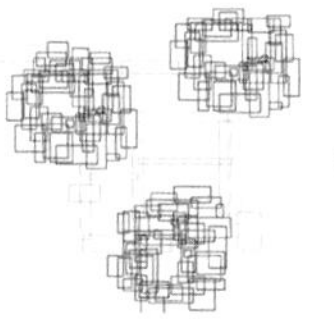

由多个小型集群聚落共同围合成大规模的集群聚落

想象所有的一切发生在一个容纳成长与改变的框架内

■ 模型

■ 效果图

■ 聚落一

聚落一以二居室为主，三居室需求较少，主要针对长期居住的居民

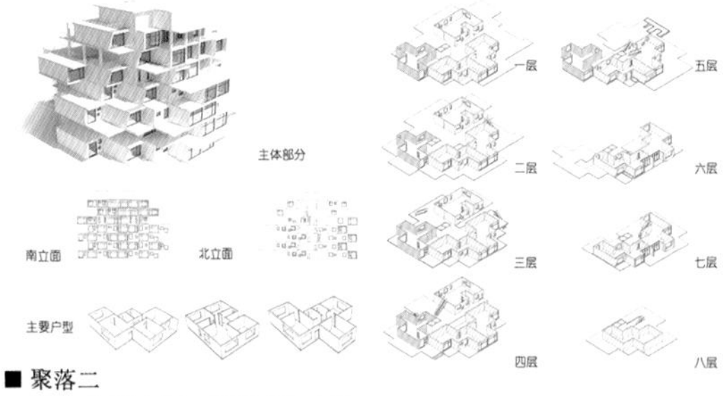

■ 聚落二

聚落二以三居室为主，期间穿插着二居室，针对长期居住以及人数较多的流动人口

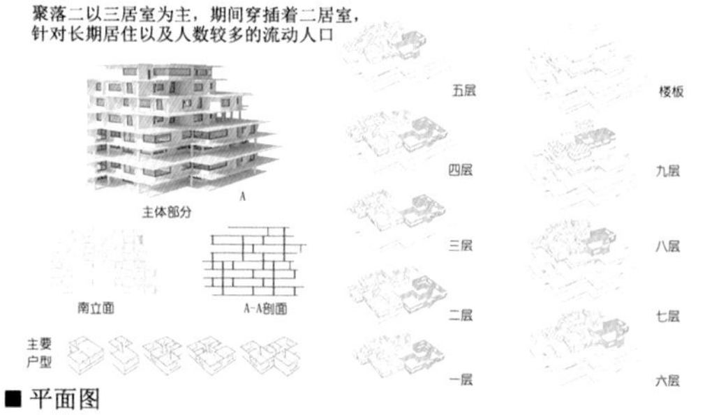

■ 平面图

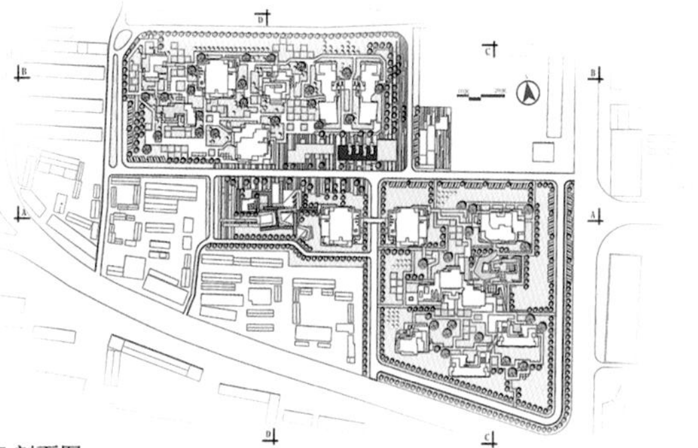

■ 剖面图

剖面图A-A

剖面图B-B

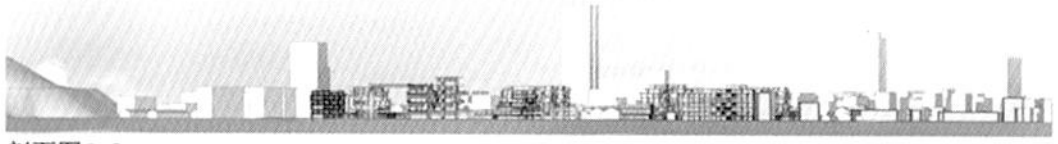

剖面图C-C

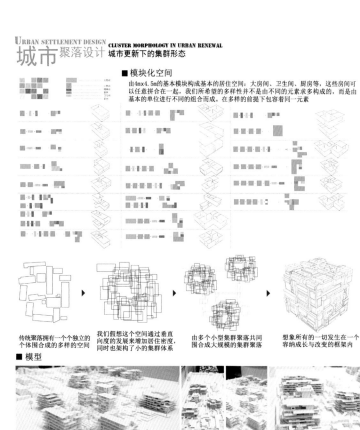

剖面图D-D

湿生家园——淮安半岛湿地景观保护性设计 背景资料

区位分析

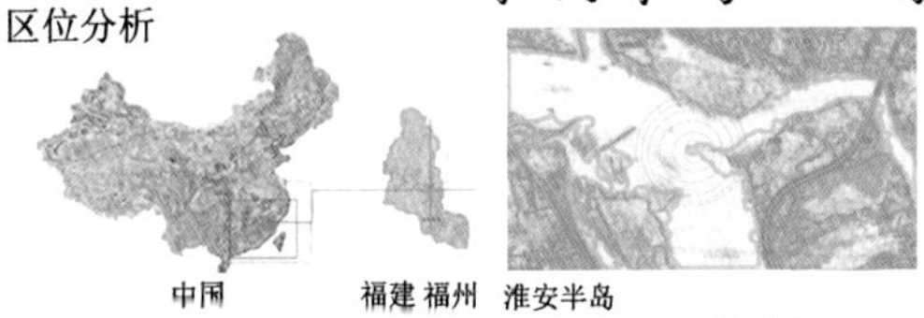

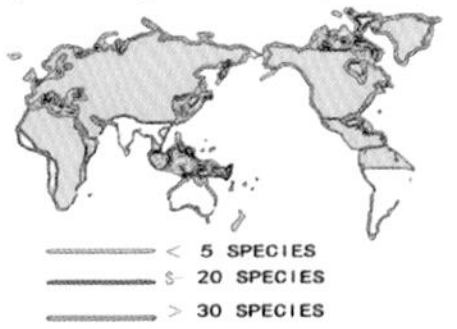

50年间新疆湿地有280万公顷降至2001年148万公顷

被誉为“黄河蓄水池”的黄河玛曲段湿地，1990年来减少了%45

三江平原的湿地50年间损失13657平方公里，面积%52.49下降到百分之15，71.

近20年来，中国湿地由36，6万平方公里

中国湿地危机

滨海湿地累计损失219万公顷，

概念分析

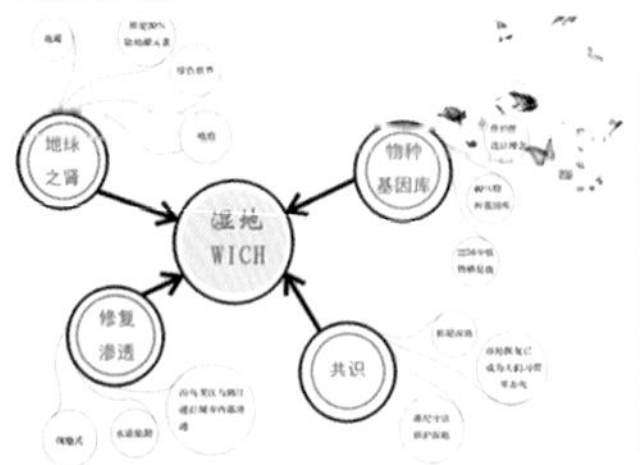

建立湿地联系

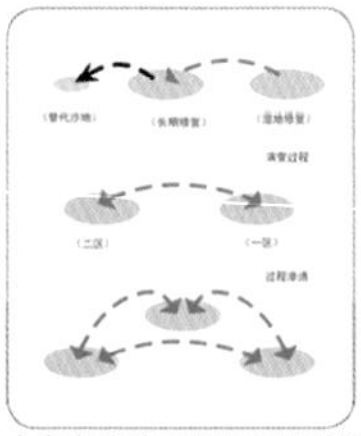

细胞式渗透

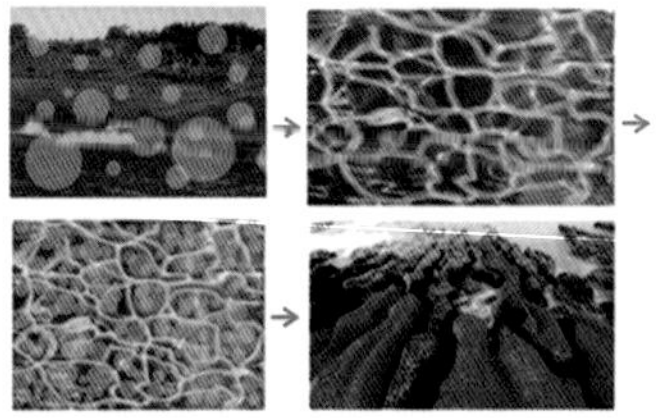

目标场地位于福州市西北方向，乌龙江与闽江交汇处，该地区经过长年两江交汇，形成了呈现三角地带的湿地生态景观。通过实地考察发现，该地区地处福州上游，大面积的湿地景观呈现点状分布，小面积湿地分布居多，小面积湿地之间存在有大量的沟壑，并没有形成整体。随着近些年来城市化的发展，该地区周围城市基础设施不断建设，为了城市建设而在该地区掘土掘沙，严重破换该地区的生态平衡，由于该地区小面积湿地居多，没有整体性，所以导致该地区湿地很难进行延伸，而且湿地的功能性也得不到充分发挥，对此本案在该地区提出细胞渗透性方法和湿地相互渗透性的方法，通过相互渗透，达到由局部到整体的理想化效果。其中，特别选定一处有代表性区域进行修复治理，从而辐射整体。

总平面图

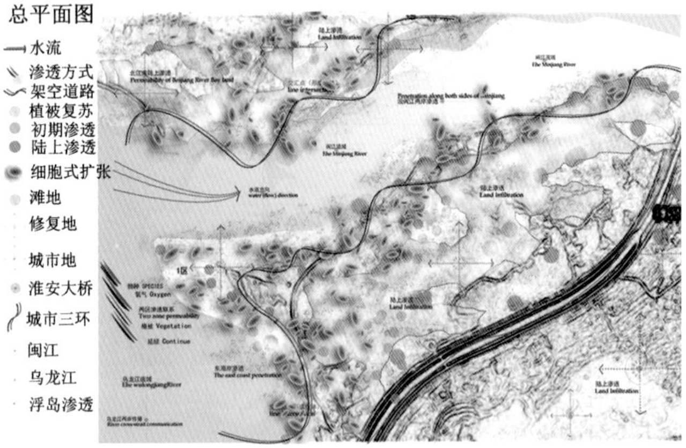

修复地区分析

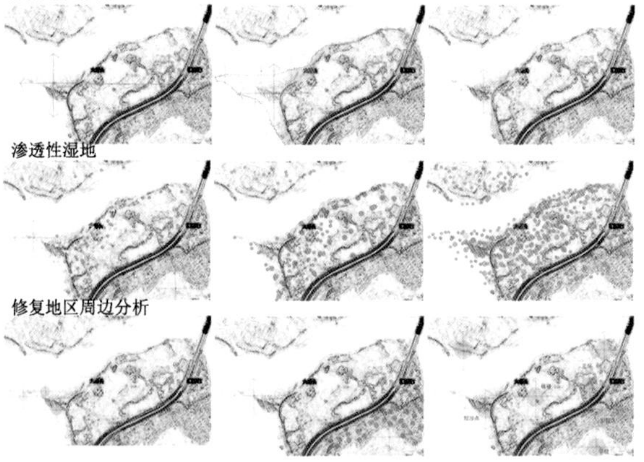

碎石荒漠化恢复过程

碎石荒漠化修复1年后（植被复苏）

碎石化修复3年后（沿海与陆上缩短周期）

碎石荒漠化修复5年后（绿色重生）

生态江岸修复（细胞式渗透）

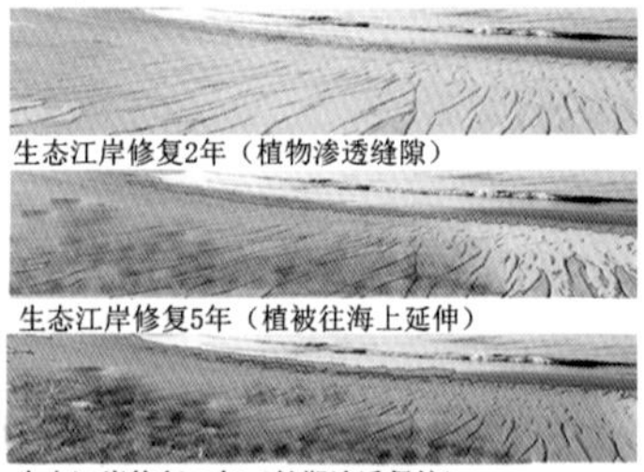

生态江岸修复2年（植物渗透缝隙）

生态江岸修复5年（植被往海上延伸）

生态江岸修复10年（长期渗透保护）

作品编号： X151

毕业院校： 福建农林大学艺术学院

作品名称： 湿生家园——淮安半岛湿地景观保护性设计

作　　者： 王迁

指导老师： 郑洪乐

主要修复地区平面图

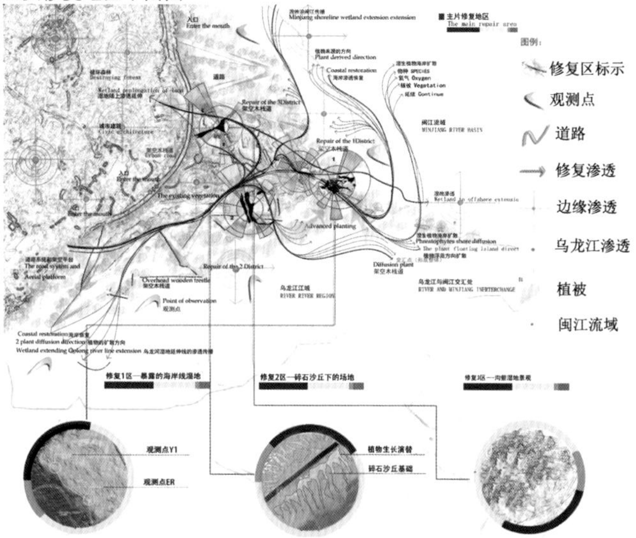
主片修复地区
The main repair area
图例:
修复区标示
观测点
道路
修复渗透
边缘渗透
乌龙江渗透
植被
闽江流域
闽江流域
MINJIANG RIVER BASIN
乌龙江江域
RIVER RIVER REGION
修复1区—暴露的海岸线湿地
修复2区—碎石沙丘下的场地
修复3区—沟壑湿地景观
观测点Y1
观测点ER
植物生长演替
碎石沙丘基础

沿海浅水恢复性湿地　　沙丘下的湿地　　陆上潮湿的沟壑湿地

林中家园

沟壑湿地

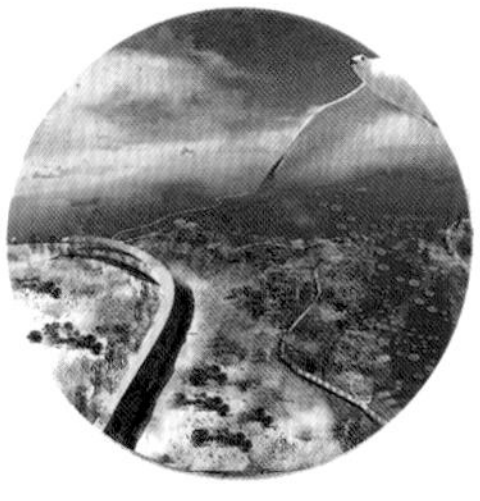

修复区效果图

沙丘边缘景观

立面系统分析——多种驳岸的可行性研究

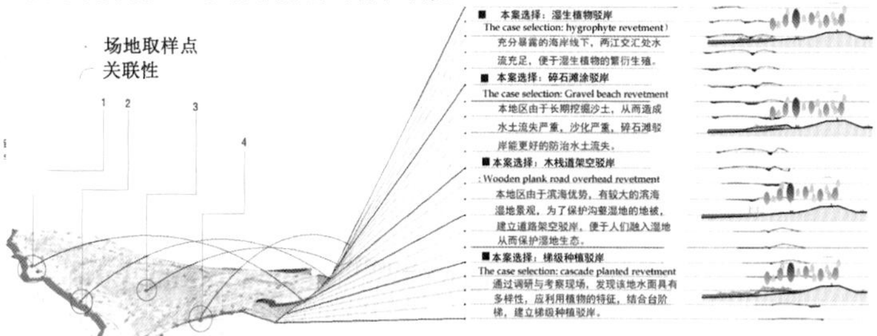
场地取样点
关联性
1
2
3
4
本案选择：湿生植物驳岸
The case selection: hygrophyte revetment）
充分暴露的海岸线下，两江交汇处水流充足，便于湿生植物的繁衍生殖。
本案选择：碎石滩涂驳岸
The case selection: Gravel beach revetment
本地区由于长期挖掘沙土，从而造成水土流失严重，沙化严重，碎石滩驳岸能更好的防治水土流失。
本案选择：木栈道架空驳岸
: Wooden plank road overhead revetment
本地区由于滨海优势，有较大的滨海湿地景观，为了保护沟壑湿地的地被，建立道路架空驳岸，便于人们融入湿地从而保护湿地生态。
本案选择：梯级种植驳岸
The case selection: cascade planted revetment
通过调研与考察现场，发现该地水面具有多样性，应利用植物的特征，结合台阶梯，建立梯级种植驳岸。

岸线系统:

湿地的修复目标及意义——渗透、传播、习惯

湿地生态系统是一个独特的网络，我们人类应该走到一起，为我们的后代建立一个新世界，一个充满自然的世界。一旦生态系统恢复的设计理念和生态旅游等复兴和城市环境相结合，即使它可能需要几十年，通过建立在两江交汇处存在的湿地生态景观，就可以一步一步在这个地区观察到恢复情况。湿地沿乌龙江与闽江的传播需10年（植被复苏，部分湿地生态系统建立），湿地沿福州湾蔓延需30年（各种植被丰富，场地职能明确，和谐的生态湿地系统建立）。湿地的恢复公认一般为60~100年（人与动物、自然界建立和谐的生态湿地系统），允许一部分湿地最先建立，由局部到整体合理地进行，这是一项长期恢复性工作。

岸线处理原则：由于本现场的湿地形式主要为与水面接近的表面湿地和水线以下至水深2m处的水面湿地，且岸线周围含有土壤和沙地，所以湿地保护区内的岸线以自然湿地岸线为主，不存在非土壤基质的河滩。岸线等性质的湖岸线和公园内的水岸线根据不同的自然条件及景观要求，灵活运用植物驳岸、缓坡驳岸以及辅助型驳岸等形式。

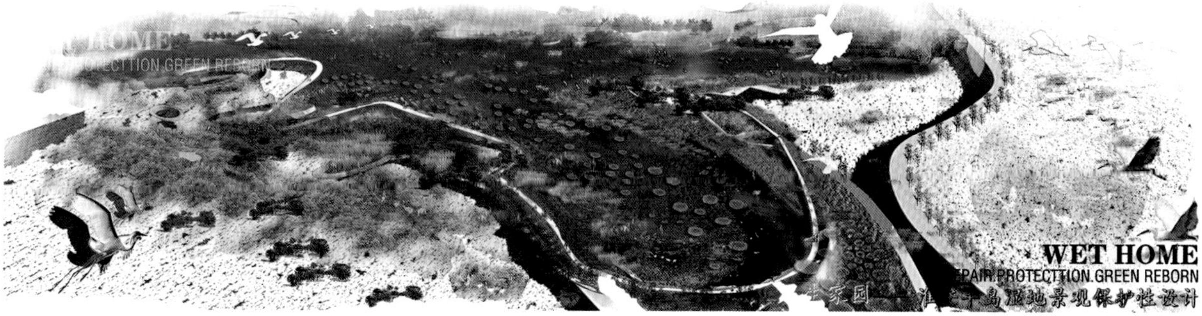
WET HOME
REPAIR.PROTECTTION.GREEN REBORN

评委评语：

该方案总体设计分析全面、过程清晰、逻辑严密、画面艺术感强，是一套优秀的设计作品。作品可进一步在景观湿地廊道的设计方面进行深化，尽量在低人工干预的前提下，构建湿地内部通道的关联性和参与群体的生态多样性格局。但该方案在人与场地关系的设计考虑方面略显不足。

方案对淮安半岛湿地的自然环境进行了综合分析与评价，针对现状存在的问题、挑战和机遇，提出解决问题的原则与战略。长处在于解决问题具有合理性，主要针对该湿地修复的治疗过程的多种演变形式，方案的图纸内容表述清楚、逻辑、规范，图文比例得当、色彩搭配协调优美，是一个比较优秀作品。

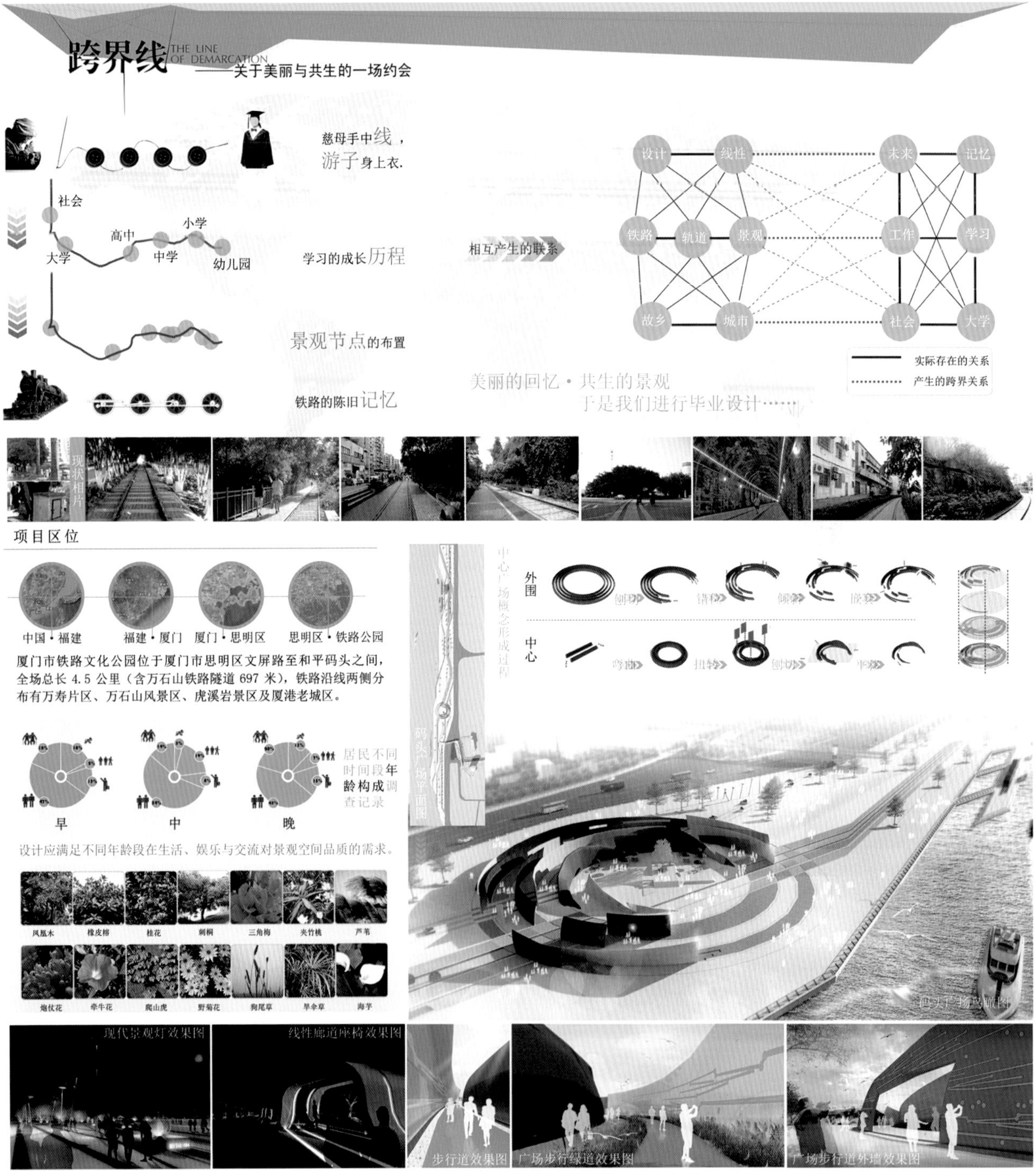

作品编号： G364
毕业院校： 福州大学厦门美术工艺学院
作品名称： 跨界线——关于美丽与共生的一场约会
作　　者： 李奥琦　赖泉元
指导老师： 卢永木　吴抒玲

跨界线 THE LINE OF DEMARCATION

——关于美丽与共生的一场约会

景观高架桥效果图

1. 设计了景观高架桥将人流与车流分开解决安全隐患。
2. 将景观与高架桥结合，既满足人行交通又可作为观景平台欣赏海景。
3. 考虑到行车安全，采用简洁的造型处理阻断人群视线，造型成为公园的标识，内部设置旧铁路文化宣传展示。
4. 高架桥下方设计为下沉广场，周围用茂密的绿化减弱车行噪声。

景观高架桥

铁道公园入口标志

景观高架桥座椅B

入口指示牌

景观高架桥座椅 A
(灯带藏于座椅底部)

公交候车亭

立面示意图

隧道休闲驿站效果图

天桥景观幕墙效果图

设计平面

立面示意图

便捷咖啡销售台

特色景观灯

景观座椅 C

景观座椅 B

景观座椅 A

结束语 THE END

毕业设计承载着美丽的回忆
也寄托着对未来的憧憬
我会在这场美丽与共生的约会中
迈向社会继续成长
……

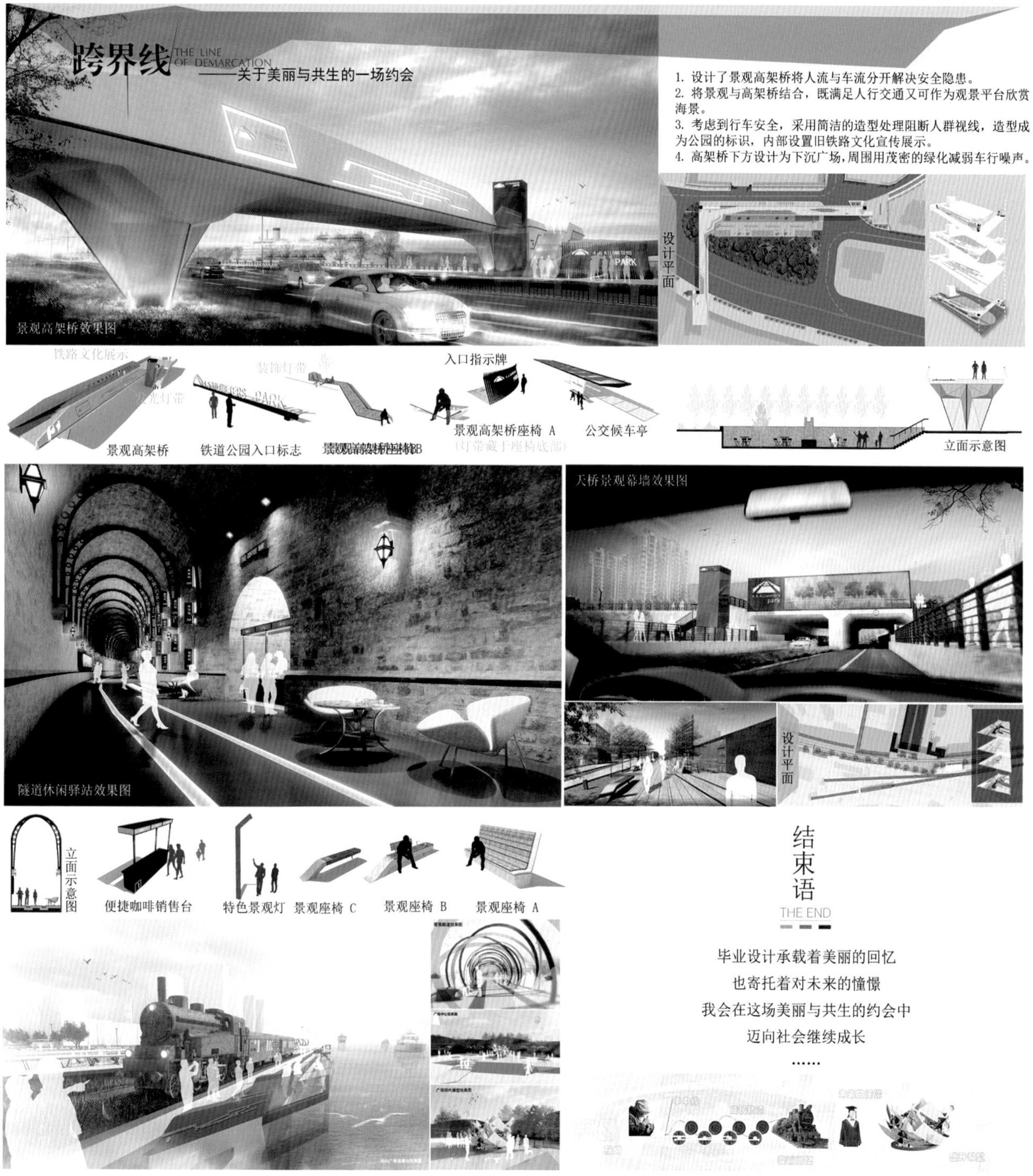

评委评语：

方案体现对地方和场地内自然和文化遗产以及非物质遗产的保护、展示，以及对全球性、区域性问题的关注。针对问题和机遇，解决问题，方案具有合理性和创新性；场地现状分析评价结果、规划目标、原则、理念与规划成果一致性强。内容表述清楚、规范、有逻辑，一目了然；标题、关键字、说明文字明确简练，图文比例得当、色彩搭配协调优美。不足：设计语言有点过多，联系性还需加强，多有时也是问题。

该方案以铁路文化公园为对象，明确地捕捉“跨界线”的概念和形式母体，针对现有场地存在的问题，使用现代感较强的建筑和环境语言为主题景观添加了一种崭新的气质，同时还对后续经营和推广做了应有的考虑。

城市中历史遗存与居民生活
——西安韩森寨城中村改造
文脉分析　周围环境
秦襄王陵墓俗称“韩森冢”，圆丘形封
土，底径140余米，高约22米，占地30余亩
1950年被列为省重点文物保护单位

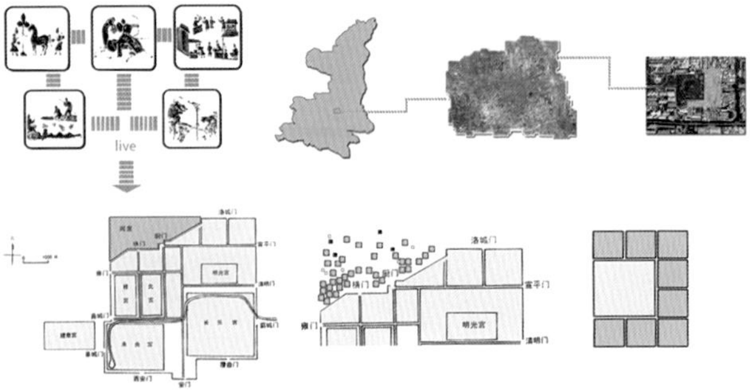
live

“城中村”是我国城市化进程中的一个特殊现象，随着城市化进程的加快，原来城乡结合部的村庄，逐渐被城市建成区包围和半包围，使其在建筑景观、人口构成、管理体制、生活方式等方面与城市居住区有着明显的差异，成了城市中的“孤岛”。

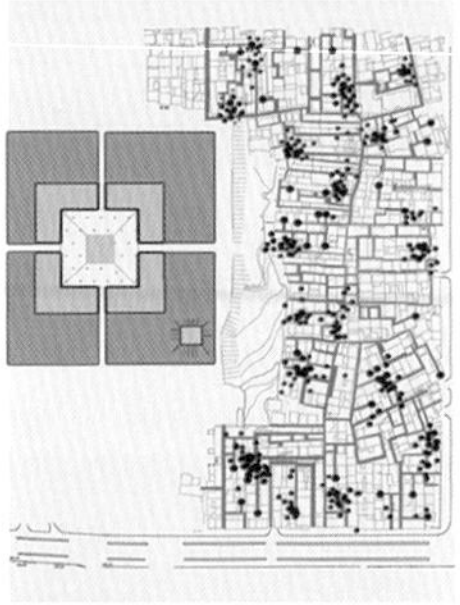

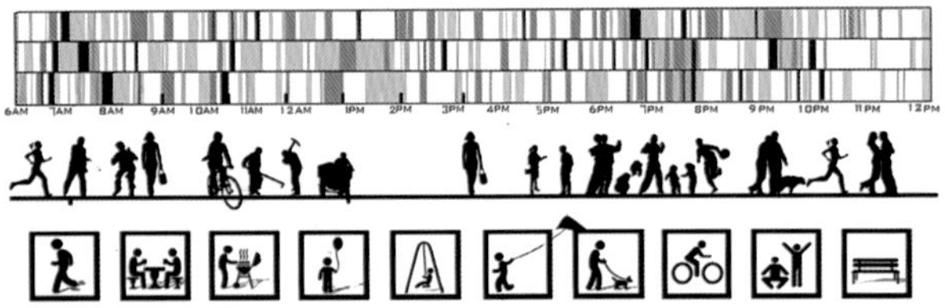
6AM 7AM 8AM 9AM 10AM 11AM 12AM 1PM 2PM 3PM 4PM 5PM 6PM 7PM 8PM 9PM 10PM 11PM 12PM

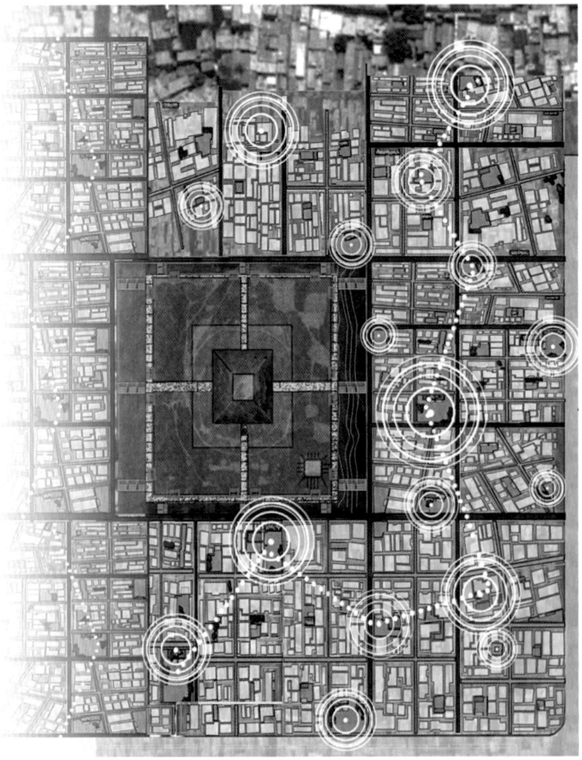

“城中村”问题是历史遗存和现实发展的产物，它的基本特性一般为：

建筑混乱，密度过大；

道路不规范，出现众多街道死角；

绿化稀少；

公共设施不配套，环境恶劣。

按区域进行空间划分，并赋予一定功能性；

针对“城中村”内部的道路系统重新规划，将其分为三级；

增加休闲活动空间，为人们提供一个更为宜居的生活环境。

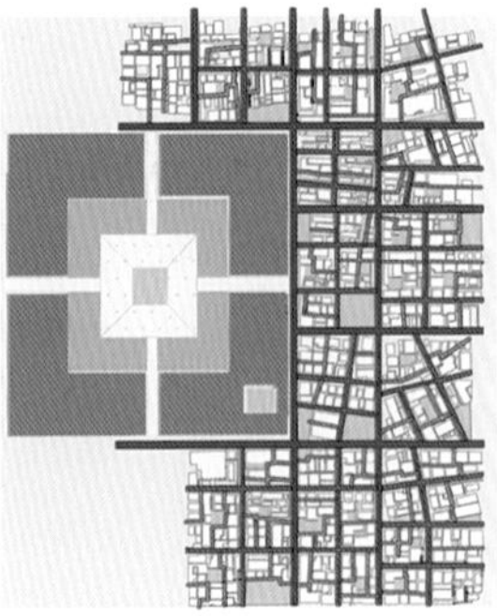

作品编号： G426

毕业院校： 西安建筑科技大学艺术学院

作品名称： 城市中历史遗存与城市居民生活——西安市韩森寨城中村改造

作　　者： 刘雨雁　彭烁　张茜　李歌　韦焱晶

指导老师： 王葆华

保持城中村原有的建制，按区域进行合理划分，将部分建筑移除，对留白空地进行再设计，在满足功能性的前提下体现其美观性。

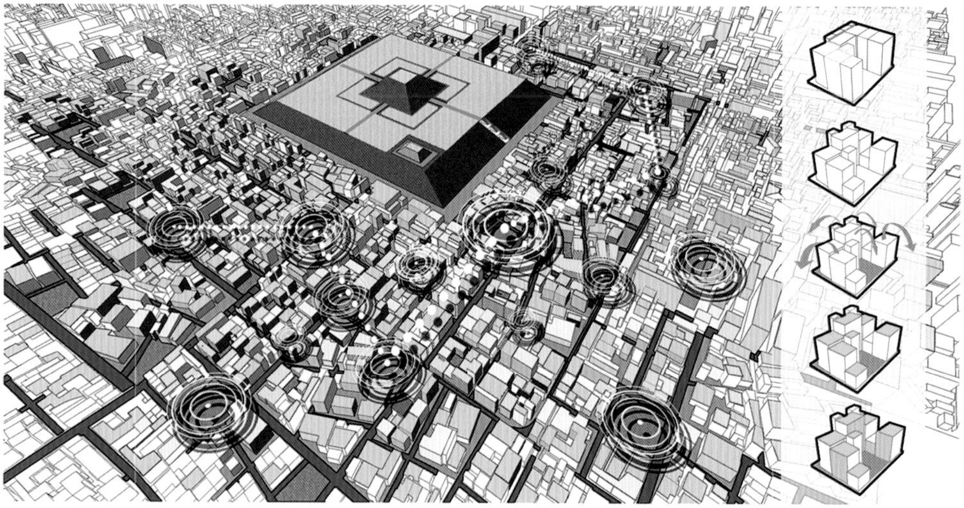

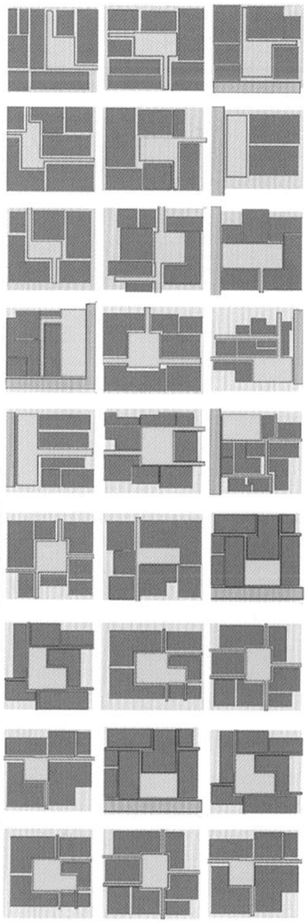

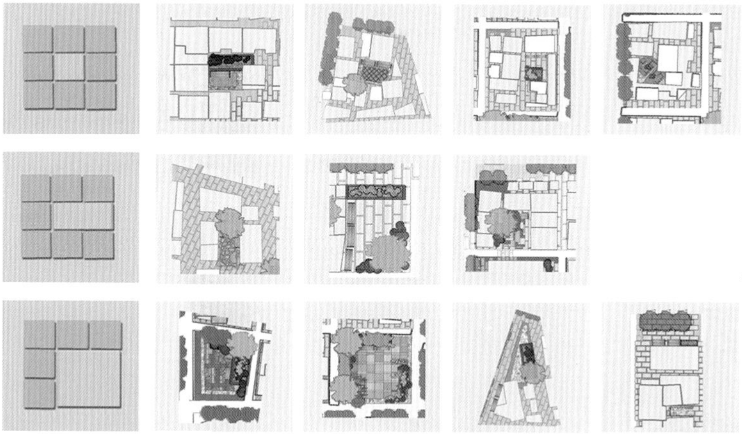

改变了以往形式主义景观的千篇一律，以“空格绿地”的形式，在满足居民各种需求的基础上，改变人与人的冷漠关系，加强人与景观的交流，最终通过营造景观实现人与景观完全融合。

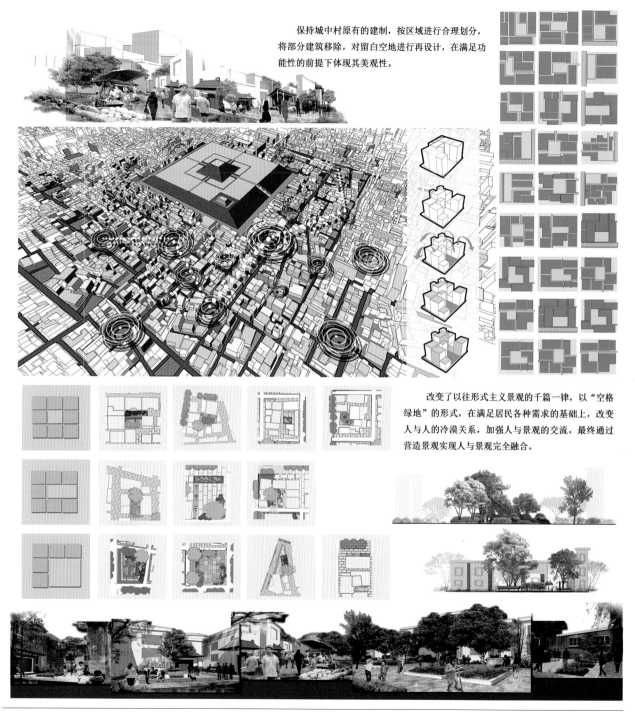

评委评语：

特点：方案兼具对生态系统的考虑，对景观空间和绿化的配置模式进行了归纳；长处：从社会现实问题入手，通过景观的手法与思维方式解决问题，实现新农村建设的目标；不足：偏向于概念设计，景观缺乏细节，分析较为欠缺；完善意见：对空间类型进行详细分类与分析，通过对道路绿化表现出对环境的保护方法；该作品以城中村改造为选题，具有一定的历史和现实意义。中国大规模的城市化进程，导致越来越多的乡村变成了“城中村”，作者分析了城中村所面临的问题，并通过“闾里制”的形式对城中村的原有空间进行整合，进行局部空地的留白，为村民提供交流空间，设计思路清晰，空间组织合理，对尺度的把握也比较得当，但在整个版面的布局上，结构和逻辑关系有待加强。

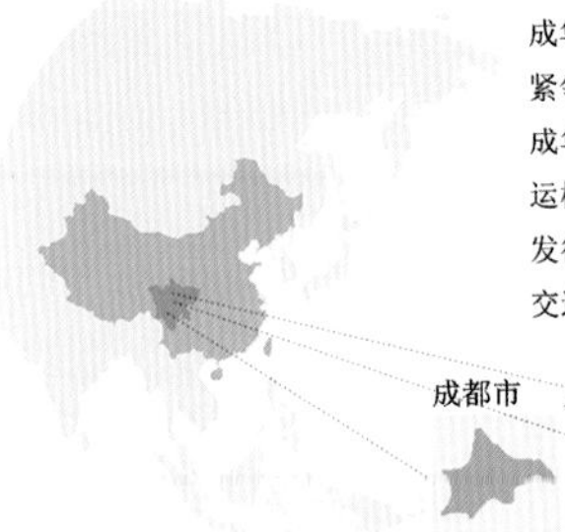
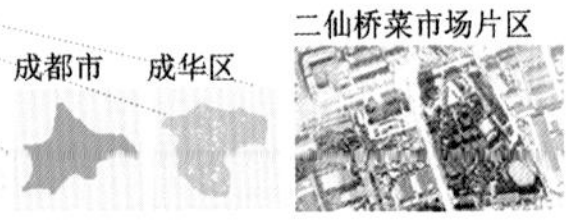

地理位置：本案位于四川省成都市成华区建设北路三段二仙桥片区，紧邻二环路、二仙桥东路和圣灯路。成华区人文旅游资源丰富公交、客运枢纽站集中，区内的公交线路和发往市郊的公交线路非常多，公共交通方便。

设计理念

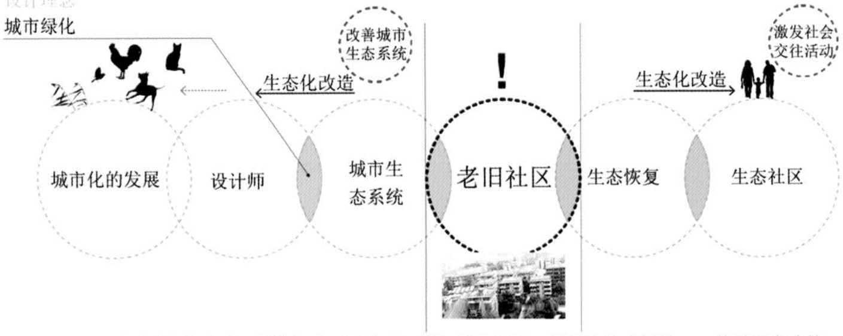

改造策略：1.通过适当的土地、植物还有雨水管理，增加绿化面积，增进生物多样性。2.尊重现有建筑，谨慎地新建和改建。3.充分利用荒废的钢铁厂形成形式多样化的社区。4.运用生态化的方法（渗透地面的使用、屋顶菜园的应用、雨水收集与利用、太阳能的利用）对社区进行生态化整体更新改造。5.收集雨水和使用乡土植物以节约用水。0.高效地使用道路用地，推广街道绿化。7.通过社区广场、屋顶绿化、太阳能板、农作物景观种植实现本地能源和食物的生产共享。

雨水收集利用

屋顶绿化储存水
雨水通过管道流到植物池灌溉植物

雨水直接从路面流入植物池
通过植物进行雨水收集

有趣的雨水收集管

植物对水的过滤
动物植物与自然的友好相处

建筑分析：现状建筑老旧杂乱，公共设施残缺。部分建筑空间结构有趣，裸露在外的红砖色彩鲜艳。一些电线杆、铁架、碎石具有一定的保留和改造价值。

植物分析：现状植物杂乱无序，类型稀少。但部分有趣的小空间中有自然生长的本土植物和居民自制种植池，具有一定的趣味性。

环境概况：社区内的生活垃圾乱丢乱放，时常发出阵阵的臭味，使得空气质量差。大型的钢铁厂，造成严重的噪声污染，影响人体健康。绿化率较低，没有达到净化空气、隔绝噪声的最佳效果。

人群活动分析表

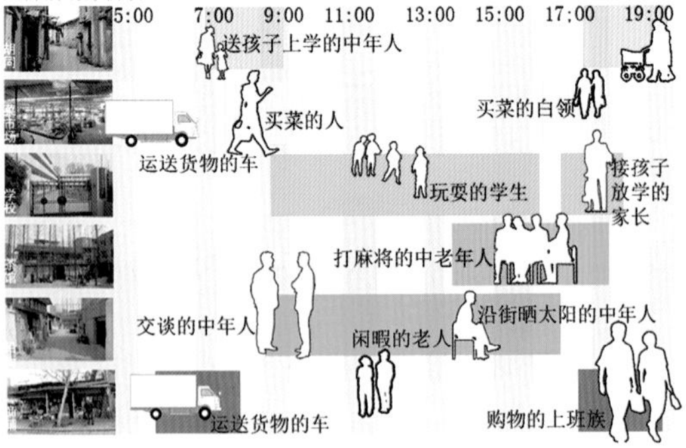

生态栖居

成都市二仙桥菜市场片区生态改造

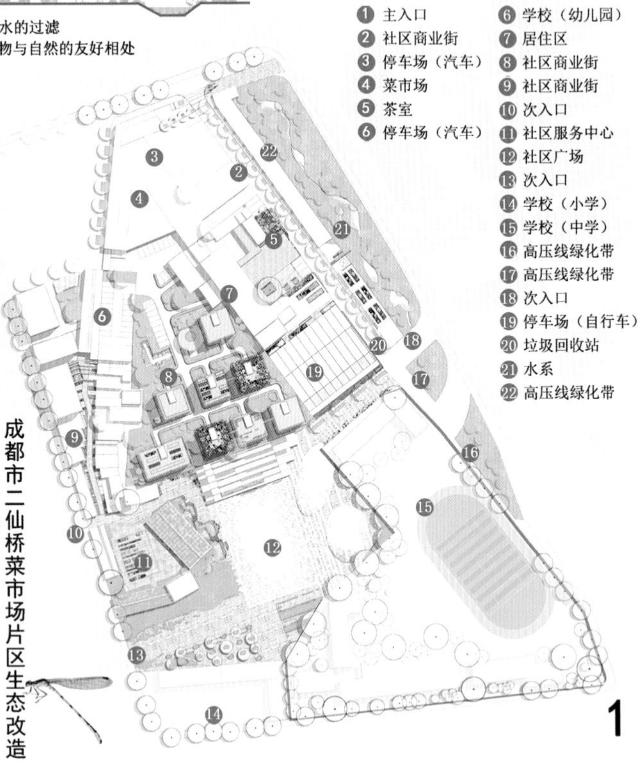

作品编号：X350
毕业院校：四川音乐学院成都美术学院
作品名称：生态栖居——成都市二仙桥菜市场片区生态改造
作　　者：袁静　凌愉　陈盼
指导老师：刘益

生态栖居

成都市二仙桥菜市场片区生态改造

设计愿景

农作物的种植：在社区一些死角和绿化带中种植农作物。让生活在都市的人们吃上安全新鲜的农产品，体验传统劳作技能。同时也能为本土动物、植物提供栖息地。为人们提供更多的社交活动，让社区更具活力。

雨水的收集利用：能解决部分植物灌溉的需求，减轻自来水供给的压力。废弃材料的利用不仅增加了空间的趣味性，也为儿童提供一个学习空间。

屋顶空间的利用：屋顶菜园增加社区绿地面积，激发社会交往活动，增加生态意识传播。

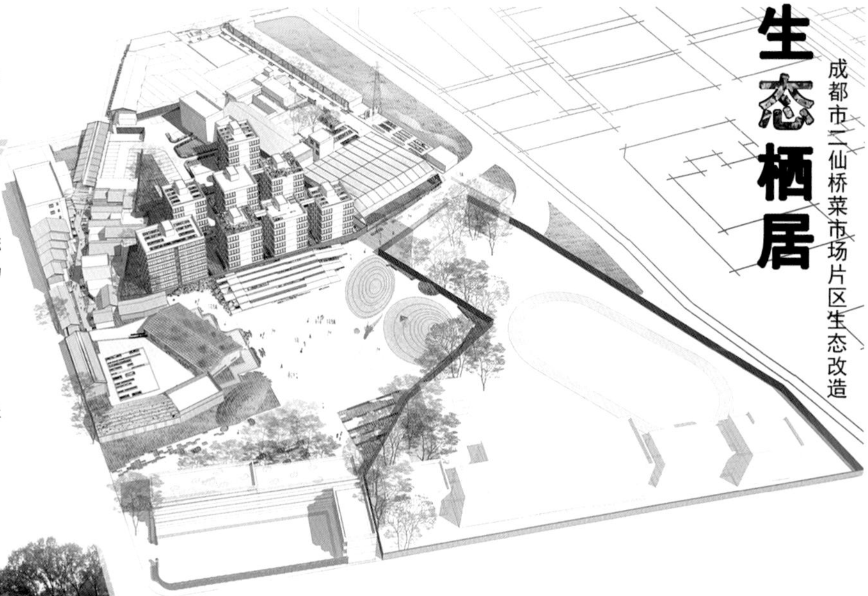

广场改造对比图

利用现状建筑废渣做地形，设计一个活泼的活动空间。利用碎石的缝隙自然生长植物。

幼儿园、停车场改造剖面图

根据场地现状和功能性质进行整理改造，利用场地里破旧的红砖墙作为元素设计景观墙，改善幼儿园环境，增加家长休闲区，提高场地趣味性和互动性。

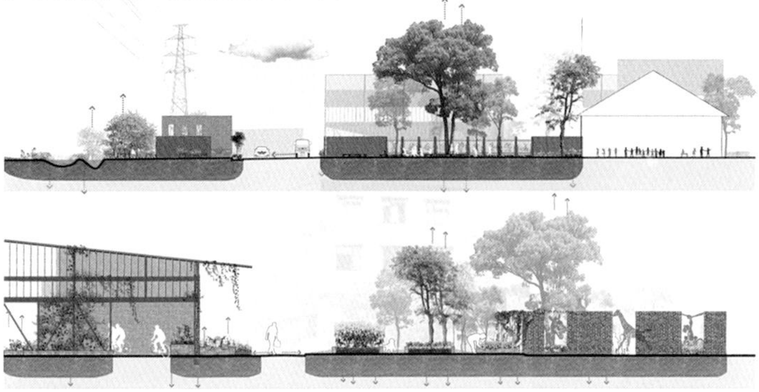

废旧铁厂改造对比图

保留主要建筑，拓宽道路，破旧的铁厂具有开敞的结构，适合作为社区活动中心。

用竹竿串联起来的植物架，成为展示居民手工制作、社区盆栽的小空间，弥补了原有建筑结构的单调。

2

评委评语：

该方案针对成都市二仙桥菜市场片区进行景观改造设计，从项目的分析到方案的解决有一定的见解，提出了自己的观点，对主题和细节有深入的思考，具有实践意义，但方案表现和深度欠佳，限于表面。

方案将城市中的老旧社区作为设计的主题，具有较强的探讨价值和实践意义。设计者基于对该场地现状各要素详尽的分析与评估，剖析老旧社区的实际问题，并采用适宜的生态设计和生态技术手段，实现生态系统优化及本地能源和食物的生产共享。设计成果较好地反映了设计理念，图文表达清晰准确，画面富有艺术表现力和感染力。若现状分析部分能以抽象的图案化方式归纳，方案将更具学术价值。本方案对场地及其周边地区的自然、社会、经济、历史文化等要素进行了综合分析与评价，针对现状存在的问题提出解决问题的原则与方法，具有地方特色，有一定的代表性和探讨价值。

当天色渐暗，黄昏来临时，万物就变得美丽起来，所有的街道，所有的广场，所有在暮色中行走的人，都像蝴蝶一样美丽。我好像也变得年轻了。 ——赫把·巴尔

内环游线选取要素叠加

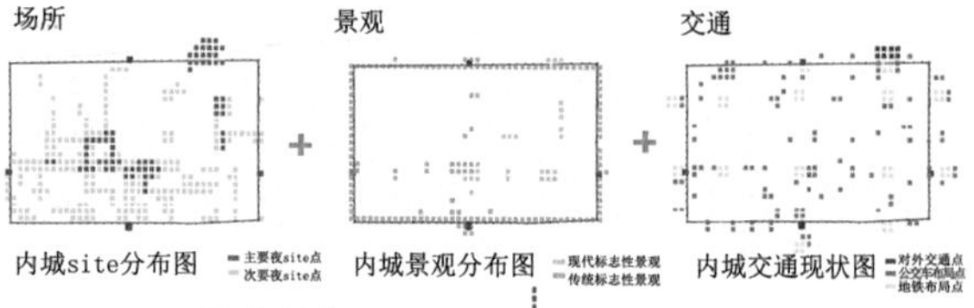

内环总TOUR

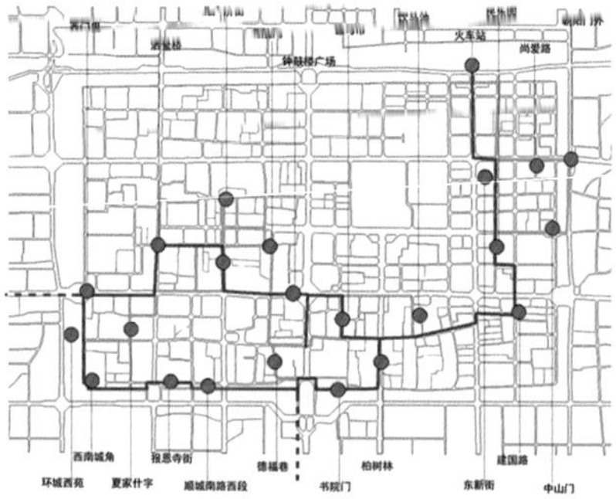

课题研究区位

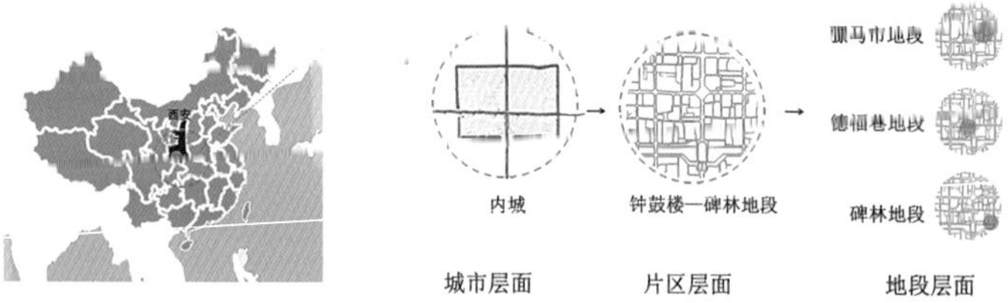

内环游线织补要素

1. 交通设施设计

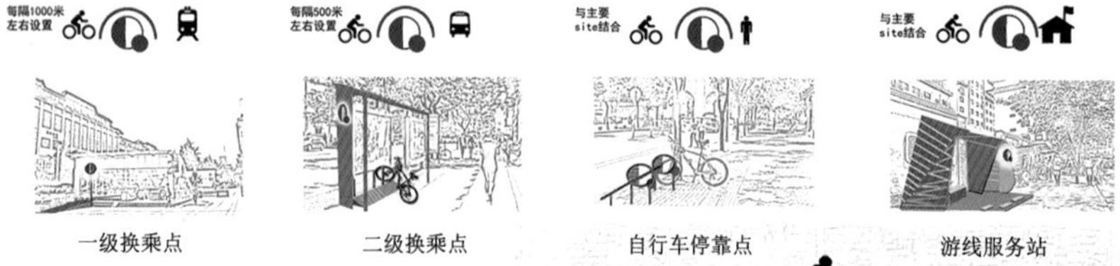

2. LOGO设计

3. 家具设计

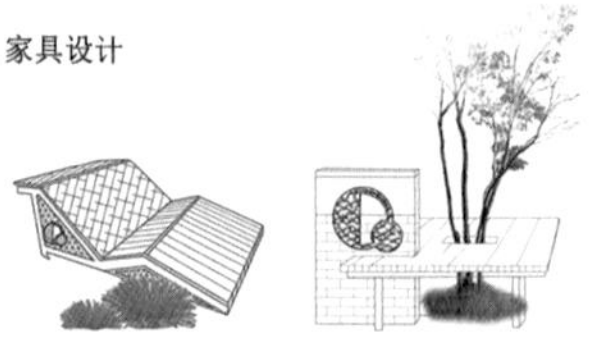

钟楼一级换乘点

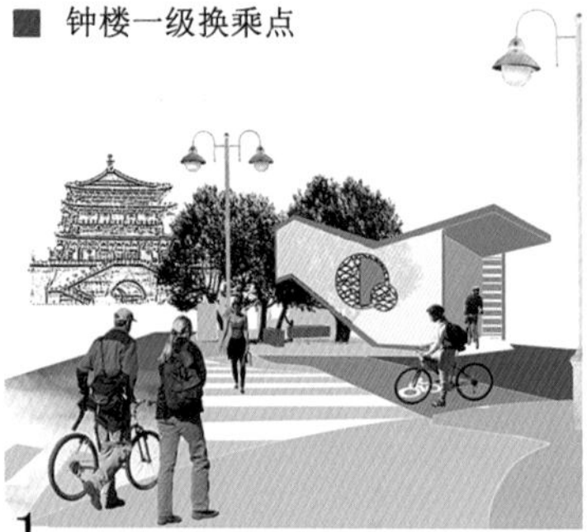

1

轮子上的夜长安

慢交通下的城市景观织补

Sensible Tour-XI' AN

Mobility and Perception with Urban Design

内城夜游线展示

内城夜活动展示

作品编号：X366
毕业院校：西安建筑科技大学建筑学院城市规划系
作品名称：轮子上的夜长安——慢交通下的城市景观织补
作　　者：陈琦
指导老师：薛立尧　沈葆菊　刘晖

鼓楼—碑林片区设计平面图

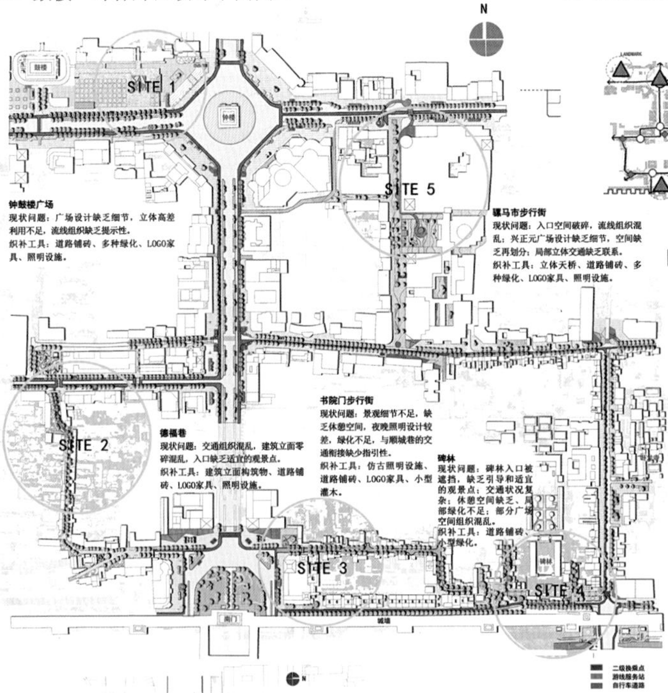

空间意向结构图

游线配套设施系统图

建筑策略评价图

城市设计织补策略

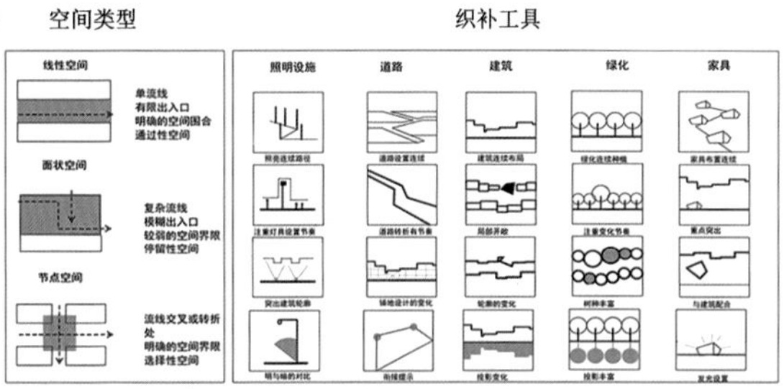

轮子上的夜长安

慢交通下的城市景观织补

Sensible Tour-XI'AN

Mobility and Perception with Urban Design

碑林地段平面图

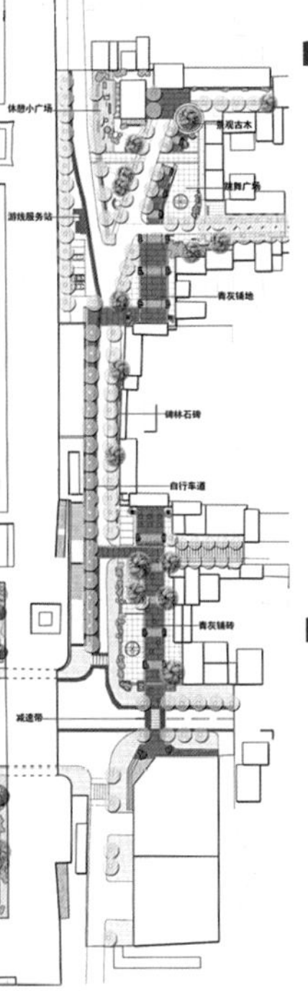

现状分析

现状问题：
1. 碑林入口被遮挡，缺乏引导和适宜的观景点
2. 交通状况复杂
3. 休憩空间缺乏、
4. 局部绿化不足
5. 广场空间组织混乱

织补工具：
道路铺砖、小型绿化、LOGO
仿古家具、照明设施

碑林入口透视图

AFTER

BEFORE

1-1剖面图

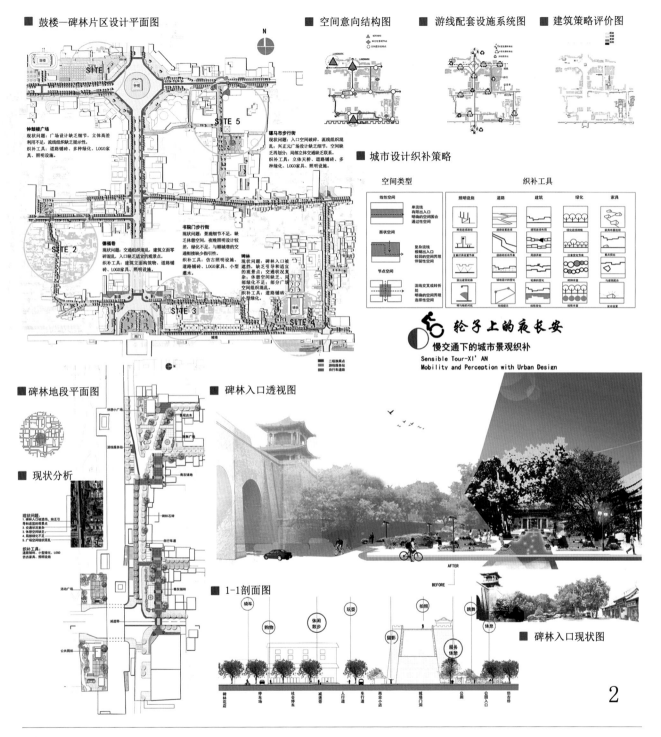

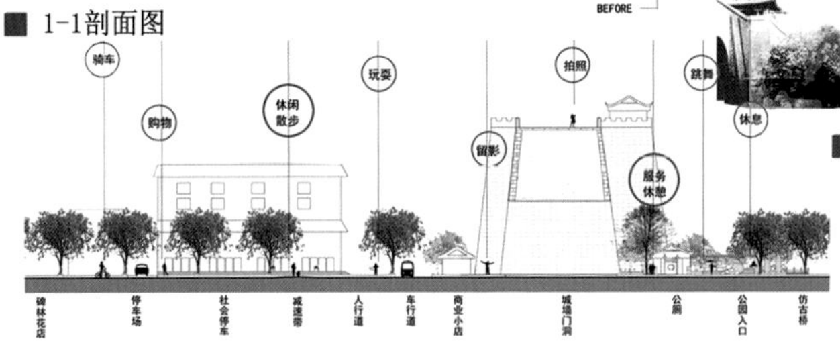

碑林入口现状图

2

评委评语：

该设计的立意略有创新，适应城市发展的需要。选取城市的慢行系统进行景观改造，并由此组成城市串联，最后分地段进行详细设计，紧密结合场地和文化的特点，符合逻辑的深入并有自己的想法。图面表达上运用单一色彩整体化体现夜晚的魅力，略显独特，但如果效果图的表现能深化处理则为更佳。

本案在整体布局及线路规划上设计到位，在慢交通这个主题上也做了相应的人车道路规划。不足的是在游览线路上做的景观节点设计与城市设施设计不足，并且在图面效果上略显生涩。

选题特别，对城市设计有独特的观点，并用独特的形式表现出来，解决城市的交通问题，但是并未考虑到自行车道与城市其他景观与建筑之间的联系，尤其是在人行密集的商业区，所以对场地性质的了解不足，但整体设计有独特的见解。

区位分析——Location analysis

■ · 场地区位 · ■

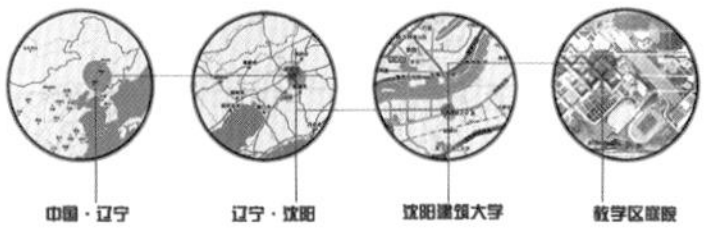

■ · 周边环境分析 · ■

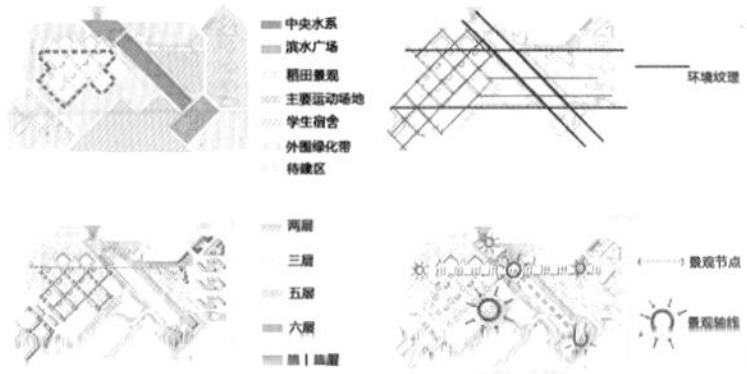

基地概况——Base profiles

基地位于沈阳市浑南新区浑南东路9号建筑大学教学区内，分为九块，为典型的庭院空间，基地北侧与长廊相接，东侧为稻田景观区。每块均为偏东西向的矩形或矩形的一部分，长约50米，宽约40米，总用地面积约1.8公顷。

■ · 场地综合SWOT分析 · ■

Tip1：便捷的路网体系，遵从两点一线最短距离法则，符合人类行为心理学的要求。

Tip2：引申校园总评，应用自相似分型原理进行九个庭院设计，几何化的景观设计手法，时代感强，母体清晰，象征意义明确。

Tip3：通过旧物再利用，建立新与旧的联系，把铁西老工业区的废弃钢铁、雷锋班的卡车等置于庭院环境之中，使学生能够在平时的学习生活中感受到情感的延续。

Tip：庭院基地原为一片稻田，地下水位线高，取水方便，故考虑将校园水系引入庭院，使之形成完整的水循环系统，从而营造出庭院水景观。

Tip：沈阳是大陆性气候，四季分明，创造季相性景观较为容易，故考虑将色叶树种大量引入庭院，结合生长习性，形成具有季相变化的植物景观。

Tip：通过前期调研发现，庭院晚间使用率低的根本原因在于主要活动场地缺乏照明，如何将照明设计引入庭院势必成为本次庭院设计的一大亮点。

交流的中转站

Communication Hub——沈阳建筑大学庭院景观更新设计

关键词：校园文脉，交流空间，功能性

Tip1：缺乏空间层次，缺乏竖向变化，从而无法形成丰富多彩的活动空间以满足师生不同活动的需要。

Tip2：活动设施安排的不合理性，例如靠近主要出入口及人流主要路径地区各种设施往往比较齐全，而其他位置则相对破败。

Tip3：九个庭院的软硬质比例以及空间使用性质的划分比较单一，虽然保持了整体秩序的和谐，却难以突出特色。

Tip1：校园整体规划主要采用斜线与方格网两种构成元素，教学区庭院作为整个校园的有机组成部分，势必要受其制约。

Tip2：原设计采用自相似原理，使庭院产生了非常统一的整体构图效果，绿化布置也富有时代气息，如何在保留其优势的前提下突出特色呢？

Tip3：场地的地下水位线较高，一方面为水景的引入提供了方便，然而另一方面在进行下沉广场设计时应充分考虑渗水、潮湿等问题的防护工作。

方案生成过程——Process of Layout Generation

■ · 设计原则 · ■

1.尊重原有设计，继承并发扬原有场地肌理和设计要素。

2.结合庭院所处位置和周边环境进行功能划分，体现差异性。

3.不同的庭院功能区域对人产生不同的心理暗示。

4.将对应的功能植入对应的功能空间中。

5.综合运用多种设计手法，丰富空间。

■ · 平面肌理生成 · ■

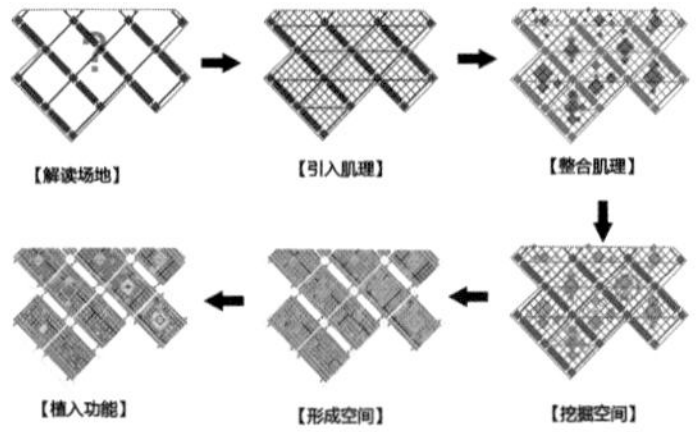

■ · 概念生成 · ■

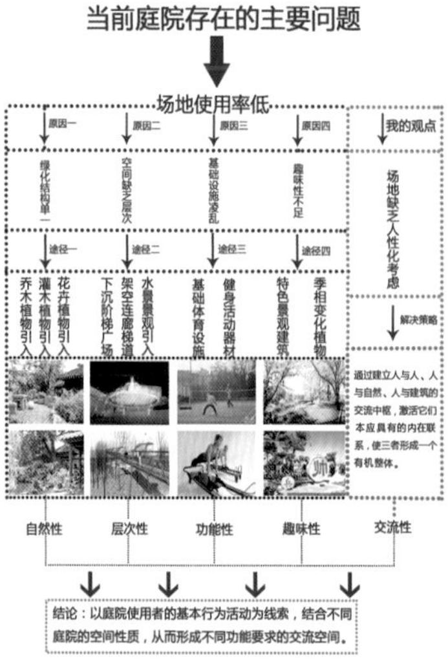

场地综合结构分析——Site Structure Comprehensive Analysis

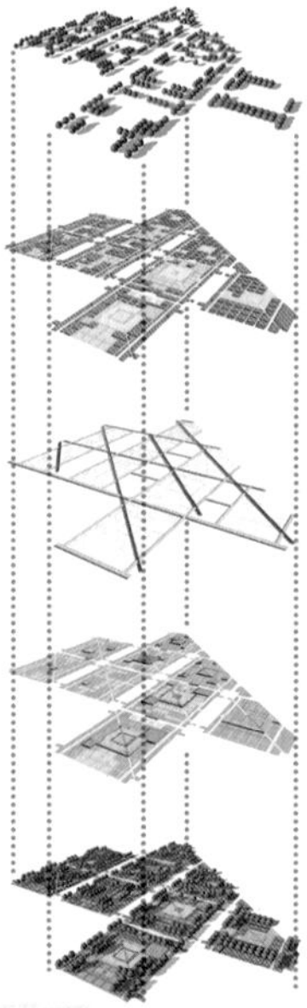

乔灌木分布层

整个场地乔灌木分布遵循平面肌理和空间形成的要求，主路两侧采用线性栽植，形成线性空间，内部采用围合栽植，形成向心空间。

地被分布层

地被植物在场地中不作为围合空间的手段，主要起到充当基底和渲染气氛的作用，此外也作为缓解空间封闭感的过渡层。

路网结构层

该层表达的主要是保留的原广场地的几何肌理秩序，分别为廊下灰空间通道、楼间道路、斜线路，作为整体节奏，设计时应以此为依托。

硬质铺装层

该层体现的是硬质铺装、广场以及内部小型空间分布情况，结合庭院的地位性和功能性进行设计，从而体现庭院间的差异性。

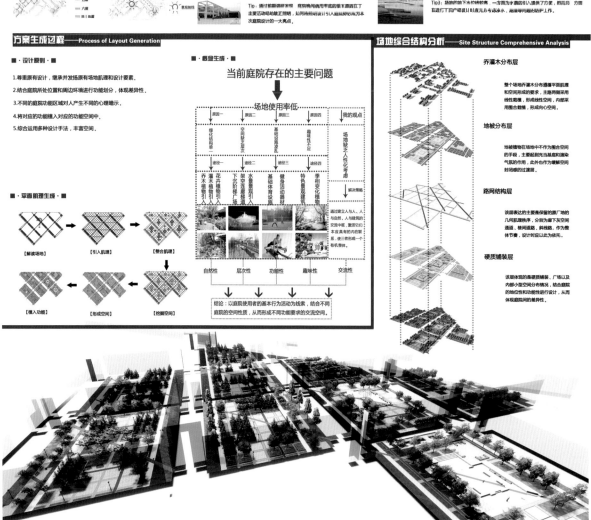

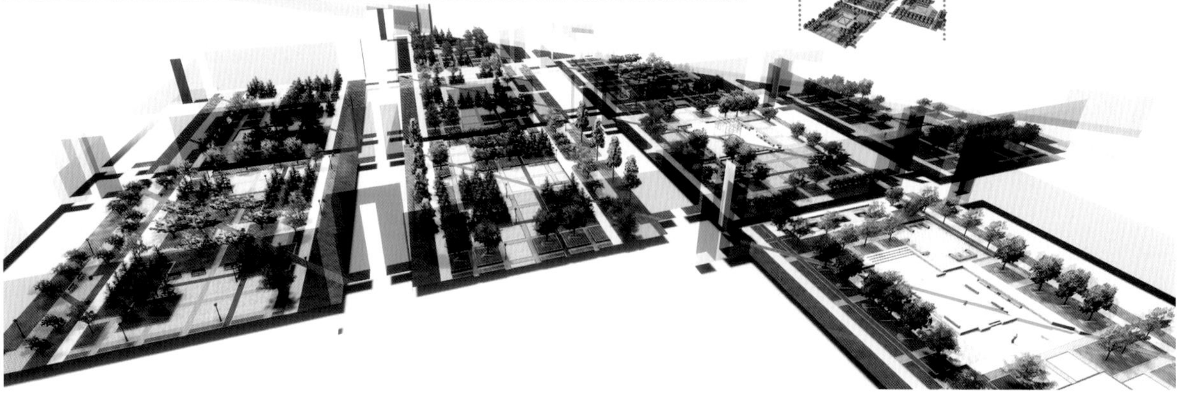

作品编号：G486
毕业院校：沈阳建筑大学建筑与规划学院
作品名称：交流的中转站——沈阳建筑大学庭院景观更新设计
作　　者：伦理
指导老师：朱玲

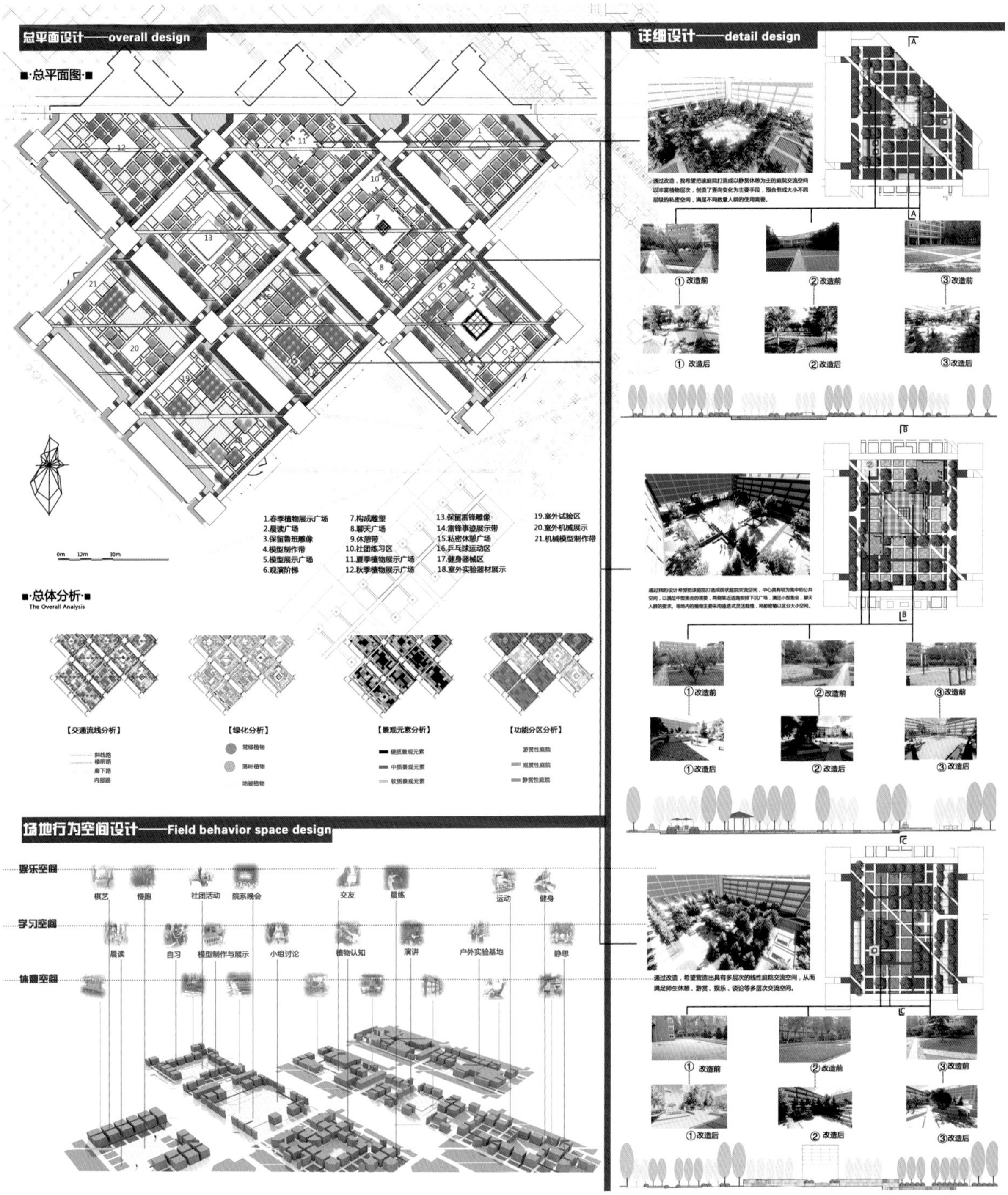

评委评语：

方案建立在对场地的深入理解的基础之上，以庭院使用者的基本行为活动为线索，结合不同的空间性质，从而形成不同功能需求的交流空间，实现"人与人、人与自然、人与建筑的交流中枢"的设计目标，设计成果与设计目标一致。庭院空间构成与布局合理有效，尺度感强。内容表述清楚、规范，图文比例得当。但缺少对学生本体需求的分析，使得设计成果支撑欠缺，应从使用者的角度出发营造一个活力的场所，说服力更强。

该作品对场地的分析十分细致，以"交流空间"为设计重点，体现了大学校园景观环境的本质问题。整体空间布局延续了"稻田景观"的设计模式，将其有效发挥与延展，设计出了既符合场地环境特征的结构形式，又有自身个性的交流场所，是当今师生会喜欢的去处。但每块小场地的设计过于相似，使作品的层次不够丰富。

新中国成立初期由于外交上倒向苏联，国内开始全面学习苏联教育模式。反映在校园规划上，就是开始模仿苏联的大学。

校园规划追求整体性，讲求中轴线，在大学入口处，以主要的教学楼的正面作为进入校园的第一视觉立面，并以此教学楼的中轴向整个校园引申，两侧对称排布功能区域。我国传统的校园规划理论是以功能分区为基础的蓝图式总体规划，将校园分割成若干功能区域，着重研究教学中心区，力图创造一种终极的完美形式。这样看似是从整体性出发设计，但是落实到每一个独立的功能区块，由于欠缺对功能区块的考虑和之间的相互关系，造成了功能区块过于独立或封闭，过于主观而忽视了其他因素的变化带来的问题，削弱了对校园生活趣味性和人文性的关怀，难以体现出大学的本质原则。

到了近几年，我国的大学校园规划思想出现多元化趋势。“但总体而言，它们一些是集中在校园发展趋势的概念性引导方面，如现代化、生态化、人文化、智能化等；一些是潜心对具体分项问题如交通组织、行为活动、空间环境、建筑更新、景观构成等进行深入的探究。”但是由于依然没有摆脱蓝图式整体规划的束缚，依然对整体校园的设计过于停留在整体平面上而缺乏一个较为系统的研究和实践。

由于我国高等教育的蓬勃发展，为应对大量的学生数量，学校的数量也在不断增加，教育用地面积不断扩大，随之而来的就是很多校园规划上的不足，基本有以下三点：

1. 空间秩序凌乱。校园建筑的相互关系混乱，过于追求设计规划蓝图的平面化效果而忽视了从使用者的尺度去考虑建筑以及与周围环境空间之间的关系。例如交通空间混乱、造成拥堵等。

2. 过于追求尺度上的扩大化和象征性，反而忽视了“大学”的本质，即师生交流之上的原则。建筑室内外空间由于过于追求蓝图式的规划效果而减少了对交流空间的重视，导致交流空间使用率过低。

3. 校园规划过于依照最初的蓝图式发展原则和整体性原则，忽视了大学的历史发展文脉，对于校园的发展基本采用拆掉重建和不断扩大校园面积来达到发展校园的目的。很少有大学能够像剑桥大学那样延续700年历史，使得校园历史文化成为一个大学的基本表现载体，以历史作为反映面来突出一个城市甚至一个民族的文化发展。

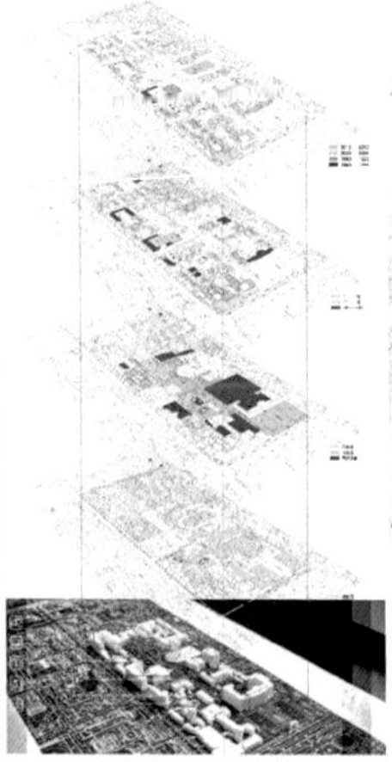

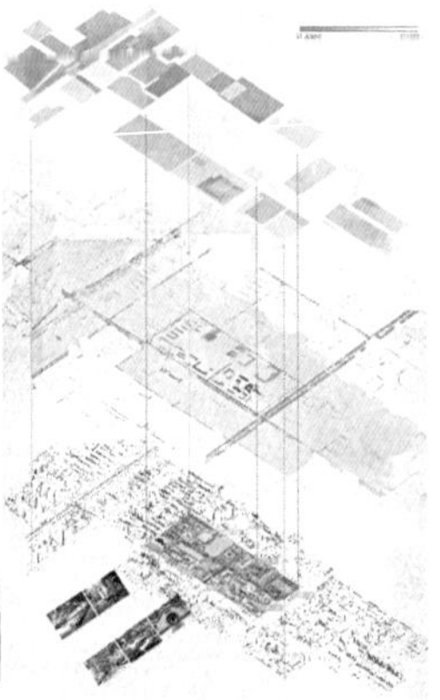

将每一个具有独立功能的空间视为整个校园结构的一个单元体，增强单元本身的作用和职能，以围合空间的方式作为主要手段，提升空间的识别度和归属感，增加单元空间的活力，将单元体以一个完整的路线串联，达到观赏和使用单元空间带来的视觉享受和功能服务。在统一交通功能的引导下，识别不同氛围和围合感的空间，将单元空间有机地组合，前后呼应，左右相连，最终达到 1+1>2 的蒙太奇效果，并迎合蒙太奇手法带来的随机性、多变性、连续性的空间体验的思维模式。围合空间注重在空间内部的虚空间，但作为围合元素的实体是形成整体氛围和功能的关键所在。鉴于北语校园内餐饮、自习、交通等功能的不完整或不完善，围合空间的主要新建实体空间以餐厅、咖啡厅、廊道、公共自习室为主。

浙江大学之江校区位于杭州市钱塘江畔，是浙江大学光华法学院所在的校区。之江校区依山而建，是基于美国人创办的教会学校发展而来。之江校园的建筑面积只有 7 万平方米左右，是整个校园面积的 16%左右。整个校园都被具有多年历史的树木环绕，校园建筑依山路而建，在校园北面还有一汪碧水。整个校园的规划由于保留了原有建筑的格局，给人一种无拘无束的感觉，几条曲折的山路将校园里各个单元空间连接起来，一气呵成，漫步于校园如同漫步于景观园林中一般。之江校区的建筑单体大都独立而建，且之间没有连接空间，但是校园整体连贯性很强且不失一个个各异的单元空间，植物将单体建筑串联，在视觉上形成一条完整的天际线，加上高低起伏的山路和台阶的烘托作用，路径、植被、建筑作为空间元素将校园围合出一个个独立的开放性院落。院落形制有着很强的向心性，建筑层次感强烈，历史文脉保留完整并延续在校园环境这个载体上，周围环境的审美度很高，从而使得周边的建筑能够更好地发挥自身的功能性，为师生互相往来提供了良好的交流环境。以校园钟楼西北面的院落空间为例，主教楼和行政楼及周边几个教学楼形成建筑实体上的围合，建筑物之间均种植有大量高低、色彩、浓密程度不同的植物以在视觉上和交通上将中心院落围合。围合空间中心视野开阔，公共性很强，接近树木的过渡性空间路径曲折、树荫成片，提供了良好的半公共空间。校园中如此的围合空间有大大小小数个，均具有各自特色，基本都是建立在原有建筑和景观的基础之上，通过独立单元空间的设计，激发了整个校园的学术氛围。

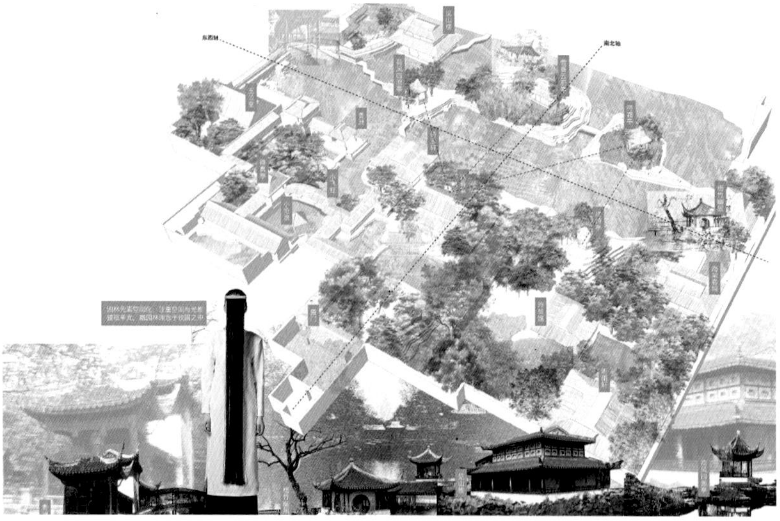

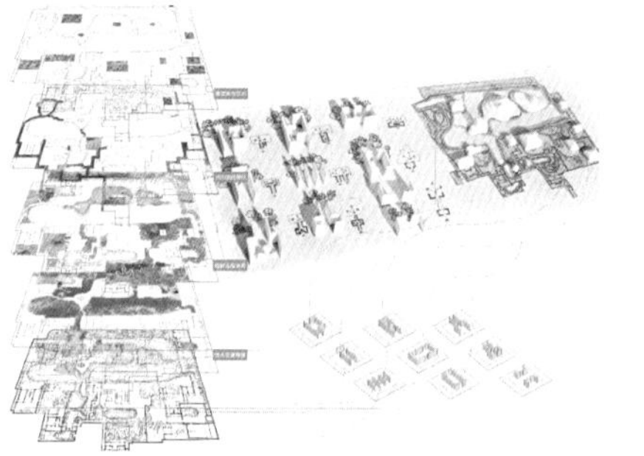

中国传统园林是古代文人墨客交谈赏景的场所空间，虽然园林的建造基本由诗人画家担当设计者，其中感性因素很强，但是通过对园林的对比，依然可以总结出园林的空间组织基本形式。从整体来看，园林的空间性相对于四合院是半开放的；从园林内围合的独立空间来看，空间是自由的，非对称式的，大空间套小空间、小空间交织小空间是主要的组织形式。主题性是每个小园林的设计主旨，比如避暑山庄的“万壑松风”，每个园林都有一个主题，每个园中园又有一个各自独立的主题，单元空间虽各不相同，但是又都回归于整体的主题。

园中的空间组织单元讲求主从关系、看与被看、层次与起伏，动线蜿蜒曲直。通过建筑、交通、景观、水系等元素以达到园林所追求的自然和闲适的意境。水系是园林中不可或缺的空间组织单元，水系承担着汇聚、分割、引导等多重作用。大面积、完整的一汪水可作为一个视点中心，湖心设有亭台楼阁，还可以分割园林布局，形成对望的格局；蜿蜒的水系可以作为引导标示，将人们引入一个个主题各异的园中园。景观中，以树为背景，以花木为赏景，山水层叠，层次感强烈，景观元素起到划分空间、连接建筑、模糊边界的作用。建筑虽各自独立，却又有廊道、小桥、硬质铺装将其串联起来，一条完整的参观路线可以将整个园林围合起来。

作品编号： G617

毕业院校： 清华大学美术学院环境艺术设计系

作品名称： 耽闲拾遗园——蒙太奇设计手法在大学校园设计中应用的可能性研究

作　　者： 赵沸诺

指导老师： 郑曙旸

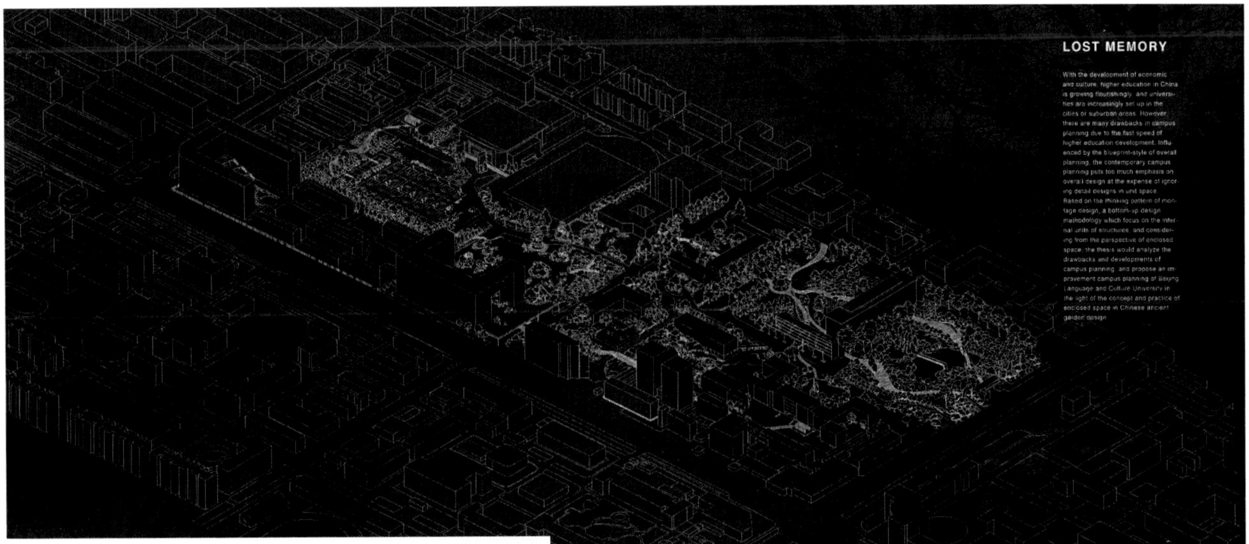
LOST MEMORY
With the development of economic and culture, higher education in China is growing flourishingly, and universities are increasingly set up in the cities or suburban areas. However, there are many drawbacks in campus planning due to the fast speed of higher education development. Influenced by the blueprint-style of overall planning, the contemporary campus planning puts too much emphasis on overall design at the expense of ignoring detail designs in unit space. Based on the thinking pattern of montage design, a bottom-up design methodology which focus on the internal units of structures, and considering from the perspective of enclosed space, the thesis would analyze the drawbacks and developments of campus planning, and propose an improvement campus planning of Beijing Language and Culture University in the light of the concept and practice of enclosed space in Chinese ancient garden design

根据整体规划原则，景观设计按照校园内围合空间单元进行分别设计。尽量保留原有树木和草坪，进行绿化面的整合和树木的移植重新搭配。植物在北京语言大学校园设计中承担连接独立建筑形成围合空间，形成层次感丰富的立面效果，成为视觉关注点，引导使用者，为使用者提供休息空间等功能。

对校园内所有绿化植被进行调研分析，分析对象主要是基本树种和草种构成。基本绿化点位分析包括视点分析和植物组合分析、树种体量与周边建筑环境关系分析，主要是校园主干道以北的树种和草种分析，以校园主干道以南空间中树种和草种分析为辅。其中北线包括主楼围合空间、工行、综合体育馆前广场及篮球场西侧的海棠园，南线包括法盟大楼围合空间、来园及艺术楼前绿地、南门入口交通干道。北线景观设计主要以整合绿地、连接各个围合空间、形成统一草坪为主，在不破坏原有树木位置的前提下，根据整体规划原则设计交通流线。南线景观设计以激发原有景观单元、扩大原有景观单元辐射范围、整合交通空间以便使用者进入原有景观区域为重点。

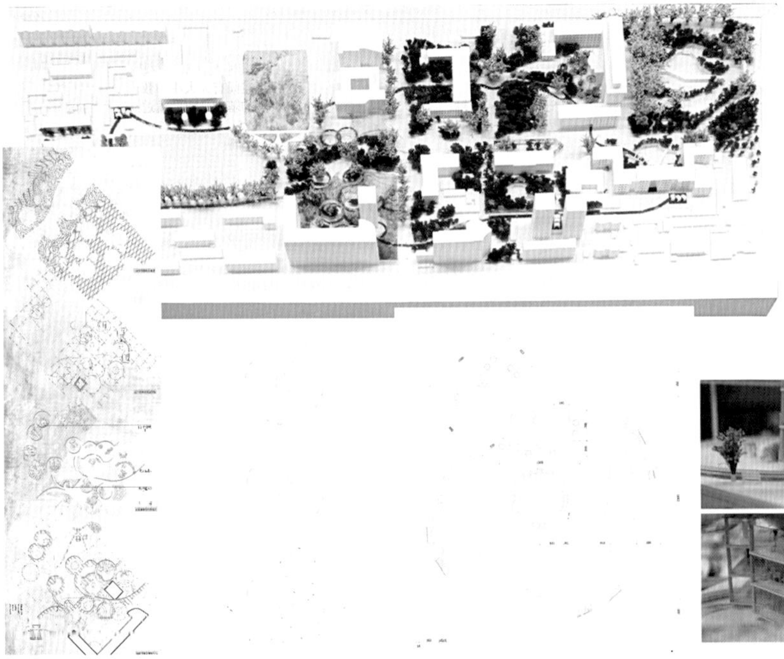

SILENT PARK

评委评语：

该设计针对原有校园空间存在的问题提出了自己的看法和理念，有自己的分析和见解，能较好地理解和借鉴传统中国园林空间组织的手法来建立校园内流动的空间与景观关系，设计表现手法有特点。但应注意标题和关键词的明示。

第二部分：优秀奖获奖作品名单

（因页面限制，评委老师评审意见全部收录在附赠光盘中）

作品编号：G008
毕业院校：中央美术学院建筑学院
作品名称："编织"——上虞祝家庄乡村规划改造
作　　者：成旺蛰　**指导老师：**丁圆

作品编号：G009
毕业院校：南京农业大学园艺学院
作品名称：体验式墓园景观设计——宣城市陵阳公墓改造
作　　者：荣南　**指导老师：**汪松陵

作品编号：G015
毕业院校：沈阳建筑大学建筑与规划学院，景观系
作品名称：以水为纽带连接城市间区域关系——盘锦滨海新区景观规划设计
作　　者：贾晓丹　**指导老师：**李辰奇

作品编号：G025
毕业院校：重庆文理学院美术与设计学院
作品名称：殇城的回溯与蜕变——重庆白市驿抗战文化主题遗址公园景观规划与设计
作　　者：昌敏（主创）曹玉霞　**指导老师：**文静

作品编号：G041
毕业院校：沈阳建筑大学建筑与规划学院景观系
作品名称：救赎——沈阳市沈河区重点城市空间景观设计
作　　者：郭腾　**指导老师：**刘大鹏

作品编号：G042
毕业院校：青岛理工大学建筑学院
作品名称：告别雾霾——平顶山气象主题公园景观设计
作　　者：衡先培　储皓　**指导老师：**刘福智　刘森　阎娓

作品编号：G043
毕业院校：厦门大学嘉庚学院艺术设计系
作品名称：厦门市沙坡尾的保护与改造更新
作　　者：肖云鹏　**指导老师：**陈晓菲

作品编号：G070
毕业院校：北京林业大学园林学院
作品名称：流动的水岸——无锡南长运河公园景观设计
作　　者：王鹏飞　**指导老师：**林箐

作品编号：G074
毕业院校：内蒙古农业大学林学院
作品名称：内蒙古乌海市书法城风情园设计
作　　者：苗方舟　**指导老师：**武欣慧　白恒勤　闫晓云

作品编号：G079
毕业院校：南京师范大学美术学院
作品名称：块茎・生成——南京老城南花露岗地区景观建筑概念改造设计
作　　者：周予希　左广乐　**指导老师：**黄江

作品编号：G080
毕业院校：厦门大学嘉庚学院艺术设计系
作品名称：巢——深圳市后海内湖滨水公园概念景观设计
作　　者：潘婷　陈秦杰　**指导老师：**洪绍宾

作品编号：G086
毕业院校：南开大学滨海学院艺术系
作品名称：海洋文化复兴——浙江舟山定海海滨公园改造
作　　者：周歆韵　**指导老师：**涂俊

作品编号：G101
毕业院校：四川音乐学院绵阳艺术学院造型与设计艺术系
作品名称："洄"——绿色建筑与景观规划设计
作　　者：张嗣贤　**指导老师：**刘素

作品编号：G119
毕业院校：昆明理工大学艺术与传媒学院
作品名称：年轮——昆明市呈贡万溪冲农业生态观光园景观规划设计
作　　者：张小孟　胡江龙　王安明　李敏　刘丽冬　赵冬雪
指导老师：杨旭

作品编号：G127
毕业院校：南京师范大学美术学院
作品名称：流动空间——美院展厅及周边环境改造概念方案
作　　者：刘安　聂海涛　**指导老师：**许建春　黄江

作品编号：G158
毕业院校：天津城建大学城市艺术学院
作品名称：天津市东丽湖逸栖自然风景区
作　　者：朱茉菡　陶磊　朱小玉　**指导老师：**张大为

作品编号：G161
毕业院校：中国美术院建筑艺术学院
作品名称：梦想乐园——幼儿园景观设计
作　　者：季美洁　**指导老师：**康胤

作品编号：G164
毕业院校：湘南学院艺术设计系
作品名称：融透的记忆——郴州市宝山创意文化园景观设计
作　　者：王华锋　**指导老师：**张素娟

作品编号：G171
毕业院校：西北农林科技大学林学院
作品名称：E 时代的生态湿地景观设计
作　　者：刘琴丽　**指导老师：**陈敏　刘艺杰

作品编号：G172
毕业院校：东北农业大学艺术学院
作品名称：看不见的花园——五谷园景观改造设计
作　　者：席爽　**指导老师：**张天竹

作品编号：G174
毕业院校：深圳大学艺术设计学院
作品名称：田——深圳湾后海河景观设计
作　　者：杨炜德　**指导老师：**许慧

作品编号：G177
毕业院校：南京艺术学院高等职业教育学院
作品名称：穿越历史的冥想空间——以南京明故宫遗址公园改造为例
作　　者：陈翠红　熊娟　王珊珊　**指导老师：**刘一凡

作品编号：G186
毕业院校：山东农业大学林学院
作品名称：泰安市中央湿地公园设计
作　　者：刁天鹏　**指导老师：**王洪涛

作品编号：G188
毕业院校：南京艺术学院高等职业教育学院
作品名称：缓冲地带——空间湿地防御性景观设计
作　　者：李克静　陈丹丹　杨文　**指导老师：**刘一凡

作品编号：G205
毕业院校：中央美术学院建筑学院
作品名称：蔓・生长——上海市杨浦区黄兴公园改造设计
作　　者：卢文龙　**指导老师：**丁圆

作品编号：G206
毕业院校：四川美术学院设计艺术学院
作品名称：微竹・微筑——清溪河驳岸空间设计
作　　者：黄杨　秦思　**指导老师：**黄红春

作品编号：G208
毕业院校：中国美术学院建筑艺术学院景观设计系
作品名称：集装箱花园——城市闲置地景观改造
作　　者：朱江晨　**指导老师：**康胤

作品编号：G211
毕业院校：深圳大学艺术设计学院
作品名称：海绵城市：雨水的回归与利用——基于雨水花园系统的散点式疏导设计
作　　者：邹曙光　**指导老师：**李微

作品编号：G212
毕业院校：四川农业大学风景园林学院
作品名称：成都世界乐园改建——犀浦公园设计方案
作　　者：佘孟骁　**指导老师：**鲁琳

作品编号：G217
毕业院校：西南科技大学文学与艺术学院
作品名称：蓉都　公园酒店景观规划设计
作　　者：曾姣　李明初　**指导老师：**张源铭

作品编号：G219
毕业院校：广西师范大学设计学院
作品名称：“重构生命体”——废弃钢铁厂景观改造设计
作　　者：李琳　**指导老师：**杨丽文

作品编号：G230
毕业院校：合肥工业大学建筑与艺术学院
作品名称：水土・叙事・者——宁国市小汪村概念性规划
作　　者：凌犀　**指导老师：**吴敏

作品编号：G235
毕业院校：北京工业大学艺术设计学院
作品名称：城市的补丁——北京西平庄城中村公共空间设计改造
作　　者：王雪瑜　**指导老师：**于立晗

作品编号：G236
毕业院校：广西师范大学设计学院
作品名称：运河之舞——临清运河门庄段景观廊道修复与再生设计
作　　者：史金海　**指导老师：**杨丽文

作品编号：G238
毕业院校：沈阳建筑大学建筑与规划学院
作品名称：凤拥湛海——湛江东海岛入口区城市景观设计
作　　者：胡昊　**指导老师：**焦洋

作品编号：G243
毕业院校：安徽大学艺术学院环境艺术设计
作品名称：走进中国——合肥市翡翠花园翠湖苑“新中式”住宅景观设计
作　　者：李亮　**指导老师：**苏媛媛

作品编号：G244
毕业院校：湘南学院艺术设计学院
作品名称：长沙雅塘商业会所建筑及环境设计
作　　者：暨露　**指导老师：**李楚智

作品编号：G246
毕业院校：安徽大学艺术学院
作品名称：六安霍山淠阳湖生态湿地公园
作　　者：杨丛　**指导老师：**苏媛媛

作品编号：G247
毕业院校：四川农业大学风景园林学院
作品名称：自然的力量——成都市水源地生态系统规划
作　　者：史育玉　戚姣姣　**指导老师：**鲁琳

作品编号：G263
毕业院校：内蒙古农业大学林学院
作品名称：静・思——呼和浩特和林格尔公墓景观规划
作　　者：车晓雨　**指导老师：**段广德

作品编号：G269
毕业院校：福建农林大学艺术学院
作品名称：水上“蜘蛛网”编织慢生活——上渡洋洽河景观改造设计
作　　者：郑小芳　**指导老师：**郑洪乐

作品编号：G271
毕业院校：中国美术学院建筑艺术学院
作品名称：拆建公园
作　　者：殷昶　刘畅　**指导老师：**袁柳军

作品编号：G279
毕业院校：北京工业大学艺术设计学院环艺系
作品名称：北京密云私人会所建筑设计
作　　者：王一淼　指导老师：张屏

作品编号：G283
毕业院校：郑州大学建筑学院
作品名称：坐上火车去旅行——河南巩义孝大铁路公园规划设计
作　　者：李慧珍　指导老师：白丹

作品编号：G294
毕业院校：清华大学美术学院
作品名称：一个枢纽化的连接系统，一个扩展了的绿化景观
作　　者：袁磊　指导老师：方晓风

作品编号：G304
毕业院校：西安工业大学
作品名称：骑行·重返自然——秦岭太平峪太平河段至黄柏峪段生态自行车道景观设计
作　　者：宋仕尧　魏轶杰　指导老师：胡喜红

作品编号：G338
毕业院校：天津美术学院设计学院环境艺术设计系
作品名称：北京怀柔区宽沟山体公园生态景观规划设计
作　　者：柯宝贝　指导老师：龚立君　王星航

作品编号：G353
毕业院校：郑州大学建筑学院
作品名称：地域性设计——巩义市铁路公园设计
作　　者：胡飞　指导老师：白丹

作品编号：G361
毕业院校：福建农林大学艺术学院
作品名称：绿·蔓生态景观设计
作　　者：李靖婷　指导老师：郑洪乐

作品编号：G377
毕业院校：台湾勤益科技大学景观系
作品名称：车笼埔断层防灾智能建筑设计
作　　者：陈昱蓁　指导老师：欧文生

作品编号：G388
毕业院校：南京工业大学建筑学院
作品名称：隐形的方舟——新城区避难广场概念设计
作　　者：李南　陈大彪　指导老师：冯阳　李炳南

作品编号：G389
毕业院校：西北农林科技大学林学院艺术设计系
作品名称：生命保护伞——应急避难性景观规划设计
作　　者：辛儒鸿　指导老师：陈敏　刘艺杰

作品编号：G390
毕业院校：盐城工学院设计艺术学院
作品名称：佛教文化解读 心灵的归属——盐城海慧寺景观规划设计
作　　者：凌俊　杨林东　指导老师：陈福阳　姚捷

作品编号：G391
毕业院校：深圳大学艺术设计学院
作品名称：社区“共融”
作　　者：庄沅锭　指导老师：李微

作品编号：G392
毕业院校：山东工艺美术学院建筑与景观设计学院
作品名称：一叶·一方——青岛世园会青年园景观设计
作　　者：刘宗钰　孙蕴甜　指导老师：邵力民　王强

作品编号：G393
毕业院校：西华师范大学美术学院
作品名称：芝加哥海军码头改造设计之绿色驿站
作　　者：邓晓莉　指导老师：周明亮

作品编号：G397
毕业院校：天津美术学院设计学院
作品名称：“涅槃”——天津市西青区文化中心建筑及景观设计
作　　者：贾万瑞　刘怡斐　指导老师：彭军　高颖　孙奎利

作品编号：G406
毕业院校：中国矿业大学（徐州）艺术与设计学院
作品名称：寻魂——徐州护城石堤遗产保护纪念性公园
作　　者：关晓刚　指导老师：罗萍嘉

作品编号：G407
毕业院校：武汉轻工大学艺术与传媒学院
作品名称：蜕变——废弃选煤厂改造
作　　者：和阳　张伟俊　指导老师：陈莉　季岚

作品编号：G410
毕业院校：湘南学院设计系
作品名称：夹缝间生存的后工业——郴州天成化肥厂改造
作　　者：李庆梅　指导老师：李楚智

作品编号：G411
毕业院校：台湾勤益科技大学景观系
作品名称：玉山排云山庄低碳环境设计
作　　者：林咏轩　指导老师：欧文生

作品编号：G415
毕业院校：中国美术学院建筑艺术学院
作品名称：社交菜场——古荡小区农贸市场边界改造
作　　者：刘露丹　指导老师：袁柳军

作品编号：G425
毕业院校：天津美术学院设计艺术学院
作品名称：新生——京杭大运河（香河段）博物馆建筑·景观室内设计
作　　者：郭文瀚　孙小婷　指导老师：彭军　高颖　孙奎利

作品编号：G428
毕业院校：西安建筑科技大学艺术学院
作品名称：校园湿地 绿色共享
作　　者：刘文博　李启　侯天航　刘雨雁　指导老师：吕小辉　王葆华杨豪中

作品编号：G434
毕业院校：西北农林科技大学林学院艺术设计系
作品名称：道解水文化——“天府之源”都江堰市水文化公园规划设计
作　　者：邹凯丽　指导老师：陈敏　刘艺杰

作品编号：G445
毕业院校：南开大学文学院艺术设计系
作品名称：当山水遇见毛细——对未来城市景观设计的探索
作　　者：卢重光　指导老师：薛义　涂俊

作品编号：G447
毕业院校：台湾中国文化大学环境设计学院景观系
作品名称：丽江水文化研究——以狮子山西河一线为例
作　　者：陈济　萧暐婷　指导老师：陈章瑞　林开泰

作品编号：G448
毕业院校：吉林建筑大学艺术设计学院景观学
作品名称：以心理空间为导向的城市更新之研究——以南广场地区规划设计为例
作　　者：陈济　指导老师：高月秋　金日学　赵亮宇

作品编号：G456
毕业院校：长春建筑学院公共艺术学院
作品名称：独立日——长春新月湖公园景观设计
作　　者：隋强　指导老师：孙杨　蔡琦

作品编号：G460
毕业院校：沈阳建筑大学建筑与规划学院
作品名称：稻谷·情·源——汤原县大米河公园景观设计
作　　者：龙菊　指导老师：马雪梅

作品编号：G465
毕业院校：扬州大学艺术学院设计系
作品名称：留住乡情，亲近自然——扬子津风景区概念规划
作　　者：管淼　娄晴晴　熊媛　指导老师：侯长志　谢麒

作品编号：G480
毕业院校：沈阳建筑大学建筑与规划学院
作品名称：聆听心跳——清原县英额河湿地公园景观设计
作　　者：佟欣阳　指导老师：马雪梅

作品编号：G489
毕业院校：沈阳建筑大学建筑与规划学院
作品名称：五行之道·上善若水——城市综合体中轴线环境景观设计
作　　者：沈晨　指导老师：屈海燕

作品编号：G491
毕业院校：沈阳建筑大学建筑与规划学院
作品名称：熙暮朝歌——城市综合体中轴线景观环境规划设计
作　　者：张雪婷　指导老师：屈海燕

作品编号：G497
毕业院校：西安建筑科技大学艺术学院
作品名称：TEN-MILE RADIUS 渭河宝鸡段城市绿地规划设计
作　　者：陈虎　马振　指导老师：张蔚萍　杨豪中

作品编号：G503
毕业院校：西安建筑科技大学艺术学院
作品名称：西安杜陵遗址生态景观规划设计
作　　者：古丽娜　姚苗苗　袁晶晶　指导老师：吕小辉

作品编号：G516
毕业院校：江南大学设计学院
作品名称：城市峡谷
作　　者：许秋姝　指导老师：杜守帅　王晔　林瑛

作品编号：G518
毕业院校：华侨大学建筑学院
作品名称：山·水·屋·田——可持续的乡村旅游景观和生态环境设计
作　　者：杨芬　许文裕　张凤　指导老师：张恒

作品编号：G538
毕业院校：西安美术学院建筑环境艺术系
作品名称：净土
作　　者：张航　杨跃　周亚南　高莎莉　指导老师：宋燕燕

作品编号：G544
毕业院校：天津财经大学艺术学院
作品名称：窗外的食托邦——都市农业景观改造
作　　者：厉卓慧　指导老师：杨杨

作品编号：G549
毕业院校：福建工程学院建筑与城乡规划学院
作品名称：拯救生命之水——福州国光公园湿地优化设计
作　　者：施赛赛　指导老师：何春玲　张春英

作品编号：G553
毕业院校：西华大学艺术学院
作品名称：绿色衔接——营门口立交桥景观改造设计
作　　者：蒋胜和　指导老师：冯振平

作品编号：G562
毕业院校：西南交通大学建筑学院
作品名称：岛——成都猛追湾游泳场片区更新改造景观环境设计
作　　者：李想　邸青　指导老师：姜辉东

作品编号：G566
毕业院校：四川音乐学院成都美术学院
作品名称：希望·天路——大渡河峡谷旅游景观路线
作　　者：易伟　郎晓刚　指导老师：唐毅

作品编号：G570
毕业院校：南京艺术学院高等职业教育学院
作品名称：呼吸之城——江心洲文化创意产业园
作　　者：韩远洋　顾威　苏婷　刘骏杰　指导老师：刘一凡

作品编号：G575
毕业院校：广西艺术学院建筑艺术学院
作品名称：南宁旧城区升级——临胜微街
作　　者：张科　马林　周帆　莫迪　指导老师：罗舒雅

作品编号：G578
毕业院校：西安建筑科技大学艺术学院
作品名称：让水重生
作　　者：侯天航　侯月阳　赵晓静　胡佳佳　周涵　**指导老师**：王葆华

作品编号：G580
毕业院校：天津财经大学艺术学院
作品名称：木 –redefine 校园园林实训基地
作　　者：田文静　**指导老师**：杨杨

作品编号：G581
毕业院校：周口师范学院美术学院
作品名称：生命的色彩——淮阳滨湖区规划
作　　者：邓超　郑素华　赵笑笑　蒋亮亮　熊帆　**指导老师**：周雷　邓艺杰

作品编号：G582
毕业院校：天津财经大学艺术学院
作品名称：蘑乐园——天津下河圈儿童公园景观设计
作　　者：姚鹤瑞　**指导老师**：杨杨

作品编号：G587
毕业院校：山东建筑大学艺术学院
作品名称：衍生矿区生态恢复示范园
作　　者：杨燕　徐强　王宇飞　**指导老师**：王胜永

作品编号：G590
毕业院校：北京林业大学材料科学与技术学院
作品名称：问园——北京郎辛庄村景观概念设计
作　　者：王珺珠　沈岑　**指导老师**：刘冠　陈子丰

作品编号：G597
毕业院校：安徽建筑大学建筑与规划学院景观学
作品名称：视界——合肥塘西河生态景观带概念性设计
作　　者：张然　黄沫　郑晓月　杨玮颖　**指导老师**：赵茸　李改维

作品编号：G600
毕业院校：东北师范大学美术学院
作品名称：共生群落——北湖湿地公园景观设计
作　　者：倪恺阳　**指导老师**：王铁军　刘志龙

作品编号：G602
毕业院校：西安建筑科技大学建筑学院
作品名称：盐都客厅 卤水点境——基于 EI 的自贡市釜溪河景观规划设计
作　　者：李伟　**指导老师**：岳邦瑞　孙自然

作品编号：G603
毕业院校：北京工业大学艺术设计学院
作品名称：体验式消费在胡同中的景观应用设计
作　　者：刘汀　**指导老师**：王今琪

作品编号：G610
毕业院校：盐城工学院设计艺术学院
作品名称：胡特庸蚕桑工艺博物馆建筑及景观设计
作　　者：朱加勇　**指导老师**：陈福阳

作品编号：G612
毕业院校：东北师范大学美术学院
作品名称：探索湿地与人的共需空间——长春北湖城市湿地公园设计方案
作　　者：冯鑫　**指导老师**：王铁军　刘学文　刘治龙　熊磊

作品编号：G615
毕业院校：西安建筑科技大学建筑学院
作品名称：双速生活——重庆特钢厂片区空间城市设计
作　　者：兰鹏　牛月　单舰　**指导老师**：尤涛　林晓丹

作品编号：G619
毕业院校：广州美术学院建筑与环境艺术设计学院
作品名称：绿动校园：韶关始兴中学改造设计
作　　者：王红军　**指导老师**：吴卫光　陈鸿雁

作品编号：G621
毕业院校：江汉大学现代艺术学院
作品名称：河道中的绿色净化器
作　　者：宋科贤　**指导老师**：易俊

作品编号：G629
毕业院校：清华大学美术学院
作品名称：野鸭湖湿地公园景观设计
作　　者：刘彬蔚　**指导老师**：宋立民

作品编号：G630
毕业院校：西安建筑科技大学艺术学院
作品名称：隐隐于市——西安西郊热电厂旧厂景观改造
作　　者：李文婧　王艳　李洋　**指导老师**：张蔚萍

作品编号：G639
毕业院校：四川美术学院设计艺术学院
作品名称：“高原摇篮”——甘肃省灵台县窑洞希望小学规划设计
作　　者：杨琨　**指导老师**：徐保佳

作品编号：G642
毕业院校：内蒙古师范大学国际现代设计艺术学院
作品名称：大众行为研究与公园设计——临沂市综合公园规划设计
作　　者：黄广福　**指导老师**：李默

作品编号：G647
毕业院校：内蒙古师范大学国际现代设计艺术学院
作品名称：时・新——敕勒川文化旅游产业园中心广场设计
作　　者：朱幼民　**指导老师**：苑升旺

作品编号：G656
毕业院校：西南大学院园艺园林学院
作品名称：耕・记——城市绿色加工厂——重庆渝北区生态苗木产业园
作　　者：余梅　李今朝　李月文　**指导老师**：张建林

作品编号：X003
毕业院校：云南大学城市建设与管理学院城市规划系
作品名称：中国・云南・大山包国际重要湿地概念性景观规划设计
作　　者：张冬妮　李建磊　孙计　恭珉浩　邵珊　**指导老师**：杨子江　李晖

作品编号：X008
毕业院校：浙江万里学院设计艺术与建筑学院景观设计系
作品名称："一叶一城"——宁波市奉化江河岸空间重塑与局部景观规划设计
作　　者：柴诗瑶　林陈箐　指导老师：吴李艳

作品编号：X010
毕业院校：南京理工大学设计艺术与传媒学院
作品名称：涅槃——苏州甪直古镇万盛米行旧址景观改造设计
作　　者：刘伟　罗冉　马凯强　指导老师：徐耀东

作品编号：X034
毕业院校：厦门理工学院设计艺术与服装工程学院
作品名称：水域·游艇码头概念设计
作　　者：刘璇　指导老师：常跃中　王瑶

作品编号：X038
毕业院校：厦门理工学院设计艺术与服装工程学院
作品名称：山东枣庄市儿童公园
作　　者：闫萌萌　指导老师：胡玲玲　康兵

作品编号：X041
毕业院校：景德镇陶瓷学院设计艺术学院
作品名称：传承与再生——景德镇昌江沿岸滨水景观设计
作　　者：于静仪　指导老师：徐进

作品编号：X056
毕业院校：深圳大学艺术设计学院
作品名称：东莞市南城区蛤地村社区景观提升规划设计——大街小巷＝暂留
作　　者：韦云剑　指导老师：宋鸣笛

作品编号：X057
毕业院校：重庆文理学院美术与设计学院
作品名称：菜园坝水果市场景观再生改造设计
作　　者：龙浩　陈洁　指导老师：黄艺

作品编号：X063
毕业院校：重庆文理学院美术与设计学院
作品名称：山水重庆——重庆江北观音桥步行街文化空间特征及再生策略研究
作　　者：许璇　吴德俊　指导老师：黄艺

作品编号：X074
毕业院校：四川美术学院设计艺术学院
作品名称：新村·新春——重庆市璧山县集约式新农村概念规划设计
作　　者：王冉　兰海　指导老师：徐保佳

作品编号：X090
毕业院校：广西师范大学设计学院
作品名称："城市中的记忆之芽"——郏县烈士陵园景观规划设计
作　　者：王延涛　指导老师：杨丽文

作品编号：X094
毕业院校：沈阳理工大学应用技术学院艺术与传媒学院
作品名称：洛阳市隋唐遗址公园景观规划设计
作　　者：韩美琳　指导老师：王宇

作品编号：X101
毕业院校：昆明理工大学艺术与传媒学院
作品名称：影山·隐水——普者黑游客服务中心景观设计
作　　者：朱柏霖　黄兴彬　朱敏　张征　王雪丽　指导老师：张建国

作品编号：X115
毕业院校：云南大学艺术与设计学院
作品名称：普洱新城区"城市部落"——架龙山景观规划设计方案
作　　者：苏敏　左堂升　指导老师：李世华

作品编号：X118
毕业院校：云南大学艺术与设计学院
作品名称：延·续——未来城市发展方向概念设计
作　　者：刘娇　王守辉　指导老师：张丰

作品编号：X122
毕业院校：苏州大学金螳螂建筑与城市环境学院
作品名称：渗透——由绿色小空间开始
作　　者：权新月　范晓健　指导老师：严晶

作品编号：X128
毕业院校：山东建筑大学艺术学院
作品名称：齐鲁非物质文化遗产博览园规划设计
作　　者：陈虹　指导老师：徐艳芳

作品编号：X134
毕业院校：大连工业大学艺术设计学院
作品名称：城市居住区景观设计——STX海景花园三期景观设计
作　　者：梁雪峰　指导老师：冯嗣禹　江洁

作品编号：X142
毕业院校：福建农林大学艺术学院
作品名称：乡土红——古村落路径景观因激活设计
作　　者：陈宽明　指导老师：郑洪乐

作品编号：X147
毕业院校：福建农林大学艺术学院
作品名称：沙与水的家园——乌龙江湿地景观保护设计
作　　者：吴鹏　指导老师：郑洪乐

作品编号：X157
毕业院校：武汉科技大学艺术与设计学院
作品名称：社区景观催化剂——从社区绿化到社区农业的嬗变
作　　者：赵俊文　指导老师：侯涛

作品编号：X159
毕业院校：重庆工商职业学院传媒艺术学院
作品名称：重庆文字博物馆
作　　者：肖曾玲　翁莉　刘维　魏祥华　邹雪梅
指导老师：张琦　刘更　赵娜

作品编号：X170
毕业院校：四川传媒学院艺术设计与动画系
作品名称：莱茵河畔步行街建筑与环境改造
作　　者：吕欣　指导老师：周渝

作品编号：X174
毕业院校：云南大学艺术与设计学院
作品名称：流淌的城市——昆明城市生态雨洪处理
作　　者：赵海军　张静　指导老师：胡悦

作品编号：X176
毕业院校：重庆文理学院美术与设计学院
作品名称：反渗透——重庆钢铁厂工业遗址公园景观再生设计
作　　者：余太　陈冬梦　指导老师：黄艺

作品编号：X181
毕业院校：云南大学艺术与设计学院
作品名称：共生——新型福利院之构想
作　　者：徐海峰　王岩　指导老师：张丰

作品编号：X188
毕业院校：四川大学建筑与环境学院
作品名称：综合医院户外环境整体康复设计初探——资阳市第一人民医院新院区户外康复景观规划设计
作　　者：刘克华　指导老师：罗谦　陈一

作品编号：X189
毕业院校：福建农林大学艺术学院
作品名称：漫步记忆——福州市仓山区仓前公共空间艺术改造概念设计
作　　者：孟宪瀛　指导老师：郑洪乐　黄博洵

作品编号：X192
毕业院校：重庆工商职业学院传媒艺术学院
作品名称：宁厂古镇空间更新规划
作　　者：陈阳　田林技　官俊雯　吴晓舒　姜雯琦
指导老师：陈中杰　徐江　张弦

作品编号：X194
毕业院校：重庆工商职业学院传媒艺术学院
作品名称：重振——巫溪县旧城伏鳞山片区城市设计
作　　者：朱先跃　叶红　舒宗川　张娟　杨黎　杨雪
指导老师：陈中杰　龚芸　张佳

作品编号：X195
毕业院校：重庆工商职业学院传媒艺术学院
作品名称：重钢片区轨道沿线景观规划设计
作　　者：任春渝　陈凤　付洋　程学华　指导老师：刘更　陈一颖　李彦孺

作品编号：X197
毕业院校：重庆工商职业学院传媒艺术学院
作品名称：重庆市长寿龙桥湖生命纪念公园
作　　者：孙莉　郭冬　指导老师：陈一颖　葛璇　冉欢

作品编号：X199
毕业院校：天津大学仁爱学院建筑系
作品名称：追溯“水”的足迹——山东省无棣县老城区滨水景观设计
作　　者：贾璐蔓　指导老师：宋伯年

作品编号：X201
毕业院校：重庆工商职业学院传媒艺术学院
作品名称：涞滩二佛寺景观规划
作　　者：王思宇　王洋　刘运军　彭杨　杨小维　白雪
指导老师：陈一颖　刘更　徐江

作品编号：X203
毕业院校：天津美术学院设计艺术学院
作品名称：记忆港湾——大连湾老港区码头景观设计
作　　者：张天伊　杨亚娇　指导老师：龚立君　王星航

作品编号：X204
毕业院校：南京艺术学院设计学院
作品名称：城市防空洞功能置换与再设计
作　　者：汪洋　许平　吴闵　指导老师：刘谯

作品编号：X225
毕业院校：西北农林科技大学林学院艺术系
作品名称：临潼骊山大秦影视基地景观规划设计
作　　者：沈妍　指导老师：陈敏　刘艺杰

作品编号：X228
毕业院校：合肥工业大学建筑与艺术学院
作品名称：时空漫步——巢湖市柘皋镇历史街区保护与更新
作　　者：郭文乐　朱家亮　指导老师：张泉

作品编号：X233
毕业院校：安徽建筑大学建筑与规划学院
作品名称：零距离与“0”距离——巢湖西岸滨水景观概念性规划设计
作　　者：胡运鹏　钱正宇　指导老师：赵茸

作品编号：X238
毕业院校：郑州轻工业学院国际教育学院
作品名称：集市景观——棉纺厂老居民区售卖景观设计
作　　者：沈欢　彭丽莎　指导老师：信璟

作品编号：X242
毕业院校：南京艺术学院设计学院
作品名称：体验城市农庄
作　　者：陈刚　杨滕滕　叶倩云　指导老师：金晶

作品编号：X247
毕业院校：山东工艺美术学院建筑与景观设计学院
作品名称：老村口的记忆
作　　者：陈晓露　指导老师：赵一凡　吕桂菊　卜颖辉

作品编号：X250
毕业院校：山东工艺美术学院建筑与景观设计学院
作品名称：蓝绿色的群带——济西湿地的生态多功能改造
作　　者：魏宇　张琳婧　张苗苗　指导老师：邵力民　张阳

作品编号：X253
毕业院校：山东工艺美术学院建筑与景观设计学院
作品名称：未应闲——济南长清区滨河公园景观设计
作　　者：韩雪　韩业秋　指导老师：郭去尘

作品编号：X257
毕业院校：山东工艺美术学院建筑与景观设计学院
作品名称：老厂·记忆·重铸——济钢二厂景观遗址公园
作　　者：王超　刘维杰　指导老师：赵一凡　吕桂菊　卜颖辉

作品编号：X260
毕业院校：浙江大学宁波理工学院传媒与设计学院艺术设计专业
作品名称：新·心——官山河两岸景观设计
作　　者：季松龙　郑倩倩　章玉婷　指导老师：徐家玲　邬秀杰

作品编号：X263
毕业院校：北方工业大学艺术学院
作品名称：生生流转——福建安溪湖头景观规划
作　　者：梁哲　指导老师：任永刚

作品编号：X267
毕业院校：西安科技大学艺术学院
作品名称：羌术——羌民族乡村医疗卫生基础设施环境设计
作　　者：郭梅芳　于珂　指导老师：吴博

作品编号：X268
毕业院校：武汉科技大学艺术与设计学院
作品名称：情境旅馆——武汉市东湖落雁岛度假空间设计
作　　者：杨松涛　指导老师：叶云

作品编号：X290
毕业院校：武汉科技大学艺术与设计学院
作品名称：多样的风景——上海市太平桥公园景观设计
作　　者：李晶　指导老师：李一霏

作品编号：X295
毕业院校：江南大学设计学院
作品名称：雏鹰计划——如鹰随行儿童友好型景观空间设计
作　　者：刘春羽　指导老师：林瑛

作品编号：X299
毕业院校：沈阳建筑大学建筑与规划学院
作品名称：沈阳市沈河区生态技术示范基地景观规划设计
作　　者：邹茜　指导老师：王君

作品编号：X304
毕业院校：沈阳建筑大学建筑与规划学院
作品名称：沈阳市铁西区工业废弃铁路线改造景观设计
作　　者：宿瑞艳　指导老师：孙东

作品编号：X306
毕业院校：沈阳建筑大学建筑与规划学院
作品名称：流动空间·功能触媒——沈阳建筑大学庭院景观更新设计
作　　者：罗范颖　指导老师：朱玲

作品编号：X313
毕业院校：河南理工大学建筑与艺术设计学院
作品名称：玉带水——水系景观设计
作　　者：张佳　指导老师：王维天　刘龙

作品编号：X315
毕业院校：大连理工大学建筑与艺术学院
作品名称：校园生态廊道景观设计
作　　者：孟丹　指导老师：唐建

作品编号：X320
毕业院校：吉林建筑大学艺术设计学院
作品名称：长春观澜湖公园景观设计
作　　者：王冠　指导老师：石铁军　郝宏铭

作品编号：X333
毕业院校：吉林建筑大学艺术设计学院
作品名称：长春市观澜湖公园景观设计
作　　者：陈军　指导老师：郝宏铭

作品编号：X341
毕业院校：大连理工大学建筑与艺术学院
作品名称：水知音——文化建筑室外环境设计
作　　者：苏芳　指导老师：胡沈建　陈岩

作品编号：X346
毕业院校：四川音乐学院成都美术学院
作品名称：桂湖公园景观设计方案
作　　者：刘忠优　雷梦婷　贺谡　指导老师：唐毅

作品编号：X353
毕业院校：三峡大学艺术学院环境设计系
作品名称：别墅室外新中式风格景观设计
作　　者：万威　指导老师：康霁宇

作品编号：X355
毕业院校：扬州环境资源职业技术学院园林园艺系
作品名称：扬州彩衣商业步行街景观设计
作　　者：丁媛媛　指导老师：卢燕

作品编号：X360
毕业院校：西安建筑科技大学艺术学院
作品名称：西安杜陵“华夏百家苑”景观规划设计
作　　者：李启　王骁　李頔　指导老师：吕小辉

作品编号：X376
毕业院校：顺德职业技术学院设计学院
作品名称：乐·驿——广珠西线顺德高速服务区设计
作　　者：邓常州　邱锐坚　杨俊超　指导老师：周彝馨

作品编号：X381
毕业院校：西安建筑科技大学建筑学院
作品名称：激活芯电场——后工业更新与改造下的城市景观设计
作　　者：刘腾潇 王春晓 张敬
指导老师：杨建辉　李昊　宋功明　陈超　杨光炤　鲁旭

作品编号：X383
毕业院校：成都师范学院园林工程技术
作品名称：成都市青羊区光华芙蓉公园景观设计
作　　者：张殷　**指导老师**：叶美金

作品编号：X393
毕业院校：内蒙古科技大学建筑与土木工程学院
作品名称：内蒙古包头市滨河新区中央公园景观设计——泉线
作　　者：辛泽　**指导老师**：马斌

作品编号：X396
毕业院校：西安美术学院建筑环境艺术系
作品名称：草滩镇文化活动中心设计
作　　者：程超　王派　潘苗　陈磊　**指导老师**：张豪

作品编号：X406
毕业院校：四川美术学院设计艺术学院环境艺术系
作品名称：唤醒——重庆牛角沱城市立体化空间设计
作　　者：马光　郑剑　**指导老师**：张倩　许亮

作品编号：X407
毕业院校：四川美术学院设计艺术学院环境艺术系
作品名称：换到绿洲——重庆大学城地铁站空间景观改造
作　　者：刘会兰　**指导老师**：徐保佳

作品编号：X408
毕业院校：四川美术学院设计艺术学院环境艺术系
作品名称：行·乐——自行车道景观设计
作　　者：余治富　**指导老师**：黄红春

作品编号：X411
毕业院校：哈尔滨工业大学建筑学院
作品名称："小镇日记"——中东铁路横道河子七号木屋区段入口区景观设计
作　　者：陈柄旭　**指导老师**：曲广滨

作品编号：X414
毕业院校：哈尔滨工业大学建筑学院
作品名称：泛博物馆——机车库景观设计
作　　者：李冰　**指导老师**：曲广滨

作品编号：X416
毕业院校：哈尔滨工业大学建筑学院
作品名称：痕·迹——中东铁路横道河子镇机车库段铁路主题公园保护与改造设计
作　　者：王朝倩　**指导老师**：王未

作品编号：X417
毕业院校：哈尔滨工业大学建筑学院
作品名称：线性回归——国家体育场赛后环境更新设计
作　　者：王新宇　**指导老师**：唐家骏

作品编号：X431
毕业院校：西安美术学院建筑环境艺术系
作品名称：大自然——户县渼陂湖生态景观规划设计
作　　者：张旭辉　文红　杨建飞　叶灵　**指导老师**：张豪

作品编号：X440
毕业院校：西安美术学院建筑环境艺术系
作品名称：无声的空间
作　　者：汶蔚臻　刘杰杰　许峰　郭瑞洁　**指导老师**：孙鸣春

第三部分：部分获奖作者访谈

奖项编号及名称：
G025　优秀奖
作品名称：殇城的回溯与蜕变——重庆白市驿抗战文化主题遗址公园景观规划与设计
毕业院校及作者：
重庆文理学院
美术与设计学院
昌敏（主创）曹玉霞

接受采访人：昌敏

1. 现在的景观设计存在“生态热”的现象，你认为什么样的设计是生态的？

答：我认为生态的设计是以改善环境、经济和社会发展等问题为目的，并且与当地的气候、水文、土壤和动植物群落等自然条件以及经济发展结合起来，达到生态环境与人类社会的利益平衡和互利共生。旨在减少对环境的破坏和资源消耗，实现可持续发展。

2. 在完成一个景观设计的过程中，你最关注的是什么？或者说设计过程中坚持的理念是什么？

答：最关注的是整体构思和场地的历史、人文、自然、社会、经济等要素的综合分析与评价，针对现状存在的问题提出具有创造性解决问题的原则与战略。

3. 你所在学校的教育特点？有哪些利弊？你心中理想的景观教育应该是怎样的？

答：所在学校的特点过于理论，有的只是所谓的创意，缺少对国家相关设计规范的了解和设计中实际问题的解决，并且学生也得不到实践的机会。我心中理想的景观教育是学校可以创办一个可以提供学生实践的机构，使学生在做实际项目中去感知问题。

4. 你觉得在学校几年的专业教育中收获最大的是什么？还有哪些方面是自己需要继续努力提升的？

答：我最大的收获是我的导师从大二开始就一直对我手把手的指导，给予了我很多实际项目的设计机会。在施工技术方面需要提升。

5. 课堂之外你还通过哪些途径进行专业上的学习？觉得受益最大的途径是？

答：通过专业的行业网站进行学习。在工作室（公司）中参与实际项目设计是受益最大的。

6. 你在完成毕业设计过程中遇到最大的困难是什么？是怎么解决的？

答：最大的困难是我选择的是纪念性主题景观，怎样把抗战文化遗址公园通过现代的设计手法让后代回溯历史，了解战争的残酷、生命的脆弱、人权的丧失，激发人们的爱国情感以及对和平无限的向往成为重点。最终我运用战争场景和飞虎队相关的元素形态构思，对历史记忆、轰炸碎片等进行分解与解构。用抗战符号的建筑形式焕发人们对战争与冲突的思考。并且让人在空间里去寻找内心的共鸣。

7. 完成毕业设计最大的收获是什么？给自己的评价是？觉得自己的作品最大的亮点在于？还有没有什么遗憾？

答：毕业设计中最大的收获是更多地增加了我与师生之间的交流，一起探讨学习。我还只是初出茅庐，很多东西还不懂，希望自己在以后的工程设计中不断学习。作品最大的亮点是对于遗址的建设提出了具有创造性解决问题的原则与战略。

8. 对你影响最大的景观设计作品 / 设计师 / 书籍是什么？为什么？

答：影响我最大的设计作品是俞孔坚老师设计的红飘带（最初）、迁安三里河绿道、哈尔滨群力雨洪公园。因为俞孔坚老师把城市中河道污染、截污治污、城市土地开发问题，通过生态景观设计获得了自然、美丽、健康的人居环境。

奖项编号及名称：
G465　优秀奖
作品名称：
留住乡情，亲近自然——扬子津风景区概念规划
毕业院校及作者：
扬州大学艺术学院设计系
管淼　娄晴晴　熊媛

1. 现在的景观设计存在“生态热”的现象，你认为什么样的设计是生态的？

答：对于生态设计，这个名词随着知识的积累，我从一开始的“不做任何人工的干预就是最生态的设计”，到后来的“可以适度干预（也就是俞孔坚老师提出的最少干预）”，到现在的“因地制宜，保护设计，结合人为”。

2. 在完成一个景观设计的过程中，你最关注的是什么？或者说设计过程中坚持的理念是什么？

答：景观设计的过程中我最关注的莫过于我即将设计的这片土地的状态。设计的理念就是“尊重自然”。

3. 你所在学校的教育特点？有哪些利弊？你心中理想的景观教育应该是怎样的？

答：我所在学校的教育特点就是以授课式为主。优点：符合中国教育的国情。缺点：老师和学生缺乏交流，学生缺乏动手操作，思维受约束，缺乏创新求异意识。我心中的景观教育应该是以交流、动手为主，授课为辅，多专业相互交流学习。

4. 你觉得在学校几年的专业教育中收获最大的是什么？还有哪些方面是自己需要继续努力提升的？

答：最大的收获是学会独立思考问题以及与人合作交流。但是持之以恒的学习态度是需要学习的。

5. 课堂之外你还通过哪些途径进行专业上的学习？觉得受益最大的途径是？

答：课堂之外我更多地选择了去图书馆看书，其次是上网寻找资料，最后就是与老师同学交流学习。我觉得收益最大的是交流学习。

6. 你在完成毕业设计过程中遇到最大的困难是什么？是怎么解决的？

答：毕业设计中最大的问题便是如何协调组员的工作，并且有质量地在规定的时间内完成。我的解决方法是“制定计划，分工明确，讨论总结，灵活变动”。

7. 完成毕业设计最大的收获是什么？给自己的评价是？觉得自己的作品最大的亮点在于？还有没有什么遗憾？

答：最大的收获第一个应该是学习如何与别人交流学习，以及更好地阐述自己的观点；第二个便是如何更好地统筹安排工作。对于自己，我觉得还需要不断地学习，扩大自己的知识面，还有就是学会如何更好地表达自己的作品。对于我们的设计作品我觉得最大的亮点在于我们试图通过用景观设计的“语言”去解决当今社会存在的“拆迁纠纷，运河保护，文化传承”这些热点的问题，从而提出了“只拆不迁、体验教育、融入宗教”这三种特色措施。要问有什么遗憾，我觉得最大的遗憾就是因为时间的仓促，导致前期的分析还不够完善。

8. 对你影响最大的景观设计作品 / 设计师 / 书籍是什么？为什么？

答：当看到这个问题的时候，一时间我不知道怎么去回答，理一理万千的思绪，这就是我最真实的答案：影响最大的设计作品是秦皇岛红飘带汤河滨河公园，因为从这个作品中让我看到了尊重土地、结合自然的景观设计。而设计师则是俞孔坚老师（景观设计师），库哈斯（建筑设计师），王澍（建筑设计师），扎哈·哈迪德（建筑设计师）。对于出现建筑设计师我想很多人看了会觉得疑惑，或许会觉得我是不是回答错了，或者觉得我是不是一个学习建筑的学生，在这里我想说的是，首先我是学景观设计这个专业的学生，其次我觉得设计本是相通的，虽然现在的我还不能完全了解其中的奥妙，但库哈斯的深度设计，王澍的传统设计，扎哈的前卫设计，这都是景观设计所需要的，在深度的研究之后，结合传统的文化，设计出超前的人性景观，这是我的目标。对于书籍则是《设计结合自然》（伊恩·伦诺克斯·麦克哈格），因为它，让我始终记着景观设计师的职责！

奖项编号及名称：
X368　荣誉奖
作品名称：
“穿、流、步、栖”——浦西江南广场公园概念设计
毕业院校及作者：
西安工业大学艺术与传媒学院
刘子松

1. 现在的景观设计存在“生态热”的现象，你认为什么样的设计是生态的？

答：在人文和自然等方面均和谐相融，互利共生，稳定持久的发展。

2. 在完成一个景观设计的过程中，你最关注的是什么？或者说设计过程中坚持的理念是什么？

答：最重要的还是设计本身，再者就是逻辑层次清晰。

3. 你所在学校的教育特点？有哪些利弊？你心中理想的景观教育应该是怎样的？

答：我的学校应该是具有综合性吧，可以利用各方面资源获得知识。弊端就是都不太精。理想中的景观教育应该是多多接触实际项目，在实际中学习，还有就是能和高层次的大师们交流学习，和国外接轨。

4. 你觉得在学校几年的专业教育中收获最大的是什么？还有哪些方面是自己需要继续努力提升的？

答：最大的收获，简单来说就是给了我一个环境吧。提升的地方那就太多了，各个方面，比如更深更全面的专业知识以及一些学习的技巧和方法。

5. 课堂之外你还通过哪些途径进行专业上的学习？觉得受益最大的途径是？

答：最主要还是网上，再者就是书籍，还有和许多专业的同学进行交流。

6. 你在完成毕业设计过程中遇到最大的困难是什么？是怎么解决的？

答：最大的困难还是一些专业上的知识，解决就是针对各种问题逐一解决。

7. 完成毕业设计最大的收获是什么？给自己的评价是？觉得自己的作品最大的亮点在于？还有没有什么遗憾？

答：最大的收获就是学到了比之前多得多的东西。自我评价的话，还是自己不够勤快，以至于还有很多工作没有进行。最大亮点在于一些独到的设计点和分析方式，说白了还是自己的设计。遗憾还是有很多工作没有进行。

8. 对你影响最大的景观设计作品 / 设计师 / 书籍是什么？为什么？

答：当然还是俞孔坚老师的一些生态设计作品，因为他有很多值得我去学习的地方，设计方向比较对口。

奖项编号及名称：
G499　文化关怀奖
作品名称：武陵地区古镇恢复规划设计
毕业院校及作者：
三峡大学艺术学院　曹岩

1. 现在的景观设计存在“生态热”的现象，你认为什么样的设计是生态的？

答：绿色的、尊重自然的设计。

2. 在完成一个景观设计的过程中，你最关注的是什么？或者说设计过程中坚持的理念是什么？

答：最关注的是细节，最坚持的理念是细节决定成败。

3. 你所在学校的教育特点？有哪些利弊？你心中理想的景观教育应该是怎样的？

答：教育特点的弊端是不善于创新和笼统的教学方式。理想的景观教育是多学、多看，尽量多出去走走看一些好的作品。

4. 你觉得在学校几年的专业教育中收获最大的是什么？还有哪些方面是自己需要继续努力提升的？

答：收获最大的是磨炼一个人。自己的专业水平需要继续提升。

5. 课堂之外你还通过哪些途径进行专业上的学习？觉得受益最大的途径是？

答:通过参加培训班、自己在图书馆看一些专业书籍或参与一些项目。

6. 你在完成毕业设计过程中遇到最大的困难是什么？是怎么解决的？

答：长途跋涉前往村落进行田野考察。

7. 完成毕业设计最大的收获是什么？给自己的评价是？觉得自己的作品最大的亮点在于？还有没有什么遗憾？

答：最大的收获是大学四年有一个自己比较满意的毕业作品，自我评价一般。遗憾就是细节考虑得不够。

8. 对你影响最大的景观设计作品 / 设计师 / 书籍是什么？为什么？

答：扎哈·哈迪德。

奖项编号及名称：
G186　优秀奖
作品名称：
泰安市中央湿地公园设计
毕业院校及作者：
山东农业大学林学院　刁天鹏

1. 现在的景观设计存在“生态热”的现象，你认为什么样的设计是生态的？

答：我比较喜欢崇尚田园城市和自然风景园林（包括东、西方），我认为怎么样将生态和当下的现代城市相互融合，怎么样在生态的基础上创造一个更适宜人类居住的环境，让生活多一点绿，让天空多一点蓝，才是生态设计最重要的层面。

2. 在完成一个景观设计的过程中，你最关注的是什么？或者说设计过程中坚持的理念是什么？

答：功能、美观、生态、环保、造价。在设计过程中设计师应当坚持怎么样最大限度地满足功能性，最大限度地体现其生态性以及环保和低造价，在此基础上展现其景观性的特点，来创造一个更适宜人类生存的生态环境。

3. 你所在学校的教育特点？有哪些利弊？你心中理想的景观教育应该是怎样的？

答：我所在的学校在充分地发挥学生自主创新的基础上，由老师点拨指导。缺点是不能充分地发掘学生的潜力，创造性有待提升。

我理想的景观教育，是在充分挖掘学生潜力的基础上，由老师指明方向，来开发学生的创造性思维。

4. 你觉得在学校几年的专业教育中收获最大的是什么？还有哪些方面是自己需要继续努力提升的？

答：最大的收获是找到了自己的方向，我喜欢设计也希望能在这条路上一直走下去。

在植物方面和专业规范以及英语上我还需要继续努力。

5. 课堂之外你还通过哪些途径进行专业上的学习？觉得受益最大的途径是？

答：上网浏览景观中国网站、论坛以及各类作品的展示，或看书学习景观理论以及各类的表现技能，以此来完善自己的思维。

受益最大的是在实习期间，实习期间是真正地将理论与实际相互结合，将设计与现实相互结合。

6. 你在完成毕业设计过程中遇到最大的困难是什么？是怎么解决的？

答：最大困难应该是前期的构思过程。

通过不断的查看现场，翻看资料，请教导师之后，为自己明确了一个设计方向，并由此开始整个方案的设计。

7. 完成毕业设计最大的收获是什么？给自己的评价是？觉得自己的作品最大的亮点在于？还有没有什么遗憾？

答：完成毕业设计的最大收获是我在设计层面又有了一个小的理论和操作技能的进步。

给自己最大的评价是有方向、有毅力、有梦想。

感觉自己作品的最大亮点是在整体的道路与场地的结合和构图上。

遗憾是这一次做得还不够好，自己还有很多的想法没有实现，我认为设计和未来一样，没有最好只有更好。

8. 对你影响最大的景观设计作品 / 设计师 / 书籍是什么？为什么？

答：上海世博会园区后滩湿地公园，俞孔坚。

我喜欢看的书比较多，因为景观设计是一个涵盖范围很广的行业，我会读《国际新景观设计年鉴》、《世界景观》来学习和感受当下设计的新思潮，也会看《中国古典园林史》、《西方造园变迁史》来感受学习传统古典园林文化。我有一个想法和一个还没有解决的梦，就是想找一种更适合的方式，来解决当下设计师对于传统文化中古典文化的挖掘提炼，怎么样能与现代设计更好地结合，在满足现代人设计要求的基础上，还能满足人们对古典文化的向往，并且展现其生态性原则。这是我想要明白也想要解决的一个问题，我也会为自己的梦一直好好走下去。

奖项编号及名称：
G588　荣誉奖
作品名称：
润泽·乡里——重塑里分建筑空间
毕业院校及作者：
江汉大学现代艺术学院
冯喆凡　刘兴旭

1. 现在的景观设计存在“生态热”的现象，你认为什么样的设计是生态的？

答：之所以生态热或许是源于广义上生态设计本身的全面性和多样性，在环保意识提高的当下，在国家一系列政策的关怀下，那些低能耗、低成本、尊重本土文化的设计和产品受到追捧。当然，生态设计不仅仅是这些。

2. 在完成一个景观设计的过程中，你最关注的是什么？或者说设计过程中坚持的理念是什么？

答：可持续性和这种持续性对人和对场所自然的可能影响。

坚持的理念是以人与自然为本。收集信息、整合信息并像 GIS 一样严密地去分析一个场所，并在四维的维度上对方案做反复评估。

3. 你所在学校的教育特点？有哪些利弊？你心中理想的景观教育应该是怎样的？

答：一个并不热爱自身专业的孩子也许会在院长的鼓励和帮助下在学校开一个红红火火的咖啡吧，这是真实的事情。这里是一个比较开放、能接受学生差异性的学习交流平台，就我大学四年期间的一次大的课程调整而言，整个机制更注意学生独立思考的培养和对实用性技术的培养。教育是个永恒的话题，社会里的现实性和大学期间的浪漫情怀的背道而驰是大学毕业生的普遍心声，而这不仅是教育问题，也需要企业、甲方、整个社会有一定的“追求”，也许这有点共产主义乌托邦的情节，嘿嘿。

4. 你觉得在学校几年的专业教育中收获最大的是什么？还有哪些方面是自己需要继续努力提升的？

答：慢慢地琢磨出来如何去学习，去解答问题，同时懂得了基本的设计方法和基本的技术吧，这只是一个开始，路还很长很长。设计是个复杂的多领域交织的 never ending thing.

5. 课堂之外你还通过哪些途径进行专业上的学习？觉得受益最大的途径是？

答：旅行，交流论坛，看书，TED 等等。

6. 你在完成毕业设计过程中遇到最大的困难是什么？是怎么解决的？

答：就毕设而言，最大困难是数据很难完整，方案不知如何定位，更不用说具体做法了。最终一整套城市设计系列丛书帮了我。

7. 完成毕业设计最大的收获是什么？给自己的评价是？觉得自己的作品最大的亮点在于？还有没有什么遗憾？

答：好的设计也许是运用设计变量让较多的答案尽可能的准确而非尽善尽美。而我的设计是在一个已有的大的规划基础之上的一个中间环节，就空间而言，我找到了解决问题的方法，然而整个设计背景所代表的复杂的社会问题是让我未来需要不断思考的东西。也许遗憾的是，假如时间再多点，图面效果会很赞，嘿嘿。

8. 对你影响最大的景观设计作品 / 设计师 / 书籍是什么？为什么？

答：具体到哪一本、哪个人很难说啊，因为在不同的学习阶段会遇到不同的问题。就毕设而言，一整套城市设计系列丛书不错，作者们也很值得关注。

奖项编号及名称：
G218　荣誉奖、人类关怀奖
作品名称：低碳、低术、低生活——农民工工地生活空间景观策略
毕业院校及作者：
福建农林大学艺术学院　高东东

1. 现在的景观设计存在“生态热”的现象，你认为什么样的设计是生态的？

答：我认为生态不单单指的是绿色的植被，也不单单指的是一个口号，它是一个整体的自然系统，是人类社会、自然生态和设计美学三者关系的有效融合，是尊重自然、善待自然的一种表现。生态的设计就是修复自然与人类关系的设计。

2. 在完成一个景观设计的过程中，你最关注的是什么？或者说设计过程中坚持的理念是什么？

答：最关注的是解决问题的过程和你自己情感的投入度。你所做的设计选择的是什么样的主题，要解决什么样的问题是你要特别关注的，在设计过程中如何处理好社会、美感和生态这三者的关系式也是最关键的。要坚持把个人的情感注入你的设计作品中去，才能得到自我的提升。

3. 你所在学校的教育特点？有哪些利弊？你心中理想的景观教育应该是怎样的？

答：我所在的学校（福建农林大学）的教育特点是非常开放的多学科互动形式，在学校可以有很好的交流空间，也可以学习到很多非专业的知识。但是还有某些专业相对来说较为保守，希望学校能给予学生更大的专业精神帮助，让学生在有效的帮助下可以寻找自己的设计思路和方向。

4. 你觉得在学校几年的专业教育中收获最大的是什么？还有哪些方面是自己需要继续努力提升的？

答：收获最大的就是学习到了一套从分析问题到解决问题的方法，以及对待这个专业的态度。针对自己的专业知识相比其他优秀毕业生还有很大的差距，是下一步要继续提高的。

5. 课堂之外你还通过哪些途径进行专业上的学习？觉得受益最大的途径是？

答：图书馆的设计资料和网络的信息途径都可以接触到很多的专业知识，受益最大的就是图书资料，因为它会比网络来得更真实、更生动、更深刻。

6. 你在完成毕业设计过程中遇到最大的困难是什么？是怎么解决的？

答：刚开始选题的时候就是一个好的开始，注重文化和地块的类型。地块适合表达我们怎样的情感、我们要用什么样的情感去对待它，这些都是必须考虑的，并且神圣化的空间更能激起我们的兴趣。在升华主题的时候我们的讨论非常激烈，如何立意、确立什么样的主题，确实占用了我们太多的时间，然而这个环节尤为重要，为后来我们形体的建立打下了基础。而所有的这些都与我们认真考察和努力思考分不开，我认为我们抛弃的很多想法都是很值得回味的。

7. 完成毕业设计最大的收获是什么？给自己的评价是？觉得自己的作品最大的亮点在于？还有没有什么遗憾？

答：对于自己关注到的社会问题得到了很大的提升，也体会到了大学四年的一个总结。

对自己的评价就是传递的信息比结果要重要。通过本案设计可以让大家都能关注到社会的主要问题。最大亮点就是选题比较有针对性，把社会的尖锐问题拿出来，寻找解决的方案，从而使得社会和自然有个很好的融合；最大的遗憾就是还没有进一步地深入到作品中去，表现的效果也不是特别好。

8. 对你影响最大的景观设计作品 / 设计师 / 书籍是什么？为什么？

答：设计作品：后滩公园。设计师：俞孔坚。书籍《设计生态学》。

对土人景观的作品一直都是非常崇拜，无论是说秦皇岛的红飘带还是现代与自然相结合的后滩公园，都很好把设计美学、社会以及自然生态融合到了一起。解决生态存在的问题，加入设计美感来吸引人们在这里游憩，无疑就是对自己作品最大的肯定了，也是最能用土人的名义解释的。

奖项编号及名称：
X071　人类关怀奖
作品名称：浴火重生——古民居火烧房循环利用景观改造
毕业院校及作者：
福建农林大学金山学院　关文娴

1. 现在的景观设计存在“生态热”的现象，你认为什么样的设计是生态的？

答：能让人与自然与社会和谐相处的景观环境才是生态的。

2. 在完成一个景观设计的过程中，你最关注的是什么？或者说设计过程中坚持的理念是什么？

答：人与自然与社会的协调性。坚持的理念是：由景观增加和促进人们的沟通交流，而又能使得人们关注和保护身边的景观。

3. 你所在学校的教育特点？有哪些利弊？你心中理想的景观教育应该是怎样的？

答：大艺术范围的教学方式，所学知识范围广泛，但深度上不够到位；利于学生就业，但其专业性有待加强。理想的景观教育应是实践与理论相结合的。

4. 你觉得在学校几年的专业教育中收获最大的是什么？还有哪些方面是自己需要继续努力提升的？

答：大学四年的专业教育中，我很幸运地得到了许多跨专业教师的指导。在景观的空间、功能、现状三者结合方面还需要继续努力提升。

5. 课堂之外你还通过哪些途径进行专业上的学习？觉得受益最大的途径是？

答：学校图书馆；网络：景观中国论坛、筑龙网、人人网；杂志：景观设计学（最大受益）。

6. 你在完成毕业设计过程中遇到最大的困难是什么？是怎么解决的？

答：细节无法深入。导师的帮助以及阅读大量的书籍。

7. 完成毕业设计最大的收获是什么？给自己的评价是？觉得自己的作品最大的亮点在于？还有没有什么遗憾？

答：从毕业设计中学到了：景观不仅是单一的景观，更是人与自然与社会沟通的平台。认识到景观设计师的职责，不仅仅是做一个美的景观，更应该是创建人与自然、社会相互协调、共同发展的景观。自我评价：景观设计里的一只快乐的小小菜鸟，还有很多需要学习和借鉴的地方。作品的亮点是：针对现状存在的问题提出景观设计的原则与策略。

8. 对你影响最大的景观设计作品 / 设计师 / 书籍是什么？为什么？

答：中山岐江公园。因为其追求的是对精神与内涵的更为丰富的表现。

奖项编号及名称：
X290　优秀奖
作品名称：多样的风景——上海市太平桥公园景观设计
毕业院校及作者：
武汉科技大学艺术与设计学院
李晶

1. 现在的景观设计存在“生态热”的现象，你认为什么样的设计是生态的？

答：我认为生态是一个实实在在的景观功能，但不是所有景观设计都需要强调生态。设计中的生态理念不仅是自然资源的运用，还需要通过设计中使用的材料和植物配置等具体内容来实现对环境的保护和改善，除此之外，我认为一个好的景观生态设计是可以引导人们形成环保意识的，从而提高大家保护环境的主动性。

2. 在完成一个景观设计的过程中，你最关注的是什么？或者说设计过程中坚持的理念是什么？

答：在完成一个景观设计的过程中，我最关注的是周边环境和设计场地的联系，从而分析出该场地的设计要点，从解决场地问题出发，深化设计理念。我在设计过程中坚持的理念是协调场地与周边环境，协调人与自然的关系，协调不同时间段场地扮演的不同角色。

3. 你所在学校的教育特点？有哪些利弊？你心中理想的景观教育应该是怎样的？

答：我们学校的教育特点是鼓励我们自主学习，这样的方式可以帮助我们形成良好的学习主动性，可以根据自己的兴趣找到适合自己的学习方法。我理想的景观教育是实现多个学校之间可以定期地交流学习。

4. 你觉得在学校几年的专业教育中收获最大的是什么？还有哪些方面是自己需要继续努力提升的？

答：我觉得在学校几年的专业教育中收获最大的是学习了扎实的基础知识，好的工作成绩都离不开大学积累的基础知识。而在实际项目中的工作经验还需要更多的积累。

5. 课堂之外你还通过哪些途径进行专业上的学习？觉得受益最大的途径是？

答：课堂之外，我还会通过景观书籍和“景观中国”等专业网站学习，受益最大的是网络学习的途径，可以在学习的同时和相关专业的同学或前辈们交流。

6. 你在完成毕业设计过程中遇到最大的困难是什么？是怎么解决的？

答：我在完成毕业设计过程中遇到最大的困难是设计理念在细节中的体现，而细节的深化又需要完整统一，不能琐碎，为了解决这个问题，我设置了一个主要的出发点，然后围绕它进行细节的展开。

7. 完成毕业设计最大的收获是什么？给自己的评价是？觉得自己的作品最大的亮点在于？还有没有什么遗憾？

答：我完成毕业设计最大的收获是找到了自己喜欢和擅长的表达方式，并学会了在设计中多样化地解决问题。我的作品最大亮点在于实现了一个场地的景观多样性，让城市中心宝贵的绿地实现其最大的功能价值和生态价值。遗憾是没有考虑太多的植物配置。

8. 对你影响最大的景观设计作品 / 设计师 / 书籍是什么？为什么？

答：对我影响最大的景观设计作品是《纽约中央公园》，作为纽约最大的都市公园，其在各个细节上都做得很好，公园巧妙地扮演着各种角色，可以满足一个大都市里各种人群的需求；对我影响最大的景观设计师是户田芳树，他提出“用自己的眼睛去看，用自己的身体去体验的同时，还应该用自己的语言去表述的行为才是景观设计的第一步。”；对我影响最大的景观书籍是《设计结合自然》，作者以丰富的资料、精辟的论断，阐述了人与自然环境之间不可分割的依赖关系、大自然演进的规律和人类认识的深化。

奖项编号及名称：
X134　优秀奖
作品名称：
城市居住区景观设计——STX 海景花园三期景观设计
毕业院校及作者：
大连工业大学艺术设计学院
梁雪峰

1. 现在的景观设计存在“生态热”的现象，你认为什么样的设计是生态的？

答：我觉得生态设计归根结底是对环境的一种保护，是将已被人们破坏的自然环境进行修复，设计的目的是要保护生态环境，而不是去破坏。

2. 在完成一个景观设计的过程中，你最关注的是什么？或者说设计过程中坚持的理念是什么？

答：个人认为景观设计的主体是人，主要是遵循以人为本的原则。

3. 你所在学校的教育特点？有哪些利弊？你心中理想的景观教育应该是怎样的？

答：学校课程科目比较多，学到的知识面比较广，但是缺乏突出的一面，各方面都很平均。本科阶段缺少对实际项目的参与。

4. 你觉得在学校几年的专业教育中收获最大的是什么？还有哪些方面是自己需要继续努力提升的？

答：在学校学习的这几年，收获最大的就是对景观设计的认知，但是在实际项目的应用还是需要继续学习的。

5. 课堂之外你还通过哪些途径进行专业上的学习？觉得受益最大的途径是？

答：除了课堂上学习之外，大部分时间通过上网和看书来充实自己的专业知识，还有就是去公司实习，参加设计，通过参与实际项目深化对专业的理解。

6. 你在完成毕业设计过程中遇到最大的困难是什么？是怎么解决的？

答：并没有太多困难，个人认为能够解决的问题都不是困难。

7. 完成毕业设计最大的收获是什么？给自己的评价是？觉得自己的作品最大的亮点在于？还有没有什么遗憾？

答：收获就是对自己四年大学学习生活的一个展现，如果时间充足的话，其实可以做得更加完善。

8. 对你影响最大的景观设计作品 / 设计师 / 书籍是什么？为什么？

答：影响比较大的应该是彼得・沃克吧，因为彼得・沃克设计的环境中贯穿着人们的活动，提供了有实用功能的必需设施。同时，它又超越了这些层次，激发了人们本能的反应，向那些虚幻的相关文化提出了挑战。与其将他的作品概括成一种风格倒不如说它们是一种合成和散布元素的有效的展示，它们包含着有形的、象征性的及精神方面的内容，而不是求助于强调独特的风格，这是个人艺术的独特成就。

奖项编号及名称：
G029　想象与超越奖
作品名称：
景观基质的重组——浙江舟山嵊泗县枸杞岛海湾景观设计
毕业院校及作者：
南京林业大学艺术设计学院
马晨亮

1. 现在的景观设计存在“生态热”的现象，你认为什么样的设计是生态的？

答：其实在这次的汇报中我已经讲到，景观设计是要具有探索精神的，生态作为景观设计环节的基础，却在当今社会作为炒作的焦点，就好像尊重长辈是一个人的基本道德素养，过马路不闯红灯不需要拿来大肆宣扬一样，这是道德的基本，在当下社会就因为许多道德的沦丧，使得我们把最为简单的品格问题看做是表扬的焦点，“生态热”也是如此，越热就说明我们越迫切需求，说明我们现代景观中有很多败笔，但这并不代表生态是设计的亮点，而是所有景观设计的基础。我认为能够改善一定范围内环境问题的景观就是生态设计的理念，使生态像工程技术标准一样，成为最基本的景观设计要求。

2. 在完成一个景观设计的过程中，你最关注的是什么？或者说设计过程中坚持的理念是什么？

答：景观环境系统的设计，探索景观在设计场地中的环境改善可能性。坚持自然融于建筑的空间设计原则，同时探索多种设计的可能。

3. 你所在学校的教育特点？有哪些利弊？你心中理想的景观教育应该是怎样的？

答：多元与包容。学术的开放性，但有时会偏传统一些。我喜欢的景观教育有点像 GSD 的模式一样，不是设计景观，而是领导景观的革命。

4. 你觉得在学校几年的专业教育中收获最大的是什么？还有哪些方面是自己需要继续努力提升的？

答：认识了一群思想开放的老师与性格迥异的同学。我想我的设计道路是不会停止的，我还想尝试各种各样的设计，对一切抱有好奇，这样我想任何方面都会提高，如果有幸的话，我希望创造景观设计的新方法。

5. 课堂之外你还通过哪些途径进行专业上的学习？觉得受益最大的途径是？

答：读书、竞赛、旅游与实习，我觉得旅游是最大的收获，就好像我这次毕业设计，很多灵感与发现是来源于普吉岛的毕业旅行。

6. 你在完成毕业设计过程中遇到最大的困难是什么？是怎么解决的？

答：其实到现在我还是觉得毕业设计还没有完全完善，时间紧是最大的困难，解决吗……就是熬夜做设计呗。

7. 完成毕业设计最大的收获是什么？给自己的评价是？觉得自己的作品最大的亮点在于？还有没有什么遗憾？

答：这个问题还真不知道怎么说，我是这样一个人，不时地拿出自己过去的作品看一看，发现问题，在下次的作品中尽量避免，所以毕业设计只是一个过程，而不是结果，所以没有最好只有更好。最大的亮点应该是自然系统的机制运作分析吧。

8. 对你影响最大的景观设计作品 / 设计师 / 书籍是什么？为什么？

答：我觉得是 James Corner，他给别人的感觉是他永远很年轻，对景观保持着无限的活力。是一个疯狂的景观设计师。就好像我想说的，景观应该给人一种这样的感觉：

当人们刚进入时，他们会说：“喔，这是景观吗？”

当人们走了一圈，他们会说：“哈哈，这为什么不是景观呢！”

James Corner 在景观上做到了这一点。

奖项编号及名称：
G020　地球关怀奖、最佳设计表现奖
作品名称：
青岛市汇泉湾红礁石生态保护与恢复景观设计
毕业院校及作者：
青岛理工大学建筑学院
任伯强　杨玉鹏

1. 现在的景观设计存在“生态热”的现象，你认为什么样的设计是生态的？

答：我觉得生态这个词不仅仅指在材料上的生态，它还包括经济不经济、适合不适合、对人文文化的关怀程度、对使用人群的关怀程度、对动物、植物以及微生物的关怀程度以及所设计的东西与周边环境的协调程度等多方面，所以我认为一个生态的设计是将上面各方面很好地整合协调起来的设计。

2. 在完成一个景观设计的过程中，你最关注的是什么？或者说设计过程中坚持的理念是什么？

答：最关注的是要找一个人与自然的平衡点，因为我们所设计的景观不仅仅是为人服务，它在为人服务的同时也在为自然服务，要避免过多的人工化或者过多的人为破坏。其实，我觉得不是将一个方案做得很精致很美观就是很好的设计，如果它不适合放在这块土地上，那么我觉得即便它再美同样是对土地的破坏，有的即便它不精致但是很符合自然，那么它也是好的。

3. 你所在学校的教育特点？有哪些利弊？你心中理想的景观教育应该是怎样的？

答：我所在的学校因为景观专业办学的时间不是很长，有些方面还不是很完善，教育特点侧重于拓宽学生的知识面，因为一个好的景观设计师不仅仅是会画图，而是要综合各方面的知识做出一份合理的设计。这样就可能导致了解了很多知识，但是没有时间去吃透它。我心中的景观教育是一种将实际调研、自身感受等与实际教学相结合的教学模式，不是坐在教室拿着制图软件或者马克笔在做无意义的、仅仅是追求美的设计。

4. 你觉得在学校几年的专业教育中收获最大的是什么？还有哪些方面是自己需要继续努力提升的？

答：在本科四年学到的东西很多，让我由一个对景观没概念的普通人到现在对景观有所了解，而这个变化的过程正是我不断拓宽知识面的过程，在不知不觉中你就会发现已经学了很多，而这些知识有时候是无法用言词形容的，它就体现在你平时的素养以及所做的设计中。有待于提高的方面当然更多，对于这个专业还需要继续进行更高层次的理解，知识永无尽头，这个专业本来就要求对各方面的知识都有很详细的了解，这样才能做出好的设计，所以脚下的路还很长，要学的很多。

5. 课堂之外你还通过哪些途径进行专业上的学习？觉得受益最大的途径是？

答：课堂之外经常去看一些前沿的景观杂志、听听讲座，有时候也出去游玩，偶尔就会对景观有新的认识，有时候也经常拿出以前做过或者看过的方案重新看，就会有不同的理解与收获。

6. 你在完成毕业设计过程中遇到最大的困难是什么？是怎么解决的？

答：因为我做的毕业题目是红礁石生态保护与恢复，一开始便遇到了难题：该如何下手？切入点是什么？红礁石到底在这个生态系统里面起着什么作用？与周边环境是怎么互动的？关于它细微的循环原理是什么？等等，这些问题就都摆在了眼前，当时想到的办法就是去现场看，一遍一遍地看，因为问题就摆在现场那里，只是需要发现，最后我们发现了潮潭、发现了潮潭里的生物以及在人文关怀方面的问题等等，这样就有了出发点，然后就知道要做什么了，要查阅什么资料了。

7. 完成毕业设计最大的收获是什么？给自己的评价是？觉得自己的作品最大的亮点在于？还有没有什么遗憾？

答：完成毕业设计之后最大的收获就是让我学到了很多关于潮间带的知识，因为这一块知识以前我没有什么了解，同时也让我更加相信当你不知道怎么设计、不知道要做什么的时候就去现场调研，现场会告诉你答案。给自己的评价还算满意吧，都是自己根据调研的结果提出问题并一步步地提出解决方案。最大的亮点可能是我们发现了潮潭，这个潮间带很重要的东西，我觉着是这样，不知道别人怎么看的。至于遗憾嘛，因为当时一开始无从下手，耽搁了好长时间，后来就时间比较紧，对一些细节的设计不够深入，很多想到的东西没有展现出来。

8. 对你影响最大的景观设计作品 / 设计师 / 书籍是什么？为什么？

答：影响最大的景观设计是我一开始学景观的时候在杂志上看到的彼得·拉兹的德国北杜伊斯堡公园和理查德·哈格设计的西雅图煤气厂公园，让我对景观设计方式有了一定的改变，后来读了西蒙兹的《景观设计学》这本书，扩大景观在我心里的设计范围，再后来就看到了土人的理念。因为这些都不仅仅是在做方案、追求美，更重要的是在解决问题，也可以说是在真正的做事。

奖项编号及名称：
X301　最佳场地理解与方案奖
作品名称：左右间——大学校园生态景观规划设计研究
毕业院校及作者：
大连理工大学建筑与艺术学院
孙芳芳

1. 现在的景观设计存在"生态热"的现象，你认为什么样的设计是生态的？

答：我也是做毕业设计的时候才认真思考关于生态设计的问题，不过我认为设计出发点符合当地的文化民俗，设计手法融合场地的元素，真正解决现场问题和不利因素，不需要人过多的干预，免得做过了，有能体现设计师是通过思考而做出的设计。

2. 在完成一个景观设计的过程中，你最关注的是什么？或者说设计过程中坚持的理念是什么？

答：最关注的是每个设计的过程都是学习的过程，无论是和同学老师的交流还是查阅资料案例，都是很有意义的。不断拓宽自己的视野，有自己的判断和坚持的理念很重要。

3. 你所在学校的教育特点？有哪些利弊？你心中理想的景观教育应该是怎样的？

答：我所在的学校坚持理论和实践的结合，学期结束老师会带我们去外地考察。老师也会因材施教，不同的学生不同的教法。我心中理想的景观教育应该说是更加接近实际的项目工程，而不是仅仅做一个理想的项目。

4. 你觉得在学校几年的专业教育中收获最大的是什么？还有哪些方面是自己需要继续努力提升的？

答：收获最大的是学习的方法。需要继续努力提升的还有很多，包括与人的交流沟通、技术方面的知识等。

5. 课堂之外你还通过哪些途径进行专业上的学习？觉得受益最大的途径是？

答：阅读关于景观设计类的杂志和书籍，也去专业的设计网站学习。受益最大的途径个人认为还是阅读书籍，比较有针对性。

6. 你在完成毕业设计过程中遇到最大的困难是什么？是怎么解决的？

答：遇到最大的困难应该是设计到了一定的阶段再深入比较难，解决方法就是让自己放松下来，再去问老师意见，自己多思考，多画图，坚持过来就好了。

7. 完成毕业设计最大的收获是什么？给自己的评价是？觉得自己的作品最大的亮点在于？还有没有什么遗憾？

答：最大的收获是在这个过程中收获的知识。

给自己的评价就是：做到了坚持和认真！

自己的作品最大的亮点是有逻辑和系统吧。没什么遗憾，我已经尽力了。

8. 对你影响最大的景观设计作品 / 设计师 / 书籍是什么？为什么？

答：对我影响最大的景观设计作品是彼得·沃克的作品，因为他的作品有简洁现代的布置形式、古典的元素、浓重的原始气息、神秘的氛围，很容易打动人。

奖项编号及名称：
G070　优秀奖
作品名称：流动的水岸——无锡南长运河公园景观设计
毕业院校及作者：
北京林业大学园林学院　王鹏飞

1. 现在的景观设计存在“生态热”的现象，你认为什么样的设计是生态的？

答：生态的设计绝不是多种树多绿化这么简单，需要建立在对场地全面分析和可行性探究的基础上，运用多学科手段处理设计问题，并尽可能降低对环境的干扰。

2. 在完成一个景观设计的过程中，你最关注的是什么？或者说设计过程中坚持的理念是什么？

答：最关注的是这个方案如果建成，它能给场地带来怎样的改善，不管是景观方面还是社会方面的。设计不应该是千篇一律的，每个方案必然与它所处的环境直接相关。没有最完美的设计，只有最合适场地的设计。

3. 你所在学校的教育特点？有哪些利弊？你心中理想的景观教育应该是怎样的？

答：我所在的学校要求我们有扎实的景观设计基本功，注重培养我们成为一名设计师的素养。作为景观重要元素的植物方面知识被提到重要位置。这也是当前很多景观院校所忽略的。不足在于，由于学校没有建筑学院，缺乏建筑规划学科所强调的逻辑性培养，不利于设计严谨性的养成。

我心中理想的景观教育应该是在此基础上增加各学科的交流融合，同时加强对学生动手能力的培养，创造与国内外相关院校交流合作的自由环境。

4. 你觉得在学校几年的专业教育中收获最大的是什么？还有哪些方面是自己需要继续努力提升的？

答：收获最大的是视野的提升，不局限于设计能力的学习，还包括对生态领域、城市领域等相关学科的广泛认知。需要提升之处在于对景观工程材料和施工的掌握，这也是进入工作岗位之后的努力方向。

5. 课堂之外你还通过哪些途径进行专业上的学习？觉得受益最大的途径是？

答：主要通过多听专业讲座，参与导师研究项目，参加设计竞赛等途径进行专业上的学习。参加设计竞赛是个收益颇丰的途径，有利于培养我们的团队合作能力，对新知识的学习能力以及对设计进度的把控。

6. 你在完成毕业设计过程中遇到最大的困难是什么？是怎么解决的？

答：最大的困难是对场地高差的处理。通过与导师的交流探讨，在sketchup模型中反复推敲，最终虽有不足但还算比较好地解决了这个问题。

7. 完成毕业设计最大的收获是什么？给自己的评价是？觉得自己的作品最大的亮点在于？还有没有什么遗憾？

答：最大的收获是对自己独立完成一整套方案能力的肯定，没有最后加班加点赶进度，基本按照之前预期一步步完成了。觉得自己作品最大的亮点在于对滨水小空间的处理，通过建模反复推敲保证了合适的尺度感。排版也是相对比较满意的地方。遗憾在于选题初期对场地性质的认识不够全面，导致最后硬质景观所占比重过大，处理高差的过程无形中又增加了硬质的量。过多考虑了人的活动而忽略了生态功能，这也算是收获之一吧。

8. 对你影响最大的景观设计作品 / 设计师 / 书籍是什么？为什么？

答：我的导师林箐老师。她对待场地严谨的态度一直影响着我，让我认识到设计不是画图更主要的是解决问题的方法。不断学习新知识的态度也使我受益匪浅。

奖项编号及名称：
X151　最佳分析与规划奖
作品名称：湿生家园——淮安半岛湿地景观保护性设计
毕业院校及作者：
福建农林大学艺术学院　王迁

1. 现在的景观设计存在“生态热”的现象，你认为什么样的设计是生态的？

答：生态设计是在尊重自然，不破坏自然界良好的循环系统，不能被商业化所侵蚀，它是一种长期的、可持续的设计。

2. 在完成一个景观设计的过程中，你最关注的是什么？或者说设计过程中坚持的理念是什么？

答：在一个景观设计中我最关注“回归设计”、“绿色设计”和“科学设计”，设计中，“回归设计”的核心内涵是敬畏自然和尊重人文，设计的本身是回归到场地原本的自然风貌，回归到场地承载的文化精神。“科学设计”的核心内涵是将承载人类智慧的积极因素——“科技”与“艺术”应用到场地中，重建“自然与人”的平等价值观。园林景观设计应积极倡导“绿色生态设计”，坚持“可持续设计”。

3. 你所在学校的教育特点？有哪些利弊？你心中理想的景观教育应该是怎样的？

答：我们学校景观课程教育有较为清晰的学习思路过程，郑洪乐老师根据多年的教学经验总结了一套景观教学方法，“金字塔式”的教学模式，从景观基础设计到景观空间设计到景观规划设计再到景观专题设计，通过四年的由基础认识景观到全面认识景观，在每次的课程学习中，不断地解决学习一些新的景观设计知识，从而最终完成大学本科毕业设计。通过四年的学习，我非常赞同这种教学模式，方法行之有效，互动性也很强。如果以后有机会的话，多拿一些真实项目来做课程作业，效果可能会更好，同学们的参与性、积极性会更大。

4. 你觉得在学校几年的专业教育中收获最大的是什么？还有哪些方面是自己需要继续努力提升的？

答：大学四年，在老师的带领下，对景观设计专业从开始的懵懂到最终的认知，回头总结，自己开始有了对景观设计的思想和看法，在实际项目设计中也开始有了自己的设计方法和设计思路，还有就是做事情要投入，认真地去做好一件事。自己的不足之处就是在参加工作中，在真实的项目设计中，学生气的大胆设计和现实中的严谨设计存在一定的偏差，这也将是下一步需要克服的弱点。

5. 课堂之外你还通过哪些途径进行专业上的学习？觉得受益最大的途径是？

答：“老师介绍”、“网站查询”、“报刊著作”等等，最大的收获就是学习的自由性和选择性较大，从好的作品中不断地学习、吸取，从而大大提升自己综合实力。

6. 你在完成毕业设计过程中遇到最大的困难是什么？是怎么解决的？

答：最大的困难是现场勘查和绘制阶段，本地区是大面积的干枯河堤和挖沙废弃地带。

通过同学的帮助，和自己经常实地调查，拍照，查询该地区大量不同时间段历史资料和政府对该地区态度等等，然后系统化地整理，最终克服这个难题。

7. 完成毕业设计最大的收获是什么？给自己的评价是？觉得自己的作品最大的亮点在于？还有没有什么遗憾？

答：毕业设计是大学四年专业课学习的一个总结，在本次毕业设计中，在做事方面，自己学会了专注认真地去研究一个问题，以及针对问题去找到合理的解决方法。在专业方面，针对一个地区的现状，分析出问题、机遇和挑战。对自然环境中关于湿地的恢复设计有了深刻的见解。同时真心地感谢我的老师和我的父母，感谢四年来老师系统的专业知识的教育，以及家庭中，自己父母给予的各方面的全力支持。从而使自己在人生道路上走得更加坚定。

亮点：本设计出发点存在于对当今社会发展所导致的湿地环境的破坏的修复整理，从而恢复和谐的生态系统。提出细胞式渗透的概念，从而建立起该地区的湿地联系，逐个渗透、边缘渗透、陆上渗透、浮岛渗透等等，沿着水流方向向城市渗透。本设计说明书分析说明了当今社会下湿地现状、问题、机遇、挑战——由于城市化的快速发展，大量的城市建设都需要大量的沙土等建筑原材料，为了城市化的发展，而肆无忌惮地去挖沙挖土，对当地环境造成重大危害。通过湿地传播，最终达成共识，使得湿地的恢复是公认的习惯。遗憾的是概念化偏重。

8. 对你影响最大的景观设计作品／设计师／书籍是什么？为什么？

答：本人平时比较关注“全国高校景观设计毕业作品展”，在校期间还关注过 UA、中联杯等国际竞赛，参加此次竞赛让我更加了解中国当代大学生景观设计现状，了解最新、最富有生机的、最活跃的设计作品以及其思想。

对我影响比较大的作品是俞孔坚的 2010 上海世博园——后滩公园和 2012 年 ASLA 学生奖综合设计奖——荣誉奖，沙丘景观等。

通过这两个案例，找到了一些生态恢复的科学方法和表现方式，从而结合自己设计场地的问题加以应用。

奖项编号及名称：
X339　荣誉奖
作品名称：生境链——青海乐都三河六岸片区景观规划设计
毕业院校及作者：
西安建筑科技大学建筑学院
袁舒

1. 现在的景观设计存在“生态热”的现象，你认为什么样的设计是生态的？

答：在生态系统中，物得其用，物尽其用。

2. 在完成一个景观设计的过程中，你最关注的是什么？或者说设计过程中坚持的理念是什么？

答：为场地和人寻找更佳的答案。

3. 你所在学校的教育特点？有哪些利弊？你心中理想的景观教育应该是怎样的？

答：建筑、城规、景观三位一体，重设计的感性教育。

就教学内容来说，能使学生全面了解这三个密切的学科，但什么都学，课时和深度相对不够，感性教育培养起的对生活和土地的敏感和热爱难能可贵；就教学对象来说，学生的兴趣不一，往往有人脱离或对立于教育体系，一定程度上缺乏为创造力提供的空间。

我理想中的景观教育注重教人独立思考，独立用批判的观点看待问题和解决问题，学生的创造力得到激发，同时能培养起设计师的社会责任感。

4. 你觉得在学校几年的专业教育中收获最大的是什么？还有哪些方面是自己需要继续努力提升的？

答：透过专业重新认知了世界和自己，透过认知世界和自己重新认知了专业。

还需要更努力地发掘这两者间的关系。

5. 课堂之外你还通过哪些途径进行专业上的学习？觉得受益最大的途径是？

答：旅行，并接触其他相关学科。

6. 你在完成毕业设计过程中遇到最大的困难是什么？是怎么解决的？

答：设计创新。

最终在特定地域条件内，密切结合场地特征找到突破点，并借助其他学科的一些研究成果得到解决。

7. 完成毕业设计最大的收获是什么？给自己的评价是？觉得自己的作品最大的亮点在于？还有没有什么遗憾？

答：在整个毕设过程中，完整地体验了设计过程，包括做设计和团队合作。不过这仅仅是一个阶段的终点和另一个阶段的起点。如果说我的毕业设计作品中，从场地理解到方案生成都有理有据，表达也行，但终究是图纸，未经实际检验。

8. 对你影响最大的景观设计作品 / 设计师 / 书籍是什么？为什么？

答：俞孔坚及相关作品和书籍。

他对自然和城市的态度，启发了我重新认知世界，重新认知景观设计。并且他的践行，给人以实实在在的希望和指导。

奖项编号及名称：
G617　最佳应用奖
作品名称：耽闲拾遗园——蒙太奇设计手法在大学校园设计中应用的可能性研究
毕业院校及作者：
清华大学美术学院环境艺术设计系　赵沸诺

1. 现在的景观设计存在"生态热"的现象，你认为什么样的设计是生态的？

答：能真正关注使用者和环境可持续性的设计就是生态的，不一定是专业的领域，但是能为人们提供一个良好的设计，一个可持续的环境就是生态的。

2. 在完成一个景观设计的过程中，你最关注的是什么？或者说设计过程中坚持的理念是什么？

答：使用者的使用体验是最值得关注的，作为服务行业，我们应该认识到个人的责任。

3. 你所在学校的教育特点？有哪些利弊？你心中理想的景观教育应该是怎样的？

答：收放自如，较为尊重学生的想法，但是过于"放纵"学生，导致很多想法很难实现。

理论与实践相互结合。

4. 你觉得在学校几年的专业教育中收获最大的是什么？还有哪些方面是自己需要继续努力提升的？

答：收获最大的就是确定了自己的未来发展方向，认识到自己对于景观设计的喜爱，真心希望自己可以从事这个行业。

加强理论落实实践是自己最需要努力做到的。

5. 课堂之外你还通过哪些途径进行专业上的学习？觉得受益最大的途径是？

答：充分利用学校的图书馆资源。

文献综述的学习是一个学生在校期间最应该学会的一项技能，但是现在很多大学的教育不重视学生的文献阅读。

6. 你在完成毕业设计过程中遇到最大的困难是什么？是怎么解决的？

答：理论难以落实实践。在导师郑曙旸教授的指导下，不再仅仅停留在理论层面，而是充分结合场地去做设计，设计的最终落脚点一定是一个可以实施的方案，能够用图纸详尽地表达自己的想法。

7. 完成毕业设计最大的收获是什么？给自己的评价是？觉得自己的作品最大的亮点在于？还有没有什么遗憾？

答：最大的收获就是从场地调研、理论分析、文献阅读、落实设计这样一条完整的设计程序思路完成设计。给自己的四年本科画了一个完整的句号，并为研究生学习生活打下了理论层面的基础。

最大的亮点就是设计的完整性，从理论分析结合场地，到最后的具体设计、图纸的绘制和材料的运用都面面俱到。

最大的遗憾就是毕业设计过于追求表现，忽视了自己的设计过程，导致最终展示时难以说服评委和导师，很多想法由于忽视过程而导致缺失。

8. 对你影响最大的景观设计作品 / 设计师 / 书籍是什么？为什么？

答：《存在与时间》这本书是海德格尔的一本理论书，但是其"诗意的栖居"对我的整个设计思路有很大影响，让我明白景观设计不仅仅是一树一花一草，不是一个公园，而是为人们的生活带来诗意，是一个感性与理性结合的设计。

奖项编号及名称：
G086　优秀奖
作品名称：海洋文化复兴——浙江舟山定海海滨公园改造
毕业院校及作者：
南开大学滨海学院艺术系　周歆韵

1. 现在的景观设计存在"生态热"的现象，你认为什么样的设计是生态的？

答：能使人类与自然界中的生物更好地共存，景观既是自然的也是城市的，成为自然与城市的桥梁。

2. 在完成一个景观设计的过程中，你最关注的是什么？或者说设计过程中坚持的理念是什么？

答：是否能解决问题，或者提出新的观点，而不是过多地批判缺失的地方。理念：设计为人民服务与可持续设计。

3. 你所在学校的教育特点？有哪些利弊？你心中理想的景观教育应该是怎样的？

答：重专业轻学术。我认为前期学术应当凌驾于专业技能之上，很多同学在设计的时候充满着迷茫，还是思维的问题。多看书，研究学术，能少走很多弯路。中期再通过实践印证思维。了解历史、深知历史的人，才能站在巨人的肩膀上，最终超越历史。

4. 你觉得在学校几年的专业教育中收获最大的是什么？还有哪些方面是自己需要继续努力提升的？

答：思维成长和专业技能。需努力提升的还是思维。

5. 课堂之外你还通过哪些途径进行专业上的学习？觉得受益最大的途径是？

答：①网络，比如谷歌。②杂志，比如意大利的 DOMUS 和景观设计学。③书籍。受益最大的途径莫过于书籍。

6. 你在完成毕业设计过程中遇到最大的困难是什么？是怎么解决的？

答：整体与细节的把握。设计的时候一直在想密斯的“少就是多”，但是真正设计的时候却不断地把零碎的想法往上加。解决方法：将自己的设计分为几个小阶段，每个小阶段总评当前的进度，然后对作品做一下减法。

7. 完成毕业设计最大的收获是什么？给自己的评价是？觉得自己的作品最大的亮点在于？还有没有什么遗憾？

答：有一个清晰明朗的独立完成过程，而非以往的团队合作。亮点是提出适合的解决方案并寻求突破。遗憾是作品还能够更加深入，细节方面还不成熟。

8. 对你影响最大的景观设计作品／设计师／书籍是什么？为什么？

答：《建筑十书》、《工艺美术下的设计蛋》、《江南园林志》、《包豪斯理想》、《景观宣言》。这五本书是我所看到的书里分别伴随着我从接触设计开始到现在，对我人生的每个阶段的设计思维都有很大的改变。

第四部分：部分高校教师评委访谈

受邀参加评审的 76 位高校教师评委团的老师们为学生作品撰写了评语，我们汇总了老师们的回复问卷并整理出以下主要的统计结果，并给出了问卷式访谈供大家参考！

一、对景观设计的认识

问题一：您对所评选的学生作品的表现满意程度如何？

A 不满意　B 一般　C 满意　D 非常满意　E 不好评价

答案结果统计如下：

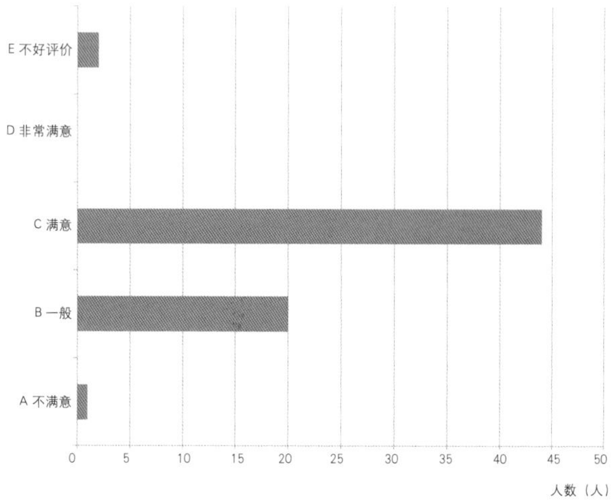

问题二：根据您的评选印象，请选出最多三项您认为普遍存在的问题（　　）

A 生态学等相关知识不够扎实或存在明显的缺失
B 绘图表达与构成等设计基础明显不足
C 对场地的调研、理解和分析不够
D 设计思维方式存在明显缺陷
E 设计理念空泛
F 追求没有实质内涵的炫目的平面构图或效果图表达
G 选题平庸，缺乏探索意义与一定难度
H 选题脱离实际
I 缺乏解决问题的能力
J 没有设计细节
K 解决方案不可论证
L 选题重复
M 其他（请注明）
N 其他（请注明）

答案结果统计如下：

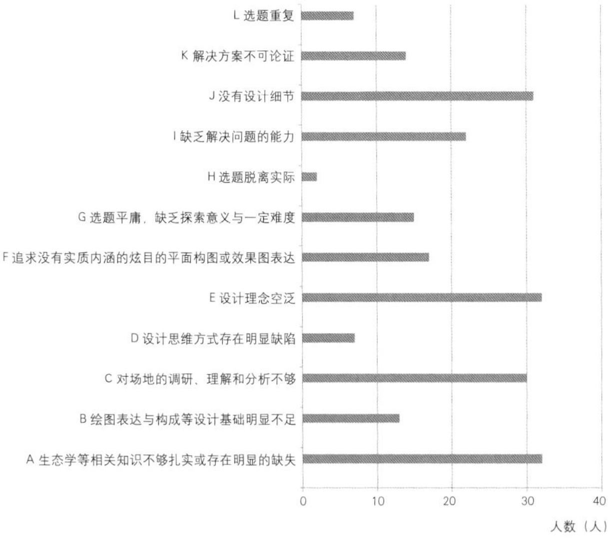

问题三：根据您的评选印象，您希望下一届更加重视从什么角度和标准评判毕业学生设计作品，请最多选择两项（　　）

A 选题
B 对场地现状的分析评价
C 对生态、文化或使用者的关怀
D 解决问题能力
E 空间布局
F 设计表现
G 想象力与设计创新
H 模型
I 其他（请注明）
J 其他（请注明）

答案结果统计如下：

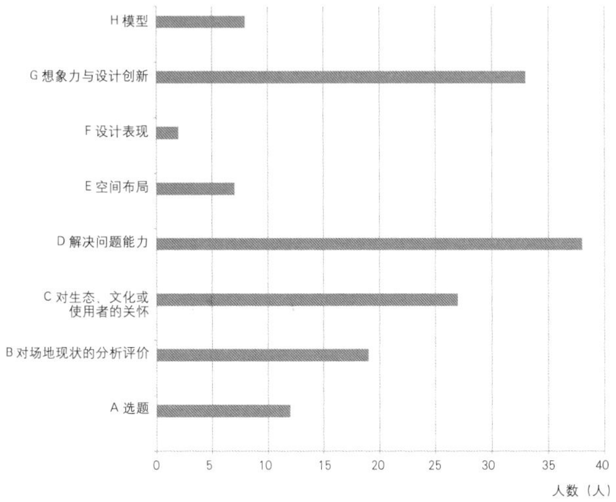

问题四：学术、教育机构的研究与社会商业项目一直存在脱节的现象，很多本科学生的毕业设计已经涉及很前沿的学术研究方向，您认为应该如何将这些设计转化到实践中，以使得学术研究与市场需求更好的接轨？

将前沿的学术研究和尖锐的实际问题对位起来，更有针对性地解决实践中的问题，只有能真正解决问题的研究才是具有市场价值的研究。（白丹）

我认为学生应该利用假期时间，更多地参加专业实践。在实践当中多学习专业知识和行业规范，把前沿的设计思潮合理地运用到实践项目中，使得学术研究与市场更好的接轨。（曹福存）

应加强学生对技术的理解，特别是传统技术及后续的变革所产生的背景及与社会的关系，学会“小中见大”，不要孤立于缺乏人性的“大规划”，缺少真正的对人、对自然应有的尊重。（陈福阳）

前沿研究转化为真正的设计实践需要一个过程，需要各方面技术的配合，包括业主思维意识的转变以及工程造价的影响。（杜守帅）

可以尝试适当缩短学生在校学习的时间，让学生更早进入公司实习获得实际的经验，毕业设计可以是实际的公司项目，减少虚拟场地的设计课题。（冯嗣禹）

带有研究与探索性质的设计作品与市场实践的结合不是短期可以实现的，很多较前沿的研究成果是基于某种新理念和新思想进行的大胆创新和尝试，具有前瞻性与实验性，有时虽然思路很好，但不一定能为现实性很强的市场所接收，二者的结合尚需要前沿的创作经过一定时间的沉淀与完善、修正才能逐渐达成共识。但真正具有实践价值的设计研究最终一定会与社会商业项目接轨，这其中设计师的多向沟通与综合性工作的参与能起到一定的效果。（傅娅）

个人建议：毕业设计建议以实际项目替代虚拟课题（时间可以延长，本科在大三开始实施项目设计前期相关的工作）。建议课程设置要加自然地理和 GPS、GIS。（高贵平、孙虎鸣）

有些方面是需要国家相关的政策扶持的。有的是建立在景观设计职业道德层面的。不能脱离实际的追求，也不能一味地盲从。（龚鹏）

在选题上可多从问题着手，善于发现目前社会中所普遍存在或者有着典型意义的问题和研究方向；

在设计创意上应该允许天马行空式的设计创想；

在分析解决问题的方法上应该有着切实可行的思路和翔实的基础研究；

在方案落地和实际应用上应进一步分析可行性和必要性。

当然如能结合真题真做，即使假做也应该是基于环境本身的思考研究，倘若基础研究足够了，那些飘飘然的设计自然会少了很多。至于学术研究与市场接轨，必然是前者在先，如若失去了指导意义，那么社会和行业的进步则会少很多。（侯涛）

关键在于论证这些前沿的设计理论应用在实践中的可行性；多层次开展企业和高校之间的定期交流，从双方的角度相互探讨理论和实践的关系。（黄艺）

第一，学术与教学机构应加强与企业合作，推动教学过程中的“理论教学为主”向“理论与实践结合”、“工学结合”转变，促进传统教学模式改革。第二，增加教学实践环节，从根本上提高学生的实践能力和社会适应能力。第三，加强对市场导向的把握，选择最佳的合作对象和方式，建立适应市场经济规律的机制，建立必要的协调机构，互通信息、互惠互利。（黄东升）

学术研究要想和市场需求接轨，更重要的是了解市场的需求，并提高解决问题的能力。对实际空间尺度、设计规范和设计资料、材料的掌握程度要提高，并同时开阔眼界，拓宽视野和知识面。（黄江）

建议相关的教育机构、公司等能针对实际设计项目设置相应的设计竞赛，从而使学生有更多的接触实践的机会，锻炼学生的实践能力。（姜龙）

加强学术推广，学术与社会教育相结合，从社会和市场的领导层开始，提高社会人群的认同感和提高他们的认知水平。（李楚志）

个人认为：对外宣讲是唯一也是最好的办法，现实社会认知程度如此，唯有这样慢慢提升社会认知，才能实现转化。我是这么认为的。做到转化的前提是校企有效合作，社会、市场能否接受新的事物。最行之有效的方法就是对外进行相关企业的合作，并客观看待景观项目开发与保护之间的衡量关系，用事实说话。（李世华）

将具有前瞻性的设计转化到实践中，需要耐心、勇气和坚持。（李微）

将学院派设计中优秀的设计创意注入实践中，两者并不矛盾；将实践中凸显的问题提出给教育机构，使之成为具有研究价值的选题，提出具有研究意义与社会价值的设计方案。（刘谯）

采取工作室教学，社会项目和教育机构研究相结合，当然需要多方面的支持。（刘仁芳）

以学术研究为基础的设计是对领域内设计策略、技术手段及工程方法的前瞻性探索。若想将这些前沿设计成果转化到实践之中，必然需要经过实际论证，这可能需要设立一些研究中心和实验室，并可实施小规模的实验性景观建设，若功效显著，成本适宜，则可在市场上进行推广。同时，市民的景观审美修养和生态感知力也需进一步提高，这使学术研究与市场需求有接轨的可能。（刘益）

这是一个双方面的问题，一是学术研究、学校教育过于理想化，忽略了市场实际需求；二是市场过于注重眼前利益，对于生态、可持续以及环境行为等问题不够重视，这两方面的原因导致了教育、研究与市场的脱节。因此，缓解这一现象必须从这两方面入手，而我们能做的就是在研究和教育中应更加务实一些。（吕小辉）

理论研究与社会实践的脱节是现在设计业普遍的问题，我个人认为要想更好地让学术与市场接轨，可以从三方面进行，第一，提高设计师的职业素养，让设计师在设计过程中对设计有着学术的眼光来看待问题；第二，提高设计管理者对设计的理解，使甲方或管理方能够从更深层次，长远的角度看待设计，而不仅仅是追求片刻利益；第三，提高大众对设计的认识，对美的认识，只有让大众了解学术，了解设计的前沿，才能让大家接受和喜爱，这是需要从更高的层面对广大群众进行的设计赏析修养教育。（马珂）

设计就本质来说就是一个量身定做的服务性工作，只有在业主市场有需求的前提之下，所有的研究成果才有实施的可能。所以对业主或市场的培育，使他们对前沿课题认同也是设计行业应该不断努力工作的一个部分。在设计者、使用者、管理者对空间形式美、历史文化沿袭、生态环境保护、人文行为关怀等等内容认识趋同时，设计的研究才具有快速发展和实践的可能。（孟晓鹏）

树立专家的权威性——尊重科学；形成学术研究氛围——理解包容；在实践中论证和创新——实践出真知。（聂庆娟）

教师自身须深入企业一线，主持或参与实际项目，忌闭门造车；引入工作室制，教师带领学生在工作室中完成社会实践项目。（牛艳玲）

毕业设计与社会商业项目结合；鼓励设计作品的学术研究性，同时强调可行性；搭建校企合作的平台，让优秀的设计作品有更大展示的空间；多设置单项奖，找寻最具商业价值的创新点。（彭军）

教育与实际允许相互脱节，因为大学要进行规范式的教学内容，要完成培养人才的全过程。不能以与实际接轨为导向，从而迷失了大学的教育目标。（邵力民）

这些前沿的学术研究方向在实际的社会商业项目中接触的机会并不非常多。在毕业设计中，这些类型的选题好像是在他们的意识中植入芯片，未来的职业生涯中带着这样的设计高度去做事。在实际的设计中，更需要"着陆"和"接地气"。大四的实习可以帮助他们进一步审视，具体怎么转换，我想，就是考验他们大学所学了。（苏媛媛）

我认为还是社会的发展、城市的建设与改造的推进，多让学生参加实践课程，学术与实践是相互拉动的，只有实践多了，学术才能被高度研究和利用。（孙杨）

呼吁政府加大关注力度。（谭文勇）

向西方国家学习，将设计师请进校门，参与课堂教学环节；高校也要鼓励教师在教学之余，多参与社会实践。（唐建）

学校和公司进行合作，创建实验室或者实习基地，一方面让学生在学习基础知识的同时紧密和实际接轨，另一方面让公司参与到学校的部分教学活动中，去影响和带动学生的实践能力。（唐毅）

多进行校企联合。（王葆华）

合作带毕业设计。（王晶）

需要建立一个组织，使教学活动与企业需求结合，并得到企业支持。（王永胜）

研究与实践存在着一定的脱节，这是普遍存在的现象。例如很多学生对数字化设计研究感兴趣，但在实践中，数字化仅仅是大部分工程项目的辅助手段。教师们也常常空谈各种生态理念和设计方法，但可能一年都没有一个实践项目（哪怕是一个节点）去验证。这方面我也会好好思考，暂时没有成熟的建议。（王未）

①要提高全社会对这个领域的认知度。②学术理论的内容需要通过实践检验，不是所有的理论到了现场都能够适用，只有通过检验了，才能被市场所认同。（王瑶）

有些教育过于注重设计的形式化，设计不是一个空泛的词语，应用与实践才是设计最终的归属。过于空泛的去研究，去分析，只能造成更多的分解。个人认为工作室教育模式可以将设计与实践进行较好的联系，让学生不仅仅停留在理论的分析，将项目进行针对性引入，引导学生能够真正在实践中去进行设计，才更能适合社会的需求。（王宇）

可以在毕业设计或课堂设计中直接引入景观规划、景观设计的实际项目，通过教师正确的引导，将实践与教学相结合，这样可以将设计直接转化到实践中去，对学生未来专业发展将会大有裨益。（魏泽崧）

我个人认为这是一个需要时间的问题，随着人类社会文化的发展不久的将来会从市场设计中找到学术研究的内容。（吴博）

当前社会商业项目同样需要导入前沿的学术研究成果，不能将学术、教育机构的研究与其对立，而是应把握好相互之间的切入点与"度"。（辛艺峰）

校企合作还未能够找到最佳模式融入教学中，教师本身素质单一（单纯论身份而言），尽管高校已经开始大量聘请企业导师，但合作模式还流于表面或不够深入；其次单就设计专业和行业而言，高层次的实验室建设不足，同相关工科学科的交叉和联系不足，学生的毕业设计虽然已涉及前沿领域，但成果多在构想阶段。

建议学习国外高校的教学模式，将社会企业的前沿项目与教师科研甚至教学内容结合，针对真实课题进行调研、分析和设计，切实发挥大学教育功能之外的社会功能。（信璟）

通观历年许多毕业设计的作品，大多都有一个很前沿和响亮的题目，这样的题目往往使人眼前一亮，但是当你往下细看作品时，会觉得许多作品内涵显得空泛、华而不实，多数作品缺乏解决、分析问题的能力，这样的作品往往和实践无法对接。我们应当正确地面对这种现象，首先，运用严谨科学的方法去设计作品；其次，要求学生在探索前沿学术的同时不要忘了打下扎实的专业基础；第三，景观设计是一门实践性很强的专业，在学术研究过程中应当始终不能脱离实践，只有这样才能使先进的理论获得有力的支撑。（徐耀东）

我认为我们的学生无论在大学课程还是毕业设计中，都需要踏踏实实地做一些基础的准备工作。设计的基本功很重要，功能、材料、文化等都是评价一个好设计的标准。学生们可以接触前沿学术领域，但必须与基础理论很好地结合，才能有所知有所悟地真真切切地做好设计，才能将学校里学到的设计知识运用在实际工作中，做到不虚、不假、不做作。（严晶）

学术研究与市场的接轨这是所有高校都面临的重大问题，如何将知识转化为生产力，仅仅把学生教好还不够，需要我们的教师在教学之余参与到市场实践当中去，让设计既保持学术水准又产生经济效益，从而达到两方面的平衡。这就需要现在的大部分高校要改变现行的考核机制与标准，鼓励设计实践，鼓励学术研究与市场接轨，才能把教师从繁重的科研工作中解放出来，从而从事更有意义的社会实践活动。（杨丽文）

教育和市场有别，教育的目标包含２个：专业和素质。专业和素质的建立需要几年时间甚至更长。专业和素质好的年轻人，市场的窍门半年到一年就可以打开，所谓厚基础。在本科高年级当然需要提倡适应市场和学会工作，但本科高年级的专业竞赛应该追求前沿的学术研究方向，提倡能解决现实问题且具备学术高度、深度和专业性强的设计作品。（杨修进）

社会商业项目是随着社会经济发展需求而产生且不断提高更新的，专业设计方案是为社会商业项目服务的，提高专业设计的全面性、综合性、可实施性才有可能被社会商业项目所接受并得以实施，不同类型不同特点的商业项目在实践中才会更多地接受设计方案，因此要在发展过程中不断去发现、总结、充实学术研究，提高设计理念与设计技巧，才会更好地与市场接轨。（杨杨）

学校教育应多组织学生对已建成的项目进行实地考察，加深学生对专业的理解，同时阶段性引进从业设计师与在校教师联合指导设计教学，并争取多渠道和方式让设计作业成果与普通使用者接触，获得直接反馈。（杨一丁）

首先学生设计时，要充分考虑景观设计要满足四大原则：生态、经济、功能、美观。其次，学生在设计中提出的设计理念要与场地的历史、文化地域特点相结合，不能凭空提出设计理念而与项目本身毫无关系。学生一定要能回答“为什么这样设计”，这就要求学生要对场地做深入调研，在深刻理解和透彻分析后提出设计理念。因此，要使得学术研究与市场需求更好的接轨，学生的设计需要符合实际，并突出解决实际问题，满足功能需求，体现艺术。（叶美金）

将实践中的案例以项目或竞赛的形式移植到教学中，用真正的实践来指导学生。（易俊）

与政府、社会企事业合作，挑选具有学术研究价值且时间要求充裕的实际项目课题；在教学过程中，与政府及企事业单位交流沟通。（张恒）

接轨问题一直困扰着学术界，我想一方面可以从“宣传引导市场”上下一点功夫，主动走出去宣传前沿的学术研究；另一方面需要“请进来”，请知名设计公司的负责人来校交流，了解社会需求。（张建国）

可以扩展合作平台，学校与企业联合，既可以为学生提供一个可接触实际项目的渠道，又为企业注入新鲜血液。形成一个导师授课、工作室教学、学生汇报交流的多元化教学模式，以此来融合前沿的学术研究和实际中的项目。（张琴）

学术研究与市场需求的接轨，最终还是取决于市场，否则再前沿的研究也只能是空中楼阁，所以搞研究的要丰富自己的实践经验，只有自己能够被市场认可，研究才可得以实施。（张燕）

只有思想上前沿，实际作品才有可能不断走向前沿。学校如果太注重与实践接轨，可能培养的学生难有进一步的发展空间。只要怀有理想，经过几个实际项目的锻炼，学生自会掌握如何结合中国国情，将前沿思想应用到实践。（赵忠超）

要坚持学术前沿理想，善于与开发商进行价值观沟通，寻找理想与现实平衡点，推广可持续美丽景观价值。（郑洪乐）

学术研究与商业项目本身就是两回事，无需接轨。（郑阳）

学术研究与市场接轨并非单纯的学术与市场契合问题，而是一个多元问题。取决于社会发展程度，即社会投资需求的出现、投资规模、受众群体。此外，人们的文化素养也发挥着极其重要的作用，如人们对生活的态度、对学术的尊重等。目前来讲，学术研究与市场的接轨多出现在高端消费群体，且受众群体往往具有相当的文化素养，而此类人群在社会中所占比重极低。（周明亮）

首先，我认为要与市场需求接轨，需要学生在毕业设计之前就有社会实践的经历，了解实践、施工等细节，然后再结合他的创新设计思维将全新的设计理念、前沿的学术研究运用到方案设计中，最终设计的过程便会自然而然地考虑到实际市场需求，这样才不会设计出空泛的、没有实质内涵的作品。（周渝）

问题五：您对学生毕业设计的选题有何建议？

应适当务实，无须过于走“剑走偏锋”的路线，学会健康全面地解决各类问题尤为重要，解决问题的能力是终极目标，切勿“哗众取宠”。（陈福阳）

毕业设计选题需要带一些学术研究的性质，要有一些社会责任的思考。不能直接拿实际项目的课题作毕业设计课题。（杜守帅）

题目要关心我们目前所遇到的一些问题，不能一味地追求前沿、新颖、概念等。平凡中找到亮点。（冯嗣禹）

作为景观专业的毕业设计作品，一定要与人居环境建设当中的热点问题相结合，具备一定的综合性，且规模不宜过大，能完成一些细部设计为佳。此外，就今年的参赛作品来看，相当一部分作品的选题景观专业特色不强，甚至有部分完全未涉及景观专业实质内容的选题，对于本专业的核心领域生态学、植物学、游憩学等方面的设计体现得不够充分。（傅娅）

要加强对地域自然地理风貌和地域文化特色的研究，提升文化含量和自然科技含量。（高贵平、孙虎鸣）

建议多关注时下周边环境的热点话题，设计的存在本来就是在解决现有问题的。比如极端气候条件下的景观设计应对。（龚鹏）

你所处的时代背景和生活环境是选题的最大智慧源泉，关键是要有一颗敏感和善于发现问题的心。（侯涛）

学生选题还是应结合当前景观设计的实践项目，但应更具有一定超前性，体现景观设计的发展趋势。（胡喜红）

选题部分来源于教师课题研究或工程项目，部分来源于学生自己的研究兴趣，部分来源于各类命题设计竞赛，建议学生选题保持跨学科、多维度的视角，增强对设计选题的深刻认识。（黄艺）

选题要很好地将实际中的问题及情况反馈给学生，并让学生充分理解选题中的地块及相关背景情况信息，更契合实际地出题也会让学生能

够很透彻地理解相关的选题意图。（霍耀中）

选题的空间尺度不宜太大，在学生能把控的尺度范围内，重点研究某一类型的景观空间，深入设计，细化景观元素。（季岚）

我对学生毕业设计课题选择的建议：①关注城市社会环境中的诸多问题，生态、社会、文化等方面，寻求自己感兴趣的，并加以思考深化，提出问题并争取进行解决。②对自然生态环境的再塑造上只能做适当调整和修缮，而非改造。（李世华）

毕业设计选题应带有学生自身对社会现象与问题的思考和关注点，学生宜在自身的知识结构和能力范围内进行选题。（李微）

选题应该关注当今的社会问题，也可以寻找具有独特视角看待老问题的选题，最重要的是拒绝常规与平庸。（刘谯）

项目的面积以及项目的文化背景适合学生，不要求大而广，要求精细。（刘仁芳）

毕业设计的选题应是毕业生对自己四年设计方法和思维训练的一个总结。因此，选题最好是经过自己长期观察，或是十分感兴趣的设计议题。此外，经过四年的学习，学生对自己的设计能力和优势有一定的理解，建议选择适合自己的选题，面积大小或是选题另辟蹊径并非评判设计优秀与否的唯一标尺。（刘益）

纵观近几届设计活动的选题，还是过于概念化，更多地停留在一种理想状态，建议选题可以与实际结合更紧密一些，更多地去考虑场地现状、使用者的需求、空间布局、设施布置等。（吕小辉）

在选题上应适当关注学科交叉问题，将其他学科对景观设计的指导化为我们设计的范畴，使得抽象的概念变为可以感知的具象。（马珂）

尽量选择有历史文化或环境特质的地段作为毕业设计的选题，过大过空的选题容易使学生陷入简单的形式构成之中。（孟晓鹏）

我认为选什么题并不是最重要的，关键是如何让方案因地制宜，提出最适合本场地的解决方案，并用最佳的图文并茂的方式表达出来。“好的方案就像从基地生长出来的一样”。（牛艳玲）

宜小不宜大，宜精不宜多，宜脚踏实地不宜追逐时髦。（彭军）

选题时要明确题目相关的问题尤其是要解决什么问题。（曲广滨）

毕业设计一定要体现学生自己的想法。要以学生个人的思考为主，才能出现理想的毕业设计成果。目前，许多院校是结合项目，设计小组式的组织方式，对学生个性的发挥有所影响。（邵力民）

不要过于宽泛，多关注身边更加实际些的课题。（唐建）

选题应对社会影响具有积极正面意义，符合当下景观设计趋势，迎合当前低碳环保的主题。应该具有一定的创新意识，具有一定的学术性和科研价值，同时也应该具有实用性和市场价值。（唐毅）

毕业设计选题应该切合实际，尽量以真题的形式出现，这样可以让学生能够实地调研，发现问题，解决问题。（王葆华）

选题应具有一定的规模，有的过小，无法使学生得到锻炼。略小的选题则应尽量注重细节，做深做透，略大的选题应避免过于概念化，忌讳两头不靠。同时选题应具有一定的新意。（王晶）

不仅关注热点问题，也要关注经典设计类型的选题，但应结合地域特色，而且创新是必需的。（王未）

①尽可能选择一些当前社会上急需通过设计来解决的问题。②能体现景观设计师的社会责任感，是否关注生态与人文关怀方面的内容。③鼓励创新，但是需要以功能需求作为前提，而不是单纯造型或者色彩方面的创造。（王瑶）

毕业设计的选题不是炫耀，有些学生在选题时过于注重尺度及选题的新颖性，造成部分选题过于空泛。希望在选题中能够更好地联系实际，设计的本身应该回归于实践，与设计挂钩，发现问题及解决问题。（王宇）

不要因为某些扭曲的市场设计而去质疑大学所谈论的专业学术性价值趋向。（吴博）

我一向鼓励学生一是做自己拿手的，二是做自己喜欢的，三是做自己关注很久又一直想做的。不管怎么说，学生能力不一样，在选题上一定要对他自己负责。（吴兆奇）

选题前须明确到底要解决什么问题，是改良性设计选题还是创新性设计选题，设计目标与目的是什么。（辛艺峰）

学生选题不宜大，大则容易做得空洞无物。选题应该具有一定的社会意义和人文关怀，尽可能地选择当前备受关注的一些问题作为选题的切入点。如果选择的是常规选题，也应该尽量在常规设计的模式下作出自己的创意，总之一个好的毕业设计选题是设计成功的先决条件。（信璟）

选题建议多样化，但要具有学术研究价值，可以是关注人的生存环境问题，也可以关注人的行为心理活动方面，或物质与非物质文化遗产保护等方面，实际的课题和概念性的课题均可，其实大赛的单项奖项的设置已经指明了课题的选择方向。（徐进）

在关注前沿学术同时，应当更多地关注现实生活中存在的一些平凡的问题。（徐耀东）

本科生的毕业选题应该像研究生、博士生一样，提前进行思考。题目表达的思维和方向要广阔，综合多学科进行构想。包括历史、文化、建筑、生态等，主题明确，内容充实。（严晶）

建议学生的毕业设计选题可以更本土化、个性化一些，从而更具备现实意义，甚至可以不同届毕业生研究同一个选题，使设计研究更具连续性、操作性，而不是流于形式的热点选题，空泛而不切实际。（杨丽文）

希望学生不要为了获得相应奖项而选择与以往相同的选题方向，即便选题一致也不要做雷同的设计，要大胆突破，构思可以“天马行空，不切实际”，但必须是在现阶段或者未来可以实际操作完成的设计构想。（杨杨）

缺乏吸引力，重复的选题太多，缺乏深入思考与探索能力。选题应多样化，不一定要实际的设计场地，必要的时候可以虚拟环境进行设计。加强课题设计的研究性。（易俊）

对于毕业设计题目可以选择当下社会关注的热点问题，比如留守儿童、空巢老人、蚁居人群、北漂族等，以这类人群为特定设计对象，具有设计研究上的社会现实价值。（张恒）

选题应避免重复，能够体现设计主题和设计细节，结合当下比较敏感的社会问题和城市问题来选题。（张天竹）

选题可以小一点，细化点，将需要解决的问题具体化，让学生从实质性解决小问题开始。（张燕）

选题最重要的是要立足于现实，深度挖掘地方特色，在特定的时空条件下解决特定的问题。（赵忠超）

要切入活生生的现实，发现尖锐问题。学会观察、调研、思考、判断，理论联系实际，寻找独特解决方法，突出生活可持续性景观设计。（郑洪乐）

青年人的感受、感动、激情、兴趣应是选题之依，远离权威，远离本本、远离功利应是选题之据。（郑阳）

我国高等教育正处于技术型向涵养型教育的转变阶段，特别是本科教学对人才的培养不再是单纯技术培养，而是更加注重学生思维模式的培养。换言之，大学不仅是学技术的地方，更是一个思维重建的过程。因而，本科毕业设计的选题应更倾向于设计思维的创新和表达。当然，作为人类的设计自然不可忽视人文关怀、历史和自然。（周明亮）

二、对教育现状的认识

问题六：您从事景观设计学或相关专业教育工作的年限？

A 1~3 年 B 4~6 年 C 7~10 年 D 10 年以上

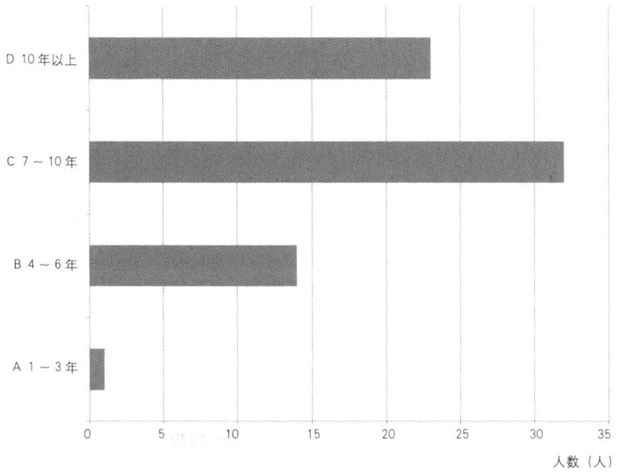

问题七：您认为过去 10~20 年间，中国景观设计教育的发展方向、教学内容、教学方式等发生了怎样的变化？您如何看待目前景观设计本科教育现状？

这些变化中大部分是令人欣喜的，但是有些是令人担忧的，如本科教育中园林历史和理论的缺失、崇洋媚外、过度依赖电脑、师生比例失调、教育功利化等问题，将会影响我国景观设计教育的发展。（白丹）

景观行业得到更多的大众评论，教学内容上结合国外的课程设置，完善了国内的景观教学内容和方式。目前景观设计教育现状应该向建筑类专业学习，本科阶段的教育延长到 5 年，使学生的知识体系更完善。（曹福存）

是社会状况的综合缩影，“耐不住寂寞”，知识结构的综合体系尚不清晰，应建立在建筑学的教育基础上。（陈福阳）

景观设计本科教育的三种办学模式各有特点，但互相兼容度不够。（杜守帅）

目前的很多教学体系都是直接使用西方的模式，学生在学习之后发现很多时候不能适应中国的国情。最好能将西方的教学模式结合中国的特色进行教学。（冯嗣禹）

这段时期内景观设计教育最大的变化就是融入了许多环境生态学科的知识体系，同时注重软件操作的技能培养。但是当下景观设计专业对园林植物方面的知识关注度不高。（龚鹏）

中国目前景观设计教学内容、教学方式已经越来越规范化。目前景观设计本科教育缺乏一个统一评判标准与体系。（胡喜红）

只追求量，不重视质量。（胡悦）

目前本科教育存在多结构、多层次的现状，由于教育资源分配不均，导致重点高校资源占有率高，地方高校和民办高校占有的资源比重极其有限，进而产生不同高校之间本科教学差距逐渐拉大的情况。（黄艺）

个人认为，景观教学的体系还没有很好地建立和完善，景观设计教学需要更加专业的知识结构体系，不仅仅是解决表达技巧和学习辅助设计软件。（黄江）

景观专业发展快速，本科教学系统还是比较陈旧，课程设置、知识构架也不够全面，存在一定的缺陷，而且普遍教材种类繁多，鱼龙混杂，真正规范的高质量的好教材不多，对教学的影响是非常大的。（季岚）

教学方向、教学方式等有较大的变化，相对比较多元化。个人认为目前景观设计本科教育存在实践能力不足的问题。学生存在设计分析、设计表达只能掌握单方面能力的情况。（姜龙）

目前景观设计本科教育现状问题，主要体现在以下几个方面：①不同院校间、院校内部师资的能力差异较大；②具有良好教育教学能力的专业教师的欠缺；③对前沿的景观设计信息以及科学的知识体系的传授和推广比较滞后；④师生的设计艺术审美和文化修养普遍较低，突出表现在中小城市的地方院校。（李楚智）

从发展方向来看趋向市场化设计，更多强调的是空间环境的改造与美化，忽略了客观场地性质。

教学内容上客观来看，结构更细化，专业性更强。内容也由传统园林景观转变为更多元化的现代景观，关注内容更加复杂与多元化。教学方式也快速地发生改变，更贴近城市、社会、现实。

本科教育现状，感觉本科教育下学生知识结构过于“臃肿”，对设计的理解远远达不到要求。（李世华）

目前中国景观设计本科教育由于各院校的师资力量背景存在差异，以及人才培养目标的定位不同，因而呈现出在学科体系建设上的差异和不同的侧重点。这种差异将会长期存在。（李微）

景观设计是景观综合体设计，它应该涵盖多个学科间的知识，包括土壤学、植物学、生态学、社会学、心理学、行为学等，将自然学科与艺术和设计相结合，兼容并蓄。在过去的 10~20 年间我们在努力改善发展方向、教学内容、教学方式，缺少与相关学科的融合、课堂教学知识陈旧、缺少对外交流、教学环节缺少游历考察等问题也在逐渐改善。

中国的景观设计教育与国际上的交流越来越多，带来新鲜信息，同时也会让我们偶尔迷失。教学内容与教学方式大多采用西方的教育模式，这些都有有利的一面。（刘谯）

观念在不断创新，需要的是在设计手法和施工养护上的跟进、创新。（刘仁芳）

从发展方向上看，中国景观设计教育逐渐成为跨生态学、城市规划学、建筑学、社会学、经济学、美学及环境心理学等专业的综合性学科。而相应的在教学内容方面，中国景观设计教育的涉及面就更为广泛，而教学方式也更为多元。

目前，除了部分教学水平较高的景观设计高校之外，大部分景观设计本科教育都未能重视教学内容和教学方式的多元化，这使得有些景观设计专业毕业生在知识层面和技术层面的能力有限。（刘益）

过去 10 年中国的景观教育发展更加多元化，视野也更为宽广，这是一个好的趋势，但同时面临的问题就是人才培养的定位问题，是大而全，还是细而精？各类院校（土建、农林、美术）是发挥自己的优势还是趋于同一化？（马珂）

在过去 20 年，景观设计教育内涵经历了从起初的对场地进行形式美的铺装，到中期对生态绿化的关注，再到当前的对历史、文化的保护和延续、对使用者的行为与心理的认同与关怀的深入研究，这是一个从形式到内容的深刻转化进程，非常可贵！（孟晓鹏）

本人 1999 年考入南京林业大学就读风景园林专业，接触本专业至今已 14 年，我认为景观设计专业教育在这十几年间有变化，但并不显著。

①发展方向。虽然偏重生态、艺术、人文，但多流于表面化。

②教学内容。门类越来越多，大致分为园林、景观设计、环境设计等，

但大多沿袭的还是传统园林的教学体系和模式，环艺则相对更混杂。缺乏和建筑学科及艺术类学科的交流。

③教学方式。还是偏重理论，缺乏实践。（聂庆娟）

多元化是一个明显的变化，紧接着就是对传统的景观教育的反思，风景园林与景观名称之争论就是例证。多学科的介入教学，校际、校企间联合设计教学、国际合作教学等方式被广泛应用在教学中。

目前的景观教育还是一个在不断反省、不断自我更新的过程。被普遍认可的教学模式还没有被大家采用，各校的专业背景就是其景观教学发展的基础，但也许基础太强导致多学科交叉显得很难。（曲广滨）

在大部分的高校中这种变化是缓慢的，景观设计理论教学与业界景观设计的快速发展好似不相交的平行线。高校教师的理论和实践不同体以及如何传递和转换给学生，是景观设计教育面临的问题。以往，高校教师大多来自缺少实践经验的硕士、博士毕业生，随着教师的成长、行业的兴起和规范，这一情况在逐渐得以改善。（苏媛媛）

发展速度惊人，但也乱象丛生。高校各自为政的现象比较突出，统一明确、符合中国国情的教学体系不够完善，建议借鉴目前建筑学、城市规划学科的发展经验。（唐建）

我国的景观专业本科教育还处在探索阶段，在过去的一二十年里，这个专业有了很大的进步，从过去一味追求艺术视觉效果到现在能够理性的将艺术与科学有机地结合起来，从重点培养学生技术层面的能力逐渐地转向培养学生综合设计能力，让学生的知识多元化。（唐毅）

过去 10~20 年间中国景观设计教育的发展方向、教学内容、教学方式等发生了质的变化，目前景观设计本科教育现状是各种院校都在开设景观设计方面的专业，太杂了。（王葆华）

变化不是很大。不容乐观。（王晶）

进步很大。（王永胜）

从无到有。盲目崇拜欧美国家的教育体系，却缺乏他们那样的教育研究基础。（王未）

①现在中国在转型，景观设计这个行业也在转型，同样景观教育也需要转型，高校教师要充分意识到自己的责任与压力。

②教育的内容不能只是局限于传播技术与手段，而且要传播思想与道德理念，景观设计师需要有强烈的社会责任感。

③学生光待在教室里是做不了设计的，首先阅读文献是非常重要的，可以从中找到很多理论与实践的论据来支持设计，另外场地的调研也不可缺少，没有对场地的充分认知与判断，是做不出好的设计的。（王瑶）

作为一个年轻的教师，通过近几年对景观设计教育的了解，现在的教育方式已经尽可能地在打破传统的理论教学模式，教学内容更为丰富，教学方式也从传统的老师讲、学生听进行了相应的改变，越来越注重与实际的结合。

目前景观设计本科教育现状差距较大，学生的偏重性较强，工科类院校注重相应的分析，农科类院校注重在植物方面的培养，艺术院校注重形式化的表现。很多高校已经注意到了这些问题，在发展自身优越性的同时也在进行其他方面的加强。（王宇）

过去 10~20 年的中国景观教育一直在解决景观与园林的分水岭的问题。目前的中国景观教育还处于非规范阶段。（吴博）

虽然从事景观设计相关专业的学习和工作的时间不长，但我很高兴看到中国的景观设计教育从“园林”到“大尺度景观”的发展，从讲究“生活”到讲究“生态”。（吴兆奇）

景观设计教育的快速发展应该就是这十年，我们当年上学时候的风景园林的叫法，已经被现在的学生们习惯的称为景观设计了。从中可以看到教学内容的逐步转化。景观不单纯是风景，而是面向大众的良好环境。

当前景观设计的本科教育还未能有一个明确的指导，至少从 2012 年教育部本科专业目录看，景观的概念还存在疑问。为全国所有开办景观设计本科教育的高校，制定出一套具有相似专业定位、共同培养目标、正确价值观的教学纲要势在必行。（信璟）

变化很大，从无到有，从落后到先进。当前我国景观设计本科教育现状虽然较弱于已积淀很久建筑学、城市规划等专业，但相信会有很好的发展。以我院学生为例，园林专业的学生的整体素质及专业水准呈上升趋势，每年都有相当数量的学生考上国内一流研究生院和国外一流大学。充满希望！（严晶）

在过去的 10 年当中，中国景观设计教育从发展方向、教学内容和教学方式上还是经历了许多变化的，在部分学术水平较高的院校能看到较为良性的发展，教学方式更为灵活，教学内容也能体现学科的前沿成果，学科之间的交叉性、渗透性也更强了，但是大部分综合院校的景观设计专业改变不是太大，教学的针对性不强，目的性不明确，导致教师教得糊涂，学生学得更糊涂。（杨丽文）

为什么我们眼前出现那么多平庸的建筑和景观？这除了与建设体制有关之外，与设计师的知识结构也有很大的关系，过去设计师只拥有建筑理论、技术和规范等知识结构。（杨修进）

中国景观设计教育是一个新型的学科，是非常综合的领域，我们现在在学科设置和教学内容上比较落后，教学方式相当落伍，比西方基本上晚了 30 多年。目前景观设计学科建设和发展已引起了相当的重视，特别是一些留学欧美的博士、硕士带回来了先进的教育理念和专业知识，正在推动着这一学科从理论到教育实践的发展。（杨杨）

普及了景观设计的概念，也为相关的设计领域输送了大量人才，好作品也很多，但是仍然存在概念、理论和观点上混淆和散乱，同时对规划和设计间的差异和各自重点认识存在欠缺，教育方面还远不够成熟，生源良莠不齐，教学框架混乱，学风功利浮躁的情况较为严重。（杨一丁）

教学内容比较浅显，看不同专业的侧重点，比如，环艺专业侧重形式感、设计感，园林专业重视植物的搭配与应用，很少有把这两点都结合起来，即使是结合起来也很少能全面地讲解到景观设计学的理论知识。因此，对于现在的教育现状，我个人觉得很大的问题在于对于它本质的误解，单纯地重视平面图、植物搭配和形式感觉。教学方式也比较传统，都在教室里，景观是一个接触大自然的课程，单纯在教室里很难真正地理解和体会景观的奥秘。（易俊）

中国景观设计教育从以往对空间形态的关注转变到引导学生从社会、生态、历史文脉等多维度对景观设计进行考量，教学内容也更加复合多元化，涉及社会学、人类学、艺术、哲学、文学、生态学、地理学、GIS、城市规划等相关内容。目前的景观设计教育在课程上对以上内容均有涉及，但是缺乏系统性和针对性。（张恒）

发展方向开始走向专业交叉融合，景观学与建筑学、城市规划、艺术学、生态学、地理学等多学科发生交叉与融合，教学内容越来越宽泛，教学团队越来越重要，教学方式多媒体化，实践教学越来越重要。目前景观教育总算从各自为政到统一旗帜了，希望专业教育委员会能对景观教学体系有个明确的指导。（张建国）

景观设计教育关注重点转移，由传统园林到现代景观，同时范围扩展，学科的核心内容也发生了重大转变，从以植物为核心的园林规划设计到多学科多元素交叉的以景观为核心的综合环境规划设计，从而形成学科专业理解的差异和观念转变的异同。目前的景观教育中，对审美和形式的注重远远大于课题可实施性的考虑；同时景观课程的结构系统性不强也是存在的一个较大的问题。（张琴）

地区之间本科教育发展水平参差不齐，经济不发达地区发展水平缓

慢，没有自身发展的优势。学生毕业后要通过一定时间的实习才能够进入设计行业，应在本科学习阶段注重学生参与实践。（张天竹）

近些年，景观教育逐步被接受和认可，但多数院校的景观教育在课程设置上不够全面，培养的学生难有综合解决问题的能力。因此，景观本科教育大多院校还处于起步阶段。（赵忠超）

发展方向：艺术到科学、科学到艺术。

教学内容：涉及广泛的自然学科与人文学科。

教学方式：从艺术感性到科学理性。

教育现状：欧美中国化模式、室内室外化模式、园林景观化模式。（郑阳）

除部分具有建筑学背景的高校外，多数高校景观设计专业类别模糊不清、教学大纲五花八门、教学思路杂乱，导致不同高校景观专业毕业生专业倾向多元。（周明亮）

问题八：您如何评价目前不同高校的景观设计专业师资队伍状况？请谈谈您对改善景观设计教育的建议。

目前艺术类高校的景观专业教师多为园林专业和艺术类专业，缺少建筑与规划专业的教师，专业的不完备造成对学生讲授的专业知识具有一定的局限性。让艺术类高校的景观专业多吸纳规划和建筑知识，完善景观专业的知识理论体系。（曹福存）

目前植物学方向以偏概全地充斥景观设计专业的师资队伍，有较大的局限性，知识结构对于哲学、自然、社会、技术等的理解较为片面。（陈福阳）

很多教学队伍都是非常好的，人员知识的配比都很合理，但是很多学校的教学质量不高，其主要原因就是师生比例的严重失调。我们的学生每年都在增加，教师的数量也要同比增加。（冯嗣禹）

建议高校景观设计专业师资能够有地理、水文、气象、生物等自然学科的师资力量的充实。景观专业是一门综合性学科，师资的配比也要能够多学科相互配合，希望高校能够整合资源，院系间相互支持或鼓励学生选修相关课程学分。（龚鹏）

关于教育建议还是应该多多实践，多多参与实际项目的设计，失去了实际土壤的设计作品是很难扎根存活的。（侯涛）

不同高校景观设计专业师资的特点鲜明，缺乏各个专业之间的交流互动。（胡喜红）

加强对教师的再教育。（胡悦）

积极完善阶段性的景观设计教育的评价体系。（黄艺）

国内的景观专业教师，存在知识结构不全面的问题，有的偏工科，有的偏文科，需要互补合作。一门课程的授课可以由工科和文科的老师同带一个班，相互交叉指导学生课题，相信学生的收获会更大。（季岚）

目前国内相关高校景观设计专业师资普遍重理论轻实践，教师整体水平需要提高。很多高校的师资基本是研究生毕业就进入高校从事相关的教学工作。大量的专业教师自身缺乏设计修养更缺乏设计实践能力。（姜龙）

不同院校有各自的实际情况，不好一概而论。但本人认为，改善景观设计教育的途径之一，就是加强教育界同行之间以及与专业设计机构的相互交流、合作与学习借鉴。（李微）

景观设计的教学应该与环境保护、生态建设、可持续发展的国际潮流同步。探索新的设计教育道路，在实践中提出问题、解决问题，建立行之有效的师资队伍、教学模式，利用“双师制”、“项目式教学”、“大设计”等理念，培养学生创新、创意思维和设计方法，提高整体素质，使学生适应时代发展的实际需求，成为适应社会发展的具有开阔视野、高适应能力的复合型人才，使景观设计学科朝着更丰富更多元化的可持续性方向发展。（刘龙）

不同高校景观设计专业的师资队伍状况有些良莠不齐，有些老牌的优质高校师资设置合理，专业师资配置到位；而有些新创立的高校景观专业，师资不足并配置不均衡。

中国的景观设计教育，应该寻找符合自身特点的道路，仅凭沿袭传统的园林教育不足以应对全球化与城市化的景观建设问题，拿来主义借用他国的经验与方法也只能在某些问题上发挥作用；允许景观设计教育的高校有不同的教育定位，形成完整的体系，共同构筑中国的景观设计教育。（刘谯）

景观设计是由多学科共同营造的，所以需要相关专业师资的共同研究与改进。（刘仁芳）

景观设计专业教师在全国范围还是缺口较大，大多集中在景观设计专业层次较高的学校，地方院校人才缺失，办学水平受到极大的限制。通过有效组织景观设计或相关专业的学会机构，不断加强各院校之间的交流联系，增强地域性景观设计学科的特色建设，让景观设计教育走向本土化的发展渠道。（马珂）

不同高校的师资由于背景不同而呈现出研究方向的多样性，景观设计本身就是一个涉及资源、环境、人文以至科技等面广而深的领域，所以景观设计教育的范围和着重点也是多样的，每个院校根据自身特点，在完成形式美、空间美感训练基础之上，对所关注的领域进行深入教学与研究，形成自身专长和特色，应该是一个有效用的方向。（孟晓鹏）

专业化有待提高。综合、多学科教师资源急需整合。（曲广滨）

依据艺术院校的情况看，师资从美术类逐渐向农学、工学类过渡，教学内容也逐渐从艺术设计向农学与工学转移。（邵力民）

资源分配不均衡。景观设计教师的基础文本信息不足。希望贵组委会能够结合该活动，多组织一些培训和学术会议。（苏媛媛）

景观设计专业是年轻、发展迅速的专业，也是极其有发展的专业，现在的高校教师学历和职称配备都很高，需要的是各高校多多地进行学术交流，更需要的是高水平院校的对各高校的感染和拉动，各高校同心协力，推动中国景观设计的发展。（孙杨）

加大教师的实践机会。（谭文勇）

师资队伍还不够专业，很多都是半路出家。还是要多引进专业院校毕业，且具有一定社会实践经验的高水平人才。（唐建）

由于我国的景观专业本科教育还处在初级阶段，不同高校的师资结构和能力状况都有差异，但普遍存在的就是青年教师多，缺乏具有丰富经验的骨干教师。应加强对该专业青年教师的理论和实践能力的培养。（唐毅）

建议进行校企联合的景观设计教育，联系实际。让教师走出去实践带动教育的实际。（王葆华）

不清楚。初中、高中、大学整个教育制度的改革是为根本。从应试教育转到素质教育上来，是创新思维培养的根本。（王晶）

加强教学资源共享（网络课），学分互认，学生跨校交流。（王永胜）

过分注重所谓的研究，普遍缺乏专业实践的经验。改善景观设计教育，那么就请教师们先“学会”景观设计吧！（王未）

目前教师队伍里有不同背景的教师，美术专业、环艺专业、园林专业、植物专业等等。但是由于专业的局限性，很难把景观设计学的内容讲解得很透彻；景观设计学是个交叉学科，建议有更多学科的老师加入进来，或者可以联合培养，比如环境科学、环境工程、GIS 地理信息系统、水文水利、给水排水等等。（王瑶）

不同高校的景观专业有各自的侧重点，专业师资队伍的建设同样有各自的侧重，部分高校与企业挂钩较强，能够引入企业员工进行教学的相关支撑，教学效果及学生能力也有相应的提高。

景观设计不同于其他，实践性较强，对综合能力的要求较多，在教育方面应该将景观的各个方面进行综合的贯穿，不要只注重形式化的教学，更多地将理论与实际挂钩，让学生能够真正地有所学，有所得。（王宇）

教育团队混乱，应出台相应的从业资质进行监管。（吴博）

当前高校的景观专业教师的师资队伍构成还不够复合，多数由风景园林、城市规划、环境设计、建筑学的专业背景的教师构成，缺乏社会学、生态学方面的师资。

教育应该具有实效性和前瞻性，景观设计教育一方面培养实用的设计人员，另一方面要培养具有开拓创新的创造性人才，这是专业知识教育所需要完成的，其次教育的真正目的是培养对自我有认知的设计师。（信璟）

景观设计专业起步较晚，各大高校陆续开启招生大门。师资队伍还不够壮大和成熟，需要大家的共同努力来完善专业的建设。在北京大学这个大家庭带领下，使得各大院校的专业同仁在这一领域里互相成为兄弟姐妹，每年的约定也是大家翘首以盼的活动。（严晶）

部分高校专业师资还是存在较大问题的，许多高校教师专业设计能力较弱，基本停留在书本研究阶段，严重缺乏实际操作经验，导致无法胜任带领学生进行市场研究的工作，这也是高校学术研究很难与市场相结合的原因之一。教师之间特长不明确，差异化较小，使得教学特色很难体现，设计学科的独创性也较难显现。建议高校改变考核机制，将科研与实践相结合进行考核，加大设计学科的实践能力考核，只有教师能力提高了，才能提高教学质量，改善教学现状。（杨丽文）

我以为，各高校不同偏重是可以的，但人文、历史、社会学、心理学和艺术学这些大的课程方向应该认同。（杨修进）

师资队伍专业学术背景多样，水平良莠不齐，各院校对景观设计专业教育和教学的发展目标也存在很大差异，这种多样性的现实不可能也不必很快改变，只有客观对待并通过时间和实践进行选择和淘汰，最终形成适合我国国情的专业教育体系。景观设计教育中应坚持科学和艺术并重的思路，在接受国际先进思想和方法的同时，不能有意无意地丢弃我国历史文化中有关人与自然的和谐传统。（杨一丁）

从这一点看，当前国内应用型院校艺术设计专业教学内容面临滞后社会需求、缺乏工程技术支撑和系统性等问题，可以通过借鉴德国模块化教学改革思路加以解决。（叶美金）

加强教师队伍的学习与培养，大多老师都是从高校毕业后直接从事教育事业，实践经验并不多，况且接触的实践项目也大多偏商业性，这样的影响下必定会造成设计价值观的偏颇，导致学生的设计方向错误。教师应不断加强自己的能力，多走、多看、多交流、多学习才能在实践教学中正确地指引学生。（易俊）

目前景观设计专业教师的背景差别很大，有环境艺术、园艺、规划设计等不同专业出身的教师，应根据师资队伍专业结构和专业特色特长的现状，进行相关专业的师资补充，对现有师资制定行之有效的培养机制，加强院校间和国际间的交流。（张恒）

师资队伍区域严重不平衡，饱的撑死、饿的饿死！找准方向，办出特色（特点）！（张建国）

师资队伍的来源主要为艺术设计专业或工科建筑专业，并具备实际经验，但由于该学科发展的广度和宽度，也应适当增加社会上环境设计方面的专家担任部分课程，也可以加入人文类的教师来扩展教学深度。对于景观设计课程进行相应的整改，完善教学体系，实现课堂、社会、生态三位一体的教学模式；加强师资队伍建设，推进景观设计的研究。（张琴）

教师素质的提高，社会各界活动的参与，不同地域之间教师的积极交流。（张天竹）

师资队伍是高校人才引进制度造成的，很多具有前沿设计经验的景观设计师，无法走入高校课堂，但高校教师有很多脱离了实际项目，更侧重理论研究或者并没有很多大项目的设计经验，对学生应该说有不小的影响，但这种矛盾很难调和。（张燕）

农林业院校、建筑院校、美术院校等学校的师资各有所长，但也各有所缺。景观设计学应该属于杂学，涉及内容较多，这也要求师资背景的多元化。（赵忠超）

景观设计专业师资主要以城市规划、建筑设计、园林设计、环境艺术设计等多学科为背景，师资之间知识体系与设计价值观整合互补成为一个关键。实现 1+1>2 是难题。

现阶段景观设计教学理论与技能五花八门，但培养学生独立思考最关键。在教学过程中两个环节很重要，①设计价值观引导，②注重设计教学的过程。如何培养学生观察、调研、发现问题，寻找可持续发展解决模式，并在这一过程中形成独立的思想、观察力、研究方法、设计评价、设计责任是教学目的。（郑洪乐）

专业师资现状：总体不专业。

建议：需要 8~15 年更新、调整，不是急的事情。（郑阳）

四维重建为主，设计技术为辅。（周明亮）

目前高校的师资力量分为两大类：一种是实践型，另一种是学术型。改善景观设计教育需教师本身具有学术能力和很强的实践能力，以学生为本，愿意奉献自己更多的时间耐心教导学生学习并参与到实际的项目之中。（周渝）

问题九：您认为发达国家对中国景观设计的影响是如何的？国外设计公司和设计师大量涌入中国，请谈谈中国景观设计教育应该如何应对这样的挑战？

发达国家景观专业发展比我国要早，设计思潮和技术力量都比较成熟，对我国的景观专业影响较大。国内景观设计教育应该虚心向国外设计机构与设计师学习经验。同时，应该研究我国的古典园林，理解其设计精髓，结合国外的思潮与技术，实现和解决国内的社会现实问题。（曹福存）

“十年磨一剑”，不要急于求成，应针对“景观”大学科辅以较为扎实的基础教育，修养更为重要，对待科学的方式应更为严谨，时下社会应强化专业信仰。（陈福阳）

有利有弊。既有冲击，又能接触到不同的设计理念和思想。景观设计教育应与国际接轨，迎接不同思想的冲击和碰撞。（杜守帅）

在市场前期有一定的冲击，但是市场健全以后对我国的景观设计产业影响很小。我们在学习他们的一些先进理念时，一定要加强本土化的教育，在中国的土地上做设计应对这块土地有深刻的了解才行。（冯嗣禹）

必须引进发达国家前沿学术思想和教育理念。欢迎国外设计公司和设计师大量涌入。

立足本国景观设计教育，融入本土文化课程设置，融入地域自然地理课程设置。对任何外来文化强调吸收、消化、结合。只要不丢失本土文化，外来设计不能对我国设计构成威胁。（高贵平、孙虎鸣）

国外设计公司作品相对更加理性，这是值得国内业内人士学习的。境外公司的涌入与国内众多业主的心态不无关系。但无论周遭环境如何

我们都必须练好内功，虚心学习，冷静应对。同时中国的景观人要抱有百分之百的信心迎接中国景观时代的春天。（龚鹏）

概念是先进的，理想是饱满的，现实是残酷的，设计费是大大的，后期是很难跟进的，落地是会打折扣的。

只能主动迎战了，有机会多走出去看看，多走出去学习，加之无可替代的几十年来本土文化的熏陶、学习和热爱，势必会对教育行业有着积极影响。（侯涛）

尊重市场的选择。（胡悦）

国内设计师一定要坚持兼容并蓄的态度，多开展多层次的国际学术交流活动。应对挑战关键在于先立信于己，持续学习交流，积极发扬民族文化。（黄艺）

有一句话可以借鉴：追求卓越，成功将随之而来。我们国家的园林建设历史悠久，有着独特的魅力，如何继承和发展是我们当代景观教学需要解决的当务之急的问题。打开国门，借鉴现代景观设计和教学方法，他山之石可以攻玉。交流和继承，开放与自我学习都是必需的。（黄江）

国外大量设计师对中国的景观教育总体是促进作用，并能够与国外先进理念相互接轨，但是激发国外师资队伍的潜能，合理运用和学习国外的先进景观思想还需要更细致的安排和严谨的态度，因地制宜地开发利用和打造中国的景观。（霍耀中）

国外的景观（建筑）设计作品越来越多地被介绍到中国，并普遍受到欢迎，提升了中国现代景观的整体水平也加快了国际化的进程。

作为中国的设计师，景观必须体现民族性与地域性的特征，完全的国际化是不行的，因此，在景观教育阶段必须渗透传统园林的理念，设计课程中引导学生加强对传统园林的思考与理解。（李慧）

毕竟是发达国家，景观理论也好，方法也好，国外是走在前的，好的、有效的就吸收，同时结合现实，走具有中国文化特色的景观道路。中国自古强调“和”，景观亦如此。（李世华）

思维方式和设计观念的影响是最重要、最根本的。

实际上，这不是一个仅仅依靠国内景观设计教育就可以单方面应对的问题。（李微）

在面对严峻挑战的同时，我们也有着绝佳的发展机遇，学习掌握更全面的设计知识和手段，加入到更激烈的设计竞争中，最终提高我们自身的设计素养。（刘龙）

发达国家的成功经验对当代的中国景观设计具有一定的借鉴作用，在城市发展的历程中，发达国家也曾经走过很多曲折的道路，正如我们当今中国的状态。国外的设计公司和设计师的大量涌入，一方面为我们带来了新的西方的景观设计理念，但另一方面，缺乏地域、人文与中国特质的设计也是这一现象带来的巨大问题。我们需要反思，如何不卑不亢地做好自己。（刘谯）

相对影响比较大。但是我个人觉得还是应该发展更多本土设计的理念，然后有借鉴地去学习外围的理念，因地制宜吧。（刘仁芳）

发达国家的景观设计在理论上对我们的影响是巨大的，我们应该能够分析清楚哪些是适合我们的，哪些是不适合我们的，辩证看待外来的设计与设计理论。（马珂）

①利。引入新知识理论体系，开阔视野。制作精良，认真严谨的风格，专业负责的态度。②弊。国际化、大众化，严重缺乏中国特色和文化传承。理论和现实脱节，大部分项目缺自然生态和人文历史。③对策。接中国的地气，引入公众参与。做符合当下中国老百姓审美品位的作品，传承千年文明，传统与现代的结合。（牛艳玲）

“他山之石，可以攻玉”，国外设计公司和设计师带来的现代景观设计的新的理念、设计管理模式等方面的经验，无疑对提升本土设计水平具有推动作用，在虚心学习的基础上，建立具有中国文化底蕴的景观设计理论、体系，无疑是中国景观设计教育的历史使命。（彭军）

影响就是要好好的认真的学习，实现本土化。国外设计师和公司的涌入正是一个大量设计教育人才群体出现的机会，如何一起联合教学和教育共享将是主要问题。（曲广滨）

学习什么？给学生一个什么样的基础或未来。（邵力民）

这种影响是正面的，包括设计理念、设计手法、表现手法的学习，避免中国景观设计师的误打误撞走弯路。但是本国的设计师必须坚持从本土化出发，才能走中国自己的景观设计之路。我们在设计教育过程中，坚持强调这一点。（苏媛媛）

发达国家对中国的景观设计的冲击力肯定是有的，我们做到的是“去其糟粕，取其精华”，让中国景观设计更快更好地发展。国外设计师的融入，也让我们的设计师学到了更多新的理念与设计。我认为：应该加强国际化景观设计学术交流和实践性学习，最终目标还是建设全球性的景观设计发展世态，让我们的土地利用更加合理，创造更加适合人类居住的空间，景观更美好，世界更美好。（孙杨）

是我们学习的好机会。（谭文勇）

影响是双方面的，利大于弊。（唐建）

发达国家对我国的景观设计影响巨大，面对大量国外公司和设计师的涌入，我认为这是一件好事，应该正确地对待这个挑战，有挑战、有竞争才能激发出我们自己的潜能。以前必须出国才能学习到国外的先进设计理念，现在在国内就可以和他们交流，学习其先进的设计理念和经验。（唐毅）

国外设计公司和设计师大量涌入中国，对我国的设计教育有好处也有坏处，一方面可以让学生学到景观设计最前沿的东西，另一方面，中国的景观设计能更好地与国际接轨。（王葆华）

与其他专业一样，影响是被动的，但也有积极的一面。更多的是抄袭形式和风格。（王晶）

发挥各自所长，相互促进。（王永胜）

既有对“洋大人”敬畏的心理，又希望找到我们自己的景观设计之路，影响总体是积极的。有挑战才能更好更快地学习他们的实践和研究成果，还是先踏实地学人之所长吧。（王未）

在很多方面，发达国家是走在中国的前面，是因为他们也曾经经历过中国现在面临的同样的问题，他们在多年的实践经验中总结出来的理论还是值得借鉴的。中国是个大工地，国外公司与设计师的介入在某种程度上是件好事，起码能把他们的新理念传播给中国，教育上同样也需要补充这些知识，不能只停留在老式的教育模式上，需要转型。（王瑶）

发达国家对中国景观设计的影响较大，在注入新鲜血液的同时也出现了大批对国外设计的效仿、复制和盲目的崇拜。

在国外设计公司和设计师的大量涌入的情况下，我们的教育在盲目崇拜的同时也应该进行自我的反省。借鉴、抄袭不是设计，我们也可以在自身中寻求相应的优势。在加强分析的同时，应注重场地的实际需求，而不是形式化的表现，在加强自身传统文化的同时进行理念上创新，寻求我们自己的设计理念及表达。（王宇）

设计符合国情，无论怎样情况，大家还是练好基本功。（严晶）

发达国家在景观设计上给我们带来了艺术和技术上的全新体验，让我们看到了景观设计行业发展的学科前沿，这是值得我们学习和研究的。但是个人认为并不是国外的就是好的，现在国内普遍出现外来和尚好念经的趋势，只要是国外设计师的设计作品就是好的。其实不然，国外设计师也普遍存在不了解当地人文特质、风俗习惯、设计过于国际化等等弊病，我们的景观设计教育面临的问题则是在国际化趋势愈演愈烈的现状下，我们如何在结合了前沿的设计理念、应用了先进的科学技术的同时保持设计的本土性、彰显地域特质，让设计不沦为只注重口号而无任何实质意义的流行作品，并要让这一观念贯穿设计教育的过程。（杨丽文）

国外对中国景观设计的影响是很大的（包括俞孔坚先生设计理论的形成）。

“挑战”，没那么严重，这个词有些重。适者生存！老外帮助中国做点景观，这样景观市场便会好起来。中国的景观项目做不完，老外不可能完全吃掉，中国设计师很聪明，也善于学习。最关键的，土地是中国人的，中国人知道自己和市民需要什么。（杨修进）

中国的景观设计近20年来得到了迅速的发展，与发达国家的差距越来越小，大量涌入的国外设计师带来了先进的设计思潮，那么我国设计师需要做的就是如何在保持中西文化独立性和纯洁性的前提下寻找二者的融合点，创造具有当代中国特色的新景观。同时，中国景观设计教育要充分了解国际景观设计的设计理念以及特点，探讨如何接受国外新颖的设计构想，结合本土的历史文化现状，进行自我更新的城市化实践，研究出适合国内发展的教育方法和设计方法。（杨杨）

发达国家的经验一直是近年来我国景观设计领域中借鉴和推崇的，但同时也应该注意深入理解剖析国外失败的教训，有意识地克服照搬照抄的习惯。应对挑战，中国的景观设计教育应该特别强调地域性和传统性的发掘和创新应用，这也应当是教学中应该坚持的。（杨一丁）

①促进我国的景观设计元素多元化。提及了许多新理念、新技术。

②在符合我国目前景观设计现况的情况下，接纳国外的一些先进理念、技术，但是要保留我国景观设计方面的特色，这一点就要在教学过程中，加强学生对我国园林历史的学习，在理念、技术等方面也要及时更新，在教育中注重学生设计思维的同时，亦要对其进行正确的引导。（叶美金）

我认为发达国家的景观设计对中国的影响还是很大的，一定程度上来说，中国的景观设计还是在抄袭国外的设计模式，犯的错误也是以前别人犯过的错。中国景观设计教育面对这样的问题，很难一时之间有所改善，这需要几代人的共同努力。当前的景观设计教育首先要解决的就是设计意识形态的问题，真正了解这个行业的设计内容与设计要求，在教育中加强学生的知识面，扩展学生的视野，要尽量避免学生学习的单一性、重复性设计问题。同时提高学生的实践动手能力，减少设计的凭空想象性。加强学生的设计思想深度，多看有关的书籍，使景观设计教学不仅停留在本专业的知识量上，而是有更多的学科进行融合，如文学、社会学、心理学、艺术学等。（易俊）

发达国家对中国景观设计的影响是巨大的，现在很多小伙伴动辄“主义”、“风格”、“流派”，影响了对传统、文化、精神的挖掘和继承，必须引起重视了！针对国外公司和设计师的大量涌入，我们也不用害怕，毕竟他们带来了一些先进的理念和设计手法，值得我们学习借鉴，但不能崇洋，应有针对性地对学生进行引导，使其能正确认识！（张建国）

发达国家许多优秀的景观设计刷新了中国对园林设计的认识和看法，改变了传统的园林造园手法，也融入了现代景观理念。而在中国景观教育之中，在融入新理念新手法的同时，也不能抛弃传统的造园手法，取其精华去其糟粕。（张琴）

每当东西方话题一提出，似乎答案是东西方是矛盾的，我们怎样来调和这个矛盾。然而我认为应该通过学习、交流，从中找到两者共通的东西。中华千年文化传承告诉我们文化是要具有相当的包容性。（张大竹）

目前中国的景观除了大师级的作品，很多都是停留在“借鉴”的层面，发达国家肯定有发达之处，首先他们对待环境的态度的确值得我们学习。挑战与机遇并存，在校学生应该打下扎实的基础，建立做设计的正确思路，为踏出校门准备好各种武器，而国外一些先进的理念和设计手法进入中国，就一定会为我们所学，我们做好准备的学生可以去吸收这些发达理念，最终成就新一辈设计师。（张燕）

引入发达国家的思想，肯定会带动中国景观设计的发展，但我们要做到将国外先进思想和我国的现实相结合。国外设计师涌入有利于快速提高我国设计师的水平，有利于我们的设计与世界接轨，我们的教育也要经常和国外合作，让我们的学生在学校就有国际视野，这样才能从容不迫地应对国际竞争。（赵忠超）

发达国家对中国景观影响是空前的，建设与破坏同在，推动中国全球化发展。其中人与土地归宿感分裂，土地精神迷失，生存迷失，成为发展中的伤痕。西方工业革命实用主义泛滥，使中国千年传统民居街道广场景观迅速消失，取而代之是没有情感的标准化商业化居住容器。资本享受主义盛行，浮华的高成本、高碳排量西式景观风格泛滥成灾，几千年土地情感关怀哪里寻找?

当下中国景观教育要培养具有独立思考的景观设计师，尊重自然历史，敬畏生命，立足现实，着眼未来。不管有多深奥的理论与技能其目的就是教会学生更深更广欣赏历史、读懂自然、参与社会，学会思考，了解生活，了解自我，才能实现景观场地的归属感幸福感，生活才可以持续，否则面对现实这些理论与技能都是苍白的。这样才能实现当下美丽中国，中国梦！幸福梦！（郑洪乐）

影响：学科成长的必然。

挑战：认识问题。（郑阳）

借鉴而不借用，尊重和研习民族文化，做民族的设计师，探索真正适合民族的景观设计之路。（周明亮）

对中国的影响是很好的，例如设计中的生态性原则。应对挑战，只有保留自己的文化的精髓，去其糟粕，取其精华，创新性地运用于景观设计当中。（周渝）

第五部分：实践 · 教育 · 责任——第九届全国高校景观设计毕业作品交流暨高校教育论坛

高校学生是中国景观行业发展最活跃的力量，是一切规划和设计的灵感源泉，为了给广大学生提供一个相互交流、学习和展示自我的平台，北京大学建筑与景观设计学院于 2013 年 10 月 30 日举办“实践 · 教育 · 责任——第九届全国高校景观设计毕业作品交流暨高校教育论坛”，论坛邀请 10~15 位来自全国不同高校的最优秀的学生代表，汇报他们的毕业设计作品、展示学校的教学成果，同时邀请全国各地知名的景观设计企业代表和各大高校资深的专家、学者对学生作品进行点评，并发表对高校教育和行业发展现状的独特见解。

本届论坛的过程，将由景观中国网以“景观大咖致青春”为主题进行全程的专题报道，详情请见：http://www.landscape.cn/Special/2014studentBBS/Index.asp；并通过作品展官方微信平台连续刊登，与广大网友读者互动交流。

1. 嘉宾点评发言
2. 嘉宾讨论话题发言
3. 俞孔坚院长代表北大致开幕词
4. 颁奖环节
5. 论坛现场观众
6. 嘉宾点评发言
7. 发言学生回答提问互动环节

论坛日程

论坛时间：2013年10月30日 9:30~17:30
论坛地点：北京大学图书馆北配楼报告厅

论坛流程：

9:00～9:20	全国高校景观设计毕业作品展活动介绍及本届获奖作品颁奖（第一部分）
9:20～10:30	七位获奖学生代表汇报作品（每人8分钟） 汇报学生：任佰强 吴碧晨 马晨亮 戴骏玮 杨天人 关文娴 王博文
10:30～11:10	嘉宾就“实践—教育—责任”的论坛主题发言（每人5分钟，嘉宾可以针对前面同学的汇报内容也可以就景观教育的困惑、机遇与责任发表自己的见解） 发言嘉宾：丁炯 曹晓宇 司洪顺 李建新 刘谯 李伦 徐菲 杜昀 龙赟
11:10～11:40	综合点评与讨论（参会听众对发言学生和嘉宾的观点提问、点评和讨论） 发言嘉宾：丁炯 曹晓宇 司洪顺 李建新 刘谯 李伦 徐菲 杜昀 龙赟
11:40～12:00	揭晓“尚源之星——最佳汇报表达奖”并颁奖
12:00～13:30	午餐休息
13:30～13:40	本届获奖作品颁奖（第二部分）
13:40～14:40	七位获奖学生代表汇报作品（每人8分钟） 汇报学生：伦理 张科/任竹青 曹岩 王迁 陈治江 冯喆凡 高东东
14:40～15:20	嘉宾就“实践—教育—责任”的论坛主题发言（每人5分钟，嘉宾可以针对前面同学的汇报内容也可以就景观教育的困惑、机遇与责任发表自己的见解） 发言嘉宾：郑洪乐 汪杰 马晓暐 孙虎 叶翀岭 余洋 诸谦 吴惠明
15:20～15:35	中场休息
15:35～16:00	三校联合旅行奖 学生成果汇报（每人8分钟） 汇报学生：张天骋 李想 徐传语
16:00～16:30	嘉宾就“实践—教育—责任”的论坛主题发言（每人5分钟，嘉宾可以针对前面同学的汇报内容也可以就景观教育的困惑、机遇与责任发表自己的见解） 发言嘉宾：朱伟 盛梅 林振生 曾晓泉
16:30～17:10	综合点评与讨论（听众对发言学生和嘉宾的观点提问、点评和讨论） 发言嘉宾：郑洪乐 汪杰 马晓暐 孙虎 叶翀岭 余洋 诸谦 吴惠明 朱伟 盛梅 林振生 曾晓泉
17:10～17:30	揭晓“尚源之星——最佳汇报表达奖”并颁奖

特别说明：

项目汇报是一个设计作品完美展示的重要组成部分，也是对设计师能力的更高要求，本次论坛特别设置了针对参加汇报的学生代表的“尚源之星——最佳汇报表达奖”2名，将从14名参加毕业设计汇报的同学中评出，旨在鼓励和奖励清晰、流畅、简洁、准确的汇报表达。

论坛嘉宾

主持人

李璐颖和宋尚周（北京大学建筑与景观设计学院在读硕士研究生）

高校代表

李迪华：全国高校景观设计毕业作品展组委会/秘书长 北京大学建筑与景观设计学院/副院长
王秀丽：全国高校景观设计毕业作品展组委会/副秘书长 北京大学建筑与景观设计学院培训中心 主任
刘 谯：南京艺术学院设计学院 景观系主任
郑洪乐：福建农林大学艺术学院环境设计系 副主任
余 洋：哈尔滨工业大学建筑学院副教授、院长助理
曾晓泉：广西艺术学院建筑艺术学院 副院长

企业代表

曹晓宇：土人设计十所 所长
丁 炯：赛瑞景观 设计总监
杜 昀：毕路德(BLVD)合伙人 总建筑师
李 伦：澳斯帕克景观 设计总监
李建新：深圳市阿特森泛华环境艺术设计有限公司 设计总监
林振生：俪禾景观 设计总监
龙 赟：景虎国际 总经理兼景观设计总监
马晓暐：意格国际 总裁兼首席设计师
孙 虎：广州山水比德设计公司 总经理兼设计总监
盛 梅：美国ATA设计公司（劳伦斯集团）设计总监
司洪顺：笛东联合（北京）规划设计顾问有限公司 副总裁 高级设计师
汪 杰：尚源国际设计总监
吴惠明：东大景观设计有限公司 支持中心经理
徐 菲：麦田景观 首席设计师
叶翀岭：朗道国际设计集团 设计总监
朱 伟：安道国际 设计总监
诸 谦：上海广亩景观设计公司 董事长兼首席设计师

获奖学生代表

◇第一组
任佰强：青岛理工大学建筑学院
吴碧晨：西安建筑科技大学建筑学院
马晨亮：南京林业大学艺术设计学院
戴骏玮：中国美术学院建筑艺术学院
杨天人：同济大学建筑与城市规划学院
关文娴：福建农林大学金山学院
王博文：中国美术学院景观系

◇第二组

伦理：沈阳建筑大学建筑与规划学院
张　科/任竹青（其一）：北京林业大学艺术设计
曹　岩：三峡大学艺术学院
王　迁：福建农林大学艺术学院
陈治江：武汉理工大学艺术与设计学院
冯　凡：江汉大学现代艺术学院
高东东：福建农林大学艺术学院

三校联合旅行奖 学生代表

张天骋：华中农业大学
李　想：北大建筑与景观学院
徐传语：西安建筑科技大学

全国高校景观设计毕业作品展交流论坛组委会

秘书长：李迪华
副秘书长：王秀丽、宋俊伟
秘书处：张保利、杨颖、吴巧、田乐、王维海、李璐颖、宋尚周、丁明君

组委会办公室

联系电话：010- 62747820/5785
电子邮件：expo@landscape.cn
地址：北京市海淀区中关村北大街127-1 北大科技园402-1

交流环节

论坛现场回顾

俞孔坚
北京大学建筑与景观设计学院院长、教授、博士生导师

感谢大家在百忙之中来支持第九届全国高校景观设计毕业作品展，这应该说是对学生们的支持。感谢这么多业内企业老总来聆听我们学生的毕业设计作品汇报。北大搭建了这样一个平台让学生们来打擂，目的之一是让我们的设计单位跟各个高校的学生能够面对面交流和碰撞。今天论坛的目标第一是交流，第二是在这个过程中可能会产生各个公司未来的优秀设计师。同时，这个竞赛是有价值观的，我们要引领一个潮流——什么是好的设计。只有通过学生，才能把好的设计推广到社会上去。只有推广好的设计，才能把中国的景观设计事业做好、把中国的生态环境治理好。

首先感谢在场和没有在场的众多设计公司对本次作品展的支持，感谢各大高校教师抽出时间来关注学生、关注学生跟用人单位之间的互动。北大办学一直有几个特点，这也是大家之所以每年都到北大来进行这场交流的原因。第一个特点是常维新，也就是创新，这是鲁迅先生总结的。我们每年举办的景观设计学教育大会的主题都是不一样的，这正是常维新的体现，这些新的东西是学校应该去推动的。第二个特点是北大强调的独立精神，要求学生必须有自己的独立思考，不能人云亦云。第三个特点是北大提倡的自由，这个自由讲的是思想自由，没有人强迫你去做一件事情。

我希望通过这个平台，能把北大的精神传播给大家。在本次作品展中，评委评审作品的过程充分体现了这些精神：创新的、独立的和自由发挥自由创造的思想。这正是北大的精神。

本届作品展由王秀丽老师带领学生义务帮大家组织，这个平台现在交还给你们自己。谢谢大家，再次感谢。

王秀丽
北京大学建筑与景观设计学院
培训与考察交流中心 主任

大家好！我代表组委会，代表今年全国高校景观设计作品展参展的全国 180 多所高校的老师和学生，诚挚地感谢各位在百忙之中抽出时间来参加本次评审活动，非常感谢你们，大家辛苦了。

北大举办的全国高校景观设计毕业作品展有一个非常独特的特点——就是我们的奖项设置。今天我们会集中讨论并评选的奖项，包括最高奖项的荣誉奖和十类单项奖。其中，荣誉奖奖励内容、表现均十分突出，在场地分析、解决方案和设计表达等各个方面都非常好的作品；十类单项奖分别有最佳选题奖、地球关怀奖、人类关怀奖、文化关怀奖、最佳场地理解与方案奖、最佳分析与规划奖、最佳设计表现奖、想象与超越奖、模型表达奖和最佳应用奖。而在将要举办的学生论坛中，我们设置了一个特别的奖项“尚源之星——最佳汇报表达奖”，目的是为了鼓励和奖励清晰、准确、流畅、简洁的汇报表达。

这样的奖项设置体现了活动和北大的一个理念，即我们认为一个设计作品奖项不能简单地用一、二、三等奖，或者是金、银、铜奖去笼统地概括。一个设计作品往往是见仁见智的，总有它能够解决以及无法解决的问题。我们通过设置各类单项奖，鼓励在某些方面做得很好的作品，希望能给大家一个学术的引导，指导学生关注那些在设计过程中需要注重的问题，这些问题基本都体现在十类单项奖中。当然我们仍有做得不足的地方，这也是我们在逐步完善的一个方向。

我们今年的全国高校景观设计毕业作品展，总共收到了来自全国各地（含港、台）的 188 个院校的 943 组作品。经过北大教师初评，有 600 多份作品进入到第二轮评选，第二轮评选邀请了 100 多位来自各个高校的老师参与，遴选出进入我们今天评审会终评的 230 份作品。

今天上午，我们将请到场的评审嘉宾分为 4 组来进行投票式评选，选出推荐作品及争议作品；下午进入终评阶段，针对上午评选出的作品进行集体讨论，结合前两轮评委的评审意见，集体讨论确定各类奖项。感谢大家对于我们这个活动的支持，谢谢大家！

李建新
深圳市阿特森泛华环境艺术设计有限公司 设计总监

各位老师同学们上午好，非常的荣幸能站在这里跟大家分享专业的话题，感谢主办方为景观专业提供了一个发声的平台。

我收到这届毕业生的毕业作品之后，特意找了一个非常安静的地方去解读这些学生作品。愉快地分享在没有工程造价要求、没有客户的要求、没有政府各项指标要求的背景下，进行创作的作品，也让我很轻松很快乐地享受了一小段设计之旅。作品里面很多想法非常好，同学们的专业敏感度有很大的提升，很多同学很善于发现生活中的环境问题，并用所学的专业知识解决它，能够以点带面地来解决社会上所发生的环境问题，这是一个很好的方向。其实我们不需要大的话题，不需要多么宏伟的场地，也不需要站在多么高的角度，就需要从我们的生活出发，从身边的事物出发，用我们的专业解决身边问题，提升我们的生存环境。

今天听了大家的汇报，也看了很多同学的作品，发现了一个小的问题，就是设计或汇报的“逻辑性”问题。这样，我可以把设计和汇报的工作当成写作文，我们小时候都写过议论文，设计和汇报有时就需要议论文的结构，需要把你的想法和理念层层地论证、剥开；有了论据性，同时要具有散文的情调，因为我们需要散文一样自由的思想，发散的思维；在设计的表达中有小说的生动，把别人带入你设计的意境中，引人入胜。这点很关键，因为以后我们需要更好地把我们的设计表达给别人。当然，这是个漫长的过程，随着你对专业、对社会的理解程度变化，会发生变化，我期待和同学们一起共同成长！

另外一个问题，关于“行业价值观”的问题。这也是我在公共的会议论坛上，每次都提的问题。我们作为设计师一定要知道，什么样的设计对我们生存的环境有好处，什么样的设计对自然环境是产生破坏的。这就是我们经常说的行业价值观，我们很多从业者并不是很清楚。前些年我们国内的景观发展，可以这么说，是用过度的资源浪费换来奢侈的享受，造就了恐怖的环境破坏。之前的景观设计大多与专业无关，而是被中国国情影响，政府说了算，领导说了算，大多数城市景观发展从相反的方向背道而驰，给我们生存的环境带了很多麻烦。现在我们看到从政府到开发商，整个产业链从上游到下游，都在往生态可持续的方向发展了。相信我们的景观设计专业会很快进入另一个时代，我们新生的景观设计群体会很快登上舞台，主宰着我们的城市景观，改善我们的环境，保护我们有限的资源，就跟今天一样，有更多的地方会让专业发声。

中国城镇化进程的飞速发展，带动了房地产野蛮式、爆发式的发展，现在我们的房地产商顶着全国“最大最强”、“千亿销售”这些光环来开发项目。从社会责任的角度看，不可否认，他们在 GDP 增长、解决就业等等社会问题上，贡献了很多。但是，他们对我们景观专业贡献太少了。大部分房地产项目都是逆生态在发展，这是我们的一个现状。我跟很多的城市的管理者、地产行业的负责人聊过这个话题，有些人知道存在这个问题，他们也无奈于不能够改变这个大方向，只能是尽可能地把生态环境破坏降到最低。可怕的是，大部分从业者甚至是管理者，根本不知道这样做是对生态的极大破坏，专业价值观根本就是模糊的，或者说是反向的。所以对我们行业的从业者来讲，价值观一定要正确，因为我们在座的各位马上会走向工作岗位，今天的设计师，一定要站在另外一个高度来看待我们的设计创作，我们需要占用最少的社会资源，创造最可持续的生态环境景观，这是我们要做的事情。

生态这个话题非常大，可以影响我们人类的生存发展，我们景观专业能做的不多，但是我们只要持续努力地做，我们的环境会更健康，我们的专业会更美好。谢谢大家！

李伦

澳斯帕克景观规划设计有限公司

董事总经理、设计总监

大家好，刚才几位老总说得都特别好，希望同学们今天能有所收获。首先恭喜获奖的同学们，你们都是佼佼者，希望大家的热情能够延续下去，它对大家生活、工作、发展都非常重要。

给大家讲几个小故事。第一个，我刚毕业的时候同学们聊天谈到就业的话题，有个同学说的话我现在还记得，他说不要想现在能怎么样，要想五年之后会怎么样。同学们现在的作品，只是大家认识设计行业的一个开始，照猫画虎做的一次临摹，真正研究它是一个漫长的过程。景观设计宏观到区域规划，微观到雕塑小品、街头设施，大家需要学习的知识还非常多。我是建筑师出身，建筑从宏观到微观，也有很多知识是需要在工作中学习和积累的。比如一位资深景观师主要是做社区住宅景观的，研究中观和微观的范畴，如果让他做宏观的项目，基本上也是要重新开始积累经验的。

第二个故事，假设澳洲大学的设计专业录取 100 个学生，最后能够毕业的人大概只有 30 多个，其中有 30 个人发现自己不喜欢这个专业转走了，另有 30 个人无法通过标准严格的考核，所以最后剩下来的也就 30 人左右。但毕业的学生个人能力一般都很好，有人擅长微观，有人擅长宏观，普遍可以很快地适应实践工作，发挥出自己的专长。这与国内不一样，国内大学严进宽出，学生都很容易毕业，但实践能力很弱，希望大家在今后的工作中更加严格要求自己，尽快适应工作。

景观设计是一个朝阳行业，前途很光明，但是道路很曲折。举个例子，早年我们公司跟一个建筑设计院合作一个云南的文化广场景观项目，做完施工图后发给对方看，对方看不懂，经过反复说明才看懂，因为景观设计施工图是土建和植物分开绘图的，运用植物创造的空间在总平面图中是没有体现出来的，建筑施工图则是将所有信息都绘在一起。景观设计通常在方案阶段，植物设计基本都是配合的，后期再将二者叠加起来，设计很容易脱节，甲方也不容易理解。这类在设计实践中发现的“大”问题需要我们一步步去克服。

最后希望同学们在今后的工作中保持热情，充分发挥自己的长项、补足短板，预祝大家都有大的进步和提升，未来比我们的成就更高！祝福你们。谢谢。

沈虹

GVL 国际怡境设计集团

董事、副总裁

由我代表我们组就广州某城市绿道的景观设施设计做一个简单点评。

作品突出一个“土”字，从逻辑、理念的连贯性方面，我都看出来突出了。如何突出的呢？一是突出本土的文化，另外一个就是要“退硬还软”，所谓“退硬”就是我们现在搞绿道建设的时候，硬的铺装可能太多了，没有很好地适应环境。另外设计者强调要选用本土的植物——广州的植物，体现广州的一些文化。这个项目的主体是绿道里面的驿站，分一、二、三级的驿站，我个人感觉到它对我们以后的绿道建设具有一定的指导性，作品的针对性比较强。绿道在我们国家，尤其是南方非常时兴，题目比较讨好。

司洪顺

笛东联合（北京）规划设计顾问有限公司

副总裁、高级设计师

各位老师、各位嘉宾、在座的广大同学们，大家好！

在刚才较短的时间里，同学们对自己的作品进行了完整的阐述，我感到非常振奋，能接触到这么多优秀的后备力量，我很受鼓舞。更要感谢此次作品展，为整个行业，包括广大学生提供了一个宽广的展示自我的机会。

设计作品如何在很短的时间里让别人领悟你在阐述什么，客观来说很重要的一点在于你的表达和沟通能力。如何让你的听众在不了解来龙去脉的前提下了解你设计的主题、你的构思投入、你的理性分析，从而产生认知，汇报表达的逻辑性描述必须很清楚。我希望今后同学们可以在这个方面去重点加强。

当然，从即将毕业学生的角度来看，目前有一个困惑：不同类型学校毕业的学生，本身的专业素养和专业技能差异是比较大的，因而往往看到的是自己的不足，并且这种不足被自我无限放大，从而失去了自己的自信。但是总的来说，我们是一个融合的、跨专业的学科领域，同学们在今后的成长道路中，所需要追求和学习的越来越多，知识面会逐渐丰富，逐渐会树立自己的自信。所以说今天的作品汇报不仅是四年学业的总结，更重要的是今后成长的开端。最后，我说一个思想和技能的区别问题。我们最近去校招，面临一个同样问题，就是在遇到快题设计的时候很多学生不敢来参加，这也意味着学生放弃了自己的第一份工作的机会。这一个问题是从哪一个原因引起的？为什么我们的学生这样的在意技能的高低？是不是在我们的教育方式上对学生的培养出现了问题？笛东联合强调在设计时追求的是“意在笔先”，画图之前思路要清晰，立意要明确，专业技能、软件系统分析只是一个辅助，它不会限制和主导你的思路发挥。设计的主旨是思想，技能只不过是实现的方法和手段。

所以，我希望同学们能正确地界定设计表现技能在设计中的作用，明白设计的真谛；希望同学们在景观设计领域中能建立起属于自己的一片天地，谢谢大家。

汪杰
尚源国际　首席代表

首先，我们作为几届活动唯一的协办单位，非常感谢各位嘉宾能在百忙之中来到这里给我们广大学生提供指导建议。为了把更多的时间留给我们的嘉宾，我就讲一个观点。我参加了几届的评审，特别想呼吁一下，设计师在设计中应该更多地关注弱势群体，特别是尊重缺陷。这一方面在当今国内的设计中还是比较缺乏的。举个例子，我们到欧美去考察，发现不管是商场、饭店、公园、博物馆等公共区域还是住宅小区的停车位，最好的停车位都是必须留给残障人士专用的。国内的设计中还没有这样的意识，我希望以后我们的设计能够更多关注弱势群体，尊重有缺陷的人群。同学们选择设计题材，可以更多关注我们的生活和现实，把每一件小事、每一个小问题弄清楚，能够完满解决就很不错了，不一定去做很宏大的作品。因为一个宏大的作品即使对专业的设计公司来说，也需要组成一个各个专业的、庞大的设计师团队去做这个事情，不一定适合专项专业学生的选择。我们的老师们也应该引导学生申报适宜的选题，所以我在这里呼吁一下，也是拓宽一下学生们的选题思路。

最后，希望各位企业嘉宾、高校老师和同学们一如既往地支持我们这个活动，谢谢。

朱伟
安道国际　设计总监

大家好，我们公司从 2010 年开始每年到高校招聘，搜罗人才，原来有 30 多所高校供我们选择，现在慢慢缩减到 10 所左右，从这里可以反映出高校和用人单位之间的现状，也关系到今天论坛的主题“教育·实践·责任”，从我们这几年的高校招聘情况来看目前的教育是有滞后性的。

人才决定一个公司的未来。设计公司人才背景的构成反映了一个公司的气质，进一步决定了公司能够设计出怎样的作品。现在中国设计公司人才背景构成的分布与高校设计专业的分布基本相同，一般本地的毕业生基本会到本地的设计公司工作，公司吸收的人才背景结构单一。比如我们安道国际招聘的人才主要来自中国美术学院、浙江大学、浙江工业大学等杭州的高校，公司是由这些人才慢慢滋养发展起来的。

一个下属曾对我说过一句话令我很受触动，他说一颗鸡蛋从里面打开是生命，从外面打开是食物。我认为我们教育的内核决定了行业实践发展的结果，所以高校作为孕育未来整个设计行业公司的内核，它承载的意义和责任是非常大的。现在的高校陷入了迷茫状态，不知如何培养人才以适合各个公司的用人标准，但安道认为教育就是教育，企业就是企业，高校教育需要更具有前瞻性的教育展望，整个设计行业的公司也就是用人单位的状态是由教育的状态决定的。现在的设计公司也比较迷茫，像高校一样，不知道要做什么样的设计作品，设计公司和高校都在沉淀和思考如何适合我们国家来发展，所以我认为今天的活动是一个非常好的契机。

我认为大学教育和专科教育不一样，专科培养的是技能，而大学培养的是素质，是未来主导工作的能力。整个行业的状态是由教育体系孕育的，要自然的生长，由内而外的转变，这需要时间慢慢沉淀。我们高校和企业要通过沉淀来思考如何重新划分教育和企业的版图，来思考到底怎样的教育是适合学生的。

今天我既是来聆听也是来分享。我认为设计是一种以归纳整合资源为基础的工作，它通过设计实现资源重组，给我们的自然、社会提供一个更好的场所。设计师要懂得吸收和归纳有用的知识和信息并重新整合。刚才看到意格国际马晓暐总裁对同学们的设计作品——耐心点评并将同学们的设计作为项目课题进行询问和取证，对我的触动很大，我看到了一个优秀的设计师对待设计的本能反应和对后辈的关爱。

今天从各位企业领导和高校精英们学习到了很多，最后向同学们介绍一下我们公司。希望所有人都能由内而外慢慢地沉淀、滋养和成长，共同创造我们中国景观行业的未来。在座的同学们是行业的未来，希望大家能够到我们公司来，在我们公司的土壤滋养下成长。我们公司的口号是“安于心，道于行”：“安于心”，从自己的内心出发；“道于行”，用正确的方式行动，这是我们企业的文化内核，谢谢大家。

曹晓宇
土人设计七所　所长

谢谢今天上午各位同学给我们做的精彩的作品汇报，恭喜各位同学，现在是你们非常荣耀的时刻，因为你们的作品是对你们的学业最好的总结。

我今天讲三个观点，第一个观点，我们现在经历了行业和社会发展的一个最好的时代，你们有无数的机会。或许继续深造，或许离开校门，但是你们跨出了校门就进入了另外一个大学就是社会，而社会这所大学所教给你的应该比学校更多。我们做设计师这么多年都是熬过来的，在熬的过程中原动力还是来自于你对工作的热爱，你的爱好。这个行业边界非常宽广，学校的学习根本不够。我们步入社会以后研究的专业问题越来越深刻，内容越来越庞杂，我到现在一直没有学够，仍然在学习，今天的作品汇报中很多学生用千层饼模式做分析图，专业之间的交叉越来越多，我觉得千层饼都不够，像切糕。这是一个非常好的专业，现在看到大家的作业已经到了非常好的层面。

什么叫好的设计？应该从三个层面讲，第一层是视觉，高一层是视角，更高一层是视野，跨边界、跨专业的大视野的设计是好设计。今天大家的作品都有非常高的视野，从社会，从非常高的角度思考，这个我非常欣慰。你们在学校，学校是思想的伊甸园，步入社会会面临很多的问题，学校这个思想的伊甸园一定要放飞你们的思想，要敢去想，敢去表达，我相信每一位学生都会掌握设计的艺术，只要付出时间，慢慢做绝对会非常的优秀。所以两个“学校”的考核是不一样的，在学校我们更多看到的是你的潜力潜能是什么，你只要有这个潜能，后劲绝对是足的，要看到潜力潜能。

第三个层面，未来你们在设计工作中还是要综合地锻炼自己。设计有两个头：一个是笔头，一个是口头，笔头就是你们的设计表达，另外一个就是口头，要加强交流，加强思想的交换，让更多的社会声音和思想与你们发生碰撞，这样才会有更美好的设计。可能有的同学会继续深造学习，还有同学开始走向社会这所大学，无论如何，我希望各位同学通过今天的作品汇报对自己有一个总结，这是一个新的起点，你们人生的第一个巅峰，我深信大家会有更多的巅峰，希望各位同学在未来成功，谢谢。

曹宇英

安道国际　总经理兼首席设计师

在评审中，我们组把作品进行了一个分类，比如说住区、小空间、建筑、滨水、规划和改造等。在关于住区的作品中，有一份名叫“碎片故里”的作品给我留下了印象，它反映了人对土地饱含乡情的回忆和纪念，并把这一感情融入到住区中。尽管其设计理念最终落地以后所完成的效果，并没有达到想要的要求，但至少提出了这样一个概念，把人对土地的情绪融入这个项目中去，我觉得还是蛮可贵的，也是我们在将来社区设计中值得提倡的。

而关于成都动物园的改造方案设计，我觉得这个项目很有意思。设计者把人关在笼子里，把动物放出来，这是一个非常好的、逆向的观点。生物都是平等的，设计者从很多角度照顾了动物，这是很有意义的。

实际上很多作品的关注点很小，比如某个作品只是关注了杭州某条巷子，那条巷子尽端停了很多的车，刚好基地尽端有交叉口，设计者就通过景观的方式、立体的方式，提出了同时满足人车活动、高度重视空间、高度公园化的解决方案，在一个小空间里加以实现。我觉得这类作品非常有社会实践意义，也非常容易落地，相对来说完整性很好。

关于某个村庄的概念性规划设计，我认为设计者选题是不错的，他选择了目前市场关注的新农村规划，整个的设计表达也是蛮到位的。我认为他的缺点在于，这个项目实际上并没有解决具体的问题，他只是通过这样的分析，点出了他作为学生本身关注的、给出了属于自己的一个答案，而这个答案究竟有没有普适性、能否被当地居住者接受、是否符合当地的地域特征，能否把生产、生活很好地结合在一起，都没有给出明确的解答。

曾晓泉

广西艺术学院建筑艺术学院　副院长

我只讲两点。

第一点，看到这么多的同学汇报和嘉宾发言，我很感动，非常感谢北大的建筑与景观设计学院举办本次活动，以及众多的设计企业能够共同参与到教育当中，这是可遇而不可求的，是这个行业在推动教育之外的教育。

还有，对在座的同学们分享一点教学体会。我觉得景观设计专业学生一定要做两件事，就是旅行与阅读。旅行可以增加我们的人生阅历、增长知识。旅行对一个景观设计师来说非常重要，这既是一种生活放松的方式也是工作的一部分，我自己既做景观教学同时也是景观设计路上的一名学生，每一次的旅行都带给我很多的帮助，我可以在旅途中寻找生活在哪里，这能产生非常生动的力量。如果在座有外地来的参会同学明天还在北京，我强烈推荐大家去参观一下园博园。

景观设计与建筑设计相比还有很长的路要走。我个人的分享是多多旅行，多多阅读，用心体验，希望对大家做设计有所帮助。

丁炯

赛瑞景观　设计总监

谢谢各位老师和同学，第九届全国高校景观设计毕业作品展评选和汇报我都参加了，经过整个流程之后，我觉得这一次学生作品选题和内容还是非常宽，非常广的，而且思维非常活跃的，实用性也非常好。但还是有一些不足和不周的地方，可能与学校教育有一定的关系。

来这之前我们公司做了一个小的调查，我选了不同类型的学校，景观专业或者是相关专业的学生进行了调查，主要是三大类：一类是传统的农林院校的学生，另外一种是艺术类、环境艺术专业的学生，此外还有规划建筑专业的学生。我大概了解了一下三大类的学生在本科时期的课程设置，传统的农林院校课程非常多，非常广，内容非常全面和完善，不足之处是实用性和艺术的教育的熏陶不是很多。环境艺术专业的学生课程设置比较少，还有很多是室内室外混在一起，课程内容比较少，更多强调的是在公司的实习实践。规划设计类的院校以规划建筑为主，在课程设置方面生态和植物非常缺失，甚至有的学校根本就没有。这三大类学生进入工作环境中后，农林类院校的学生理论知识非常丰富，上手比较慢，但是后续还是可以的；环境艺术类院校的学生上手比较快，很快就能够出一套文本，做一个设计，但是对生态和景观场地的概念都是比较缺失的；规划建筑类院校的学生在工作中没有做到对场地及周边的生态环境进行理解，始终还是在做建筑的部分，没有落到大地上去，这是我最深的一个感受。综合对比之后，我有一个想法：我希望我们的专业能够发展得非常好，发展得百花齐放，但在开放和发散的同时能不能收一下，不同类型院校中重要的或者是必修课能不能统一一下，特别是艺术类和生态类，特别是植物课，因为这个对我们的学生影响是非常大的，因为有的学生不重视，特别是生态植物课，毕业以后也不愿意去学习，我觉得这个对他的设计生涯是非常有影响，这是我提的一个小的建议，谢谢。

杜昀

毕路德（BLVD）合伙人　总建筑师

谢谢，第一次参加这个活动，有两个感受。第一，南京是个好地方，我非常喜欢南京林业大学马晨亮同学的设计作品，尤其听了汇报以后更加喜欢。近几年我了解到美国学生都在做参数化设计，用 3D 做模型，后来我们公司有幸跟美国的几个学校一起合作，也用到马同学提到的两个软件做参数化设计，现在比较流行，对于我来说很新鲜。这个设计作品符合当今世界的设计潮流。

我喜欢马同学的设计，主要有两点，第一，作品在表达清晰的同时有浪漫性。我觉得如果一个设计师不浪漫没办法做设计，设计需要创造力，不浪漫的设计就没有美、没有形态、没有想象力。第二，马同学有一种落地的精神。我们做建筑师、景观设计师，我们是工程师不是艺术家。我们要有对设计审美性、哲理性、生态性的思考。马同学的图面分析和汇报很打动我。我做设计许多年的感触是，我们缺乏对于哲理性理想化的持续性的追求。

第二个感想，北大是个好地方，我在清华学建筑的时候，在北大修学了两门课，一门是德语，一门是李泽厚老师的审美概论，对我一生的发展有很重要的影响。我会参加一些景观设计和室内设计活动、做评委，客观讲，景观设计在中国发展得更好，设计作品质量和教学素质都更好。刚才汇报的几位同学，除了一位女同学稍微有点紧张，其他几位同学的表达即使不能说引人入胜，至少是非常清晰的。

听李迪华老师讲述办高校景观设计毕业作品展的历程，我对北大这几年对行业起到的号召作用感触很深，一个行业需要有一个“领头羊”来号召，在景观设计行业需要有这样一个标杆。非常感谢北大这个平台给行业带来的品质和标准。

最后欢迎各位同学有兴趣到我们公司来工作，谢谢。

轰伟

土人设计院副院长、土人设计生态研究中心主任

我想就一个关于“针对沿海用地冲突与救援性保护模块的设计”的学生作品谈谈自己的体会。

我觉得这个项目的设计者针对现在生产与环境的矛盾问题，分析了十年前、五年前和现在农民生产生活模式的差异—— 十年前在远海捕鱼，五年前在近海捕鱼，现在这两年都没鱼了，大家在海上养鱼，造成海上的环境破坏比较严重。设计者从生产生活的视角出发，用景观的手法把生活、生产和休闲活动整个结合起来，有了一个很好的处理方案。他采用了一个模块化设计，把未来的生活、生产和休闲活动放到一个浮岛，把农民的生产环境跟海滩分离开。这个做法还是比较巧妙的，和墨西哥的那种湿地生产的模式有点类似。

另外一方面值得肯定的是，设计者不光分析了以前的状况，他对未来的发展趋势也进行了一些动态预测，五年后、十年后，考虑得比较周到。通过设计者的方案，渔民的生产行为得以保持和维护，现在很多政府希望把渔民全部迁走，那也不现实。同时我觉得这个作品的设计表达也特别好，色彩方面运用得比较不错。

李健宏

UDA 优地联合　设计总监

评审中，我觉得有一个来自同济大学的生态旅游区规划设计作品很有意思。它的入手方式和切入点，跟咱们大部分的竞赛作品不太一样，它更像一个跟开发商合作的经营策划书。作品展中绝大部分作品重点还是在空间形态等方面展开处理，而这份作品更多地是关注一个风景区怎么样能够生存下去。虽然作品表达得可能有一点零散，但还是能看出设计者的切入点和入手方式是挺值得欣喜的。这说明现在大家对景观设计的关注由狭隘的仅仅关注形态设计，逐步开始渗入到社会的各个方面。

还有一个来自香港大学的乡村规划发展项目，这个项目我感觉是一个做得挺完整成熟的项目。他的选题是干旱地区城镇的景观化，我觉得他很好地利用了一切可以利用的自然因素，包括风、光、水这些元素的处理。最终打动我的一点是设计者结合应用做了一个生态化的解决方案，在城市中心形成一个水池，作为城市蓄水的核心，生态化的景观最终和城市文化整合到一起，就像过去沙漠城市的中间有一口井一样，我觉得作品表现的感觉特好，能够把技术手段很自然地回归到人的生活、人的意象，这一点是很优秀的。

另外一个项目“流浪者的庇护所”，作品的选题不是一个实际的城市景观，而是针对人这个在城市里活动的行为群体。项目的成果是一个随身的包，这个包可以演变成流浪者的栖身场所，这确实跟咱们普遍要求的景观设计的概念略有差距，但让我看到了很多学生其实能够关注人的生活、关注细节、关注小的事物，我对这类学生一般都是充满好感。

还有一个铁路公园规划设计的项目，主题是一个旧铁道两边的景观改造，设计者的前一段思路我觉得挺有意思，以铁道为核心，根据人坐火车喜欢看两边风景的心态，重塑一条公园景观线。但是后来的实际解决方案像是一个城市花园，解题方法太复杂了。我觉得它有一个好的开头，但是后面的解法不够理想。铁道线旁边的景观改造的选题有一定实际意义，做起来也很有意思，但是并不是很稀缺。我觉得这种题材的关键在于怎么解。在具有类似历史遗迹的地区，用现在的城市功能重新界定以后，应该怎么样去跟新的城市化相对应，是一个值得关注的问题。

本次作品展中有一些陵墓题材的选题，有一些推演得不错的作品。

我觉得一个陵墓设计，它应该具有外扩的特征，需要去研究和参考当地社会的风俗和习俗。这次我们有很多做得很酷的陵墓作品，虽然有想象力，但我怀疑这些作品能否与当地文化遗产相融合。

林振生
俪禾景观　设计总监

各位好，非常荣幸参加北大组织的这次盛会，将各地的学生作品集合起来，为学术界和业界提供共同交流的平台，非常好。其实设计的梦想不应该在毕业之后就结束的，有些学生害怕到企业工作之后设计梦想就会随工作热情的消磨而消失。我们公司一直想推动一个关于设计梦想的计划，公司出一笔钱，把员工从惯常的工作中解放出来，给他们一定的空间和时间放空，去旅行或者去研究他真正感兴趣的设计课题，无论是从景观、空间、材料、规划的角度去研究都可以，并在这个过程中让设计师和业界、学术界分享遇到的有趣的事情和感悟。欢迎其他企业一起来支持这个计划，企业可以以联合的方式协助毕业生或者在职设计师来延续他们的梦想，这会非常有意义。

从早上到下午非常多的专家和业界老总跟大家分享了他们多年的经验，我认为基础知识的扎实训练非常重要，特别是景观专业，要了解场地大的环境，包括植物、地形地貌、水文、地质、天气等等，虽然现在有像GIS系统等工具可以辅助判断，但要有良好、扎实、科学的基础训练功底才能面对这些复杂课题。我一直强调学生在学校里更多的是要把科学知识学扎实，工作后面对诸多问题才能分析出解决之道，这是关键。

每一个项目都是一个课题，无论是旅行还是工作，你要带着课题感去看待设计，研究它的空间的品质和景观的品质，并将思考与你的设计工作结合起来。每次我带设计师去看项目案例，都带着这种课题感，心中有一把尺，真正地把所有的环境状况搞清楚，到底高度、宽度、颜色带给你什么感觉。空间尺度的关系把握非常重要，无论是对做毕业设计还是对今后的工作来说都非常重要。

另外，跨领域的思考也很关键。我是做建筑出身跨行做景观的，发现景观设计师很害怕涉及建筑领域的问题，很多人都在建筑体外做文章。我认为景观设计师需要知道建筑师、室内设计师、业主的想法，跨领域的综合思考很关键，这样的设计师才是全面的设计师。我从建筑领域跨到景观领域，受益于我的一位老师对我讲的一句话，他认为一个好的专业的空间设计者需要景观设计的训练，这样设计者的知识才完备、扎实。所以我也鼓励学环艺或者学景观设计的学生，不要局限于自己是做户外的，设计在于全面思考，这样才能透彻地解决环境问题。我认为设计的重点不在于形式要多么绚丽，关键在于它能带给人们生活的设计感。

还有，就是要保有一颗赤子之心，要有梦想。在设计师的职业生涯中，坚持梦想的热情可能会被来自生活的经济压力等各方面的因素所干扰。但如果你真的热爱这个专业，觉得这个专业有趣，保有你的赤子之心非常重要，保有热情你的路就会走得更长，谢谢。

刘谯
南京艺术学院设计学院　景观系主任

各位公司的领导人、各位同学好。我想花几分钟时间给大家谈一谈我们的教学。可能大家理解我们的景观设计跨度太大，尺度上有宏观、中观和微观这些层次，但是每个人都可以贡献我们的力量，

就我们论坛的主题“实践—教育—责任”，我是这样理解的。“实践”是一个创造性的过程；“教育”是有创新精神、实践精神的态度；“责任”就是未来；未来就是你们在座的各位学生。今天主要是想和同行的教育者探讨，也是和同学们共同追问，到底我们景观该学什么、怎么来做，就我们南京艺术学院景观设计专业开展的状态以及怎么样学习等内容和大家分享。

我们的景观设计专业在艺术设计的背景下产生，很早就与环艺分开了，分成了景观和室内两大板块。在这种背景下，交叉的专业有很好的资源和给养，我们整个教学围绕着课程作业、毕业设计、工作坊、讲座和交流这几块来运作，我们学生在这样的资源中学习和感受。我们很注重创新精神的培养，以设计基础课为例，我们跟南京大学、东南大学有很好的合作和教学关系，我们的老师到他们那边教授基础课，他们的老师也到我们学校来教授。我们对很多最初模型的表达，包括学生草图的表达，有开放的方式让他们选择，学生通过自己的双手来做模型。我们有很好的机床、激光雕刻机以及现在刚刚兴起的3D打印机，很好的参数化设计的过程，这些都会在课程中体现。我们尽量让最前沿的东西在学生的思维中开花生根，同时加强学生的动手能力来提高学生对设计的认知，而不是通过临摹进行设计。我带的实验性课程鼓励学生改造我们身边的设计，包括我们对于景观设施形态的探讨，我们会用到各种不同的软件。有人会说艺术院校可能只会关注艺术形态，但是我们会关注功能、行为方式的思考，给学生提供更多动手去做的机会。

南京艺术学院是一个很老的学院，刚刚举办了百年校庆，在去年的设计院校评估平台上我们被列为第三，仅次于清华和中央美院。我不认为艺术类的院校只有形态和视觉上的优势，我们也有思考上的。我们更重视学生在学习过程中的创意，我从来不认为艺术和功能是互相违背的，它们是可以很好地融合的。学习不仅仅是在课堂上，它应该在方方面面，在图书馆、在杂志、在所有的会议上，学生在学习过程中有很多的热情，有更大的潜力能被激发出来。学生在这样的熏陶下，整体的艺术眼光包括思维方面会很开阔，这正符合我们教学的态度——创新思维和精神的培养。我们希望我们的学生成为一个设计师而不是一个设计匠，不论我们学生的出发角度是什么样，出生地是什么样，我们希望能够建立起中国景观这样一个架构。好，谢谢大家。

龙赟
景虎国际　总经理兼景观设计总监

非常高兴，今天有这样的一个机会跟大家做一个交流。首先恭喜我们今天获奖的所有同学，你们是全国接近两千所高校的优秀代表，能够

成为全国的毕业作品展胜出的群体，祝贺大家。

刚才几位嘉宾也提到，北京大学近十年时间一直在持续地做很多的工作，对景观行业起到了推动的作用。这种推动作用从历届毕业作品展中可以看到，比如说选题的选择，也许十年前连设计要关注什么问题我们都没有梳理清，现在不但能把握好选题还能在作品中体现出思想性，设计表达也已经做得非常好了。但是，设计一线的公司老总在一起交流时常会聊到教育和企业需求之间的矛盾，通过这些矛盾反映出的问题，回过头来对教育做一个反思是非常重要的。

回到教育本身的问题，教育是要提供给学生，在未来几十年学习和工作当中遇到的各种问题的共性解决方案，所以不太能够完全对应地解决企业所面对的一个一个的具体问题，因为每个企业的发展阶段和技术路线都有所不同，出现的问题也不尽相同。另外一方面，对企业的千奇百怪、千变万化的需求，教育也需要做出调整来尽量应对。从企业对毕业生的需求来说，我认为主要有三个层面，第一是专业，这个层面在职业前期需求要小一些；第二是组织能力，需要在学校教育过程中培养；第三是执行层面，最基础的执行层面是学生毕业后到公司怎么开展工作、如何开展设计、如何组织设计文本，这是一个小的台阶。我们希望高校在今后的教育过程中能对这几个层面有所引导。其中第二点组织协调能力的加强，刚才这些学生的表达沟通都做得很好，学生综合的组织、协调、判断能力目前还可以，但偏向于技术方面的解决方案，其他方面的组织协调能力还要加强。

最后想和大家交流一下价值观的问题，呼吁一下正确的价值观。不只是对自然、土地的态度等专业的价值观，还有社会价值观。景观行业面临着很多的困境，比如，南京的某个领导卸任后，社会各方面的声音马上说他以前主抓的所有工程都是错误的，这多少会有些偏颇。这个问题不只是在南京，在国内很多城市都在上演，是以专业的价值观无法解决的。高校教育可以在学生步入社会的前期，在对社会有怎样的理解等方面的价值观上有一个正面的引导。社会上有各种各样的潜规则，可能在教育中都不会触及，但是把社会的现状，把企业对社会的看法跟学生进行良好的沟通，可能会避免一些毕业生初入社会时的茫然和不知所措，对大家有很好的帮助，谢谢。

马晓暐

意格国际　总裁兼首席设计师

刚才听了几位同学汇报，我有一个感受，大部分同学找到了贴近自己生活的选题来做，设计的场地是自己成长或生活的地方，我觉得这个取材的方向是非常正确的。因为对从来没去过或者不熟悉的地方做设计会完全没感觉，所以大部分同学做得很好。

简单评价一下刚才比较关注的作品，我说话比较直接，当然大家从学校走向社会也要有一个非常重要的心态的转变，比如能比较积极正面地听取别人的意见。

伦理同学汇报的中转站设计，我觉得宏观分析部分挺好，不过微观的细节分析不到位，后半部分听起来有些模糊。从我的从业经验来看，我们寻找一个解决方案都是从上到下进行分析，但是宏观分析之后一定要有清晰的微观分析。汇报中对户型、功能分布等分析讲得不太清楚，校园一定有各种各样的功能，哪里是图书馆、宿舍、教室，要明晰。任何一个设计都是宏观微观碰撞出来的结果。其次，汇报的时候要尽量和观众有眼神的交流。这是给你的建议，你的汇报还是很好的。

张科同学的汇报特别好，思路清晰，表达到位，也很有说服力。我唯一的想法是，最后拿出的解决方案是垂直发展，虽然是个很好的想法，但无论从实施性还是从目前的审批制度来讲，垂直发展都会带来特别大的问题，比如邻里矛盾、扰民等。我们中国现在城市建设过于向垂直方向上发展了，我不是很认同这种所谓节省空间的方式，这很大程度上是地方政府为了卖土地提出的。日本的人均耕地比我国还少，但日本除了市中心以外，其他地方都是别墅，可以在一块地上不断的改建、加建，是可以再生的。我觉得我国将来要为建设这么多的高层建筑付出非常惨痛的代价，因为这些房子三十年、五十年以后是完全不可再生的，谁去更新六环以外的容积率 3.0 的建筑？不会有人更新的。这是我的一个看法，不过我觉得你的汇报还是非常好。

曹岩同学的关于保护古民居的汇报，讲了太多大道理，把国家政策进行了罗列，但是这些我们都知道，我们更想了解你具体要怎么样去做去解决，一定要注意什么是设计汇报的重点。不管做什么，要找到关键点，在那个点上做得更透彻一点。汇报的时候不能只念 PPT，这是最忌讳的，需要强化你要表达的重点。

王迁同学的淮安半岛湿地设计，选题体现了对环境的责任心，这个出发点非常好。你关注了场地本身，但是没有对场地周边的背景进行陈述，大家无法了解你做设计的大背景，比如那个地区是否真的适合做湿地，场地本身跟周边的用地、交通体系的关系如何，这些都没有介绍，我觉得需要关注一下。我给你简单提示一下，我们做设计一般比较关注红线之内的问题，但我们经常会发现是红线以外的某些因素给我们解决红线以内的问题提供了答案。所以建议以后同学们除了研究场地外，把周边情况也了解清楚。

高东东同学的设计做得很好，关注农民工的选题很好。

我目前在读博士，研究文化方面的问题，比如中国园林对西方的影响等。我最大的目标和心愿是想通过对古代的研究，理清我们未来应该走一条什么样的路，未来怎么往前走。

古代中国为什么会对西方的文艺复兴和风景的产生有那么大的影响？当时西方为什么对我们感兴趣？难道是一种审美情趣吗？不是，真正影响他们的是很核心和实质的问题，我们文化的真正生命力不是在于表面、符号、图腾，而在于两个根本点。当年孙中山先生讲“世界潮流浩浩荡荡，顺之者昌，逆之者亡”，现在习近平主席也说世界潮流浩浩荡荡。什么是世界潮流呢，我自己总结下来两点。第一，对人自身的关心，第二，对自然的关心。人与人、人与自然的关系是文化的核心问题。从人与人的关系上来看，中国人私德非常好、公德相对差，而西方刚好相反。那么中西方文化分别是如何对待自然的呢？ 14 世纪之前，在西方的观念里自然根本不存在，设计一定是几何形的、有控制感的，西方人与自然的关系是要战胜自然，这给他们带来一种快感，所以他们热爱冲浪、攀岩。而在我们中国文化中，人是在一种放松状态下与自然共处的，是带着崇敬的姿态去看待自然的，我们追求的是和谐的关系，这与西方人有本质的差别。可见，中国文化和西方文化不同，对待人与人、人与自然的关系的态度存在着很大差异，那么我们的设计能不能反映出这种本质差异？如果我们把中国文化理解成小桥流水、太湖石，就大错特错了，我们不能仅从形式感看文化，不要刻意地做文化，而要自然地流露。所以我的感悟是大家先从一个地道的中国人做起。设计师如果能用钢筋混凝土、玻璃等材料做出现代中国园林感觉的设计会特别好，特别令人叹服。这种设计在我们国家还没有出现，这是一个很好的机遇，希望在座的年轻人中间有人能够设计出这样的好作品，成为一位新生代优秀设计大师。

所以大家一定要有信心，90后是将来最有希望的一代，胜过80后、70后和60后。大家是最有希望的一代，谢谢。

孙虎

广州山水比德设计公司　总经理兼设计总监

今年是我第二次来参加这个会议，谈一下对论坛的感受。第一，去年我看到很多作品有很多雷同的地方，但今年我看到雷同的东西不见了，今年同学们每一个人都有自己的思想反映在作品中，比如关注弱势群体、关注生态，我看了非常有感触，觉得做得非常好。另外，大家都关注场地了，去年很多同学介绍的时候没有关注场地，直接讲个人的概念和思想，今年的汇报分析都非常全面，包括对场地的理解、文化的关注，各个方面都非常好。第三，今年讲解的同学们都挺淡定的，思维都很清晰，我建议大家在汇报的时候还要跟下面的人有所互动、沟通，用眼神传递情感，这是很重要的。最后一点，我觉得设计题目过大过专了，像湿地，同学们搞得明白湿地究竟是怎么回事么？我认为做设计需要真正用你的身体去感知，在生活经验范围内做一些实实在在的设计，真正关注到社会的一些问题，不要做太过宏大的一些项目。

第二点，我要反省自己，去年来更多的是抱怨学校教育问题，毕业生到公司后企业要付出很多精力去培养才能使其成为合格的设计师，但这些新人又很浮躁，培养完没多久就跳槽了。今年我要反省自己，更多的从企业自身找问题，思考如何针对毕业生的情况将企业自身的体系跟学校教育建立一个衔接。毕业生是一张白纸，我们企业应该思考如何在内部建立好培养体系，如何给他们空间，使他们适应社会，而又不磨灭他们的思想和创意，因为我觉得磨灭了他们的思想和创意就是磨灭了企业的未来。如何建立好的机制和体系，使我们企业更加完善是我在思考的问题。所以我们公司这两年建立了一个企业内部培训机构，叫比德设计学院。我们分三个步骤培养毕业生，首先由设计师亲身给他们讲解公司做得好的案例和不好的案例，以及成功和失败的原因，然后，带他们去实地考察，真正去看去感受，包括去看一些业界做得好的和不好的项目。最后是实践，在带领毕业生实践学习过程中摸索出每一个同学的特点，公司再根据他们的不同特点将他们安排到不同的岗位上，我们的这个培养系统现在还在继续完善中。

最后，讲一下我自己的一点感受。做设计这么多年，我感觉“做设计”就是“搞关系”，处理好各种关系很重要。我觉得真正的设计师应该向贝聿铭先生学习，能够处理好各种关系，包括工作中设计师与各方人士的关系，人与场地的关系，人与自然的关系。做设计把握和平衡好各种关系是很关键的。那么延伸一步，我认为设计师应该跟场地“谈恋爱”，设计师只有把爱赋予到土地上，做出来的设计才能接地气，这一点我非常有感触。

补充一点，刚才有一个小伙子在汇报的时候感谢了他的女朋友，我认为这很好，因为作为设计师一定要有情感，如果没有情感，做出来的设计也会是很呆板、很无聊的，最后我想说的是，“宽待年轻人，给理想一片沃土”。谢谢。

吴惠明

东大景观设计有限公司　支持中心经理

听了毕业生的汇报，有些作品挺让人感动的，如对农民工工地生活空间的景观营造、对于家园的文脉延续、在旅游开发项目中对原居民的安置和生活提升等，相当一部分作品都体现了学生们日益增强的社会责任感，而这个正是我们国家建设中非常需要的。

对于毕业生的学习与实际工作接轨的问题，曾经一度是大家争论的话题。我也曾经认为刚毕业的学生有理想无能力，到了公司之后需要重新学习很多实际工作技能才能适应工作，是学校教育的一大欠缺。但在跟教育工作者以及学生交流后，我又有了些新的认知，想去追问大学四年到底应该给孩子们带来什么？

当在地铁里看到老人小孩挤在人群中而年轻人坐着听音乐，当看到新闻里在中国有人失足落水而外国人第一个跳进水里救人，当看到国内最好的大学里收耳机时学生们乱哄哄地争先恐后，还有无数令人心寒的现实社会情况——与此同时，却看到台湾学生对国学的教育成效，看到在国外许多不需制度仅靠诚信执行的秩序和行为规范，我想说，在教育体系里，最重要最基本的，还是素质教育，诚信、品德、秩序、是非观念、中国传统文化，这些跟专业无关，却是目前最为欠缺的、最急迫需要的。

专业方面，大学应该是放飞理想的地方，这里跟技术学校有着截然不同的目的，不应该根据工作的技能需求安排课程，而是从更高的视野、更广的角度，让学生认识设计的历史、相关知识、发展方向及其意义，让学生们有自己的认知和梦想，通过设计去表达艺术理解和对社会的关注，在设计中更自由、大胆和创新。这阶段应该是设计师最超脱的阶段，不受实际条件约束，用设计语言去表达思想，同时也提升个人的思考方式、学习能力、审美能力及思想境界。

与此同时，老师们也有责任让学生了解到进入社会工作后与学校作业之间的差异，并掌握一些基础的实际应用知识，如尺度感觉、常用材料、细部构成等等，包括能读懂实际图纸，另外学校还可以组织与企业交流的活动，让学生们在天上飞时也能明白脚踏实地的感觉，并在走上社会后能更顺利地进入角色。

另外，我还有一些给毕业生们的建议：

一是调整心态。工作的头一两年，将会是一个非常重要的适应阶段，既能在短时间内掌握很多实际工程的知识，同时也会接收到许多负面的信息，所以需要用好的心态去消化并转化成自己的经验。沟通能力和人际交往的能力会对个人提升有相当大的影响，多向同事虚心请教学习、多交流沟通非常重要。

二是理性选择。这一两年也应该了解多一些企业，用这段时间选择好最适合自己的公司，之后就脚踏实地在那儿好好发展。随意的跳槽对企业、对个人都是一种伤害，从道义和诚信上讲也都是不应该的。

三是脚踏实地。设计，长远看是理想，但实际上也就是普通职业中的一个，不是人人都能成为大师，但人人都应该为工作负责，要对得起业主。所以，在工作中要放低心态，尤其是在学校表现优秀的学生，工作后要懂得调整自己，把梦想和创意先收一收，先掌握好基础知识和技能，学会了解业主的需求和各方面的条件限制，先要能做出让人满意的成果，才可能在日后做出让人惊喜赞叹的作品。一个真心为社会着想、为业主着想、努力让对方用有限的投入获得最大价值的设计师，一定能获得他人认同的；一个真心为社会着想、努力为人们造福的企业，也一定会获得大家的认同的。

四是长远规划。在这两年里也应该对自己的人生有所思考和规划，尝试着对事业、家庭、生活制定长远的目标和计划。工作不是生活的全部，需要有自己的爱好和业余的生活，也需要把陪伴家人和孝敬父母列入计划内。在东大，我们不提倡加班、不提倡拼命工作，而提倡人人会生活，旅游、运动、各种兴趣爱好、信仰生活、家庭活动甚至是理财，都是我们生活的重要部分；而投入的高效率工作、通过沟通交流以明确目标减少返工、通过学习和考察提高设计能力，则是促使我们有更多生活时间的前提。所以，进入工作后，不要盲目地拼命埋头苦干，而应该先看清楚自己的目的地、设计好该走的路，有目标、有计划地逐步前进。

最后，希望刚毕业即将踏上社会实践征程的设计师们，既坚持理想、保持信念，又要戒骄戒躁、多学多看，放下自己、摆正心态，多与他人交流沟通、多客观理解面对的各种现象，好好去融入这个社会。

在这里，特别感谢会上那些为自己的学生们掏心掏肺、非常热爱教育、热爱学生的老师们，他们的真心和爱心很让我感动！同时，我们也衷心希望将来有机会与这些充满活力和创造力的教育机构展开长期合作，为培养新一代优秀人才多出一份力。谢谢大家！

徐菲

麦田景观　首席设计师

大家好，非常荣幸有机会跟大家进行交流，今天我把从业十多年来的经验跟大家分享一下。

每个人都有宏大的目标和理想，但是理想跟现实是有很大差异的。有些人希望成为世界知名的设计大师、有自己代表性的作品，有些人希望加入境内外非常知名的事务所，有些人希望未来有自己的工作室，这些理想都非常美好。我刚毕业的时候希望能有自己的代表性的作品，在业界小有名气，但是在工作岗位上发现理想跟现实有很大的差异，差异在哪儿？首先，有的公司的项目是非常多元化的，有商业综合体、有资源非常好的旅游度假项目、有五星级酒店让你去设计，但是在大部分的公司里，我们做得最多的是高中低档不同密度、不同风格的住宅项目，这些项目的存在是因为有市场的需求。作为一个设计师，我们要服务我们的甲方，所以要做这样的项目，我们要怀着非常好的心态享受设计的快乐，把这些最普通、最寻常的项目也能做得非常精彩。之前做评委的时候看了很多作品，其中有一个关注流浪人群的作品给很多评委留下深刻印象。作品本身没有很好地解决实际问题，但是他的视角让评委很感动，他能关注最底层被人忽视的最贫困人群的生活，这种情怀是让人感动的。作为一个设计师，应该从小处着眼，只要用心投入去做，再小的项目也能做得出彩。

现在作为一个学生的阶段，做设计没有规范标准等要求限制，把项目做到最理想化最精彩是主要的。成为设计师之后，就要从客户的出发点去考虑问题、解决问题，在赢得客户信任的同时，能够很好地用你的设计引导客户而不是被客户引导。工作中会遇到很多种问题，甲方关注的问题大致有几个点：销售、成本的控制、物业的后期维护、后期养护管理等。举一个比较极端的例子：我们曾经和北京万科红狮合作了一个项目，他对我们的要求是每平方米造价 183 元，万科普通住宅项目成本在 400 多元左右，一百多元对他们来说是比较难完成的任务。当我们在 183 元 / 平方米的前提下完成了这个项目，景观效果也很好，我们便得到了他们的信任，现在我们有非常好的合作，因为我们从他们的角度出发，帮他们设身处地解决问题。

随着工作时间越长、职位的提升，你会慢慢发现工作中设计能力所占的比例会越来越低，你需要比较好的沟通能力、汇报能力、综合协调能力，有非常好的逻辑思维，团队协作能力也是非常重要的。举一个非常细微的例子，你在汇报之前，首先要清楚汇报对象是谁，是集团的设计总监还是老总，如果是设计总监，他可能比你更专业、比你更懂设计，所以你一定要体现你的专业性，用专业的语言讲解清晰；如果是一个集团老总，他可能完全不懂设计，可能是做金融、做餐饮起家的，这时要用非常直白清晰的语言去表达你的设计，只有他听明白了，他才能去做决断，项目才能顺利推进。这都是对一个设计师而言，非常重要并且需要掌握的技能，这都是我们到了工作岗位之后一天一天慢慢积累下来的经验。

最后一点是工作态度，也许你的专业能力并不强，但是这都不重要，重要的是你的工作态度。工作态度积极主动才能有效地配合项目顺利完成，你的工作会被领导认可，你的项目会被甲方认可，你会在设计这条路上走得更快更远。

我希望我今天讲的东西都是对大家日后有用，都是对大家以后工作有帮助的。

许宇华

朗道国际设计集团

我是第一次到北大来，刚刚听了各位同学的汇报，我觉得汇报的内容和技巧是需要在未来工作中慢慢积累的，我们并不要求所有的学生一定做多深多广的分析，设计师的灵感通常是在刹那间迸发的。

作为一个好的设计师一定要做到以下三点。

第一个是“真心”。去做汇报或参加投标的时候，常常想学习一下别人的汇报，互相切磋一下，很多时候对方都说属于商业机密不方便透露，我觉得我们都在为同一片土地做贡献，互相学习才是对我们这块土地真正负责任的方式。再举一个例子，我通常看到公司设计师在中午休息的时候看伟人传记，我都会叮嘱不要刻意地模仿别人，而要吸收有益自己的内容。做设计也是如此，不要做粗糙的抄袭，一个聪明的设计师是将他人设计作品中的启发灵活并适宜地运用到自己的设计之中，这才是有心的设计师。

第二个是“创新”。城市发展在快速地进步，无知和守旧是设计面临的很大的门槛。当然我们也要考虑在创新的同时守住我们“旧”有的文化，在设计中如何使“新”与“旧”完美融合，这个“新”与“旧”的界限如何把握，正是设计师面临的问题。刚才有一个同学的设计让我感动，他实地去拜访和了解，做了充分的调研。我上个月面试了一个员工，聊起他做过的一个关于老街改造的项目，我问他有没有跟住区的老年人谈过话，有没有做谈话记录。文献研究不如实地口述资料直接和有说服力，做设计与人沟通很重要，融入当地环境很重要。

第三个是“复兴”。当你很用心做设计又具有创新能力的时候，要做的一件事情就是复兴我们中国人喜欢的空间，不要常常抄袭人家国外的东西，中国的设计探索之路已经走过了几十年的历程，经历了翻天覆地的变化，现在设计师肩负的责任是如何让中国风格的设计空间受到世人的认可，虽然讲起来非常的宏大，但是大家一定要放在内心里最深处，这个才是中国设计师的责任。

最后，设计师还要有三“导”观，当好“导游”、“导演”和“导师”的角色。一个好的设计师带人考察项目，必须做好讲解和介绍，所以必须是一个好导游；同时要是一个好的导演，了解如何把故事情节融入画面中；另外，还必须是一个非常好的导师，景观设计师做出来的设计空间是给公众使用的，需要用设计来引导使用这个空间的人更好的生活，提升大众的生活质量。最后，我希望在场的同学，用心去感动，用脑去思维，用手去实践，脚踏实地的用一辈子的时间积累你的设计广度和高度！谢谢。

叶珝岭

朗道国际设计集团　设计总监

“浦西江南广场公园概念设计”这个项目，设计者提出的概念叫“穿、流、步、栖”，把每一个字都拆解开，“穿”代表的是空间上的穿插和渗透，“流”代表的是场地和水的一种密切关系，“步”代表的是人在里面的行为方式，主要以步行系统为主，然后“栖”代表的是人、水、植物以及动物在里面的一种栖息的生态环境。我认为这个项目比较好地诠释了这样一种概念。另外，这个场地里有一个老厂房，有一些塔吊之类的工业设施。它的设计概念里，把植物、人类活动和老厂房空间有机地结合在一起。这个项目无论是从概念提炼，还是落地分解和最后的图纸表现等方面都还是不错的。

还有一个关于南京旧民居改造的项目。旧民居改造其实有很多种可能性，第一种可能性就是把整个建筑都做改造，整个做传统文化与现代文化的碰撞等等内容；第二种可能性是站在景观的角度。刚才说的第一种可能倾向于建筑的表达手法，那么从景观角度来说，可能更多地会从人的户外空间来加以考虑。这个项目对户外空间的组织、穿插的利用以及空间的节奏处理，考虑得比较充分。在人文关怀方面，也进行了一些发展模式的探讨，包括绿色居住、绿色空间的穿插等。另外，这个项目在最大化保留原有建筑的情形之下，对空间做了有机的调整，并且在这种小的空间里，基本上保留了老民居里面所特有的一些记忆和情怀，然后在这种小空间里做了适度的改造。这个项目和另外一个类似的项目相比，我认为这个项目可能更加能够延续当地居民原来的生活。另外一个项目是在农村里搭了很多红色的钢架，虽然视觉上面冲击性非常强，但是已经脱离了农村特有的环境背景，是设计师的一种喜好，有点强加在里面的感觉。

另外一个澳门滨水景观建筑设计项目，它考虑了几个因素在里边。第一，它的场地在澳门，澳门本身因博彩业而兴，然后又带动了旅游，设计者把整个的场地，建筑也好，景观也好，按照一种带有旅游的方式在进行处理；第二，它的场地水质不佳，因为在海里，所以很多水是从外面运过来的，结果设计者处理问题的时候就做了生态亭屋顶的一种洞，雨水会从广场里直接被收集起来了，这种方式我觉得就是基于对场地的理解，用直接技术性的方式来解决场地问题；第三，当地因为靠海比较近，通风也好，视线也好，都有比较高的要求，设计者通过场地的高差变化，让人的视线可以越过彼此的遮挡直接看到海，然后风又可以通过一些简单的开洞等方式顺利流动。关于场地理解，城市实际上是最大的场地，再小一点就是如滨水地区这类的区域，这类区域再小一点就是场地建筑自身之间的关系。

由杨

UDA 优地联合　总经理

在整个的讨论过程中，我觉得评审这件事最重要的一个价值，不在于向学生们发出这个奖项本身，而是让所有的同学们在忙完了毕业设计之后，知道他们的作品没有被老师直接收到档案库里，还有一些他们学校之外的人在关注他们所完成的工作。我在考虑评奖的时候，也考虑了评奖本身能够带来的，对学校里面的学术活动，甚至是教学方向等方面的有益影响。即使觉得影响很小，我也希望能有一些影响在这里面。

就我个人而言，在这个评选当中我遵循这样的原则。第一，我希望选题能足够的小。就大学四年的本科生毕业设计而言，我们相信一个小的设计有助于学生们能够从前期现场分析、提出问题、总结问题、一直到提出解决方式，独立去思考，独立去完成。再有，在小的项目里有机会去借助一些低科技、低技术的手法，比方说实体模型，而不是借助于大型的软件、高投入的解决方式。当然我不否定各个学校都去用软件的做法，最重要的是，我认为在选题背后透露出一个选题的逻辑——怎么样去关注自己能够了解的问题、自己能够掌握的问题、自己能够解决的问题。这是在选题方向上，我本人在筛选的时候遵循的一个原则。

第二，在整个的评价和文字表达上面，我更希望透过这些图片，透过这些文字本身，看到背后的一个逻辑，这个逻辑就是发现问题、总结问题、最后提出一个想法去解决问题。这个逻辑在未来每一个设计项目的实际工作和研究当中，都会起到很大的作用。我相信各个学校带给学生更重要的、更多的、更有潜在价值的，是怎样掌握一个逻辑，不仅仅是手段本身。

第三，在评判每一个作品的时候，我会留意图面表达上是不是存在最基本的知识结构问题，比方说存在重大的隐患，或者有什么不能接受的原则性的问题。

最后一点，我认为在学校里学生们能够学到的，或者说在未来工作岗位上有用的，第一点是理解在整个大行业里面，对景观设计这个行业会有什么样的需求，还有一点，就是能够通过课程设计体现出自己的兴趣，这两点我认为是推动整个行业向前迈进的核心原动力。我相信在每个课程设计过程中，每位学生都会享受这个过程，这点我们看不到，但我很希望透过图纸看到，哪个图纸表现出了作者本人的兴趣，他对景观的兴趣、对景观的爱好。景观有别于其他专业的，在我看来最大的一点是它的综合性，而不在于它的专业性，因为它涵盖了从规划到建筑、植物甚至到室内的一些领域。如果要进行专业划分，它涵盖了这些大的专业领域。我更希望在学生设计里，在这次评奖里，我们要鼓励的是大家能够跨过各个专业的壁垒，把景观作为一个整体去考虑。

袁松亭

笛东联合　总裁兼首席设计师

我想谈谈我对“城市缝隙——高密度城市环境下碎片空间的再设计研究”这个作品的看法。第一，从它的立意上来说，因为讨论的是城市缝隙，是在高密度环境下如何来解决相应的城市问题，实际上这个问题应该是现在我们所有的设计公司面临的一个问题。因为在高密度环境下，尤其是解决居住这个问题，未来的解决方案一定特别重要。因为从整体的居住形态来看，只有中国才会是引领今后高密度住宅的一个地区，所以说我觉得这个选题实际上是非常有意义的。

第二，这个选题实际上在另一方面，是在探讨在这个城市环境里面，怎么样去有效地利用空间。

第三，这是不是一个景观的话题？我认为它不能不算是一个景观话题，如果我们认为它不是景观话题，那么它是一个什么样的话题？它一定是一个建筑的话题吗？它也不是个建筑的话题。我想我们不妨把这样的一个话题，转变成我们景观师应该关注的内容，因为我觉得景观师最应该关注的还是对人文、生态本身的关怀，这种手法实际上还是有意义的。

当然了，从方案的具体的形式上来看，我倒觉得不是完全在创新，实际上在北京、日本，前一段时间都出现过高密度环境下的居住解决方案。但是作为学生作品来说，我觉得这值得鼓励。

我很推荐“轮子上的夜长安”这个项目，这是一个让我感觉眼前一亮的作品，我用以下几点来阐述我的理由。第一，就中国现状比较来看，现在大家都关注世博会，我认为这并不好，我觉得这种现象已经脱离了对整体设计价值的判断，而且对于整个社会形成一种误导。这是为什么呢？比如说上海的世博会虽然办得很热闹，但是我们所有的眼光都被吸引到奇形怪状的建筑上面去了。而实际上在我们生活的这个空间里，街道重要还是建筑物重要？我的理解是街道是一个最重要的要素，它甚至比我们所说的公园、广场都要重要。街道是最重要的一个空间，所有建筑都应该成为街道空间的一个界面。用这个标准来看，这个作品的设计者把他的视角和关注，全部用来处理怎么去解决街道本质的问题。

第二，我觉得它的手法很重要，方案有一个词叫织补，这个词我以前用过，现在依然非常喜欢。就是说，不是在探讨做一个全新的东西、怎么去建立过程，而是怎么去修理。

第三，设计者关注了怎么在慢生活、慢交通的条件下，用自行车骑行的方式、旅行步行的空间，提出解决方案。这三点是我推荐这份作品的非常重要的理由。

郑洪乐

福建农林大学艺术学院环境设计系　副主任

各位嘉宾、同学们，下午好。

非常荣幸今天能来听这么多优秀的学生做汇报，企业老总们提出的建议都非常好，严格意义上来讲我是来学习的，看看我们的学生汇报的情况，同时了解一下企业对我们高校的要求。北大办高校景观设计毕业作品展九年了，我从第一年就来参加，当时还感觉景观设计这个概念很淡，但是经过九年的发展，我感觉景观设计教育的责任越来越重大，这可能和我们中国改革开放的发展有关。接下来，我谈一谈对教育的看法。我做老师十二年了，教景观设计课有时感觉很无力、很无奈，所以我来参加论坛希望找到一些激励我坚持在这条路上走下去的激情和动力。

学生汇报的方案挺精彩，我也提出一些个人的看法。我觉得汇报方案就像我们拍照一样，需要聚焦，把设计想法集中体现出来，对问题的分析和模型的表达一定要清晰。从同学们的选题，包括空间解决方案以及分析方法上，我更希望看到学生对我们现代社会现实的理解，因为我们现在的教育偏重理论，学生的实践环节特别薄弱。如何解决实践环节薄弱的问题？从企业角度来讲，可能会建议学生早点加入企业的工作环境、更加融入企业的文化，但是我认为实践环节很重要的一点是要让学生接触社会、融入现实，一定要让学生到社会最底层、到社会发展最快的地方去，这样才能使他们感受到社会跟他们自身之间的关系。我个人觉得对学生技能的培养很关键，思想和思维的培养更关键。因为我发现现在的学生对社会、生活的理解，没有一种真实性。所以能够从学生们的作品中看到对社会、生活的理解是一种进步，设计应该建立在现实的基础上，这样创造出来的作品才有现实意义。

讲到现实的问题，我自己的一个亲身经历的故事令我感触很深。2009 年发生 H1N1 甲型流感，有一天我上景观专题课时，突然发现课堂上有三十几个学生戴着口罩看着我，那时候我有一种恐惧感，感觉我所讲的内容和学生面临的现实的距离非常远。今天我们的环境如此脆弱，甲流来的时候我们要开窗通风，现在雾霾来了我们又要关窗，我们需要认真思考环境问题的根本解决方式。另外一个故事，我有一个学生的家现在已经被三峡水库淹没了，他做了一个关于三峡地区村落怎么迁移更合适的设计，毕业汇报的时候他流下了眼泪，我特别受感动。我们景观设计应该试着寻找更好的解决方式，不让更多人因为现代化建设失去家园，这种想法也让我感受到景观是有生命的。再讲一个我的思考，我们现在出了很多名人，如果要采访他们，肯定要了解历史背景，寻根问祖，哪些地方养育了这些名人，但是随着我们现在城市化发展和变迁，很多人的家乡消失、变了模样，可能将来都找不到根了，归属感变得非常模糊。在这种种的情况下，如果我们的教育不去关注现实，教再多的理论和技术都解决不了实际问题，所以我们要思考。现在中国的发展给我们带来很大的挑战，改革开放三十年，中国变成了世界工厂，经济发展了，也付出了很大的代价，造成了很多环境问题。要改变这种现状，我觉得需要我们当代的高校教育去努力，思考并创造一种全新的人文环境，探讨如何处理人与自然环境的关系，这个问题一定要在实践中才能解决。

最后，我希望我们的景观教育，我们教出来的学生能给我们的生活留下一片风景、留下一片温馨，给社会留下一片爱。谢谢。

诸谦

上海广亩景观设计公司　董事长兼首席设计师

各位嘉宾，各位老师，各位同学，大家好。

我今天准备的 PPT 题目是景观设计师的综合协调工作，这是我参加评选工作的一个感受。有些作品非常优秀，我们的学生有非常好的前瞻度和深刻的思想，毕业之后，关注社会，关注现实，非常好，但是有些学生和设计师会抱怨，我们优秀的设计和非常奇妙的想法，最后都没有被尊重，无法实现，最后设计变成了一个命题设计。我个人认为这是因为我们景观设计师的综合协调工作没有做好，过去我们的设计工作是单纯的设计师的工作，现在变成一个团队的工作，这个团队不但包括设计师团队，还包括业主团队、施工团队，只有把整个项目团队的协调工作做好，景观设计师的项目落地情况才会好。

首先，我这么多年做设计的感想是，一个好的决策比好的设计要重要，一个好的设计决策需要有一个好的设计师团队。这是无锡市最繁华的中山路 30 年前后的景象对比，30 年前非常漂亮，30 年后美丽的江南水乡的面貌荡然无存了，破坏的景象很惨痛，河道也被填了。如果当时项目人员的综合协调工作不仅仅是站在设计师的立场，而是从物质文化遗产保护的角度呼吁要保持小桥流水的面貌，也从市场的角度谈改造能带来每年 30 亿现金流的经济收益，这样与相关人员进行沟通可能会更容易被认同，目前的这种悲惨情况就不会发生了。

进入这个行业就会发现，景观设计师的话语权是非常低微的，其实我们进入不了业主的决策团队，而我们的工作又必须是众多任务工种来合作，综合协调就显得非常重要。对设计师来讲，综合协调是个人能力的体现。这次高校作品评审，北京大学要求的评审条件里面第一条就是对场地的分析能力。每个场地都涉及盘根错节的利益关系，这就需要有综合判断力对各方利益进行权衡。刚才听了这么多同学的发言，有三位同学的发言给我留下比较深刻的印象，他们都是首先提出存在问题，然后拿出解决方案并讲解方案优势，思路非常清晰，这种对场地的介绍和分析能力是设计师要具备的。我们工作中要面对各种各样的团队，包括营销、合约、工程、决策等层面的人员，他们不懂景观，要做好综合协调工作需要我们从对方的角度去沟通。

第三，我做设计 30 年的感触是作为一个景观设计师自身已有的知识还非常不够，做一个好的设计师，需要汲取一些专业以外的知识和应对社会发展过程中出现的新问题的全新知识，所以设计师再学习、接受再教育非常重要。这就需要企业集团增强内部培训，以及高校给予更大的支持。设计师只有不断接触各种各样新的知识，才能跟上时代的步伐，才能把设计做得更好。谢谢大家。

图书在版编目（CIP）数据

景观设计获奖作品集——第九届全国高校景观设计毕业作品展／北京大学建筑与景观设计学院主编. —北京：中国建筑工业出版社，2014.9
ISBN 978-7-112-17228-3

Ⅰ.①景…　Ⅱ.①北…　Ⅲ.①景观设计-作品集-中国-现代　Ⅳ.①TU986.2

中国版本图书馆 CIP 数据核字（2014）第 202232 号

责任编辑：郑淮兵　杜　洁　兰丽婷
装帧设计：陈丽丽
责任校对：李美娜　关　健

景观设计获奖作品集——
第九届全国高校景观设计毕业作品展
Awarded Collection of Landscape Design and Planning
The 9th Chinese Landscape Architecture Graduate Works Exhibition
北京大学建筑与景观设计学院　主编
*
中国建筑工业出版社出版、发行（北京西郊百万庄）
各地新华书店、建筑书店经销
北京嘉泰利德公司制版
北京画中画印刷有限公司印刷
*
开本：787×1092 毫米　1/20　印张：8　字数：480 千字
2014 年 9 月第一版　2014 年 9 月第一次印刷
定价：**69.00**元（含光盘）
ISBN 978-7-112-17228-3
(25955)